Library of Western Classical Architectural Theory

西方建筑理论经典文库

维奥莱-勒-迪克

建筑学讲义（下册）

[法] 尤金-埃曼努尔·维奥莱-勒-迪克 著

白颖 汤琼 李菁 译

徐玫 校

Library of Western Classical Architectural Theory

西方建筑理论经典文库

维奥莱-勒-迪克建筑学讲义（下册）

[法] 尤金-埃曼努尔·维奥莱-勒-迪克 著

白颖
汤琼 译
李菁

徐玫 校

中国建筑工业出版社

目录

下册

第二部分

第二部分

第十一讲　建筑构造　石作

在古典时期与中世纪，大概没有其他人类智慧的产物能比建造方法更清晰地反映社会条件及个人才能。只有当前各种观念混乱及一系列的错误教育，才可能会导致当代建筑所展现的混沌状态与相互矛盾。毫无疑问，从这个过渡时期中，将发展出符合我们的时代和社会条件的建筑方法。而这种混乱局面，应在认真而公正的人们的努力下结束。 2–1

假如我们愿意将以往的建筑看作时代的产物——正如那些必经的步骤，如果我们想获取与当前社会条件相符的知识；如果我们通过分析方法而非不假思索的模仿向前推进；如果我们从历代累计的遗存中寻找可适用的方法；如果我们懂得判断这些方法适用于何处；简言之，如果我们摒弃日渐衰微的教条式的传统，依靠自主观察，就能开辟新道路，并自己继续走下去。

受制于罗马，几乎变成了罗马人——至少法国被看作由罗马领土中相当大的一部分组成的——所以我们用过罗马的建造方法。恢复独立之后，又受到与罗马人迥异的各类天才的影响，我们在形形色色的建造模式间摇摆了几个世纪。11 世纪末和 12 世纪初，我们转向东方寻求典范，成功地创造了罗马－希腊复兴，一场虽然自有其优点、却如同其他文艺复兴一样没能持续多久的复兴。临近 12 世纪时，我们看到了一场生机蓬勃的艺术运动，它源于法国，并很快发展出卓有成效的开端。那个时代缺乏我们现在所拥有的一切：缺乏丰富的方法以及多种多样的材料，也没有铁及其制品。这场非凡的运动，基于对现代社会需求的真实感知，却选择了错误的方向。存活了 6 个世纪后，它很快在对顽固的或不恰当的材料进行无效运用中耗尽自身；因此，由于善变的性情，我们将其视为一种错误，而间接地求助于艺术——各种传统的混合体——以从中发展出所谓的建筑复兴。于是，我们不再考虑原理，不再考虑结构体系，而首要考虑形式。接踵而来的，是始于 17 世纪并以混乱告终的毫无特色的时期。 2–2

简言之，这就是我们完全从结构观点出发的建筑历史——即只关乎是否明智使用材料。这并非建筑，建筑从不认为材料可以左右建造方法和建筑形式；我们找不出任何一个不按这种原则建造的古希腊或罗马的建筑。

那么，哪些材料是建筑师可随时任意使用的以及哪一种是他现在掌握的呢？可塑结土、捣实黏土、欠火砖及随后的烧成转；接着是取代落后的捣实黏土的混凝土或辅以砂浆的碎石；石材——花岗石、大理石、玄武岩、石灰石等；木材及金属。一开始，使用这些材料都是轻而易举的；但是，当我们想要建造除小土房或茅舍之外的建筑物时——当我们必须同时使用这些材料，每一种材料都要形式得当、用得其所，既不过度浪费又不吝啬小气，全面了解它们的性质与耐久性，并使其远离那些最不利于它们的保护的因素——各种麻烦就层出不穷了。

实际上，材料在一种状态下作用良好却在另一种状态下发挥失常；这种材料会破坏另一种材料；这种材料不适合其他材料或其他功能。例如，被密封的木材——与空气隔离——导致腐烂；石作中的铁件会氧化、分解、胀裂石材；一些用来粘接石块的石灰会析出大量腐蚀石块的盐分。这些经历逐渐使建造者认识到每一个建筑物中的无数现象；很显然，结构越复杂——即建造材料种类越多——这些现象越多。埃及人用并置的石灰石块建造的寺庙里只有少量对结构影响的观测，而建筑师在巴黎同时用石头、砖、砂浆、木头、锻铁（熟铁）和铸铁、铅、锌、石板，还有石膏建一座房子，却必须累计大量的应用观测。奇特的是，人们却渴望混用各种材料来模仿用单一材料建成的建筑。这种渴望表现出一种我不需要居住的合理思考。更奇怪的是尝试用拙劣材料模仿用大量材料建造的建筑物：比如，用薄片立柱，柱顶压上连梁，以模仿独块巨石；或者颠倒建造顺序，用实心石块建造那些象征被石材面材覆盖着的碎石工程的建筑。

2-3

这一章，我们考察建造中只涉及石材和墙体的问题。适用于石材和墙体连接结构的一般原理有三项：第一，在垂直压力作用下，材料重叠间的单纯稳定性原理；第二，产生混凝土块与源于地下结构的聚结原理；第三，相互作用力的平衡原理。埃及人和希腊人主要采用按第一项原理连接石材的结构；罗马人采用第二项，而西方国家从 12 世纪到 16 世纪则采用第三项。如果，偶尔有同时用三项原理中的两项，这种混用是很明显的；从艺术角度来说，这种杂交物，是从不坦率表达的结果，而我们想在每座建筑中发现这种坦率表达。

事实上，所有建筑都从结构产生，其首要目的就是使外在形式与结构一致。因此，如果一座建筑既符合既定原理，又同时运用其中的两项，就会暴露其起源的多样性，且违背首要法则，即一致性。如果运用其中两项、甚或三项结构原理，仍追求形式的一致性，那么即使不违背三项原理，也至少违背两项。我们必须认识到，正是艺术作品违背上述那些我们在所学基础上长期受教的原理。

2-4

亚洲国家同时采用混凝土块的聚结体系与材料重叠的稳定体系。在建造实例中，他们似乎以石材面层围护用大量欠火砖、烧成砖或泥土建成的连续性脆弱的内核。在印度、中国、暹罗王国，人们用砂浆把碎石或砖块粘接起来，再以灰泥抹面。在墨西哥也发现了同样的结构原理；埃及金字塔本身就是由用砂浆粘接的巨石堆起来的，紧接着的是规则叠放的平台层，这些平台层原来是用砂浆粉饰以掩盖突出的角部。因此，它看起来就像最远古时期，石工艺术以砂浆作为必备因素。但是，从远古的所有艺术发源的东方，石工是如何利用比最简单、最自然的重叠原理更优的聚结原理向前推进的呢?

伟大的雅利安白种人，最早期分布于印度北部高原到地势较低的温暖地带，似乎只采用木结构；因此，所有我们发现那个种族的痕迹的地方都盛行木结构。在侵袭了原来占领印度大陆并且似乎在最远古时期定居于最东边和越过里海向西的突累尼人之后，那些白种人很快采纳了被征服种族常用的建造方式：并且，值得注意的是，黄种人对土工作业有特殊的偏好，因此也偏好以聚结原理推进的石工作业。事实使我们相信，组成人类的不同种族天生具有不同的倾向。定居于森林覆盖的高原的种群，选择木材来营建他们的住所和神庙。定居于浩瀚的沼泽平原的，则选用泥浆和芦苇。另外一些种族，如曾经占领上埃及、现在被逼回塞纳的黑人，在石灰石山的斜坡上开挖住所。自从黄种人中的白人第一次入侵开始，建筑中必定产生奇怪的征服者输入的传统与扎根于被征服者的习惯的混杂。这解释了大部分古代建筑的突出特征，从中我们发现源于木结构的形式，这些木结构的粉刷利用灰泥覆盖碎石石工，甚或在凝灰岩或岩石上开凿。这解释了为什么埃及用重叠的巨石建造的建筑，却再现了显然源自泥浆和芦苇的建筑结构。如果不进一步放宽起源，我们就只会注意到在古代东方没有石建筑原理，而只有多种方法的混杂。对我们这些特别重视调查事物基本原理的西方人来说，这些建筑看上去没有适用的原理、有条理地执行及富有成效的演绎。希腊人最早把这种混乱简化出秩序。他们无视亚述人和米提亚人采用的建造方法——放弃某些小亚细亚国家中石材对木结构的模仿，坦率地、毫不妥协地采用我们上面提到的第一条原理——即利用型材重叠获取的简单稳定性。在原理的混乱中发现非常简单的原理，并有勇气毫无妥协地运用，是一种在人类历史中极少遇到的极特别的天赋。在实现这一点的过程中，希腊人展现出他们被赋予的非凡天赋；他们为西方提供了巨大的服务，教会它在艺术中运用推理。简言之，在他们手里，建筑成为艺术，而在整个东方这只不过是熟练运用程度不同的工艺。有了这个例子的支持，我们会不停地重复：没有推理就没有艺术。希腊人首先建立并运用这项法则；如果我们忽视它，我们将倒退，并从希腊人所打造的艺术家沦落成被善变的奴隶主奴役的奴隶。

2–5

我们可以很好地理解，希腊人如何以及为何不采用借助砂浆作为胶粘剂的石工原理。因为捣实黏土甚或碎石工程的施工只需要大量劳工。希腊人认为建筑是如此高尚的设计，以至于不愿采用这种简陋的方式去实现其荣耀；并且，我们稍后看到的——在叙利亚的希腊－罗马地区，毗邻安提俄克和阿勒颇——那些最简陋的建筑也采用现凿的石头，而拒绝采用碎石工程及由罗马人组织的无处不在的成群劳工。此外，按照聚结原理建造的建筑很可能产生虚假的外观，而我们只用没有砂浆的现凿石工是难以出现这样的结果的。静力学原理也不允许其产生这样的结果。在后面的案例中，每一块石头都必有明确的功能。例如，当希腊人必须在柱廊后面建内室，他们搭起用块体填实的石框架，只平行切割裸露的利用斜面安装的两个面，以尽量避免费力把石头切成方正的。某些石灰石和大理石破成菱体而不是平行六面体；通过这些方式，他们可以利用很多材料，这些材料是他们想建造平行层叠的墙体时可能会拒绝的。

2-6

图 11-1 显示了我们描绘的内容。内室平面被标注出来，基础铺好了，角柱 A 立起来了；然后门侧柱 B 端部相向稍微倾斜，以减轻过梁的压力，把重力传递给墙体中部。接着，中间的空间 C 被选好的避免砍成方块的石头填实。事实上，这种被称为巨石式的石作方法，很少提供超过一个角来安装：用一个斜面拼成角，找一块石头，石头上有凸角，与斜面形成的凹角对应，如大

2-7

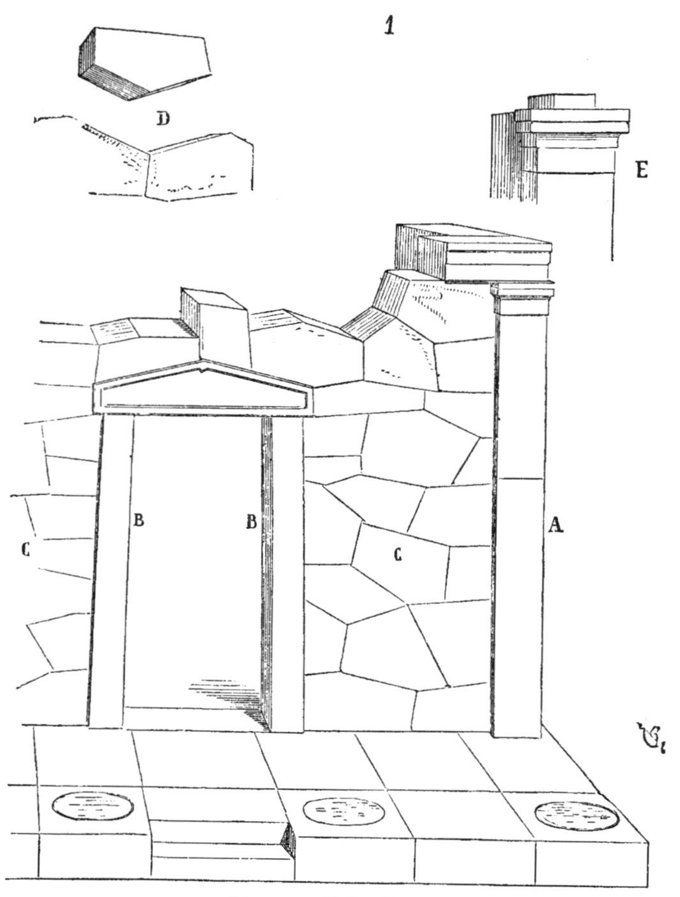

图 11-1 希腊早期石工

样图 D 所示。这种不规则的石作，由角柱与门侧柱维持；特别是由于这些角柱和侧柱中的连接石件经常有榫头插进图 E 所示的压在上面的石块中的卯口。这种构造，比尼尼微时期的建筑更先进，或者更确切地说是对亚述人的建筑中缺乏的推理过程的调整，后者只有大量欠火砖工艺，用条纹大理石或石灰石厚板贴面，作为一种装饰壁板。在原始的希腊建筑中，石作具有功能，它是有生命的，因此能表达，并会死去成为没有生气的石块。但在他们的早期建筑中，希腊人清楚地表明他们从何处获得建造方法；他们通过推理过程，用石材建造，建筑就像最初用木材建的；然而，他们的优点是不模仿借鉴于木作的石灰石材料的形式，这些木作是利西亚与定居于小亚细亚沿海的大部分人用的。当采石方法改进后，希腊人在他们的石工中不再采用这种被称作巨石式的构造规则；他们建造层台，但他们的天分永远不会让他们成为筑墙工。他们是石材装配工，即石材的连接与重叠。凝结物的概念——材料聚结——对他们来说是令人反感的；因为我们看到，在很后期，即使是我们的 4 世纪、5 世纪，他们也不能决定采用那种建造方法，即使是现在，他们似乎更喜欢过梁而不是连拱。

此外，必须完全承认，最简单、最自然的装配石工有强大的魅力，西方种群近乎本能地意识到这一点。为了恰当使用大块原料，按功能给它们定型，为取得外观上的结构稳定性的安装必须经过计算，因为在希腊时期，这是组成建筑艺术的基本要素；而且，在这方面，12 世纪的建筑师比现在的我们更接近真实的艺术。我们将很快揭晓原因。

2-8

在这里，没必要为我们的读者提供那些他们在任何地方都能找到的东西——例如，希腊神庙的结构。另外，没有比这更简单的了：取尽可能大的块材做柱子；一整块的门楣，或两块并排，受力从一个柱子到另一个，到墙体，尺寸更小的材料；方正的石头形成两个面——外和内。门楣上的连梁整块横跨柱廊面宽；连梁上是厚平板，或者在一些石头长度和强度不足的案例里采用木材。一系列的立柱用厚板连接组成装饰带，立柱之上是檐口。在不必要的地方节省使用大块材，并且底部和连接件始终与建筑组成部分一致。如果没有展现伟大的技艺，至少，这种结构与形式的完美协调取悦了眼睛。

这种方法不允许任何来自聚结的束缚；有时我们发现一些铜的甚或木的扣钉或榫头：重叠保证了稳定性，重力垂直作用于垂直支撑上。

利用一切到手之物并识别各种实践原理的罗马人，并不轻视希腊体系；但他们与另一种与之完全相反的建造过程同时使用。他们采用混凝土系统——用砂浆来聚结。他们用卵石、原石、砖或石灰和沙混合砾石组成的厚重块体来建造，有时用无缝连接的石头包住这些内核，遵从希腊人采用的体系而不用砂浆：或者，在另一方面，他们紧靠着混凝土墙或块体，按希腊人的原理用他们的柱顶檐部来立柱；但是罗马人从不用砂浆粘接连梁：他们在使用这两套非常不同的体系时，似乎两者都尊重且不允许混淆。这是很明显的，并赋予他们的石工完全独有的特点。他们把这两项原理截然分开，以至于我们甚至能观察到他们在其石材连接结构中对最纯粹的希腊建造方式的遵循；例如，不把墙基连进侧柱里：用大量的块材形成整体；用单块的石头作端柱和柱子；不用石头连成一个厚重的拱，而是形成几个同心拱[1]；拱背采用拱心石。总之，罗马人的连接石结构是不加掩饰的希腊式，遵照希腊的建造方法；但是，2-9 这种石结构并不妨碍他们同时采用完全不同的建造方式——混凝土结构。在这方面，我们应仿效罗马人；并且这是我们在民用和公用建筑中都没做到的。

罗马人，拥有良好的实践感觉，他们清楚地意识到他们采用的两套建筑体系可以相互帮助，但前提是不混淆。他们已经发觉花岗石柱子不会沉降或凹陷；这种紧靠着毛石工程块体放置的支撑必定在其所放置的一侧赋予块体刚性，对块体来说，不可避免地因为砂浆变干而缩小，在柱子保持完整高度时出现一些沉降。在很多案例中，对建造者而言这是一种有利的用处。在用连接石工的外壳包住竞技场时，罗马的建造者知道，这个由砖和碎石构成的庞大的内部体块被绝对坚固、刚硬的环带固定在周缘上，这些环带不会下沉、损坏或断裂。这就是扶壁支撑。希腊人建了小型建筑，而罗马人建了大型的，并且他们的混合方式完美地符合他们的需求；因为，无砂浆的连接石工常常被设于外部，或室内拱券下，他们使石工自我支撑，由于每一个刚性阻力都趋向于向心传递压力，在与良好的结构协调的同时也是一种装饰。

罗马人在他们的建筑中发现不能太过坚持经济性。在实施过程中彻底性是很明显的，但从不超过强度。他们合理地依靠砂浆的卓越性能，使墙和窗间壁获得足够的厚度，并且在不同的高度仔细地平准毛石工程，以避免不均匀沉降，并使砂浆均匀硬化。有一种错误的设想，即罗马人为了支撑难以估量的垂直作用的重力时建极厚实的墙，恰恰相反，在这种案例中，你经常会诧异地发现墙体的厚度相对于它们的高度是很薄的。[2]在其伟大的拱形建筑中，例如罗马万神庙和塞尔玛大厅中，窗间壁的断面相对于它们所承载的重量是2-10 很纤细的。事实上，这些窗间壁通常被巨大的大理石和花岗石固定住，且由于建造者采用的建造方式，他们建成了独一无二的完全均匀的体块。同时，通常把外表面当成一层外壳——硬外皮——不管是用石材、砖或粗糙的工程建造的——他们每隔一定距离设置预防构造来束缚外表皮，并且碎石工程的内部填充也采用砖层或垫平的石材来束缚。

因此，罗马施工通常是由一系列的外表皮包裹着完全坚硬、均匀的填充层组成的。当他们砌窗间壁时（图 11–2），建造者用砖或碎石（层块 A 形成水平层覆盖整个表面）来建造外表面。在这些面和层之间，他们往水平层每

1 例如加尔桥输水道和阿尔勒竞技场（the Amphitheatre of Arles）。

2 例如在木顶的巴西利卡中。在高卢－罗马族建筑中，见 the tower of vésone，位于欧坦（Autun）城外河对岸的被称为“亚努斯神庙”（the Temple of Janus）方形建筑。

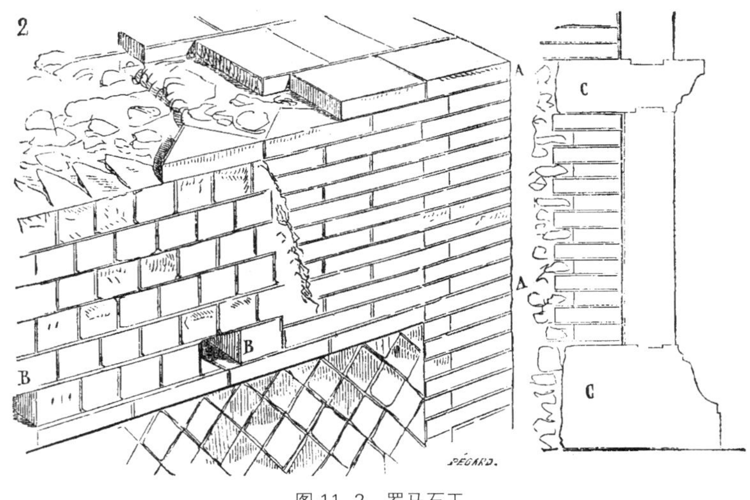

图 11–2 罗马石工

隔一定距离留下的用来搭脚手架的外跳横木洞 B 灌注混凝土。如果他们想用石材或大理石厚板围住这些碎石或砖砌工程的表面，他们在石工中砌一行水平层 C，把厚板卡在这些水平层的横向突出卡槽里。

在这里我们看到真正的石工与他们建造的建筑完美吻合，且易于施工。必须记住的是他们的砂浆也是极好的。

这些为人熟知的、看上去对居住无用的方法，可以在今天应用吗？我们可以利用它们吗？我认为：不是毫无批判地模仿它们，而是像罗马人那样，用我们的材料和施工方法向前推进。

2–11

罗马人同时采用碎石建筑与连接石工的原理，从未混淆这两套体系——如同上述——遵循各自的特性来运用它们，通常把抵抗力较差的结构放在里面而把更坚硬的放在外面。而且，在优秀的罗马工程中，石材或大理石外壳采用各建筑要素重叠的形式，而不只是形式与连接不一致的外表皮。直至非常晚的时期，罗马人才停止保持这种形式与连接的完美一致；并且我们看到，在受希腊艺术影响的国家——如叙利亚——连接与形式保持一致。在西方，我们可以在中世纪相当长的时期里观察到相同的事实。但我们不应该忘记的是建造艺术不能也不应成为与各个时代的习惯不一致的法则；相反，各个时代的习惯应产生与之相适应的建造体系。

希腊人被分成很多小群体，这些小群体沉溺于那些我们欣赏的施工工艺的改良。罗马人让所有人知道世界在他们的掌控之中；他们有庞大数量的奴隶，他们让士兵劳作且毫无顾忌地征用。中世纪时使用强迫劳力，在一些案例中，劳力是低廉的；但是，另一方面，他们用低效的方法获取和运送材料及一般的机械装置。这些不是我们的时代的状态。材料在任何我们想要获取的地区都能轻易获取，而劳力昂贵且时间宝贵。因此，依照这些新的条件建造是合理的，而不是试图去模仿希腊人、罗马人、中世纪的建造者或路易十四时代的模仿者。从法国建筑到文艺复兴，有一个很好的逻辑进步——同希腊人或罗马人一样符合逻辑的。在 12 世纪——那个艺术、建筑、雕塑和绘画的辉煌时期——法国在整治上被分成无数领地；道路非常少，运输方法不足取；难以远距离获取和装载重型材料；用实物支付且惯于使用强迫劳力。石工由细碎的材料建造，方便运输和提升——大部分能用肩挑——利用这些资源建造了伟大的建筑。但是，建筑更适用于小块石材的结构，而不是连接块体的结构。这是对罗马人的碎石结构和连接石材结构的折中。必须用大块石头的优秀设计被废止。总之，建筑轻易地屈服于支配手段。再往后一点，接近 12 世纪末，实现了政治统一，大型城镇获得选举权，建筑器械丰富了。大型材料得以获取、运输、加工和提升。不再是修道院院长或世俗贵族，局限于各自狭隘的领地以及自由支配作为建造者的卑微的工人，而是人口众多的富足的城市。机械得以改进，形成了同业公会，工人得到了不错的钱币支付的薪金。技艺提高了，但仍在努力提高其经济性；材料丰富且精挑细选；但它们的成本也被意识到，不再被无用地挥霍；每块石头在采石场里被粗略加工成形，并在砌筑前排放整齐。大尺度的材料仅仅在必要时采用。在其他案例中，小尺寸的石头时常被采用。14 世纪，大量的城市建筑出现，设计精良且简洁，从中我们看到一种已被证明的有时运用过度的方法精神。那是规则的时代；建筑反映了时代精神；它是统一的、连续的并受到严格监督；建造团队如同政府部门，每个人都有指定的职能。那是石材典范的时代；过程被规范，且提前很长一段时间预定好。那个时代的建筑从其准行政式的规律性中形成自身腔调，且变得生硬而枯燥。但很快对材料的天性及各自的特性有了更全面的认识。采石场运作更有序、更讲究方法。并且，在采用石材时遵守更严格的秩序。15 世纪的建造良好，由于易于大量加工和开采，偏好采用毛石；因此，建筑特色与连接方式的严密吻合开始渐弱，但无疑地并不相互抵触。文艺复兴几乎全无结构意识，事实上是漠视；所有的模式都无关紧要：质量不再是选择；建筑师和石工之间不再互相理解。建筑师设计形式；石匠从自己的最佳判断力或对材料的掌控能力出发来诠释形式。但是，也有例外。例如，菲利贝尔·德洛梅（Philibert Delorme）极其关注结构；但他也抱怨他的同行的无知。[1]

2–12

2–13

现在，我们可能比文艺复兴时期的建筑师后退更多；而我们的缺点比他们更不可原谅，因为他们至少是被强大得难以抵抗的潮流推动的。我们则任性固执地前行——我们完全了解古代建造者采用的模式——我们没有因为无知而感到罪恶。我们把巨大的有时达到 4—5 码见方的石材用大运货车运进建筑场地。我们继续利用这些很好的材料了吗，我们的建筑与它们的受力相吻

1 从千分之一的例子可以了解文艺复兴时期建筑师有多忽视结构。代库恩城堡（the château d'Ecouen）的院子里的装饰柱廊的每一根柱子都由两片并列竖立的石头组成，因此每根柱子都由两个半柱拼成。这足以让古典时期或中世纪的建筑师惊骇失色。

合吗？不，我们着手把这些石材砍削成单薄的壁柱、细细的过梁、狭窄的线条，因此，建筑上的石材看起来都由四、五片组成。我们如此沉迷于利用薄片——是的，薄薄的片层——与开槽的连接件，来模仿一座用较少的大块材建造的建筑。我们把这些巨大的块材看成薄片以形成靠铁棒连接的过梁。我们搭建大量与建筑要采用的形式毫无关联的石作工程，并且，当整体被堆积而成时，许多石匠进场把原石砍削成建筑师所喜用的形状。基座和连接构件贯穿雕塑或装饰线条——没关系：因为若干年后，染成赭色的巴黎灰泥会掩饰这些愚蠢的错误。因此，尽管有广博的知识，以及掌握了由现代文明和工业提供的无数强大的器械，仍然会发生这种情况，即我们不再有能力给我们的建筑赋予个性、表情，这些都是我们一直从先辈的作品中欣赏到的，他们在任何一方面都没有我们这么优惠的条件。但我们的先辈们很好地发挥他们的推理能力，而我们却不敢求助于这种能力，因为担心那些基于漠视对这类事件有见识的公众而产生影响的小团体把我们的努力看作解放的尝试。

因此，我们可以把这两点看成不变的：我们掌握了前人不了解的材料和机械；我们的要求更加多样，并且——特别需要考虑的——比古典时期甚至中世纪更大规模；我们的材料数量更多，运输方式和加工方式更高效，我们应当把这些充足资源与器械考虑进去；而且由于我们的要求各个不同或更复杂，我们应当与这些新的条件一致。如果我们把现在那些比前代更必要的经济因素加入到这些基本的艺术法则中，我们应当能在确定的基础上前进。我们不是处在一个君主能像吉奥普斯那样强迫全体民众建造一座金字塔的时代；我们甚至不乐意将举国之才，即公共税收，用于取悦一个最高统治者的品味或变幻莫测的想法，除非某些资源或道德优势因此对所有人得以保全；并且，从综合考虑推进到细节，我们正进入这样一个时代，不再允许在公共建筑中采用不能恰如其分地表达项目要求的形式。 2–14

现在，我不只相信，严格地遵守这些条件并不违背艺术的表现，更确信这种遵守能产生艺术的表达。

为了能运用这些原理，建筑师需要的只是完全的自由，并且这种自由是如果他不懂得如何索取是没人能给的。让他研究那些已有的知识并利用它，通过合理运用，通过把已获得的知识变成他坚决采用那些由新情况必定提出的方法的起点；让他关注或采用过去的各种建筑形式，只是作为一种依然存在的表达方式，或不再存在的必需品，因为事实可能需要；让他把它看作一种有益的研究，而不是必要的、传统的、不变的模式;接着，取代那些奇怪的形式汇编，那些形式随意地从所有住宅以及组成我们现在称之为建筑的东西中借鉴，他将有能力去创造一种艺术——一种他将精通的并反映我们的文明的艺术。

所有关于这些问题的讨论都自己解决问题：当先前的艺术受到质疑时，它是否就是你所要追随的标题或潮流？如果是这些标题，让我们模仿希腊、罗马、文艺复兴的作品，或中世纪的，不加区分，因为这些不同的艺术形式给我们提供了极好的作品；但是，如果它是一种潮流，情况就完全改变了；那么，问题不再是采用一种形式，而是弄清楚是否这种现存条件下你应当采用那种形式：2-15 因为如果条件不同，仅仅因为密切关注特殊条件而形成的理性的形式就没有进一步存在的理由，并且应当被抛弃。我们应当像亚里士多德那样推理是最值得称赞的；但我们应当采纳他所有的思想则是另外一回事。现在这些现代思想家如此英明地区分古人合理采纳的方法与他们对哲学和科学领域的想法、发现或猜想——为什么我们不能在艺术领域这样区分呢？或者不是这么类似，虽然我们了解笛卡儿的著作，我们可能认为他所有的理论都是正确的、绝对可靠的吗？我们采用他的方法时，在很多情况下不也想和他争论或反驳他吗？那么，为什么在艺术领域我们应当采用他们在17世纪可能用过的材料呢？而且那时候所采用的建筑特色或形式对我们来说意味着什么呢？他们表达什么？他们跟现代的哪些要求或品味一致呢？并且如果事实表明这些建筑特征与各个时代的社会迫切需求不符合——即它们只是对古代艺术的愚钝模仿，我们应当如何看待现代社会的这种间接模仿呢？如果我们有意模仿，至少应当追根溯源。

让我们审视（因为我们必须开始考虑实际问题），当考虑石工时，我们的材料建议我们采用什么建造模式，以及什么形式受这些模式控制？由于我们当前采用的采石器械及铁路，我们能为我们的建筑获取非常多种多样的石材。[1] 问题是如何按照它们的特性来使用它们。大部分用于建筑的石材都是石灰石；但除此之外，还有相当数量的其他材料——如花岗石、片石、砂石、火山石。

此外，即使是最好、最硬的石灰石，都几乎能完全被硝酸钠分解；或者无论如何，吸收地面或空气中的潮气而毁坏室内的木工或彩绘。因此，在很多情况下，更有利的是采用一种在罗马非常流行的模式——我们之前讲过，这种模式由碎石和砖作组成，或者只由碎砖组成，与大石头一起。事实上，2-16 难以理解的是为什么——比如，建造大型建筑时——1.5码或2码厚的墙体或柱子要由实心的石块建成，当重量不能成为挥霍材料的理由时。这种外墙的建造方式的优点是可以使用相对昂贵的、各种颜色且非常耐久的材料，比如某些密实的石灰石、大理石、火山石或者片石。

如果不把柱子或壁柱置于建筑外表面当作纯装饰，我们证明了装饰有助于建筑受力时，就不会与理性或品味相违背，并且至少费用会产生一个积极的结果。由于我们很少将石头裸露在公共或私人建筑的室内——除了偶尔在门厅或楼梯间的例子外——我们认为必须在石材内壁抹上石膏、装上护墙板或绘以彩画——当我们给予这些墙体如此可观的厚度时，为什么要把块石内表面做成这些块体不是成块或整块的呢？我坦承，必要性可能会迫使我们建造建筑的正立面，它的墙体厚度不超过半码；但是在块石内表面我们给予墙

1 在欧洲没有国家比法国有更充足的、适于建造的材料了。侏罗纪的石灰岩占据了很大一部分土地。我们可以增加这些通常是优质建筑材料的岩石，冲积石灰岩、白垩、花岗岩、熔岩、大理石、片岩、砂岩。

体一码或更厚的厚度是什么感觉呢？为什么不在这种情况下采用罗马人的明智方式，这种方式存在于只用一些胶粘剂和碎石支撑形成的毛石表面中，比用抹上石膏、画上彩绘或用护墙板装饰的块石更适合。

因此，利用先辈留给我们的方法，只要他们适用于我们的时代并从已获取的经验中获益，我们继续按他们的顺序考量现在石匠已经掌握的资源，在相同的种类下，把连接石结构和符合使用习惯的混凝土结构结合在一起。

基础

从希腊人营建他们的建筑的地面的最本质中，他们很少有机会去考虑基础。他们更喜欢在岩石上建造，并且他们的基础真的只是基底，也就是说，大块的石作叠放紧密，不用砂浆。当特殊情况迫使他们向下深挖以获取坚实的基底时，他们用层层的干砌石块作为基础，这些石层有时用铁件扣在一起，然后在这些仔细砌筑的基础上建他们的基座层。并且，他们的一般的小型建筑中的轻微重量，也能提供给基础很大的非必要的强度。相反的是，罗马人建造了大量的巨型建筑，这些建筑源于混凝土结构的建筑从不改变自身以适应于任何迁移或定居，他们被迫在基础上采用许多方法来获得强度，这些强度超过之前的任何曾采用的强度。罗马人通常向下深挖至坚土，不管要挖多深；挖到坚土层后，他们在宽大的开挖坑里填入用石头、沙砾和优良的砂浆组成的粗级配混凝土；然后在这些人工岩石上建造建筑。中世纪时，既有非常好的基础，也有非常差的基础；这是造价的问题。没有比巴黎、亚眠和兰斯的大教堂更好的基础；没有比特洛伊、塞埃和马恩河畔沙隆大教堂更差的基础。 2–17

当中世纪的基础建造良好时，我们发现他们通常用精确砍斫和砌筑的石材作为面层，围合按罗马人的模式浇注的粗级配混凝土。

在砌筑大型建筑物的基础时，需要注意两个关键条件：必须确保完美的稳定性，因为我们的建筑是巨型的，而且所采用的方法必须符合经济条件。因此，重要的是确定这些方法可以满足这些要求。我们的城镇不再是建于平原或高地上；相反，它们坐落于河岸，甚至经常矗立于沼泽中。在这些情况下，坚土难以找到，而是变成泥土、烂泥、淤泥沉积物或者可压缩土。那么，建筑师的独创性必须弥补这些自然对他的刁难。

所有原始的土地，也就是有自然分层的、不易压缩的——以及一些我们将要提及的特例。基础可能建在沙、黏土或灰土上，与建在岩石或凝灰岩上有同等甚或更优的安全性：因为沙、黏土或灰土的沉积是均质的、稳定的、无空隙的；而岩石中有时会产生围合的未知空洞、裂缝或在很重的重量下的滑层。但是原始土经常在很深的土层中，需要花费极其昂贵的费用挖掉覆盖其上的已有的覆土以使其裸露。在这种情况下，从中世纪一直到我们的时代，桩基被尽可能深地打入这种可改变的土壤中；桩基的端部被固定在橡木框架 2–18

的地板上，在这个地板上放置第一层石工。这种体系有两个缺点：价格非常昂贵，并且如果所有桩基没有被尽可能均等地打入，就会产生不均匀沉降并导致建筑错位。从 19 世纪初，我们已经采用混凝土的基础底层[1]；这种混凝土是用水硬性石灰与大小均匀的卵石的灰土混合物。制作优良的混凝土拥有的优点是，形成一个整体的、均质的且不易压缩的块体，这个块体随时间延长而硬化，直至形成真正的工具也难以留下印迹的岩石。因此，如果我们在一个软弱的可压缩土层上放置一个足够厚度的混凝土基地，我们就获得一个均质的基础，难以被破坏的且形成坚固的其上可以砌墙的基础层。当然混凝土的下层应有一定比例的满足承重的厚度。但是它有一个在大平面上分散单一重量的优点，并因此减少不均匀沉降的概率。没有土地糟糕到（假设它不是由最新的可变土组成）不能承受因雨水浸透以及自身重量导致的压缩。因此，它总能在一个宽阔的区域提供一个适于承受指定受力的平面。所以，所有需要做的就是分散作用于表面的压力，通过改变其比重程度来抵消。在这里，建筑师的经验和考虑是必要的。

我们必须记住的是潮湿地面的可压缩性比粉状土差。因此，如果我们在湿度饱和的泥土上放置一个 1 码厚的混凝土平台，比如，我们就可以安全地在这个平台上搭建 20 码高、由独立的墙墩和墙体组成的石头建筑。或许会发生沉降、下沉，但它会均匀地发生而不会在建筑中产生错位。某些蚀变的黏土在空气中变干后是轻质的，当它们在地下处于自然状态时跟腐殖土一样缺乏坚固性，当湿度饱和时，在巨大的重力下也不会发生压缩，假设一个会在厚液态土层上产生木筏效应的混凝土平台，被插入那个重力与被提及的黏土之间。因此，我们必须弄清这些软弱土层是否短时间内不会干缩，它们的湿度是否会一直不变。我们已经看到事先没有沉降发生的老建筑当它们所在的底层被排干水后产生错位了。一个可理解的危险就是这种淤泥质土在混凝土平台的压力下会被挤出来；例如，当建筑周边形成空洞，如大的下水道，或甚至当周边土层因为维护良好的堤防系统或其他临近建筑而紧密度保持不足时。为了避免这种在混凝土平台的压力作用下软弱土层被挤出来的危险，最好在平台下边缘加厚混凝土，形成一圈下边缘，如图 11–3 所示；这圈边缘 A 可以防止淤泥

2–19

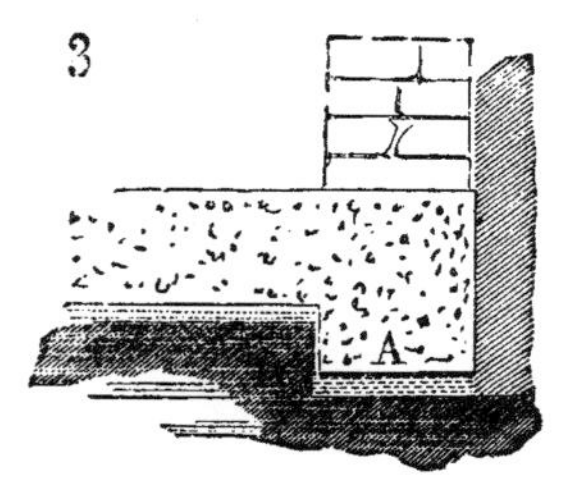

图 11–3 软质土层上的基础做法

1 混凝土源于罗马。罗马人不仅仅用混凝土建基础，也建拱顶，和砍琢过的石材或砖饰面后的整个墙体。

质土在重力作用下滑移。在这种案例中，另外一种经常被采用的预防措施是，在浇灌混凝土前，在淤泥质土上覆盖一层几英寸厚的沙子或碎石。这层沙子使软弱黏土产生坚固性，且在预防混凝土完全成型前分解特别有效。

尽管混凝土平台基础比普通的桩基系统花费可能少，它仍然需要相当的费用。在那些造价必须限定在非常窄的范围的案例中，有一种经常成功、我们推荐的有利方式是——不在建筑外边缘基础下，而是外边缘外，开挖基坑底部——砌筑高和厚均为半码、用石材和水硬性石灰砂浆砌筑的墙体，并填充内部区域，即建筑基底平面，用优质沙子、夯实浸润的，如图 11–4 所示。然后，在这个人工地基上可以建造墙基。沉降产生，但是均匀。当然，这种方式只能在建筑不是特别重的情况下采用。

此外，在开挖基础时可能发生的是，你会发现一个旧河道的河床，或者已被回填的壕沟，因此处于优质底部边缘——例如，凝灰岩土层——你就获得一个中空程度或多或少的空间。当这个空间不太大时，足够在凝灰岩边缘切出一个斜面，将人工土挖成一个凸出的形状，在空间 A 中灌注混凝土，不用找出人工土 B 的底面。然后你会得到一种混凝土拱，你给它一个与其要承受的重量相称的厚度（图 11–5）。可以理解的是，我在这里并不是为了设定绝对的规则，而是指出建筑师必须根据现实情况判断其有效性的方式；因为方式必须随情况改变而变。基础知识不足的建筑师，在面对这种困难时，在绝大多数情况下倾向于依赖建造者的意见，而这些人的兴趣自然不是为了降低造价，而是害怕自己名誉受损而倾向采用他们认为安全却可能造价高昂的方式。如果我们充分考虑混凝土的特性并研究需要处理的地基土的特质，混凝土在墙基中会发挥巨大的作用。我们看到了那些建成后的重量并非微不足道的建筑，它们的基础立在非常危险的、混杂着植物残渣的土壤上，通过在每隔一定间距的淤积层里的锥形洞中的沉降，这些洞里填满了优质沙子并全部覆盖着一层 12 英寸或 8 英寸厚的混凝土，没有最轻微的沉降；因此，除了泥炭沼泽外，几乎没有任何我们目前可以认为绝对不安全且必须采用桩基来承受建筑物相当重量的土壤。

2–20

如果能防止黏土滑移或被挤压出去，它们就能担负一个极佳的、不可压缩的基础。在平坦的、均质的土壤上，这是很容易实现的；但如果黏土是位于山坡的斜面上，极其危险的是重力会导致它们在倾斜基面上滑移或被挤压

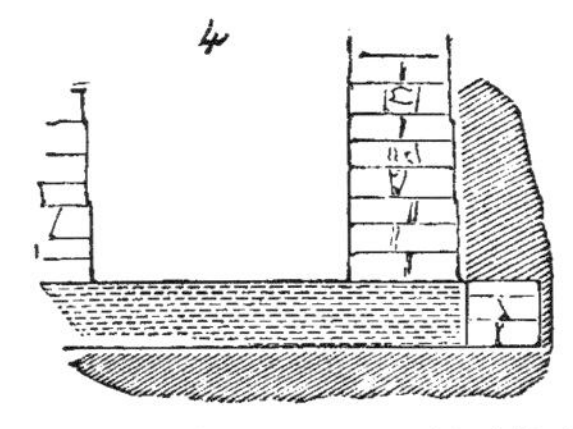

图 11–4　软质土层上的基础做法

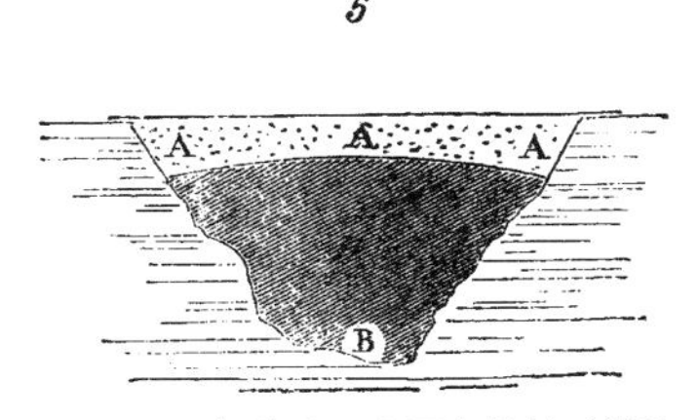

图 11–5　部分人工土层上的基础做法

出去。那么，最谨慎的预防措施是必须阻止泉水甚或雨水浸润这些黏土，从而引发它们的滑移。所以，在基础的前面，我们必须在紧靠建筑一侧设置抗2-21 渗性能极佳的排水管道，且在其所建立的平台相当距离的地方终止。例如，A（图 11–6）是位于黏土形成的斜坡 BC 上的建筑。直线 *ab* 标出基础水平面。沿着墙体 G 的全长，在其外侧砌筑排水沟渠 D，在 *g* 侧开孔设缝，在 *h* 侧抗渗，并在略低于第一层基础的地方设置排水道。自然地，这个排水渠坡向相当快，把它收集到的水排放到远离建筑的地方。这个排水渠在阻隔建筑地下室 H 的潮气以及随之在基底层 K 上的硝酸钠的形成是极佳的方式。当出于经济原因，我们不能设置排水沟渠时，至少必须使后部墙体的基础低于前部的，如断面2-22 图 P 所示，同时在墙体外部抹上水泥直至根部。那么，全部黏土地面 R 就会持久地保持干燥，而且被迫通过 ST 的水将会在其上留下大量足够密实度和厚度的黏土，不至于在基础重力作用下朝着较低的一侧被挤压出去，同时在黏土层 V 下产生阻力防止滑移。

当土壤由纯黏土组成，也就是非常滑溜的，最好在浇筑混凝土之前或开始砌筑墙体、片岩或尖端朝外的平底前，在墙体下放入一种杵（beetle）[1]（采

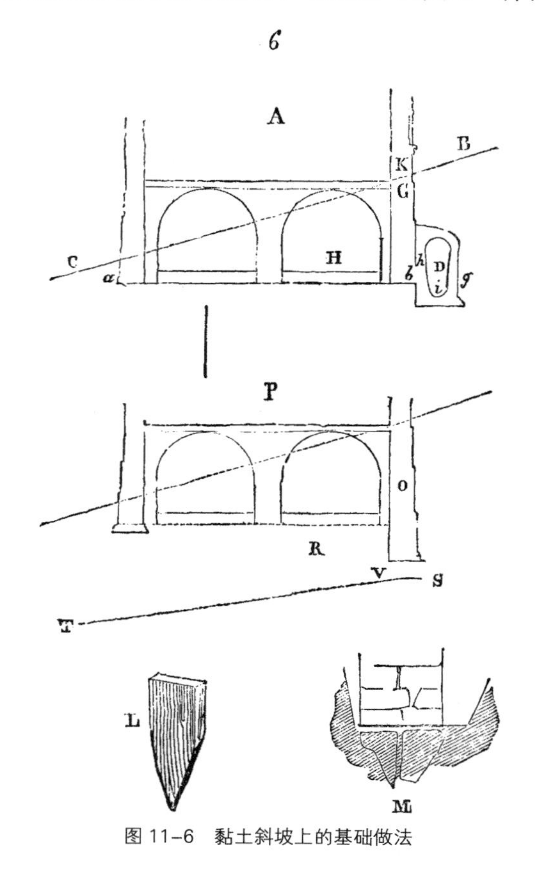

图 11–6 黏土斜坡上的基础做法

1 一头粗一头细的木棒。——中译者注

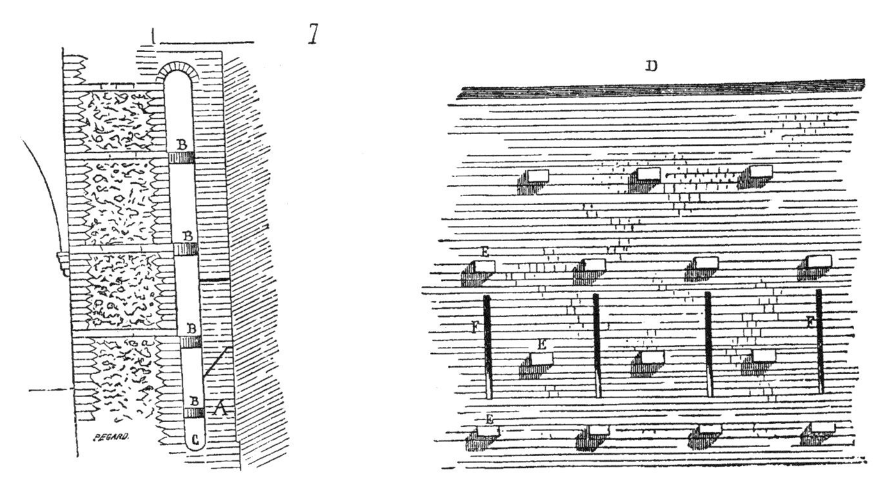

图 11–7（1）　靠着堤岸建造建筑的罗马方式

取了上述的所有预防措施后)，如图 M 所示，甚或小的、削尖长度从 18 英寸至 2 英尺的栎树桩平层。在这些黏土层上，通常可取的是在墙基较低的部位设置大放脚。

罗马人采取了很多预防措施使地下室保持非常干燥、运作良好。为了达到这个效果，他们使用了各种各样的方法。如果一个房间靠着实地，它们就在外面建造一堵挡土墙 [图 11–7（1）A]，与主要墙体间通过一道空洞隔开，空洞中每隔一段距离用砖或石 B 固定；他们在挡土墙上预留缝隙，在底部 C 设置有坡度的渠道以排放从外侧通过缝隙渗入的水分。如果我们贯通隔离空间画一个纵向的剖面图，那么挡土墙就如图 D 所示，E 是石材或砖加固件，F 是缝隙。这些砖或石材加固件是用来防止挡土墙受到堤岸压力的影响。罗马人有时候为了达到更满意的效果［图 11–7（2)］在堤岸一侧的墙体用一层优质砂浆涂料在渠底根部 K 处抹灰。沿着这层防潮涂层流的湿气就不能渗透到石作中。在建造地下室墙体中，我们几乎总是忽略外涂层。既然墙基的表面并不光滑，而是极其粗糙的，水分最终总能渗透它们。发现这种危害之后，我们试图通过在内部采用防潮水泥来解决；但这种方法不能在任何程度上防止墙体被潮气浸透，这些潮气最终会产生硝酸钠并分解水泥。中世纪的建造

2–23

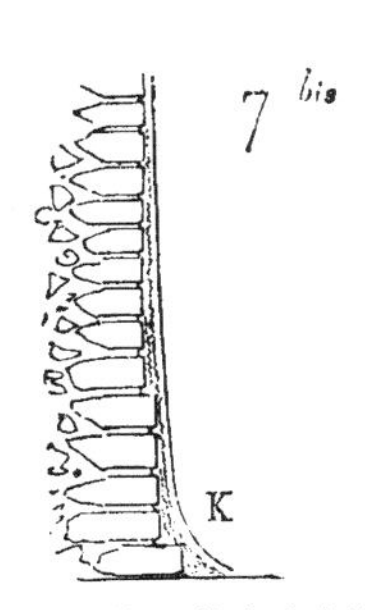

图 11–7（2）　靠着堤岸建造建筑的罗马方式

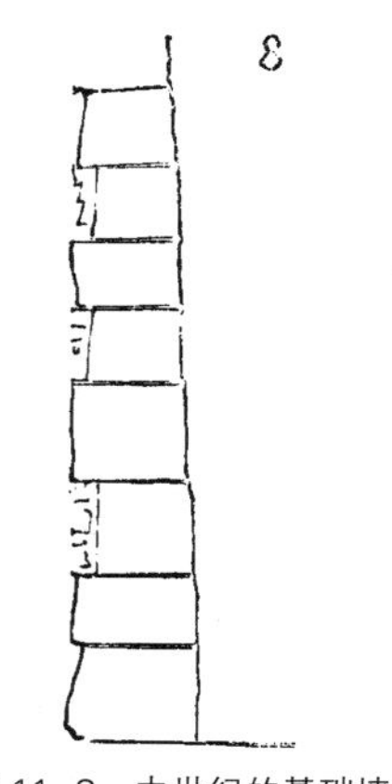

图 11-8　中世纪的基础墙体

者采用一种非常好的方式来防止湿气渗透地下墙体：他们在这些墙体外部用优质的厚涂层抹面，如同那些地上墙体一样认真（图 11-8）。临近土壤产生的湿气无法在这些表面上找到附着点，顺着它们滑落，就不会渗透进石作中。然而，有些石材的吸水能力极强，以至于甚至放置在露天的空气里，在基础之上，也能快速吸收地面湿气并逐渐升高到相当大的湿度。比如砂岩、某些恩河和瓦兹河盆地、勃艮第和上香槟省的岩石。只有一种方法可以阻止这种毛细吸引作用，就是在基础上表面和地面第一层之间设一层防水材料，如沥青、片岩板甚或涂了沥青的书皮纸板。中世纪常常采用薄页岩来阻止这种对地面建筑的耐久性具有致命影响的毛细作用；因此，我们应当检查砂岩层，例如被直接放置在基础上以及用来砌筑基础的，它们吸收一定数量的水分，足以引起其上的毛石层第一层的崩裂，而且由于某些砂岩中含有盐分，会加速崩裂。在独栋大型建筑中——如大厦——采用很多预防措施来确保地面墙体的干燥，通过排水，在基础外表面抹水泥，或最后插入防潮层。

2-24

立面石工技术

在那些既有风化石又有毛石的案例中，对建筑师来说，最重要的就是让每块石材各得其所。

这不仅仅是一个好结构的问题，也是一个经济问题。当然，地下室通常应当用风化石建造；首先，因为它比毛石更好承重和防止损坏；其次，因为它的可渗透性更差、更不易产生硝酸钠。但是，在地下室之上，某些风化石抵抗大气效应没有毛石好；或者相反，甚至会发生它对其应保护的毛石产生有害的影响。这种现象或许在我们大量的大型公共建筑中留下印迹。为了突出的形式在建筑上采用的韦格勒（Vergelé）[1]——突出的束带层和檐口——在暴露的空气中持续了几个世纪；但被放置在风化石平板下的韦格勒已经被快

1　一种在巴黎周边发现的毛石（freestone）。

速分解。韦格勒长时间暴露在空气中或雨水中会被侵蚀，而不是被崩裂；逐渐衰变，而不是脱落或碎成粉末。原因就是这种石头渗透性很强，干化跟吸湿一样迅速。在这种情况下，雨水从来没有在这种石材的结构中停留足以分解它的时间，无论是通过霜冻作用还是盐析过程。但是，如果这些被提及的突出的石头被硬质石板覆盖，即使是自然纹路非常密实的，后者总是能产生渗透影响，并因此导致湿气逐渐渗入下层的毛石，这些不能干燥的毛石产生盐分或被霜冻破坏。下面（图 11–9）就是发生的过程。A 是韦格勒的檐口，被嵌合的风化石 BC 覆盖着。通过渗透从硬质石材向软质石材扩散的湿气不能被空气蒸发：它在层内析出盐分，最终在下表面 G 上结晶；接着很快在滴水下可看到衰变迹象——首先通过渗斑，然后是脱落，接着最后是明显的页状剥落。同样的没被硬石材覆盖的檐口会被晒干，被雨水磨损，但不会被分解。在这种案例中，金属相对于硬质石材来说更可取，因为它对湿气来说是不可渗透的。同样的现象发生在被放置在墙体最厚部位的硬质石材天沟下面。这些天沟如果用优质石材是持久耐用的，但下面的外层会很快出现衰变征兆。因此，在使用风化石保护毛石时，一定要采取特殊处理。装饰线条的断面对石作的保护有很大影响，而且应当一直采用那些有助于快速排除雨水的。由于这个原因，目前常采用的、被认为是模仿古典的装饰线条是非常糟糕的，因为它们几乎总是把表面背对着雨水，且因此妨碍雨水快速排出，同时它们形成对覆盖于这些水平障碍上的表面有极大伤害的飞溅：因为（图 11–9）吹打在表面 BC 的雨水沿着表面 CD 飞溅成细小的雨滴，随着湿气浸渍而产生衰变。一般来说，软质多孔的石材应当被放置在与湿气完全隔离的地方，或者单独放置，以使其迅速被空气风干：硬质石材被放在软质石材上，加速了后者的衰退，尤其是如果那些硬石是吸湿性的，尽管质地优良，就像谢兰塞（Chérance）石材和砂岩、被称作安斯特鲁德（Anstrude）的勃艮第的石灰岩，以及拉维耶尔（Ravières）石材。我们不需要费力去寻找不久前用圣勒（Saint–Leu）石材建造的檐口，上面覆盖着已经在脆裂老化的谢兰塞石板。[1] 如果可能通过不再完全坚持被当作古典的装饰线条来避免那种自我暴露在水平面下的衰变，最

2–25

2–26

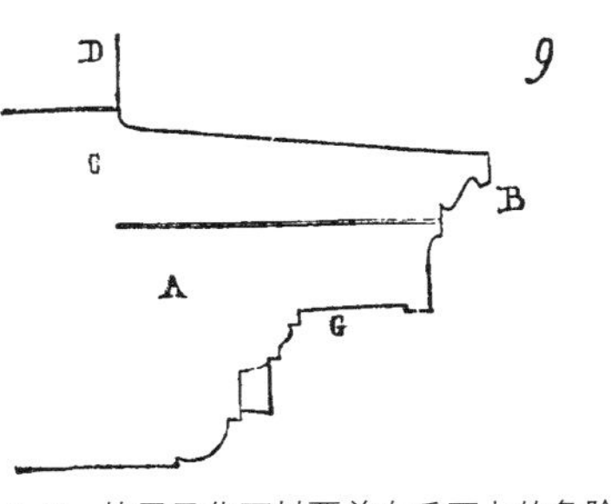

图 11–9 使用风化石材覆盖在毛石上的危险

1 尤其是在巴黎最高行政法院（the Conseil d'État）中。

重要的是确保风化石天沟层的保护。在这种案例中，明智之举是或者把这些天沟架设在梁托上使它们的下端暴露在空气中，或者在下端和下面的毛石表面之间设计一个空档，每隔一定距离设通风口，如图 11－10 所示。中世纪的建造者，往往把天沟或外走廊设在建筑高度中部，他们总是小心地在教堂的上部走道中，把这些下部层面通过架设在梁托或双层墙等来使其隔离。

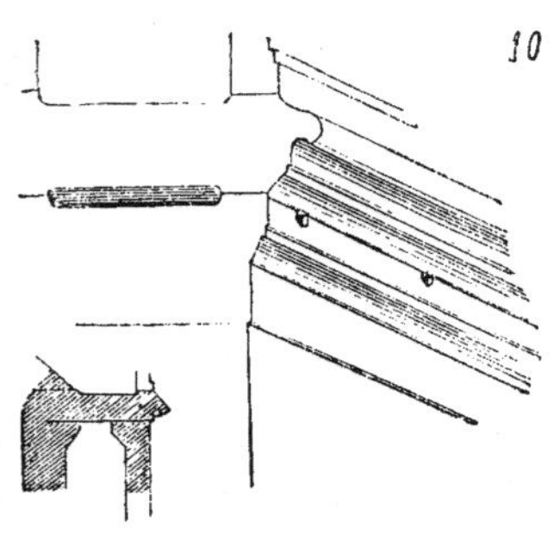

图 11－10 单独的石质天沟

罗马人总是通过建造他们连接紧密的外立面石材，不用砂浆，远离它，也就是说，与背墙不相连接，来确保外立面的保护。这是最必要的，当他们使用产生大量盐分的水硬性石灰时，并且由于基础和连接处砂浆的存在导致石材边缘的侵蚀。这种衰变表现在贴近砂浆的石材周边，通过渗斑，接着是页状剥落，甚至到这样的程度，整个世纪这种剥落（图 11－11）都在发生。砂浆垫层 A 继续工作，石材面层在 B 处得以保护，而 C 部分被强烈侵蚀。这种现象在很多中世纪建筑中可观察到，据我们所知，它们用厚厚的砂浆粘接每一层。但是中世纪建筑几乎总是用小的层面建造的；因此，砂浆在它们的建造过程中扮演重要角色。这与我们现在的石建筑情况不同，现在的建筑用大的块体建造，因此应当用罗马人的方式建造。可以显见的是，涉及的紧密连接的石作中的困难被夸大了。如同有些作者告诉我们的，让石块基底一块挨着一块相互摩擦以产生完美的连接是不必要的。此外，承认古人在底部使

2－27

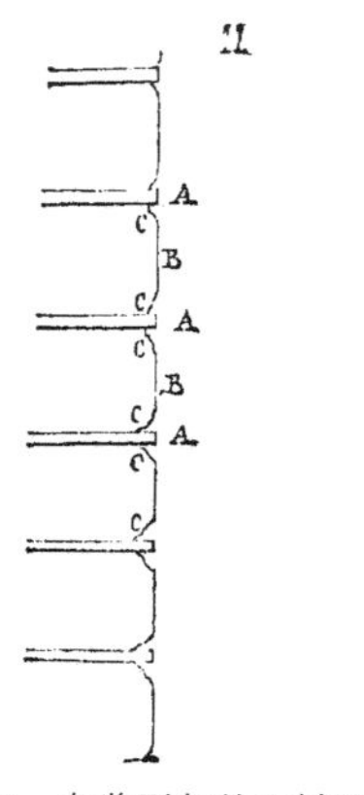

图 11－11 灰浆引起的石材退化

用这种方法，他们是如何把它运用到连接件中的呢？但是古代建筑的垂直连接如同基底的一样安装精准。真实地装饰这些基底和连接件来获得笔直的边缘以及用吊楔安装石材就足够了。通过仔细检查大量的罗马砖石建筑规则中的基底和连接件，用类似于锯齿状的凿子加工的装饰痕迹能被清楚地辨别出来；但是很多罗马建筑的表面装饰粗糙，有时甚或只是简单地粗加整修，而基底和连接件总是极其精准地装饰。这种现象甚至可以在晚期的建筑中观察到。事实上，大型的罗马砖石建筑的稳定性完全归功于基底和连接件的紧密连接。罗马人不满足于单独采用这种方法，他们认为用销子或金属鸠尾键，铁的或铜的，来连接各层以防止它们相互产生反力是很有必要的。所有古罗马的石材或大理石的建筑中，每一块石头基底转角部位都有安装金属销子的凹槽。中世纪时，很多这类销子是可以拔出来的；这就是为什么我们在这些建筑的墙体上看到很多用大锤和凿子凿出来以拔出这些金属的洞。这些销子通常是图 11–12 中的形式，A 部分被放入下一层的上基底，B 部分被放入上一层的下基底（看大样图 C）。在大理石工程中，这些销子通常是铜的，在石工工程（石灰华）中它们通常是铁的。无论如何，它们的效用是值得怀疑的，因为把它们拔掉后的墙体依然保持稳固。

2–28

罗马建筑有相当牢固的基础。组成它们的碎石工程是非常密实而均匀的，而且尺寸很大的块石石工使它们不必被束缚或夹紧；因此，销子的过度使用几乎不出现在壮丽辉煌的大型古罗马建筑之外的任何建筑物中，而且在其他国家中也是罕见的。罗马人有时仍然认为用铅与铁的或铜的混合的楔形榫头来把每层的石头盯紧是有利的。事实上，在某些水硬性工程中，为了确保柱廊上的饰带或檐口的安全，这是必要的。我们甚至找到了那些木作的楔形榫头。[1] 但是链状束缚，恰如其名，没有留下痕迹。也就是说，中世纪期间，从 12 世纪末起，含铅的铁扒钉被频繁用于连接一层的石材；因此，这些铁扒钉在不同高度上形成真正的链状束缚。关于这些，一个很显著的现象可以被看到。当铁件只与石材连接时，不管含不含铅，它都只生一点点锈，因此不会膨胀，

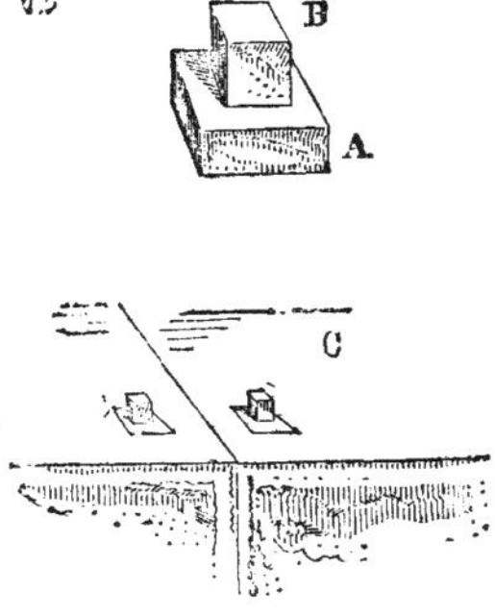

图 11–12 石材的榫卯连接

1 如桑特凯旋门（the Arch of Saintes）的基础部分。

也不会引起石头开裂；但是，如果有砂浆靠近铁件，即如果在这些连接每层的石材的铁扒钉上有厚厚的砂浆层，这些铁扒钉，不光是不是被铅包裹，必定很快地膨胀并胀裂石材。如果基底被填满巴黎灰浆，这种氧化作用会更快。2–29

因此，当罗马人在某些情况下用金属来加固石材时，由于他们没有在石材间铺砂浆，所以不用担心氧化作用的影响，但是，在我们中世纪的以及那些我们目前正在建造的大型建筑物中，出现在石工工程中的金属是十分危险的，因为我们总是在石材之间插入砂浆或巴黎灰浆层。但是我们以后应该重新考虑在石工中采用铁件。

由于不把伸缩性当作结构因素之一，罗马人继续用一种符合逻辑的方式通过紧密连接来砌筑各层或通过在砖块或碎石之间填充大量混凝土墙体。

一方面，由于把伸缩性看作结构因素之一，中世纪的建造者不再缺少逻辑地继续推行在厚砂浆层上砌筑他们的建筑层面。实际上，采用这些方法中的这个或那个都是很自然的。如果我们模仿罗马建筑风格，让我们就像罗马人那样建造；另一方面，如果我们像中世纪前辈那样建造，即在饰面工程中使用砂浆，让我们杜绝采纳与这种方法不适应的罗马建筑风格。如果我们不要求结构具有一定程度的伸缩性，让我们仿造罗马的方法建造，这种方法形成绝对静止的稳定性；但是，如果我们被迫要求在我们的建筑中确保伸缩性在一定范围内，让我们不要模仿（不完全地）罗马建筑的外观。总之，让我们的建造方法与我们宣称采用的建筑形式协调，或者，如果我们的建造方法是符合要求的，让我们不要试图去复制与那些方法不一致的建筑形式。总的来看，我们过于奉承砖石建筑建造方法的观点。实际上，我们建造拙劣、造价高昂而且不考虑材料特性。如果我们的公共建筑中没有出现裂缝和错位，那是因为我们使用的材料比完全所需的多了两倍；但很清楚的是这种过度挥霍是昂贵的。由于考虑了经济性和材料的明智使用，我们的私人住宅比公共大型建筑的建造更好。我们经常在住宅中明智地使用铸铁或锻铁以及石材或砖，而在我们的公共建筑中我们可以看到大量的石块毫无理由地堆积，金属只用在地板、铁连接件和屋顶上。然而，毋庸置疑的是如果罗马人已经掌握了大尺度的铸铁技术，他们也会使用的。中世纪的建造者应当很乐于使用那种材料，因为当沉重的体块被放置在纤细的支撑上时，他们曾经尽力寻找一种替代物，连续放置非常硬的石材。很奇怪的是，我们的建筑师，拥有如此多种多样的、新的且经过良好测验的材料，以及唾手可得的从古代到最近的所有建筑风格的图例，当论及公共建筑的建造时，在卓有成效的因素包围中，他们认为自己有义务保持 17 世纪时采用的建造体系，如果人们用一种非常客气的方式写作，他们的建造是非常拙劣的。甚至假如我们不采用铸铁来支撑，我们现在就没有品质与最密实的大理石同等的硬石材了吗？为什么不通过赋予这些材料与其强度一致的纤细形式来恰当地使用它们呢？为什么——

2–30

我回到这个重点——要在碎石填充满足需要时使用块石？为什么学院荣誉获得者，在他们从罗马或希腊回归中，当他们在法国建造时，没有随之带来任何罗马人采用的优秀建造方法，而是仍然坚持熟练度远逊于先辈的17世纪建造者的方法呢？为什么如此高度赞扬罗马古典艺术，而且每年派送年轻建筑师从其留给我们的建筑中寻找灵感，如果对那些建筑的研究最终只是为了仿造一种我们没有弄清其基本原理的建筑，并且如果在我们对这些巨大的、漂亮的大厦的研究过程中，我们不确定哪一个是它们的本质部分，从其适用性来看，只要其结构对我们的要求和社会条件是适用的吗？自从尝试解释这些矛盾已经很长时间了；但是石材仍然像以前那样不合理地堆在一起，而且同时新材料的丰富并没有带来建造方法的任何改变。机器得到了改进，巨大的石块在其帮助下被轻易提升到极高的高度，但是，显然伴随着一种把它们切割成适用于小尺度石材的建筑要素的看法，例如那些过去用起重三脚架提升的石材。我们可以很好地利用这些优质材料——如同先辈们一直成功利用它们那样。相反，我们特别重视把它们掩藏在大量的细节和装饰线条下，它们使我们的大型建筑看起来像陈列室工作箱或用灰泥外饰的碎石工程。在这些装饰线条、方形回转、壁柱、线脚、细薄的拱门饰缘、束带层和无节制的雕刻收集中，我们寻找一块我们亲眼看到被提升到极高的巨大石块，而我们仅仅看到小的表面——在各个方向被切割过的形式；那些巨大的块体已经消失了。那么，为什么不像它们在16世纪那样用小块材料建造呢？ 2–31

为了给看起来在我们更矫饰的建筑作品中流行的非逻辑一个清晰的概念，我在这里会把注意力引向一个事实，它显示在材料选用时忽略明智的考虑时会导致什么。在17世纪初，我们大量使用砖石组合；这种方法是合理的。石材用于建筑转角部位——作为垂直连接；就是用在承受最大荷载的部位，用于窗框和束带层——首先是为了方便窗户的安装，其次是为了垫平并水平限制墙体；在这种情况下，砖只是毛石工程的一层外皮而已，因为它被发现在我们的外部气候条件下作为毛石工程的抹面并不耐久。这种建造模式是非常好、非常合理和经济的；并且，它清楚地指出了这种方法的着眼点。现在，这种建筑偏好不久之前重新流行，而为了模仿它们的外表，我们已看到用实心石材建的墙墩，为了加入……大理石？……青铜？……不！砖。这就好比我们在一件缎子裙子上用棉线或毛线绣花。如果我们的后代建造比我们更合理，他们总有一天会很惊讶地发现在这些砖外皮后的块石，这些砖外皮的真正作用是为了遮住毛石砌墙并取代抹灰，从而会倾向于推断在我们的时代，砖是昂贵而非常宝贵的材料。

看起来好像我们把块石看作一种我们不能大量生产的自然产物，因此，产量充足令人激动；然而我们看到经过几年的开采后，采石场被挖空了。在蒙鲁日和巴涅平原，再也没有适宜建造的石材了，它们为巴黎提供了几个世纪的材料。在瓦兹河和恩河盆地，一些最好的采石场也耗竭了。现在我们被迫在勃艮第、汝拉和高索恩寻找风化石；而且这里也是采石场主给建筑师们提供材料。后者不会想到拜访有关部门并为自己收集在每个产地最适合建造的石材的信息。为什么我们不在巴黎使用有很多优点的奥佛涅的火山岩；当精挑细选时，孚日山脉砂岩的质量是无与伦比的；很薄的昂儒或欧坦的片岩也足以用于阻止毛细吸引作用；孚日山脉和莫尔旺山的花岗岩让我们能制作非常强而细的独石柱？为什么在我们认为过梁更可取的大型建筑中，我们经常坚持拱形连接和用铁件支撑的方案，而不是有目的地采用单块石材，例如那些普瓦图的绍维尼采石场、勃艮第的安斯特鲁德和除此之外的其他地方可提供的石材？如果考虑费用，通过只在必要处使用并有目的地选择块材，以在我们目前无效使用的大量块石中减少开支是很难的吗？罗马人是伟大的建造者；但是他们在选择材料时是多用心啊！他们多明智地根据材料质量来使用且从不浪费它们啊！如同我们在法国那样，拥有、制作最多种多样的、最优质的建筑石材并有着远超罗马人的快速便捷的运输方法，我们如何在这些重要方面逊于他们呢？我再次声明，不要拿造价当借口——我重复一下——我们通过荒谬地滥用块石在我们的公共建筑中浪费极大，好像我们像罗马人那样没有优质的石灰、砾石、亘古不变的毛石和砖！

2–32

事实上，我们不得不再创造砖石建筑艺术了；我们必须忘掉最近 3 个世纪中使用的所有方法，并基于古人和中世纪建造者获取的经验开创新的方法，适当地考虑我们自己的时代所贡献的丰富资源。但是要获得这种结果，必须满足某些条件。建筑师应被要求考虑结构，至少像考虑外表那样，并且不追随在大多数承包商中风行的常规方法；很好地确保他们所采用的方法的优点和坚固性，如同能确保被实施他们的设计的人采纳并欣赏一样——为了幸运地，在我们当中，每一个被清晰解释的方法都被我们的工匠马上接受；对自己表明他们的石材连接跟中世纪的大师们一样，这些大师们经常被不能模仿他们的人贬低；熟悉材料并亲自处理它们；考虑它们的成因而不是组合，并认为在建筑中明智的节约是知识与品味的证明。无用地使用本该好好地用于满足全部要求的方法肯定不是好头脑或合适品味的证明。

2–33

在每一个石作范例中，石材外立面中每一个单片，或混凝土工程的每一个部件都应当清楚地表明它们的功能。当我们对某些部分感到迷惑时，我们应该能够分析这座建筑，这样每一部分的位置和功能就不会被弄错。古人已经给我们提供了这样的范例；当我们发现他们其中之一的建筑遗迹时，应该归功于它对这个准则的遵守，使我们能准确无误地修复它。中世纪的建造者在运用这种建造方法时更严格，即使比不上希腊人，至少更甚于罗马人。和他们一致的是每一片石材外皮都是不可缺少的构件，自我完善——一种经过分析在整体中发现其准确位置和功能的机构。我们能想象这样设想的石工工程必须具备的利益，不仅仅是为设计者，还有那些施工者以及观众。每一块石材都有不同的功能，管理它们安装的组合证明了一种在建筑上留下永久痕迹的智力劳动，并提出一种显著的、独特的形式；工匠意识到他在从事一项他理解其作用的工作，并且他有一种竞争激励和满足感；注视着完工作品的路人把它当作一种综合灵感的结果，为了产生某种效果；整体具有统一性，因为所有部分之间都有准确而必要的关联。没有人会声称统一性是偶然产物。统一性是各部分产物的结合。每个有机体都是一个统一体，因为它的各个器官都为了协调的目的被结合起来；它应该与建筑设计的总体是一样的。如果我们从希腊神庙的结构中移走一块建筑构件，就会破坏其稳定性；如果我们从中世纪大型建筑中拿走一块石头，就损害其耐久性。我们不能说像现在建造的建筑那样。因此，这理解为我们必须坚持希腊人或中世纪建造者采用的建造准则吗？当然不是：但是我们可以像他们那样前进，并且从他们完成的作品中获益。

某些行家理所当然地认为，一个建筑师只需要一套无足轻重的惯用手段，而且他的艺术实践是一件非常容易的事，他们从文艺复兴时代开始干涉他的领域，并且主动承担起权威地抨击规则、比例和对称等；他们阐明观点，引用维特鲁威和帕拉迪奥的文章片段，着手考察建筑以及，像某张相册里的照片一样，并由此创建了艺术品味的权威。当前，由于我们教学用具的不足，这些评论家几乎取代了大师们；他们把自己的批判教条运用于准则、传统和实践方法中；并且很快开始把他们的突发奇想用来衡量进步。其中之一是屋顶必须被掩藏起来；第二是认为建筑只是用来看的，并坚持对称布置；第三是宣称中世纪和罗马时代采用的为了拱顶反推力的扶壁只是一种对建筑缺点的承认——现代独创性应该用新发明来取代这些看起来毫无生气的块体。如果你怀疑这些自负的行家们自己建议的方法，他们总是回复说他们已经在职业石匠或英国园丁的帮助下造了一座城堡或大厦，牢固而省事，所有东西都是绝妙的设计——一座非常神奇的宫殿。6个月后，你被作为一名建筑师派去这座完美的大厦加固地板、固定开裂的墙体、重修烟道、加固基础、更换腐烂的屋顶横梁和残破的屋顶。这个教训被吸取了吗？没有。两个星期之后，那个你不得不改正其失误的行家——一个“有影响力”的人——会对提交给他审查的设计提出上百条批评：你设计了木顶棚的地方他想要一个拱形顶棚；这里，你的墙太薄了；那里，他发现他看不惯的扶壁；其他地方，开口或实心部分是不可缺少的，等等。 2–34

我们被上了一堂认真的、全面的、批评的教育课了吗，通过抗争在很多情况下我们的职业成败所依赖的这些建筑外行的突发奇想？没有。除了常规方法，我们通常没有其他武器可以反击这些无礼的攻击。然而这些恶行不断增加，这不是最近才出现的，因此，菲利贝·德·洛梅曾经用慷慨激昂的语言呼吁注意这种恶行，而且从他那个时代开始，一些有见识的人开始对抗这些建筑专制错误。阅读1702年一位作家所说的话是有益的，他对建筑怀有浓厚的兴趣，并以那个时代罕有的公平批判的精神研究建筑。在法国财务长弗雷曼（Frémin）的《建筑评论论文集》里[1]，一篇关于几座巴黎教堂建造的评论像这样表述自己——“你会在巴黎圣母院和圣礼拜堂的施工过程中看到，2-35 这两座大厦的建造与主观、客观和场地一致；而在圣欧斯塔施和圣苏比教堂，你会看到这两座建筑的建造既无理性、也缺乏判断力和谨慎。”

“在巴黎圣母院，最初设计的建筑师一开始构思他的大致想法，然后开始考虑每一项要推动这个项目的事项，他仔细考虑它们；他认为这个教堂从他所生活的时代要求出发，不必很宽敞，因为巴黎那时候是非常有限而狭小的，但是如果令人快乐的期望被实现的话，将来也要求符合时代要求；因此，它必须被造得很大；他认为它被设计成一座大教堂，应当有特有的空间和布置，因为这样的一座教堂与教区小教堂是不同的。他认为如果他把自己的想法局限在他的小场所范围里，他就不用设计这么大的、需要容纳更多人的空间；他设想一个吟唱几乎不断的教堂应当是一座可以把声音关住并防止其消失的建筑物；他知道所有为了弥撒的布置都是为了让它可见，因此，即使从被柱子遮挡或掩盖视线的远端，也必须有助于其被看到。那么建筑师做了什么呢？鉴于将来的需求，他设计了一个宽阔的室内空间并利用走廊把空间扩大了一倍。为了提高和声的效果，这种和声被反射时会变得更丰富而悦耳，他降低了走廊的拱顶高度；降低拱顶高度后，为了获取更多光线，他扩大了很多窗户，因此利于光线进来。为了祭坛可以被清楚地看到，他把柱墩减小到适当厚度，并设计成圆形的，这样避免方柱墩的角部阻碍视线。这位建筑师，认识到被反推力用扶壁支撑的拱顶重量从不垂直作用于柱墩，因为从来没有等效于拱顶重力作用和这个重力产生的外推作用——他设计了那些适当的尺寸来支撑走廊的双倍拱顶，以及那些支撑更大一点的大拱顶的尺寸；他同时给予它们合适的尺度。在这里，我们看到对客观和主观的明智考虑，以及对场所的灵巧适应。这个可以被称为优秀的建筑。这个建筑师建了两座塔楼；他知道利2-36 用他设计的形式，它们的上部结构只需要合适角度的支撑——他把它们升高到墩子上，这些形成教堂走廊双层入口的墩子似乎至多有必要的厚度；因此，不考虑它们的尺寸与分隔它们的隔墙相关，他给它们悦目的比例；所以，在所有细节中都显示了智慧和好的感官意识。”在并非无理地批评圣欧斯塔施教堂并得出结论它的建筑师只不过是“一个很糟糕的石匠”后，弗雷曼继续讨论圣苏比教堂。他说：“这是另一个失败建筑的类型，但是它与前者相比，证明了石材的堆积或组装不能组成建筑，因为它让人吃惊地看到我们的建筑师

1 《建筑评论论文集》“正确的与错误的建筑理念”（*Mém.crit.d'archit.contenans l'idée de la vraye et de la fausse architecture*）（巴黎，1702），第六封信（Lettre VI）。

自我怀疑到什么程度；如果像在小佩雷斯教堂那样，他们不把整个采石场的石头堆积起来支撑一个小基座，就会焦虑唯恐他们一松手，这个建筑就会倒下来；这种偏见是如此之大和普遍，以至于当你打算建造一些精美易碎的部位，你发现自己被一大群石匠围攻和拒绝。然后，我认为圣苏比代表了另一种失败的建筑；首先是总体概念上的，其次是对概念的实施过程中的。关于总体概念，我们说不出它是什么；如果竖起来支撑拱顶的额枋被撤除，一个建筑就几乎没有任何吸引力了；形成壁柱顶部的檐口是目的不明确的特征……；附在拱上的壁柱是不必要的；一根方 9 英寸的柱子在教堂里是荒谬的，因为它的转角阻挡视线，并且它的厚度由于占了太多空间和地面，结果占据了聚会要求的空间……看着壁柱靠着柱子，我想象一个强壮而挺拔的男人，靠着他的身体放着一根柱子来支撑他的下巴。每次我进入其中都觉得反感。”由于相对于圣苏比，弗雷曼更喜欢巴黎圣母院的建造，他依然是一个进步爱好者，在他所有的文章中，他不停地猛烈抨击惯例，这些惯例在他的时代已经趋向横行于建造方法上。但是，我们必须着手更紧密地考虑我们的学科，并考虑准则的运用。我认为，我们在某些情况下必须尝试不设柱墩，不管它们的形式，是否直接表现或被掩藏在现有的柱子外观下。但是如果我们在大厅上建砖石拱顶，是非常有必要支撑它们的推力，如果我们不想看到垂直墙体倒掉、拱顶坍塌。那么，让我们尽力找到通过什么办法我们可以用石工在一个内径 65 英尺的室内建拱顶，它们最宽的部位在 4 英尺 6 英寸厚的墙体上，以及没有那些被视为弱点标志的外扶壁拱。图 11−13 是大厅的横剖面；我们应当用硬石材建造基础 AB，分成中心距 20 英尺的隔间。对我们来说，很容易把支柱间的墙体厚度减少至 2 英尺 3 英寸。在牛腿 C 上，我们放置铸铁支架 D，外面用铁条和铁键 E 固定。在这些支架上，我们放置垫石 F，它们的端部砌在墙体里；然后起拱石支撑拱 G，如 H 正面所示。在这些拱上，我们设置走廊 K。在拱 G 的拱肩表面前放置纤细的铸铁柱 I，从这些柱子伸展的柱顶到柱墩 I，我们放置两道石过梁 M，第二道形成大拱断面 N 的起拱石。我们可以在这些过梁上的边墙打洞，如 O 所示。在一个接一个的拱断面上，我们砌筒形拱 P 和环形穹顶 Q。为了围合大厅，走廊上 1.5—2 英尺厚的有大开口的墙体就足够了。如果我们造一个由铁皮主体 R 组成的屋顶，利用它们的重力来承受略靠外部的铸铁直立柱，这个重力会在一定程度上抵消横向拱的组合压力。假设筒形拱 P 是砖砌的，环形穹顶 Q 是陶土的，我们会得到一个几乎完全指向铸铁柱的组合压力，并且，考虑到工艺误差和偶然作用，这个组合压力落点无论如何不会超出 A 点。那么，在这里我们通过组合运用兼具稳定性和空间；我们摒弃了扶壁拱和大量需要额外花费的无用材料。

2–37

2–38

我希望获得理解的是，我在这里没有宣称提供一种建筑模式，只是提出一种符合特殊要求的工序方法，通过恢复之前借助于我们的祖先获取的经验

图 11–13 不使用扶壁的起拱方式

和我们自己的时代提供给我们的器械来解释过的那些准则。如果，打比方，我们建造了沉重而耐久的石材基础；如果仅仅对过梁 M，我们选用非常坚硬的材料，建筑的所有剩余部位可能都是毛石或实心或中空砖块的。筒形拱 P 和环形穹顶可能建起来，首先用非常细小的木质核心靠在边墙上，然后在横拱上设曲线来转换。只有巨大的横拱才需要构造中心，通过突出在 S 处的梁托作为中心联系梁端部的支座，在中心部位一个支撑就足以支持了。雕刻合金板 XIX 呈现了大厅隔间的内部透视以及整体外观的大致情况。显然，这种

2–39

图版十九 不使用飞扶壁的拱券大厅的柱间（铁和石）

图版二十　内有大房间的建筑的剖透视图（石）

建筑适于绘画装饰，不管是让石雕工艺外观部分还是全部可见。看起来，只能通过提高建筑师的智慧，艺术才能被用于适于时代的工程制作，并因此用于外观创新和结构经济性。为了实现这个目标，合理的、聪明的——我甚至可能说它是科学的——建造应当作为起点；古代的方法只能作为参照，我们不会达不到他们的生产要求，而且我们可能从他们的成就中获益。

制砖艺术在近代得到了很大的改进，那么为什么我们不在我们的公共建筑上使用它所提供的方法呢？为什么采用石材，当我们可以更经济地使用有许多优点的材料——便于运输和起吊，轻质，对抹灰和粉刷有极好的黏附力，干燥而有无限的耐久性？

为什么在我们的宫殿和大厦中，我们应当摒弃使用釉面陶土制品——通常用在我们的石材外表面，这些表面都是冰冷沉闷的样子，尤其是在我们的气候里？通过在遮蔽部分明智地使用彩陶甚或涂灰泥，我们能在石材上节省下足以补偿这些外立面导致的额外花费的费用。在意大利甚至在法国，文艺复兴时期的建筑师，应用这些时不曾犹豫，它们同时具备装饰性和经济性；他们对石材的充分尊重使得他们不会无效地挥霍。我完全明白，更容易的是在纸上设计一个立面而不考虑多方面的方法，给一个聪明的石匠用自己所掌握的材料，例如块石，来对设计进行复制的工作。但是亲自指定各种材料的用途——选择它们——避免浪费和无用的支出不是艺术家的职责所在吗？甚至当建筑只用块石建造，考虑周到的布置基础和连接点会节约相当多的所选用材料的数量和劳动力。每个人都知道毛石块——那些建造中最常用的——从采石场出来在地层中有各种尺寸；有的在地层里三四英尺，其他的不超过一英尺半，甚或更小。为此，在建筑师办公室中采取什么过程呢？图纸——外部形式——在确定将要采用的石材基础高度前就被设计好了。这个外部形式决定了——绘画表现——问题根据建造大厦应采用的石材种类出现；接着，这个设计被接缝线几乎任意地水平分割，以免与采用的建筑特征产生太大的矛盾（因此，这是最严谨的建筑师进行的）。但是当工程开始实施时，几乎没有石头完全符合设计中标注的分层高度；底盘过高的块石不得不降低，太小的块石扔一边。所有这些毫无疑问地要花钱。看起来更合理的是像被推荐给我们作为典范的先辈们那样推进，并且像中世纪建造者那样，他们的模式被抛弃了——即在绘制设计图纸前，明确材料及其所能提供的性能。每个人从而可以获益，而建筑不会有任何损失；相反，会从这样一个过程中有所得；因为材料在高度和品质上的多样化会在效果上产生变化。我们已经掌握了石灰石——那些产自汝拉的和勃艮第某些岩层的，例如——可肆无忌惮地放置在边缘：为什么不用那种方式利用它们呢？为什么用花费巨大劳力锯切的多层来建造本来可以建成一层的建筑构件呢？

2–40

因此，对建筑师来说，可取的是在着手一座建筑的建造前，明确采石场将供料给他的石材的品质和尺寸；必须注意的是，在这种情况下，他不应当依靠建造者提供的信息，他们非常倾向于沿用习惯模式——现在像他们以前那样建造——但是应当不厌其烦地参观采石场并了解它们不同的岩床。做到这样，对他设计建筑是好的，使他设计的各种特征从属于将要实际运用的石材尺寸。这些都是基本原则，应在建筑学院中教授的，如果我们真的在法国有这样的学院的话。

我将通过一个案例支持这些最近的论点，没有参考，对任何一种独特的建筑风格，都能得到理解——因为在这里我们所关注的不是建筑形式，而是结构方式。如图版二十，我们有一个用石作建造的宫殿立面，包括地下室，拱形底层和带阁楼的一层。我们希望一层有一个走廊或宽阳台。我们用厚实的大块风化石外壳建造地下室，石作背面是碎石工程。在地下室前面，我们立起巨大的柱列，后面的建筑除第一层外都用碎石和砖建造。在这些柱列上，我们放置硬石材的连梁，由墙侧的梁托承担。在这些连梁上我们搭建“皇凳”（banc royal）[1]的拱门。由于这种石材提供大尺寸的块材，我们利用它作很高的起拱石；接着我们建造楔形石质和厚度适当的拱门——因为它们不承重——但是在底座间有相当的宽度。我们用墙体填满拱门之间的拱肩，但是略向后移为了便于釉陶面砖的安装。在垫平至拱门顶端的墙体上，我们放置硬石檐口层，形成阳台。第一层只在下层结构的碎石部分建造。窗户之间的墩子组成第一层风化石以抵抗走廊上雨水飞溅的影响；然后按照块体尺寸搭建韦格勒或“皇凳”。在这些墩子上，我们放置尺寸相等的起拱石，只略突出窗侧，拱的厚度也仅仅跟窗侧和槽口一样；剩余部分由碎石或砖作建造。釉面陶土的装饰线条围绕起拱石和楔形拱，并形成釉陶面砖覆盖毛石砌墙；同样地，我们使用一层釉面陶土层垫平，上面放着石梁托承托着含有铅制排水沟的檐口。梁托之间的空间会被覆盖釉陶面砖的墙体填满。然后就是支撑着屋顶和屋顶窗的檐墙，我们的版画中展示了这种石构造。由于底层拱廊形成拱座，我们可以用混凝土或空心砖在这层做圆拱。这个拱廊后的墙体可以涂彩色灰泥，因为它被完全遮住。因此，在内部，我们只要在一层的柱墩上用毛石，即在用护墙板装饰的部分。所有其余的毛石砌墙都可以外罩粉刷或灰泥，可以采用在石材表面难以保存的彩绘。假设整个建筑完全用毛石建造，我们会发现除了提高造价和避免采用我们提到过的那些外部彩色装饰方法外，没有其他的优点；而且我们的内部保存没这么良好也不适合做彩绘。

我们掌握了一种在建筑中作为附属的昂贵的材料，尤其是在砖石建筑中——铸铁和锻铁。古人在他们的砖石建筑中几乎不使用铁，除了扣钉或销子外，也就是说，很小的一部分。杰出的中世纪建造者，尽管他们有些预感到使用铁给他们带来的好处，并且明智地利用，他们也没有在相当大的范围

2–41
2–42

1 一种在巴黎周边发现的毛石（freestone）。——英译者注

内掌握这种材料。然而，采用弹性砖石体系后，在很多案例中铁对他们来说是必不可少的。在我们的时代，不再可能忽视这种最高效的建造材料，现代工业以低廉的价格和各种前所未有的尺寸提供给我们。因此，更可取的是考虑我们如何使我们的建造方法来让我们能从对这些新材料的运功中获利。但是，在某些情况下，铁作为一种有用的材料的同时，不能忘记它在与石作连接时也是一种非常活跃的崩解剂。通过氧化作用，它不仅仅会使最稳固、最坚硬的材料膨胀和胀裂，也会丧失它的特性；它从坚硬变得脆弱，由金属态到砂状。所以，必须把铁放在它的氧化作用只限于表面的环境中，如果我们不想这种金属在一个世纪或更短时间内摧毁那些用它来加强的砖石建筑，并使其失去它的有用特性。这些缺点在私人住宅中并未引起足够的重视——住宅的耐久年限平均在相对有限的范围内；但是它们在要持续几个世纪的公共大型建筑中是很重要的考虑因素。我已经提过，锻造或轧制的铁件，放置在以石灰和巴黎灰浆其重要作用的砖石建筑中，会很快完全脆裂，并且在其不可抵抗的膨胀作用下胀裂最坚硬的石材。如果铁件是分开的，如果它仅仅跟只轻微渗透的石材连接，它上了一层釉，氧化作用就只在表面。那么，它的膨胀就微不足道了。这种现象可以在很多老的栏杆柱上观察到，它们的嵌入部分完全被铁锈侵蚀掉，而暴露在空气的部分则保存了它们最初的外观。我们已经看到内置的铁扒钉从砖石建筑外表面向内一码的部位完全被破坏并被分解成铁碳酸盐状态；而在同样的建筑中，柱轴的销子直径只有 6 英寸，却保存了它们的金属特性。因此，铁件嵌入石材中越深，越容易腐蚀。当除了把扒钉嵌进石层外没有其他的连接方式时，在这里指出的危险就不能被预防了；但是现在我们可以用 15 英尺或 20 英尺甚至更长的铁条连接，它们非常容易砸出一条跟砖石砌体不再直接接触的自由通道。那么，八分之二或八分之三英寸的间距就足以防止完全氧化的影响。在所有打算耐久的建筑中，连接部件使用的铁件应当被当作安全带，它们的端部必须被牢牢地固定，钩或钉的油漆必须被看成很不足的权宜之计；它们应镀以锌或铜，并且用树脂胶粘剂嵌缝。但是通常更可取的是把铁钉朝外放置，暴露在空气中；没有理由拒绝这种方法，同时如果需要，它们可以成为一种装饰特点。没有充足的理由支撑我们目前按罗马人的方法建造时采用纵向和横向连接的方案；即有足够厚度的墙体来防止任何错位。在砖石建筑中用铁件作为肌腱的好处是它让我们能采用很轻的结构体系，通过连接保持平衡：我们的临街建筑为它的有效性提供了证明，这些建筑的墙体只有 1 英尺 8 英寸厚，被建到 60 英尺高或向上承托屋顶与地板，当建造良好时还非常稳固。为什么我们在公共建筑上比私人住宅上表现出更少的独创性呢？为什么在增加强度同时采取所有必要的预防措施以确保它们的耐久性时，我们不在公共建筑的建造中大规模地、有效地采用现代工业提供给我们的资源呢？总是被 17 世纪末流行的“宏伟风

2–43

格”束缚，我们不能让自己按照我们时代的理性、经济和材料资源所要求的条件来建造建筑，而是牺牲掉所有现有的优点来迎合那些实际上只有高等艺术学院认为重要的条例，而对付钱的且被不断堆积的无数石块震惊的公众没有一丝兴趣，屡次在需求和效果上导致非常糟糕的结果。在建造过程中，我们就像同时试图驾驭两匹马——一匹努力向前行而另外一匹顽固地退缩；而在私人住宅项目中，每一次努力都是为了发现具有继续实用的、经济的和真实的特点的应用，庄严的艺术从不留意它们，而是期望保持那些与时代需求和精神都不再协调的方式。

在适当使用时，熟铁在砖石建筑中非常有用，同时生铁也能提供很多用途。众所周知，生铁有着极强的硬度；它极其耐久，没有熟铁那么容易被腐蚀；当作为支撑件暴露在空气中，而且复杂的连接和断裂的诱因被避免，它可以被当作坚不可摧的。但是，很明显的是，在采用这种材料时，应该采用一种适合其特性的形式，用生铁模仿适宜于石支撑构件直径的柱子是很荒谬的。迄今为止，我们还没看到石作工程的生铁支撑件，除了在非常小的建筑上。[1]然而，在采用中世纪建筑师在我们国家成功地施工的平衡结构的条件下，通过这样使用，可以获得宏伟的成果。实际上，当铁在纪念性砖石建筑上几乎不提供任何用途时，例如我们现在设想它是立足于整块的混凝土结构，它会在平衡的砖石建筑中找到合理有用的功能，通过采用生铁作为刚性支撑或用熟铁作为连接件。通过这些运用，我们可以在很纤细的支座上建拱形砌体——一件几乎从未做过的事情。拱形结构通常由砂浆抹在铁框架上组成；但是这种有些粗野的混合方式是昂贵的，而且看起来并不是很耐久；因为，当铁必须和砖石砌体同时使用时，它只能处于容许这两种材料彼此不关联的环境中。并且，铁更易于根据温度发生变形；在温暖的天气它会拉伸，冷的时候它会收缩；被埋在泥料中时，它在后者——非弹性的块体中产生持续的移动并导致断裂。相反，如果在互不关联的环境下运用铁件，我们采用具有一定弹性的砖石拱形结构系统，就不必担心错位了。楔形拱上的拱顶与填充物相互独立——例如，如同那些在中世纪所采用的——具有屈服于相当大的移动而不错位且不失去任何强度的优点。这种拱形体系容许任何种类的组合，并且可以被用于覆盖最大的空间；那么，为什么不采用它呢？在使用铁作为支撑并作为一种倾斜的侧向压力支撑方式时，它不能给我们提供什么能力呢？

注意到我们只建造那些完全是铁的建筑，例如巴黎中央商场和一些大型火车站，以及与这些建筑同时期的、被认为设计良好而终究只是大棚的建筑，我们建造石头城堡——但是，关于混合方式，由在同一座建筑中同时采用砖石砌体和铁件组成，迄今为止它只是小心翼翼地进行尝试，而且必须承认结果令人不满意。同时，它必须承认一座完全用砖石建造的建筑，即有着小块

2–44

1 小尺度的建筑，我们的年轻建筑师的作品，应该被关注。

石材或砖砌体拱和具有足够的厚度足以作为抵抗潮气或酷热的保护层的墙体，在很多案例中，具有难以取代的优点。但是，像教堂和车站的拱顶石块之间没有中介吗？我们被谴责把我们的公共建筑建得只像地窖或大棚吗？并且，由于我们的宫殿在由花哨的铁件、板条和灰泥组成的赌场、凡尔赛宫和卢浮宫之间没有中介吗？再注意，当会议规模变得很大以至于没有大厅有充足的容量来容纳它们时，我们没能成功地在我们的公共建筑或真正宏伟比例的宫殿中建造一个单独的大厅，在这个大厅里人群可以自由自在舒适地呼吸，并且自由进出；因此，实际上，当我们必须为人群寻找空间时，我们仍然被迫采用中世纪大型建筑的方法。我们的音乐厅狭窄而低矮，并且被碍事的建筑特征阻挡。它们白天的照明很差，人工照明令人感到沉闷。利用我们丰富而有效的资源，我们获得微乎其微的结果，好像我们除了纤细的铁和松木结构外不再有能力覆盖巨大的空间。砖石建筑发展如此小心翼翼，以至于它不再冒险用真正的拱顶结构来覆盖 20 码或 30 码的空间。正是在我们的时代只能把石材一块接一块地堆叠，如果不把它们堆成很大的体块，墙体甚至在完成前可能倒塌，而且它必须是固定不动的。事实是建筑艺术不再在我们之间传授；不仅仅是缺少与我们的资源和需求相称的知识传授，而是完全没有。建筑师发现自己在获得极少的实际建造知识前已经从事建造了：如果他获得经验，也是由他自己或客户付费，而且每个建筑师不得不进行“邪恶的灵魂”课程学习。在居住建筑中，聪明而富有经验的建造者一般可以弥补实践知识的匮乏，这些建筑非常相似，只要建筑师有一点点机智、观察力和智慧，他就很快让自己掌握流行方式。但是在公共建筑中却是相反的。建筑师采取主动是很有必要的；他必须完全清楚他想做什么以及他希望怎么做；每一步他都面临困难。感受到这些责任的重量，他倾向于使用以前的方法；以防质疑，他宁愿在超出受力上犯错：不敢采用大胆的措施，这些措施在他的案例中是鲁莽的行为，他将自己的经验不足隐藏在他所相信的艺术准则后，但这些准则通常只是常规做法。并且，必须牢记，在任何案例中，大胆的措施只适于那些对他们的目标获取充分认识的人：自从 17 世纪以来，建筑师公开表明对那些生活在此前的伟大建造者所掌握的实践知识的轻视，以及他们研究古典时代作品的非常肤浅的方法，正逐渐感染他们能进入的领域。缺乏明确的方法，对中世纪建筑艺术灵活而富有创意的原理的自发的无知，且满含偏见，他们对项目的真正把握终止了。他们只将目标锁定在复制那些越来越低品质的形式上面，因为他们不再通过参阅真正的建造原理恢复他们的生命力：如果情况像这样持续再久一点，建筑师将沦落到纯粹的装饰设计师的境遇。

2–45

2–46

在砖石建筑中，首要的是建筑师必须重拾他失去的直接影响，以及那些结果富有创意的实践工序习惯。他在砖石建筑中放置加工过的石头的方式既能有益于相当大的节约，也能导致无用的花费。给石匠确定材料尺寸看起来像是建筑师自己的职责范围，然而这通常是留给建造者的。而这些人没有兴趣节省费用，不管是材料还是劳动力。极少数的建造者会让这些问题烦扰自己。根据通常在法国且特别在巴黎采用测量工程的方法，外立面工程不是根据实际数量付费，而是根据开凿前所包含的块体；此外，代表石材切除的开凿工作是额外劳力收费。因此，石匠的爱好是增加开凿的机会。避免这种情况是建筑师的工作，如果他关心建造经济性；因此，他要标出连接并把材料尺寸给石匠。但如果这是必然的，采用这种形式的建筑不必自己支持经济了吗？这里，我们已经拥有石建筑改良的要素。我们应当有机会回到经济和工程的明智方向的问题上了。

快速轻易地排放雨水是其中一个在每座建筑中都必定遇到的问题，也是经常以不完备的方法解决的问题。雄伟的形式并不注意这些必要性；然而法国会下雨，在每个案例中值得考虑如何提供最简单的方法来保护建筑免受随之而来的不便结果。只建造小尺寸建筑并用双坡屋面的希腊人，通过檐口滴水顶部的天沟出口排除雨水：他们不高的建筑避免了水落管的必要性；雨水从天沟开口直接泄到地面。建造非常大型的建筑的罗马人，通常采用非常复杂的屋顶，采用垂直管道向下穿过墙体直达下水道。他们的建筑风格有利于采用这种排水体系，混凝土石作工程，在某些部位非常厚，由极好的毛石工程组成，非常防渗漏。当他们采用与希腊人类似的建筑模式时，如在神庙和巴西利卡中，他们通过滴水兽把雨水从天沟排到地面。中世纪的伟大建造者不会考虑用落水管穿过他们极薄的建筑墙体；所以，他们采用了相反的系统；他们利用明沟把雨水从天沟向下排放到离地最近的部位。在那里，他们采用滴水兽——不再是短的，像古人用过的那样，而是突出的，以便把下落的雨水排放到离墙体尽可能远的地方。在很多案例中，他们甚至采用金属（铅）落水管来避免雨水溅到建筑的较低部位。但他们经常考虑排放的方式，并为此安排他们的建筑。不是限制雨水，而是把它向外引流，并用特有的天分使这些满足要求的设施富于装饰特点。在哥特的大型建筑中，雨水的排放决定了某些影响外部结构的布置。除了极少的案例，这些排水方式是可见的，易检查，修理甚至更换；它们采用最短的路程，穿过表面，不会危及结构自身的耐久性。现在，市政规划禁止雨水用滴水兽排放到街道。必须把它排下地面，甚至在地面下排到水沟里。这当然是必需的禁令，但我们的公共建筑应当经过设计以便不会出现雨水排放，即隐秘地。作为事后补救，铸铁水管沿着立面，越过束带层和檐口，是一种野蛮的工序，并代表着建造者完全缺少事先的考虑；穿过砖石建筑的厚度来排下雨水是非常危险的，而且迟早会导致直至所有可能的危害都发生才能察觉的坍塌。实际上，我们如何能发现由霜冻或下沉导致的管道爆裂，如果管道完全被埋在砖石建筑中？只有墙体被潮气完全浸透时，危害的原因才能被确定，而那时避免危害已经太迟了。如果建筑足够厚

2–47

实以允许在墙体厚度中预留宽敞的垂直竖井，使其能容纳在紧急时易于检查和更换的落水管，所有的困难就会被避免，而我们能省掉立面上的外置落水管；但这样的案例很罕见，有但很少，甚至在能提供管井空间的公共建筑中也一样。所以，在大部分案例中，雨水管必须外置。那么，为什么不直接给它们准备一个空间呢？为什么过后切断檐口、束带层和基座来腾出一个空间给这些管道，它们形成一个事后添加的外观并打断了所有设计的线条，正是这个设计没有布置空间容纳管道。 2–48

建筑师方面缺乏预先考虑的程度，对那些没有察觉的人来说是不可思议的。例如，在一座建造不久的公共建筑中，排水沟穿过阁楼，存在于每一个房间，窗户下，盖着板的小水槽，以及那些雨天时会汲取雨水的地方；同时，落水管穿过墙体厚度，雪融期间水流倾泻到所有房间；而所有这些都是为了管道不会阻挠某些古典建筑形式。总之，当我们彻底检查这些巨大的立面，它们看起来只是建来展示的，我们在这些无用的奢侈石材下的很多不足。居住在这些昂贵墙体后的人们很快意识到这一点。这里有排水沟在你的脚下穿过，那里有落水管定期泛滥，并在雨天用奔流的雨水让你震耳欲聋。在其他地方，你没有梯子就够不着窗户；房间几乎全黑的，或者靠近地面才有光；走廊永远不通风，在中午也必须点灯；有巨大窗户的小房间；内宽外窄的窗口挡住了所有的直射光；住处狭窄而不足同时有大量被浪费的空间——不合比例的排列看起来实际上是设计来满足成为特殊种群的需要；为了外在展示不断地牺牲——为了纪念性需要昂贵而无用。对时常提及的被误导的艺术的这些奇怪滥用，尤其可取的是坚持真正的建造原理，并尽力用比以往更严谨的考虑来时间它们。 2–49

在我们的纪念性建筑中，还有另外一个花费的原因，我们的建筑师自己不会考虑的——脚手架。稍微仔细地检查罗马人建造的最大的建筑物，将会发现古代的建造者是多么细心地采用花费最少的脚手架方案。不管他们是否采用外包砖或垛石或用毛石建造的混凝土墙体，他们都会在墙体上留下脚手架横木的洞眼，并设计突出物来安放脚手架木材。这些洞眼止于灰泥或其他覆盖物的表皮，突出物也被切掉。因此，对使用石匠和放置材料来说必备的脚手架与建筑同时被增高，并与其保持一致。我们最大的中世纪建筑就这样被建立起来：在巴黎大教堂的正立面仍然可以看到，例如，用来容纳纤细的脚手架的横木洞眼，不管它的高度是多少。除了这些易于停留清洗的洞眼外，突出物被设计用来承纳框架支杆或平板。因此所需的额外的石材跟从底部搭起的脚手架所需费用相比是微不足道的，与建筑不相关联——一种临时的木结构搭建在永久的石结构的正立面上。然而，没有任何建筑立面，不管高的还是宽的，不能用少数的起重台和与建筑固定的轻质脚手架建造起来的，并与之一起提升。即使采用手推车的方式来运送材料，这些可能在用非常经济的方式与起重台相关的桥梁建造中更容易组织，例如反向的铁拉杆桁架，没有依靠那些真正的木构典范，它们只对木材商来说是合算的。我们在这里所说的与脚手架相关的是更适于定心的。罗马人在建造他们的大型拱顶时几乎只采用无支撑的中心——也就是说，只用留在起拱石上的突出物来支撑。而且，这些中心只是为了拱形而使用；拱腹依靠非常简单设计的绝缘材料。

中世纪的拱顶同样依靠非常便宜的方式，并借助于少量的木材。我们应有机会讨论这些脚手架和定心的方式，当我们谈到木结构的处置时。但是在这里，我们让自己受限于说明建筑师通过作为工程的真正负责人以及掌握所有他使用的行业分支的实践知识，可以很大程度上减少费用并获得比现在更满意的结果。我们的公共建筑上的巨额费用——与结果不成比例的费用——特别证明了这一点——建筑师没有充分关注他们的艺术的实践部分——他们习惯性地让自己任由建造者摆布，这些人当然对节省材料或劳力不感兴趣。但是实际上，建筑师应在哪得以掌握这些时间方法呢，因为迄今为止他们没有在法国的建筑学校中被教导过？那么应该责备谁呢，如果他们开始实践他们的艺术时，他们随身携带的是如同他们的唯一存货一样的许多偏见，非常不足的知识定额，以及随意画的草图，没有批判或选择。

2–50

第十二讲　建筑构造——石作（接续）——同时使用石、砖和铁的经济方法

在欧洲，没有一个国家像法国这样提供如此多样的建筑材料。从花岗石到石灰华，几乎每一种能用于砖石建筑的自然物质都能被找到。因此，可以设想，每一个地质区域都具有与当地出产的材料相适应的建造方法，以及因此形成的特有的建筑形式。然而，以下的案例绝不是这样；在里摩日——一个花岗岩地区——建造的建筑在每一个方面都与那些建在盛行石灰华的图尔的建筑相类似。在民用建筑局，集中在巴黎的设计在各个辖区被推进，没有任何关于或多或少明智地使用当地材料的注释。这些被认为是不值得考虑的细节。在巴黎，30 年前，只使用蒙鲁日平原和瓦兹盆地的石材。现在汝拉和勃艮第提供给我们具有相当强度的大块石灰质材料，而且能安然无恙地放置在边界层。我们从普瓦图获取非常坚硬的品质优良的石灰石，从孚日获取沙石，从瓦兹获取软石灰石。我们有没有利用这些新输入物来使我们的建筑形式与这些材料的特性相协调呢？没有！我们满足于用勃艮第的风化石取代巴涅的石材，同时保持相同的形式和建造方法。建造费用增加了，这是唯一的结果。如果，偶然，一些独块巨石被用于重叠层的位置，它们被看作是一种装饰——一种奢华的特色；没有努力考虑这些新因素，是否意识到费用的节省，来获得新效果或有用的结果。

2–51

2–52

然而，仍然留下了很多古典时期和中世纪的很多大型建筑，它们所采用的材料性质给建筑师提供了装饰性和实用性的原理。为了获得同样的结果，只需要反对某些让承建商从中获利的流行惯例，他们在保持与建筑师对立时毫不费力，建筑师们从其所受的教育中几乎没有获得为这些建筑行业竞争的训练。

机械和施工速度的改进，本应该也改变了建造体系以及减少而非增加建造费用；然而建筑从未像现在这样昂贵。

从 19 世纪初以来，材料和劳力的相对价值有相当大的改变：重视这些变化是明智之举。获得它们的器具越全面越有效，运输越便利，能让我们获得越丰富的材料以及更好地利用环境；另一方面，劳力的价格一直在增加。由此，在工程中应开始考虑经济性，并因此可取的是尽可能按我们获取材料时的形式来利用它们，只做细微的改造来顺应它们。当体积超过 2 码的风化石，被运送到建筑时每英尺的价格没有增加，用砂锯把这样的块材分成 4 块则相当大地增加了价格。允许费用的增加不出现在价格表上，但依然需确定的是它

必须被考虑进去，并必须如同现状——建筑师是否尽力降低工程费用——材料费用都没有节约。如此一来，不足的方法导致建筑师的漠不关心。发现反对它们无利可图，他们就屈服了，而且不管所有施工人员的努力，石匠的工作保持不可思议的昂贵。事实是，建筑师不是按照将要完成的工程本质来控制价格表，而是被迫接受由几乎不了解施工的人指定的价格目录；因此，他们想改变的愿望，假如他们呈现出来的话，被他们必须服从的习惯标准抑制了。所以说，我们发现自己在这里处于一个恶行循环中。如果建筑师都是能干而熟练的，他们就能制定合理的价格表，并实现相当的节约；因为他们可以使价格符合其所采用的方法；如果价格表与各种各样的建造方法相符合，建筑师就能获得机会影响现有情况下完全不可能实现的节约。然而，坚决地沿用与我们的材料和目前使用它们的方法都不协调的艺术形式，建筑师未能获得权威和单独使他们能影响估价的经验。甚至会出现工程主管在这些问题上的意见日渐无足轻重；并且如果情况继续这样，建筑师将只是一个设计师——外在形式的设计者，在施工过程中没有任何直接影响。如果建筑艺术没有因为这种妥协而迷失，恶果不会这么严重；但是我们必须不能欺骗自己；当设计与施工相分离时，建筑不再是艺术。

2–53

必须承认，在这一学科上最古怪的误解已经掌控了公众。一般设想的是要建造一栋漂亮而坚固的建筑，充分条件是从一位有名望的建筑师那里获取设计，并让他的图纸借助于可能正巧找到的石匠来施工。一些行政机构甚至试图将这个过程系统化；这种处理方式的结果是很可悲的，不仅从艺术角度来讲，而且从经济角度来讲也如此。

因此，如果当今的艺术家不希望看到建筑师职业陷入毫无意义的境地，而且更糟糕的是他们的艺术自我毁灭，他们必须竭尽全力去阻挡这种趋势。他们如何能做到这点呢？通过成为熟练的建造者，准备从我们的社会条件提供的所有资源中获益，寻找正确、明智和经济的方法，在一定程度上远离盛行于我们的建筑工地中有害的工序方式，支持由理性支配的新方式；同时也保留独立的特质，没有这种特质，艺术只是一个有着或多或少的能力、领取报酬以服从主人的变化无常的仆人而已。

先前的时代有它们自己的建造系统；我们的时代只有铁路、蒸汽机，以及拥有更优越的力量和强度的设备。那么，我们有什么理由遵循 18 世纪流行的尤其是砖石建筑的建造方法呢？古典时期和中世纪时期，没有我们的材料设备，在观念上比我们更大胆——更有创造力。为什么我们不把前辈已经达到的水平作为起点？为什么我们更缺少机智、更少独创性？为什么要拒绝那些借助于我们拥有的强有力的设备发展出来的、可能产生新的特色并在我们的建造方式中产生相当可观的经济性的方法呢？难道不正是时候我们把那些关于古典时期、中世纪、文艺复兴和当代社会的建筑师所用方法的相对价值

2–54

的幼稚争论留给阻碍进步的人，以从所有那些发明中获益，并采用各种各样被推荐给我们的原理，不带排斥或偏见，但借助于严密而审慎的检验？如果我们设定帕提农神庙优于兰斯大教堂，或兰斯大教堂优于帕提农神庙，将对我们成为被我们时代的建筑所信任的建筑师没有任何推动，如果在这两种观念中，我们不能发现适用于我们自己时代的原理的话；或者，如果充满排外的偏见，我们拒绝这些宏伟建筑中采用的原理，为了取悦这个或那个小集团，而从其中公众没有获取任何利益，并且其影响力也因此在四分之一个世纪中为遗忘。

研究前代建造者采用的系统毫无疑问是学习自己建造的正确方法，但必须从这种学习中获得更多，除了乏味无趣的复制之外。因此，比如我们意识到在中世纪拱顶的准则中有着极好的原理，由于他们容许施工中极大的自由度以及极端的轻盈兼弹性。那么，是不是接下来出现这种情况，如果我们利用我们的工厂提供的新材料，例如铸铁或轧铁（rollod iron），我们就会通过用铸铁或铁板取代石拱来取悦自己吗？不；我们可能会采用这些原理，但是在用的时候，既然材料已经发生了改变，我们应当改变形式。在前面的章节我们说明了如何利用适度的运用铸铁，我们可以用砖石砌体在一个非常宽敞的大厅上建造拱顶，而无须采用扶壁。我们必须改进那些能由这些新材料组成的运用，并说明当保留前代建造者们采用的优秀原理时，我们应当如何达成对结构特征的修改。在这里，没必要重复我们已经常常说起的关于砖石结构的状况；我们理所当然地认为我们的读者明白，关于一般原理只有两种结构体系——被动的、静止的结构，和平衡结构。我们比任何时候都被导向只采用后者，由于所使用材料的本质以及正在变得日益必要的经济原因。中世纪的建筑师为我们开辟了我们应当追随的道路；显然地，其中的一个发展，不管怎么说，我们都应当继续下去。

作为最早的例子，这里的图 12–1 是一种在中世纪的民用建筑中经常采用的布置，代表着一定的优越性。在那时，建筑很少建成双层厚度；每一个建筑块体仅包含一个单套间（在宽度上），但是走廊通常设计在半层高的高度，提供了简便的交通而不必穿越所有套间的纵长。这些走廊被设置成“夹层”的形式，以便不妨碍采光，并通过几步台阶形成同时通向底层或一层房间的通道。如图 12–1 所示，这些走廊由放置在支柱上的拱承托（参见剖面图 A）。通过这种布置，基础只有 *ab* 的厚度。扶壁 *c* 支撑着支柱 *d*，其上承托着拱 *e*，连接着薄石墙。在外立面上，这种结构呈现出 B 的外观。支撑在这一系列的支柱上的拱在底层形成遮挡棚 D，在宫殿内院最常用的外立面。这毫无疑问是一种代表优越性的结构，更易于施工，并对于挑选组成支柱 *d* 的大块石材，只需要极少的关注。外部的拱支撑在详图 G 所示的拱脚石上，它也承托着比外部的拱更薄的筒拱 E，既然这些拱只需承托一层地面。走廊由托梁形成天

2–56

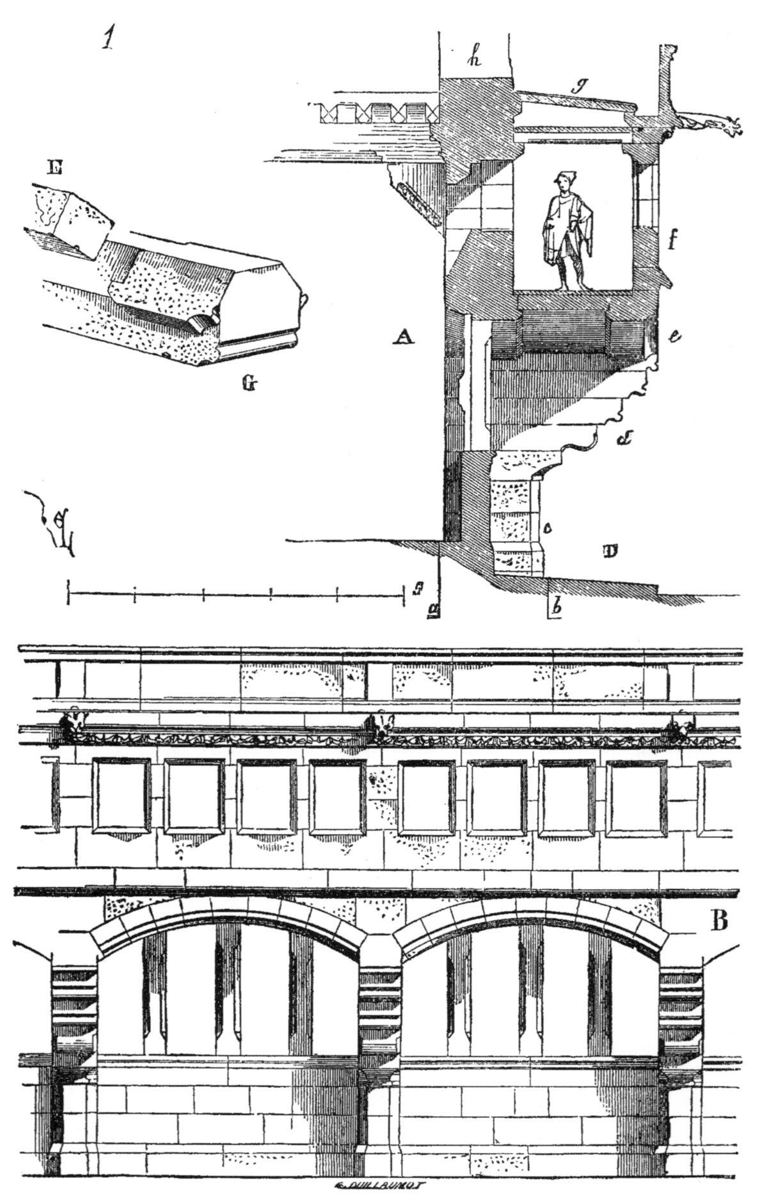

图 12–1 中世纪石质托梁支撑突出走廊的做法

花并被排列清楚、为上层大厅提供平台的石板覆盖。墙体 h 的重量对悬挑的梁托层 a 起平衡作用。

假设现在需要一个类似的布置，我们试图完全追随这一结构的案例——我们应当满足于完全复制图 12–1 的设计吗？当然不；铸铁的使用让我们可以不采用昂贵、外观简朴的硬石支柱层。我们应当形成成本节约，并建成具有更大安全性的建筑，更轻，并在底层形成更好的空气流通。因此，图 12–2（参见剖面图 A），采用的新系统将使我们可以缩小扶壁 c 的突出，从而产生基础

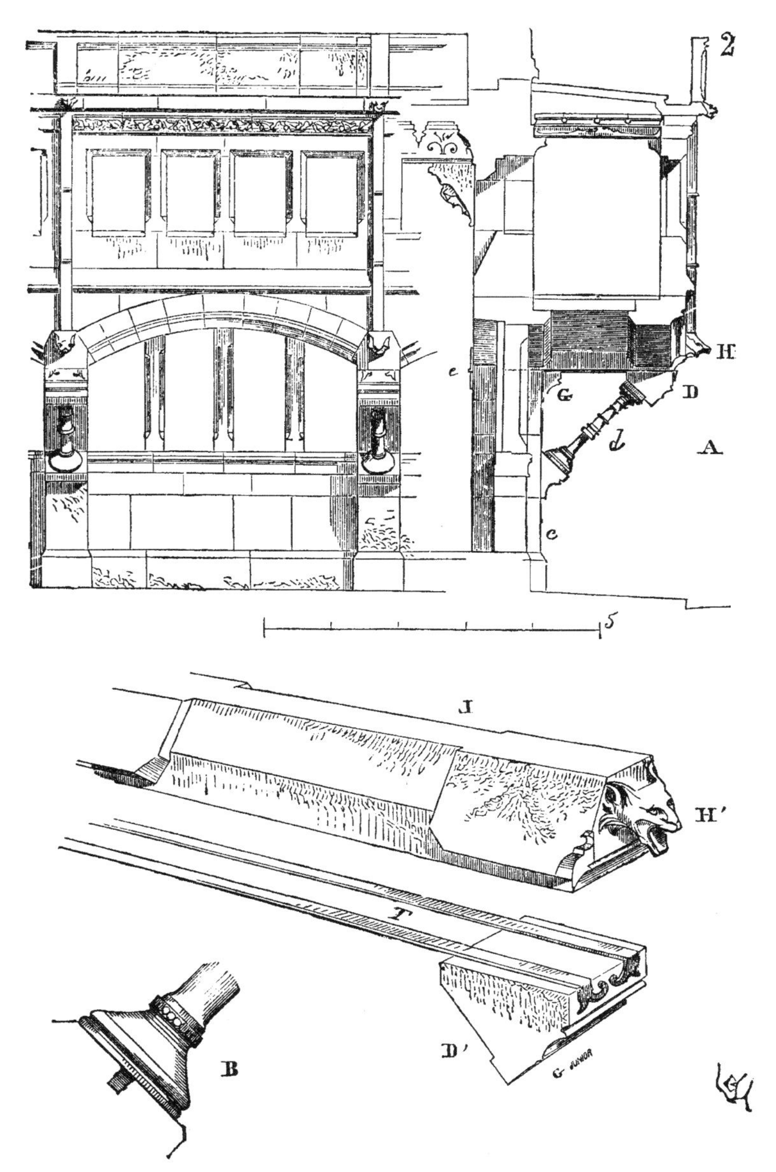

图 12–2　铁支杆支撑挑出走廊的做法

部分的节约。作为四层硬石梁托的替代，我们应有铸铁柱或支柱 d，设置45° 角，柱头像底座 B 那样用销钉布置，将支撑起拱石 D，如详图 D’所示。柱子和起拱石的突出部分将被双层拉杆 T 固定住，拉杆将被锁定在 e 或柱墩厚度中。拱脚石 L 将支撑在用梁托 G 布置的柱墩上；两个拉杆 T 如同过梁一样防止其破坏。在拱脚石上，我们可以如图 12–1 那样继续。然而，在原来的结构上可能有很多改进。取代用滴水兽把水从平台上排掉的方法，将采用管道排到出水口 H（如图 12–2），在拱脚石 L 末端设置，如详图 H’所示。因此，落水

2–58

靠近地面，不会溅到墙上。走廊的天花板可以用双层 T 形铁建造，这些铁件的凸缘会被盖上上釉红陶板，其上用抹灰层保护，等等。

这个案例充分展示了我们如何利用中世纪砖石建筑采用的原理，同时从我们自己时代的资源中获益。如果我们专注而不带偏见地研究 13—14 世纪砖石建筑应用的原理，我们会很快意识到建筑仅仅是由独立的部分组成的，每一部分都有明确的功能。我们不再像罗马建筑那样拥有混凝土和均质块体，相反地，是一种每一部分不仅有其目的更有直接作用的有时甚至是积极作用的有机体，如飞扶壁和拱顶。后者，已经提过的，是简单恒定的中心，有一定的灵活性，例如弧形铁可能有的。然而，明显的是如果中世纪的建造者拥有相当尺寸的铸铁或轧铁，他们不会采用他们所用的石材那样的材料。那会有过于复杂的必需的连接特征，以及无用的工作；相反，他们会寻求一种与金属本质更符合的发明。然而，同样明显的是他们不会在利用他们已经用于石质建筑上的灵活性原理上失败，他们仍将给予他们的不同结构部分更多的独立性。

到目前为止，铸铁或轧铁在大型建筑中仅仅作为配件使用。大型建筑物建在金属扮演主要角色的地方，正如在巴黎中央大厅里——在这些建筑中，砖石砌体只用于特殊部位，除了隔墙外别无他用。任何地方都不尝试明智地同时采用金属和砖石砌体。不过，在很多案例中，建筑师应尽力去达成。我们不能总是建造火车站、市场或其他完全用砖石建造的巨型建筑，这些建筑外观笨重，价格不菲，且不能充分提供充足的室内空间。砖石结构，被看作抵抗寒冷或炎热的保护壳，提供了无法取代的优势。因此，为了解决给预定的大型建筑物提供适应大型装置的问题，要像这样——获取完全砖石砌造的外壳、墙体和拱，同时通过使用铁件减少材料数量和避免引起阻碍的支撑；利用铁件，在中世纪建筑师采用的平衡体系上改进，但是要考虑材料特性，避免砖石与金属过于紧密的连接；由于后者不仅会导致石材的破坏，还会在不单独设置的情况下自我毁坏。在这一方向已有极少的尝试，但是小心翼翼地——例如，只用铸铁柱取代石柱。然而，铁注定在我们的建筑中扮演更重要的角色；它当然应当提供坚固而轻薄的支撑，它也应当能让我们在新方案中同时采用拱顶，轻质、坚固且灵活的，以及不使用石匠的大胆结构，如悬挑部位、支柱结构、斜撑等。难道不明显吗？例如在保留中世纪采用的拱顶体系的同时，拱顶的侧推力可能通过图 12–3 所示的方法来支撑。用刚性轴或铸铁柱作为斜撑，是一种我们的建造者尚未想到的方法，对这个体系，我几乎不知道为什么在推理上卓有成效。它多少有点违背希腊甚至罗马建筑的原理；但是，如果我们将要创造被大声疾呼的我们自己的时代建筑，我们必当探寻它，不再通过混合所有过去的体系，而是通过依靠新的结构原理。建筑的创造只能通过严格坚定地与现代需求相符，当已获取的只是得以利用，或至少不被忽视。

2–59

这里有一种按中世纪方法建造的砖石建筑反推力拱形结构的方法。我们

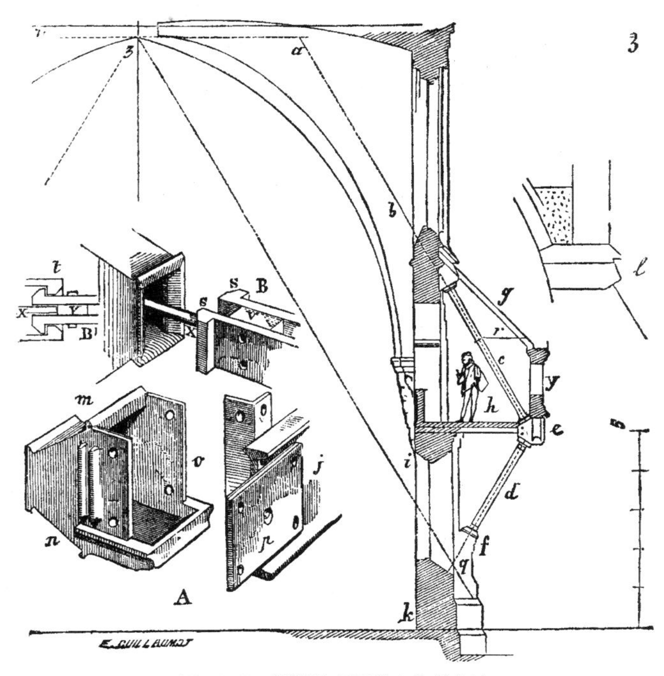

图 12–3　抵消拱顶侧推力的新方法

知道这种拱形结构有其优点（更不必说它的轻质），它沿着易于确定的倾斜度将所有的重力和推力都对准已知的点。很清楚的是，如果压力的合力沿着 *ab* 的方向，放置在这条线的延长线上的铸铁柱 *c* 会反推拱形结构。通过以与柱 *e* 相似的倾斜度放置的第二根柱 *d*，并利用系杆支撑三角形的顶点 *e*，被柱 *c* 抵挡的推力将对准 *f* 点。因此，在建筑基部的仅厚 5 英尺的柱墩和墙体上，我们可以支撑并反推其拱顶石在 50 英尺高度、跨度为 40 英尺的砖石拱形结构。最简单的是利用系杆来支撑地板，在耦合模板 *e* 上建砖石矮墙，并在这些墙体上放置坡屋面 *g*，因此获得交通通道 *h*，或小型的上层走廊。这种结构必须要求一定的严谨施工。因此，墙体必须立基和建造良好；它们自上而下的重力应足以确保在建筑里从 *i* 到 *k* 的极大的坚固性。拱形结构的拱脚石应在柱 *c* 的支柱上建造，用图示 *l* 中的方法，以便支撑拱顶。铸铁的耦合模板 *e* 应如图 A 所示来设计；表面 *m* 被设计成可容纳柱 *c* 的基础，表面 *n* 位于柱 *d* 的顶部。两条双层 T 形铁或铁板成角铆接，将钉牢，外面一条在 *o* 点，里面一条嵌进从模具侧面突出的凹槽里。外侧系杆的耦合板 *p* 将被钻孔以容纳系杆端部，为了更大的安全性（因为连接的强度将依靠它们的牢固的扣结），这些系杆是双层的，如同 B 和 B' 所示，并在它们的末端配置嵌入如 *t* 所示的钳口里的钳 *s*。穿过螺栓 *x* 的键强迫系杆固定在它们的开槽里。螺栓穿过板 *p*，并被螺母端接。在双层 T 形铁的系杆上，或在与角钢铆接的铁板上，我们能建造低矮的砖石围合墙体 *y*。斜向推力将由结点 *r* 承托。放置在屋顶底部 *u* 的拱形结构上的系

2–60

2–61

杆将完成由实心砖石砌体承托的梯形 aeqz。

毋庸置疑，这个有机组织并不比用一系列庞大的石扶壁来反推拱形结构组成的体系更简单。但是，它更便宜，由于这种铁拉条的组合不像带有基础的扶壁那样成本高昂：另外，占用的空间更少。

陆地经济中的趋势总是朝着增加复杂性的方向；人体组织就比青蛙的更复杂。我们的社会环境比庇西斯屈特斯时期的希腊人或奥古斯都时代的罗马人复杂得多。我们的衣服由 20 或 30 部分组成，而不是像古人那样的 3 或 4 部分，一位有学问的希腊人的科学装备无法填满今天的艺术学士四分之一的大脑。因此，告诉今天的我们应当像希腊人那样建造是有点幼稚的。在文明的每个阶段，所有的现象都是联系在一起的，如果建筑达到了一个非常艰难而危险的关键时刻，那是因为我们没有充分考虑跟随我们时代的材质和材料运动来建造。如果我们努力保持或改变过去时代采用的建筑形式，并或多或少成功地采用它们满足现在的需求，可取的是考虑我们如何可以最大可能、最理性地利用我们的时代和知识提供给我们的东西。对过去的研究是必需的，实际上是绝对必要的，但是基于原理而不是形式演绎的情况。

用铸铁轴取代花岗石或大理石柱是非常好的，但必须承认，这不能看作是一种创新——对新原理的采用。用铁托梁代替石或木的连梁，就其特点而言，是非常好的。但是，它不过是跟前者一样，都是伟大智慧努力的结晶。但是用倾斜的阻力替代垂直的是一种原理，它如果不是完全新的——自从中世纪建筑师已经采用过了——可能承担很高程度的重要性，并通向新的发明，目前，将铁引进建筑中，使得我们可以尝试之前年代仅有模糊表现的任务。在最近 20 年里，我们已看到工程师们创造了一种相当革新的将铁作为建筑材料的应用。从艺术之桥到管桁桥，实际上是巨大的进步，但不管工程师还是建筑师到目前为止都没能成功地找到一种真正让人满意的方法来把砌体结构和铁结构结合起来；并且仍然有许多砖石建筑体系的实例不能被取代。关于居住者的健康、冬季保暖、夏季凉爽、不受温度变化影响，单独采用铁结构几乎不可能获得建筑满意度。砌体墙和拱将一直呈现出超越其他方式建造的优点。因此，我们必定满足于在大多数实例中继续采用砌体结构。那么，它还能与铁结构结合吗？当然能，但是是在这两种建造方法各自保留其特点，而不会将共同的损害结合的情况下。此外，铸铁或锻铁的易变性必须考虑进去；因此，必须允许一定程度自由的移动，不能把它嵌入砌体中，同时保留它独立的功能。

2-62

此外，作为支撑，尽管铸铁提供了远优于组成砌体建筑的任何材料的刚度，它却没有它们的稳定性。这些垂直支撑因此只能通过非常强的支柱来保持。这就使施工极其复杂，增加重量，并因此提高费用。如果刚性铸铁支撑被设计成彼此各自独立，我们因此应当去除大量次要部分。

设想一下，我们要建造——如同在各个地方经常发生的——一个大型集

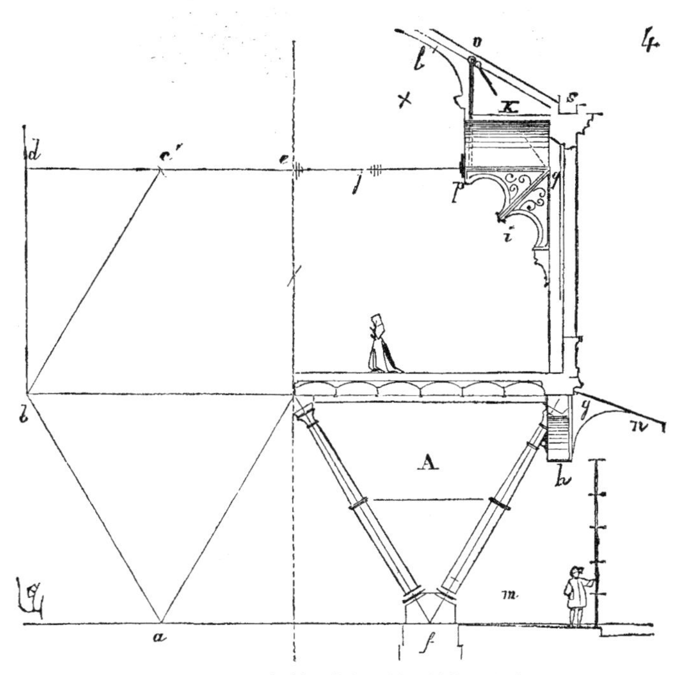

图 12–4　用倾斜的铁柱支撑石结构的方法

会大厅跨在有顶的市场上。如果我们为了获取空间并确保市场中有更多的空气和光线，在一排排的铸铁柱上用砌体工程建造这个大厅，这些支撑必定数量颇大，并且必须在它们的顶部用强有力的支柱连接，以防止上层结构崩塌，而在沿街的一面我们会有一排相当麻烦的柱子。相反，如果我们采用类似于剖面图 12–4 所示的方案，很明显，一半画在 *abc* 上的六边形提供了一个稳定的图形，甚至是增加的三角形 *dbc* 也丝毫不降低这种稳定性，同时直线 *ce* 保持完好。

以这种基本图形作为我们的基础，我们可以如图 A 所示那样在我们的市场上撑起大厅。在按开间宽度决定的间距被牢牢地固定的石块 *f* 上，我们以 60° 角度倾斜放置铸铁柱子。柱子的顶部被支撑 T 字铁托梁的横向锻铁大梁固定住，从一个砖筒拱到另一个。从大梁 *g* 的端部会悬挑肋筋来支撑铸铁基座，承受石拱 *h* 的拱脚石，在这上面，我们砌大厅的墙，同样是砖石的。铸铁托架 *i*，分两部分，被脚部推力将由三角形 *opq*，*osq* 抵消的拉杆 *j* 固定，将支撑纵向筒拱 *k*，它们接着承托主要的上部拱顶。一个必备的条件是把块材 *f* 固定，不是在分离式基础上，而是在实心的横墙上；因为重要的是柱 *f*，*g*，*a*，*b* 的脚部，不应当在压力下缩小它们的间距，并因此抬升里面的三角形的柱子。

2–63

由于楼梯间肯定是需要的，以及前厅和为上部大厅取暖的方法，总平面将像图 12–5 所示，两端的这些建筑将在纵向上阻止下一层的开间有任何移动。被弯垂下来的拱遮蔽的空间 *m* 面向街道（见图 12–4），为购物者和放置货摊

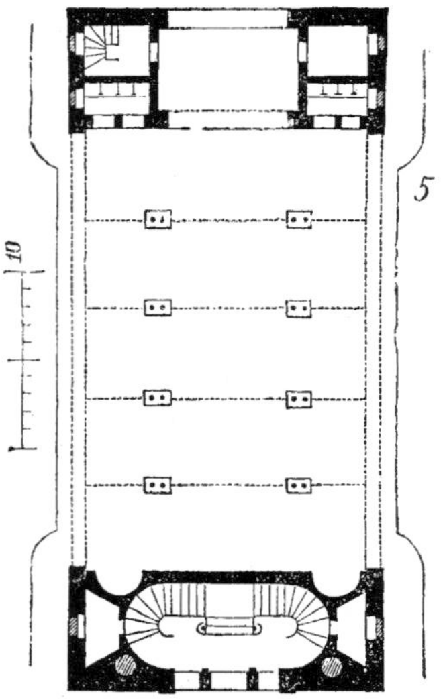

图 12-5 倾斜铁柱结构的建筑平面

2-64 提供了便利；并且没有任何东西阻挡在 *n* 点安装遮阳篷。

应该明白，在这里提供建筑风格的样本并不是我的初衷。那不是现在的问题；我的目的只是给我们年轻的专业成员建议正确的着手寻找新的结构元素的方法。我很乐于从现存的、按真正新颖的方案建造的建筑中选出例子来说明。由于这里没有，而我又急于让别人清楚地了解我的意思，关于我们应当努力追逐的目标，我觉得很遗憾的是不得不给出我自己反思的结果。我意识到，源于理性地运用我们的时代所提供的建造方式的形式并不都是古典的——它们有点脱离了某些宝贵的传统；但是，如果我们诚挚地希望开创一个新的建筑时代，与现代材料、设备、需求，以及满足合理经济要求的趋势相一致，我们必须决心放弃一些传统的希腊或罗马观念，或者那些人们建造拙劣的伟大时代。

机车发动机的建造者没有想过复制一辆公共马车。而且，我们必须考虑，艺术并不是固定在某种形式上，而是像人类的思想一样，能不断地赋予自己新的形式。再者，建筑并不是建来观赏几何立面的；也许是那些我们给出的平面和剖面并非完全没有特色的建筑的结果。图版二十一让我们可以对此作出判断。所有关注的只是一个横跨于遮蔽场所上的大厅。问题是，如何用最简单最牢固的方式满足这个要求。

2-65

只此一次，能被人很好理解的是，建筑不能自己用新形式装饰自己，除非它在严格运用新的建造方法中发现它们；即给铸铁柱套上砖砌圆筒或灰泥涂层，或在砌体中建造铁质支撑，例如，既不是计算的结果，也不是想象努力的结果，而只是实际建造的伪装；没有一种使用方法的伪装能导出新形式。当 13 世纪的世俗建筑师发明了与前代所用的完全不同的结构体系时，他们并

图版二十一　上部设有房间的市场大厅（铁和石）

没有赋予他们的建筑以罗马人或罗马风格建筑师们采用的形式；他们赋予结构一种率直的表达，并因此成功地创造了新的拥有独特面貌的形式。因此，让我们努力合理地向前推进；让我们坦率地采用我们自己时代提供给我们的设备，并不受已失去活力的传统干涉地使用它们；只有这样，我们才能创造一种建筑。如果铁注定在我们的建筑中扮演重要角色，让我们研究它的特性，坦率地使用它们，伴随着每个时代真正的艺术家带来影响他们的作品的明智判断。

奇怪的是，我们本来应该几乎完全放弃大范围的砖石拱顶。我们给建筑底层起拱，通过交叉拱或圆顶在狭窄开间里，在紧邻的柱子上，以及由有接缝的石工工程建造——非常昂贵的工程——或用砖砌的；但是当大跨度空间必须要加以覆盖时，我们的独创性通常局限于建一个由曲线、支撑、中间的肋拱和束杆组成的铁框架，然后整体盖上陶土或空心砖。除了价格昂贵外，这种类型的结构需要包住铁——一种易于氧化并受温度变化影响的材料——在最微小的移动都必定开裂且具有加速金属氧化效果的混凝土砌块中。因此，被埋置在泥料中，不可能查明连接物和螺栓的状况，从而预防意外事故。在居住建筑中，这种类型的泥料地板可能是非常好的，由于在大城市的住宅并不打算持续几个世纪，但是在那些应当与一座城市一样耐久的大厦中，这种铁和泥料共同组成的结构会导致灾难性的后果。建造者的技能展示的不仅仅是确保他选用的材料和方法的卓越，还有如此成功做到结构的各个部分始终可以获取、检查和需要时的修补。铁工程和木构架应尽可能保持可见，因为这些材料很容易腐烂，易于改变自身特质。但是我们看到已建成的大厦，它们昂贵的毛石墙体可以抵挡时间的影响，同时这些墙体包裹着持久性很成问题的拱顶和楼板，所以事实上，我们的继任者，将不得不多次重建或修复结构的这些部分，他们难以理解这种前所未有的浪费与缺乏预防措施的联合。这看上去好像是我们的建筑师羞于使用铁；他们尽可能地把它隐藏于赋予其砖石砌体结构外观的灰泥与泥料之下。我们必须公正地评论，有一些冒险的做法把铁梁呈现在地板下，并装饰和突出它们；但是当谈及拱顶时，铁只是一个隐藏的结构，一个被包裹的构架。铁被用作抵消砖石拱顶外向推力的装置，不是以坦率、明显的方式，而是被设计成被仔细地隐藏，并且如同所有采用这一类装置的案例那样缺乏效率的方式。

2-66

我们熟悉那些简单而自然的方法，我们国家中世纪的建筑师用它们来抵挡拱顶侧推力——即，利用扶壁甚至是飞扶壁，通过外部抵抗力，静止的或斜向作用的。在意大利，建筑师们采取了更简单的发明；他们在推力线的拱的起拱点上放置水平铁拉杆。实际上，拱顶推力必须利用拱座和拉杆抵消，以消除外延。为何在法国我们反对砖石拱顶下的内部拉杆的外露，而在意大利的建筑中，这样大量运用的现象却不会冒犯我们的视线呢？我不会试图解释这种不一致；我仅仅谈论那些勾画中世纪和文艺复兴时期的意大利建筑的建筑师们，在模仿它们建造的建筑中抑制铁拉杆的使用，这就让人认为他们将其看作阿尔卑斯山一侧的进攻；那么，为什么在另一边他们不反对这些拉杆呢？我会补充的是，穿过意大利拱顶起拱点的拉杆没有矫饰成无论什么都有装饰特色的样子；它们只是铁拉杆。然而，幸运的是，没有发生意大利教士把这些拉杆从他们的教堂中去掉的事，像我们法国神甫把所有木屋顶中的水平拉杆去掉；因为如果他们这样做，很多现在激发旅行者赞美的大厦可能已经倒塌了。 2-67

尽管如此，无论什么时候我们想要避免资源用于昂贵的扶壁和拱座设计时，铁的恰当功能在砖石拱顶中就是拉杆。在坚决运用这个原理时，我们应当利用它提供的所有有利条件，用超越意大利文艺复兴时期的建筑师展示出来的智慧，他们追随罗马的结构体系，或采用法国中世纪的拱顶，满足于利用铁拉杆来支撑推力；因为这仅仅是权宜之计，不是一个新的结构体系。

铁的使用容许从那些我们看起来害怕的建筑物中出现的功绩。它将显现我们在这种材料特性上只有不完全的自信。我们只保留地把它当成一种产生额外的安全性的方法来运用，因此它经常用作增加费用而不是减少。按中世纪方式建造的拱顶，用铁肋拱取代石头的，是既不合理的，也不好，更不便宜；鉴于它的特性，这不能被看作是对铁的明智使用。因此，我们可能稍微减少了推力，但是我们几乎没有从一个能够负担得起的铁和砖石混合的结构的有利条件中获益。如同我们刚刚看到的，用筒拱或交叉拱的形式建造一个铁框架，并把这种结构埋入熟石膏或空心砖中，是违背正确的结构的——把本性相反的两种材料密切接触；如同把一只狼关在羊圈里。应为铁的收缩和改变提供条件，它应当只能在有利于其特性发展的条件下使用。因此，我们应把砖石拱顶建在铁上，后者应当保留其活动的自由度，并能在不影响它所支撑的混凝土外壳的情况下伸展。连接部位应保持可见——清晰可见——以便任何一部分失去功能时，都可以立即得到修复。如果我们打算共同使用铁与砖石砌体，我们必须放弃传统的罗马结构方法。我们不再考虑把建筑建在静止的、不可移动的基础上，而是提供弹性与均衡。主动力的分散必须取代被动力的聚集。为了获得这些结果，研究法国中世纪建筑能提供很大的帮助，因为那个时期的建筑师们已经用均衡法则和弹性法则取代了罗马结构法则；但这并不可以推断出我们应当模仿他们采用的形式——那些只使用砖石砌体的值得赞扬的形式，但是同时使用铁和砖石砌体的地方却毫无意义的形式。如果中世纪的建筑师拥有我们的金属制造业产品，他们一定凭借其合乎逻辑而巧妙的智慧，采用其他的形式。例如，他们会尽力降低他们的拱顶的巨大高度——这个高度更多由所采用的结构方式决定，而不是由美学考虑决定——这个高度经常包含困难，并且导致费用增加。 2-68

通过把铁当作肌肉和肌腱来建造高度小而跨度大的拱形结构是有可能的。

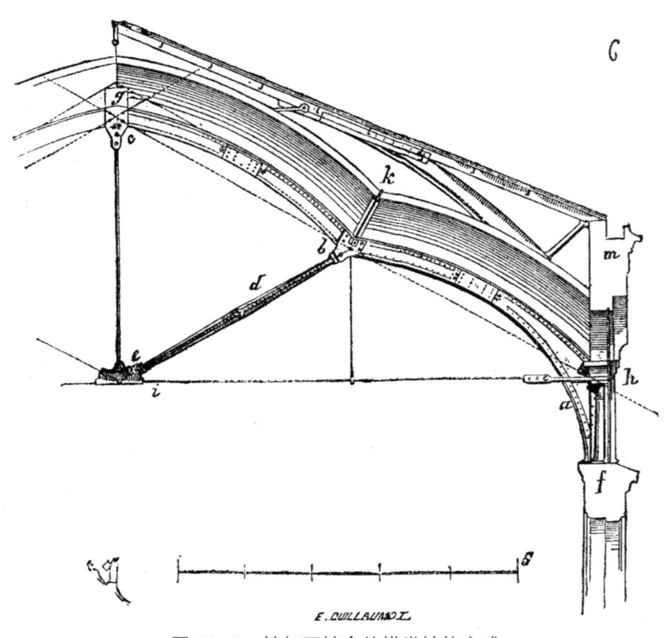

图 12–6　铁与石结合的拱券结构方式

图 12–6 展示了获得这种效果的方法。

假设内部跨度是 50 英尺。把它们分成 14 英尺或 15 英尺的开间，在每一个开间放置由铁板和角铁组成的肋拱 *abc*，把 *a* 点放进铸铁立柱里；在弯头 *b* 处用螺栓固定耦合板，支承在铸铁支杆 *d* 上；把这些支杆脚部放进盒子 *e* 里，从加强结合点 *g* 上牢牢地悬挂下来；并通过束缚 *hi* 把铸铁立柱的头部 *h* 固定住，我们可以获得坚固结实的肋，肋的中间空间用桁架支撑的环形拱弯成拱形。由于铸铁支撑简单地放在墙体顶部 *f* 上，通过给予筒拱的形式，膨胀只会在 *k* 点引起开裂。但是，如果在 *k* 点，从一个桁架到梁一个桁架，我们已经把铁板和角铁的肋固定斜向两段筒拱的交点，铁膨胀导致的开裂就会发生在这个连接点上，并不会造成损害，由于连接点将由角铁坚固装置的双层法兰支撑。在铸铁支撑的顶部 *h*，我们可以建造拱、拱肩和砌体结构的檐口 *m*。

2–69

2–70

图 12–7 中的一些细部在解释铁桁架支撑的建造是很有必要的。A 画的是侧立面，B 画的是穿过铸铁立柱 ab 的剖面。C 是这些支撑的透视图。铁板曲线 D 安进立柱的槽里，这些曲面在拱背处用角铁 *f* 加强，角铁承托基坐落在砖 *h* 上的石头，形成环形拱。E 画的是穿过 *i* 的两部分拉杆中的夹子。G 的耦合板在图 12–6 中标为 *b*，以及铸铁支杆的端部 *k*。H 的耦合板在图 12–6 中标为 *g*。在 O 将安装窗户。

在铸铁立柱上放置形成墙肋的拱的起拱石 *p*，露出光滑的窗扉。透视图 12–8，完善了这个结构的图释。

有没有可能给予这些铁桁架建筑装饰外观呢？我想可以，但是这不能通

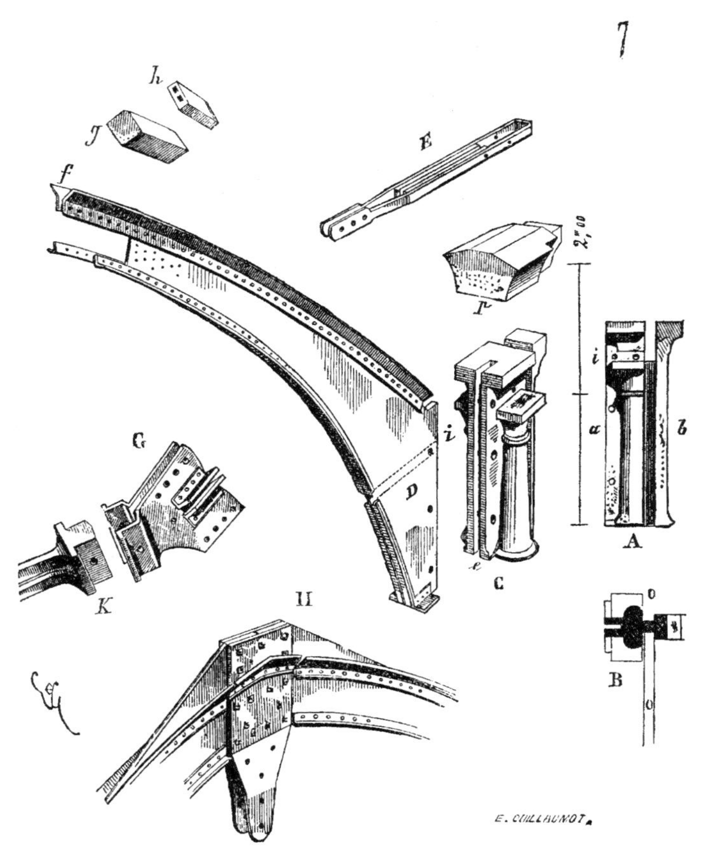

图 12-7　铁桁架拱券构造的细部

过给予它们适于砖石砌体的形式来达到。利用我们目前的铁结构设备，除非有相当的费用，很难获得装饰效果，因为我们的工厂不把生产这一效果的要素提供给我们。但是，为什么我们的工厂不能把它们提供给我们的原因，就是迄今为止我们在大型建筑中只给予铁一个附件或隐藏的功能，因为我们没有认真考虑如何通过给予它适合其特性的形式来充分使用这种材料。[1] 此外，当我们开始那个特别地对待铁的使用时，我们应当努力展示这种材料如何表达装饰性，或相反地什么装饰形式与其适合。当我们看 20 年前的建筑中采用的铁结构，并比较那个时代复杂、无力、笨重以及因此昂贵的大梁与那些最近几年建造的，不可能认识不到明显的进步。是有名望的建筑师们作为这一进步的推动者吗？不幸的是，不是！这是我们的工程师应做到的；但是由于　2-71

1　成规在我们身上仍然有着无比的威力。在我们的金属制造商身上，它得到了彻底的崇拜；如果自由贸易会慢慢压制这种崇拜的话，它一定会带来好的效果。我们知道大制造商拒绝将铁卷成新的截面形式，因为圆柱形是必须的形式，尽管订单的总重量超过了一百吨。某一个制造商愿意去接这个订单的话，因为他明白其他制造商不愿生产，他就会漫天要价，以至于新形式的铁带来的节约反而变得徒劳。

图 12–8 铁与石结合的拱券结构的透视图

他们的建筑教育非常有限，他们只基于实际功用而不顾及艺术形式来使用铁；而我们建筑师，本应能在谈及形式时给他们提供帮助的，相反却在尽力阻碍这些新设备的采用；或者，即使我们采用它们，也仅仅是被当作一种机械手段，这种手段——我重复一次——我们仔细地把它们隐藏在某些被传统神圣化的形式下。因此，并非不合情理地可以得出结论，建筑师不够科学而工程师不够艺术。但是鉴于现在的需求和新设备，如果我们想要获得独创的艺术形式，或者更正确地说，与我们的时代需要相协调的艺术形式的话，最有必要的就是建造者应该兼具艺术家和专家。如果秉持一种公正而无偏见的观点来看问题，我们就不能无视这个事实，即建筑师和土木工程师的专业倾向于相互融合，就像以前的案例一样。如果是出于自我保护的本能而导致近来的建筑师反对他们认为工程师对其领域的入侵，或者让他们反对后者采用的方法，那么这种本能对他们起到了很不好的作用，如果这成为制约的话，除了缩小建筑师的领地，把他们限制到只具有装饰设计师的功能以外，不会有其他的结果。少许思考将会告诉我们，两个专业的长处联合起来效果最好，因为从事

2–72

实的角度来说，名字没有什么影响：最基本的是事情本身，艺术就是那个事情。无论工程师需要一点我们的知识和对艺术形式的热爱——只要那种爱是合理的，而不仅仅是出于感情——或者无论我们的建筑师进入科学研究的领域并采用了工程师的实践方法——不管他们双方因此成功地结合了他们的才能、知识和设备，并因此实现了体现我们时代的真正的特点，结果都能成功地造福于公众，并为时代带来荣耀。应该看到，在这个方向上的某些努力并非不成功，巴黎在这方面是值得称道的，它最受人尊敬的建筑师之一在中央菜市场的建筑中，完成了来自一位工程师的概念和总设计。如果说在最近建造的很多建筑中，这个建筑比任何其他的建筑更好地达成这计划的条件，如果它同时被公众和专业艺术家认可，这种结果难道不应该归结为两种专业规则的一致吗？因此，对于艺术来说，会紧接着发生什么危险或不利的事情，如果建筑师或者工程师自己把现在分裂的两种要素结合起来？建筑师可以从维持某些与我们的时代要求不一致的关于艺术的教条中合理地期待什么呢？或者工程师能期待通过忽视开明的艺术研究并越来越把自己局限于公式的界限内获得什么益处呢？无论从此 50 年中，工程师自称为建筑师，还是建筑师自称为工程师——由于这两种专业都不可避免会彼此融合——我只能认为，在事物本质上注定合并的这两个艺术分支之间应当保持的对立或差异，会显然有些幼稚。几年前，我们专业中的一个成员——我忘了是谁——坚信自己受到了工程师的致命打击，通过发现它的名字来源于单词工程师（发动机的制造者）。依靠这种可能谈及的平民出身，本可以建立我们并不较之更高贵的技艺。　2–73

但是，让我们暂时离开这些公众毫无兴趣的恐惧和敌对，完成我们的任务——通过借用偶尔需要一些工程师采用的设备，尽力让他们与建筑结构中的艺术相协调，继续思索将现代设备与古代的传统砖石砌体相结合的方式。因为在我们当中的 19 世纪的建筑师——这个不能重复太多——独创性只能从采用迄今为止没用过的设备和之前已发明的形式中产生，即使没有违背那些设备。到目前为止，我们的时代在这方面并不难以取悦，既然我们看到了新材料的取代，不改变形态的高贵的独创性头衔。我们并不是去谴责这些尝试——虽然它们依然毫无结果——因为他们基本上趋向吸引公众以及建筑师的注意力去关注这些新材料，并且减少了后者中不甘作传统的奴隶以寻找超出常规方法的可能。但是这种寻找到目前为止，还是表面上的。一方面，充分的关注尚未放在建造的基本原则上，另一方面需要打破被奉为神圣的、教条主义地规定了的形式的胆量。关于过程说了很多，但是实际上，它仍然被固执地看作是对于我们习惯于尊重的所有过程的颠覆。古典建筑师继续创造伪罗马建筑，用铁承重；其后自认为足够无畏而进步以至于有权利去指责哥特建筑师导致艺术倒退的欲望。另一方面，哥特建筑师认为他们的反对者比自己更退步——这种指责可能是对的，既然哥特晚于罗马艺术。

但是，如果后者（我指的是所谓的哥特建筑师）证实他们的构想中的进步，总的结果，如我上面所提到的，归结为只不过是用铁支撑或拱肋取代了中世纪的石柱和石拱而已。但是除了用铁杆保持准罗马建筑檐口的线脚外，2-74 没有更大的进步了。如果明智的罗马人，拥有我们的大尺寸的铁构件，他们就会采用独创的形式来取代那些源于希腊的形式。罗马人太过实际，以至于没有利用这些设备。同样，中世纪伟大的建造者，明确地让他们的构想与其所拥有的材料相适应，本应不失时机赋予他们的建筑与这些新材料匹配的形式。我们19世纪的建筑师发现自己的情况是不同的；前面的时代遗赠给我们两到三种截然不同的艺术风格，不估算衍生出的风格。我们不能忽视它们；他们出现在我们之前；我们时代的一个奇怪甚至荒谬的爱好是努力抹杀那些建筑艺术形式中的一种并宣称它是不存在的。这种推进的模式与被认为让路易十八作为路易十七的继任者的佩尔·洛里凯（Père Loriquet）的作品有着不幸的相似之处。可能完全合理的是偏爱罗马和希腊的建筑更甚于中世纪的建筑；但是如果我们按照进步的逻辑顺序前进，我们必须接受由连续几代建造者努力改进的结果。进步只是努力改进的叠加，由起源于某些时期的新鲜元素组成。自然界，其方法是很值得注意的，没有用别的方式继续下去。她既不会忘记也不会压制她过去的任何一部分，而是补充和改进。从水螅到人，她从未间断地进步。自然学家会怎么说呢？他应当压制有机物的整体秩序，在低等级的哺乳类动物不值得注意的借口下将猴子和鸟联系起来。或者他应该坚持，爬行动物是一种比猫更完美的生物，因为前者比后者更能承受一次严重的伤害而不会致死？

因为你可以在不危害建筑的情况下从罗马混凝土结构中移走一颗柱子，但是你却不能在没有确保破坏的情况下从哥特教堂正厅的飞扶壁拱中移走一块石头，并不是接着说哥特建筑的结构规则不是在罗马建筑基础上的进步。推论是相反地，在前一种建筑中，每个构件都是必要的——不可缺少的，因为结构更加完美。人类，被认为是最完美的有机体，比任何其他哺乳类动物 2-75 都更容易受到伤害，当四肢被砍掉时，不会像小龙虾那样再生。因此，极致的灵敏度和精巧是存在于生物规则里的进步环境中的；它跟人类创造的二次创作，被称作建筑的是一样的。人类在征服惰性物质过程中所表现出来的独创性越大——他越有能力让它屈从于自己的需要——构件越多——如果我可以这么称呼它们——这个创造物必定是必要的、精美的，因此是脆弱的。平衡、反作用力和中和力的计算方法，新的均衡原理——全都代替了静止质量，自我稳定平衡。

中世纪的伟大建造者，用均衡取代了希腊建筑的消极稳定性和罗马建筑的混凝土结构——一种技巧性更强的法则，提供更广泛、多变、不受限制的结果。那些建造者在希腊和罗马的结构体系上前进。随着我们的材料和在我们的建筑中大规模的使用金属，我们可以超过中世纪的建筑师；但是通过忽视他们做过的东西或亦步亦趋的跟随他们，而不是从他们已经达到的点作为起点，并登上更高的进步阶梯，这个目标不能实现。让那些人把这些原理称为专用教条，指责教会，我确信，报应在那些制造它的人身上，因为他们不能阻碍真正的进步的前进，这将最终获得承认。

因此，让我们继续努力；尽管不甚完美，它们仍然呈现了一个目前向建筑艺术开放的领域，并证明，只有当它坦诚地适应于我们时代提供的真正新颖而合理的设备时，建筑将呈现一个独特的形式。

还有一些人坚持声称，希腊建筑，基本上是完美的，适于任何要求。为了证明这种观点的谬误，要求他们用从没建造过拱顶的希腊人的结构体系建造拱顶就足够了。真实的情况是，在很多业余爱好者，甚至是某些艺术家看来，希腊建筑的本质就是由少量的装饰或者线脚组成的。这些盲目的希腊文化支持者当真认为，他们遵从着伯里克利时代的艺术，那时候在 5 层高的建筑正立面上，他们复制了一个阿提卡的侧柱装饰线条或檐口。不用夸大这些幼稚的想法，我们被迫承认，希腊人认为不值得在他们的建筑上使用拱顶，在这方面模仿他们将是相当退步——罗马人建造混凝土拱顶，中世纪的建造者在自有其优点的弹性的体系上建造大量的拱型结构。这些事实，反抗了那些既不是遗憾也不是赞美占优势的说法。但是罗马的拱形结构和中世纪一样，需要拱座。我们已经说明了拱顶的推力是如何被铁支撑的。让我们关注去分析的问题仍然更专注于在拱顶建筑中能用铁建造的应用，并考虑是否不可能不借助拉杆来抵消铁结构和砌体结构结合的拱产生的推力。　2–76

图 12–9 描绘的是一个跨度 30 英尺拱；A 是一圈 15 英寸宽的铁板，弯成一个半圆形，上面是固定的支柱，也是一个 2 英尺 3 英寸长的铁板，通过角撑架 *b* 支撑，如图 B 所示。两个角铁锚固在曲面箍上，用来保证轮缘的安全和增加工程的稳定性。如果，在这些支柱之间，我们放置楔形拱石 *c*，甚或砖块 *e*，拱顶都不会倒塌。透视图 D 阐明了这种铁结构体系。比如，假设 E 是一个铁板组成的拱，上面固定着由坚硬的支架 *f* 支撑的支柱 *g*，两点 *i*，*k* 就不可能外延，因为任何倾向于在那些点上引起外延的作用都只会导致推着这些支撑更紧密地相互依靠的效果。现在，拱 *b*，一部分是铁，一部分是砖石，受限于同样的法则。任何外延作用都只会导致楔形拱石更好的挤压，由于铁箍提供了一个连续的表面，连接点就不会在拱腹张开；因此，这些不能张开拱结构的连接点就不会支撑不住。　2–77

给定的方式只作用于，在相当的压力作用下，通过拱的每一部分从曲线到直线的延伸，以便用多边形的拱腹箍代替圆形的。但是，我们应该观察到，在每个支柱之间的曲线非常不明显，而且，利用角铁和托架加强。因此，它相较利用普通的拱形结构来产生圆形每一部分拉伸来作用的方式需要更大的压力。

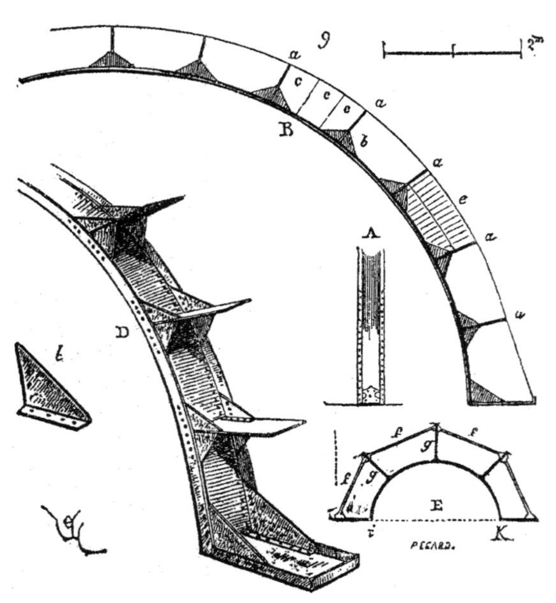

图 12-9 铁与石结构的结合——抵消拱券侧推力的方法

这种结构的一个实验模式，可以用箍铁，或者甚至是锌建造，只花费很小的费用，通过在支柱间放置小块木头，将很容易证明它的强度[1]。这样建造的拱比石头或者砖建造的拱要贵，但是，除了在那些材料（因为这种跨度的一个拱形结构可以安全地变成只用厚16英寸的拱石）数量上的节省，真正会产生节省的地方是拱座。

通过采用这种系统，我们可以建造横向拱肋来支承砖或碎石砌体的交叉拱，比如支撑在断面非常小的窗间壁上的罗马拱。因此，这里可以看作是结构经济的一个进步，而外表面被地面上的实体部分占满。现在，在我们的城镇中，材料昂贵，空间有限；因此，建造者应尽全力在这两方面节约。

很明显，像这样使用铁的条件将有利于其耐久性；因为尽管铁支柱被嵌入到石质或砖拱石之间，它们的功能也只是消极的，并且由拱石在他们上面施加的单纯的压力决定。构成体系的主要强度的拱腹圈、角铁及其支撑，至少在一个面上暴露在空气中。另外，被覆盖或隐藏在拱形结构下的石或砖拱石，不会释放足量的影响铁的持久性的潮气或盐分。但是，我们在这里只是让铁适用于古代的结构体系。这些拱，和罗马与中世纪的拱一样，拥有前面指出的缺点；它们非常高而且相当重；罗马的交叉拱在定心上花费昂贵。比如，当需要把拱形结构建在非常开阔的空间上——例如60英尺或者70英尺——没有施加任何推力，不需要任何相当数量的定心，不占用很大的高度，容许

2-78

1 拱腹跨度为3英尺，断面3英寸高2英寸宽，材料为锌，没有托架，12根小支柱用焊接的方式安装在上面，巴黎拱石的灰泥，承载着20磅（Ibs）的重量，而不会倒塌。

在地面以上的高耸立面上有大的采光口，比图 12–6、图 12–7、图 12–8 所示的拱形结构更加坚固，在那些结构里铁只是作为支撑或者拉杆——因此，经济的——我们必须求助于与罗马或者中世纪建造者所采用的不同的发明。 2–79

让图 12–10 中的 *abcd* 形成一个框架，带有四个支杆，*a e*，*d e*，*b f*，*c f*，和一个拉杆 *ef*。很明显，如果这个框架由在 *abcd* 点承重的这些杆组成，就不可能支持不住。正是在这个原理上由这个示意图解释了我们将要解决的拱顶体系所决定的。

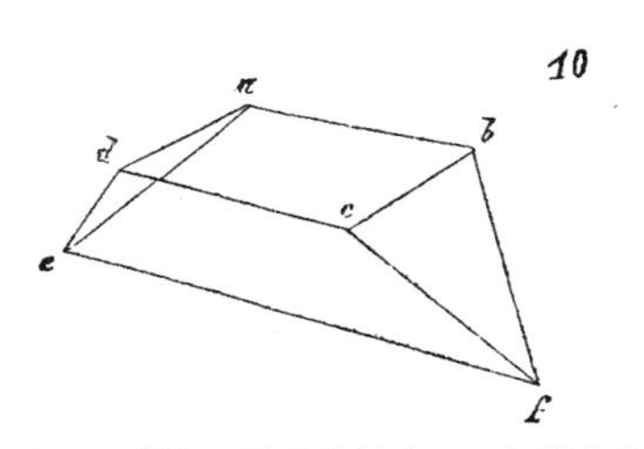

图 12–10　铁与石结构的结合——起拱的方法

图 12–11 示范了一个在空间里宽 65 英尺的大厅平面的一部分，由一系列开间组成。如果在 *a b c d* 我们按照图 12–10 设计一个框架，*a e*，*d e*，*b f*，*c f* 这些线，会得到支撑杆的水平投影，这些线连接着框架的 *a b c d* 点，以及拉杆的线 *ef*。如果我们把与直线 *a h*，*a d*，*d i*，*b g*，*b c*，*c k*，*a b*，*d c* 一致的拱翻

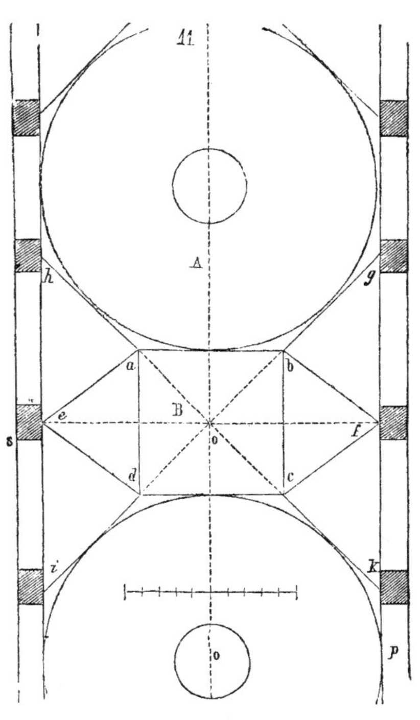

图 12–11　拱的平面

转过来，我们就会得到一组拱形结构，在它们上面我们将能够搭建一个圆形穹顶 A，在矩形空间 B 上形成一个方形穹顶，在梯形 *hadi*，*gbck* 上形成筒拱。我们可以将整个系统支承在 6 英尺厚的墙上，被窗户穿透，没有扶壁。

图 12-12 的剖面，在 A 穿过 *op*，在 B 穿过 *os*，解释了这个体系；但是通过室内透视图图版二十二，会更好地解释它。支撑杆或者斜撑柱 *a*（参见图 12-12 中的剖面），是铸铁的，承托在 *b* 点的由拉杆 *c* 连接的同样是铸铁的基座上。这些支撑杆的脚部都是球形的，嵌在每个基座中凹下去的两个球穴中。这些支撑杆的顶部有榫，插入被短轴覆盖的球体 *e* 中，短轴把榫顶进铸铁柱头 *g* 中，每一个柱头支承三个拱的起拱石。短轴由拉杆 *d* 连接，拉杆上面是拱顶，形成支撑方形穹顶和部分圆屋顶的框架的边缘。因此，这四个带有拉杆的拱顶不会施加任何推力。只有拱顶 *ah*，*di*，*bg*，*ck*（参见图 12-11 的平面）会在侧墙上施加推力；但是，如果在这些拱形结构上，我们围着穹顶放置一圈铁箍，已经倾斜的推力就将被抵消。

2-80

图版二十二中的透视图，说明了侧墙可能被一直到拱顶结构的拱脚水平面上的大型窗而洞穿。除非拉杆 *c*（参见剖面）断裂，否则拱顶不会推倒墙体。但是这些拉杆的拉力并没有设想的那么大，只要这些结构是完整的，并且固定在自己的位置上。当一座建筑被大体建成，并且拱顶建造完好时，后者所产生的最初的推力的作用是非常微不足道的，一个轻微的障碍都足以阻止它的发展。假设这些拱身和它们的起拱石都是石质的，而拱顶是空心砖构成的，每一个支柱最多要承载 15 吨的重量。由于支柱倾斜的结果，相当一部分的重量被分离出来垂直落在墙上，在更低的铁支架上的拉力将减少到无足轻重的作用，它的作用力可以确定，但是，考虑墙体自身的重量在基座上，及其直接的阻力，作用力会在支架上产生一个有效的相当于 5 吨或者 6 吨的作用——一种不需要引起担心的拉力。这种结构非常经济，因为我们看到，对于支杆、

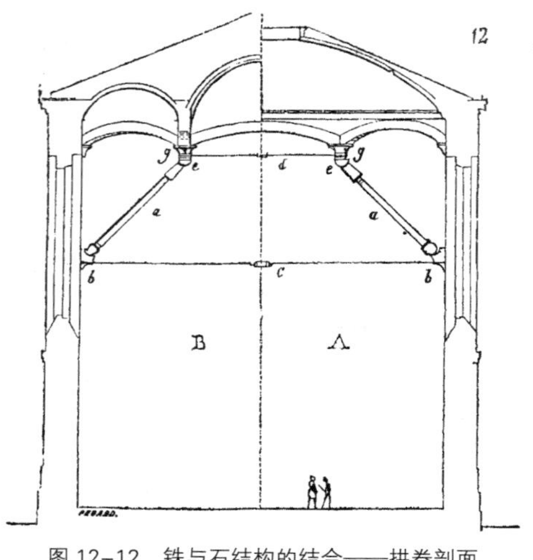

图 12-12　铁与石结构的结合——拱券剖面

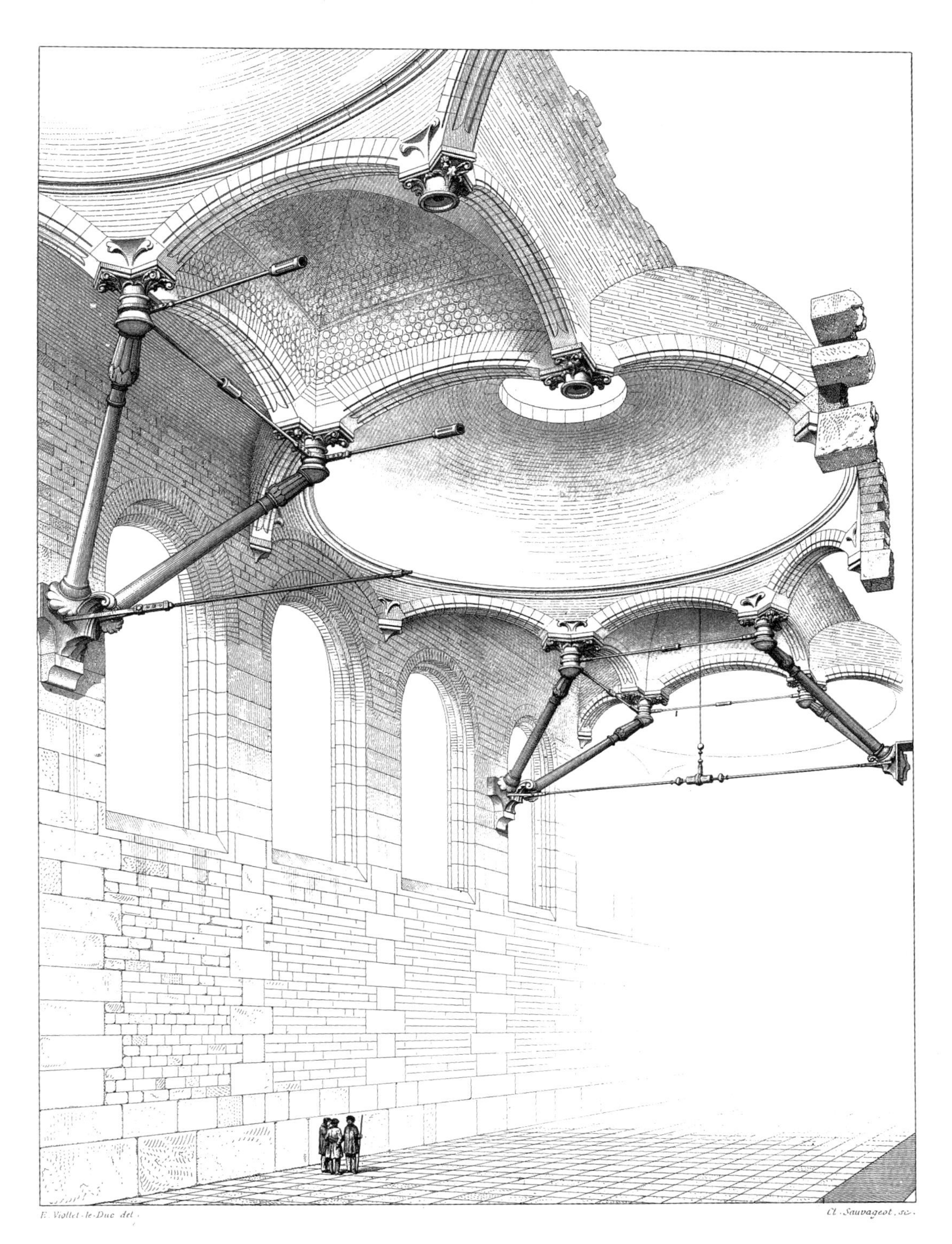

图版二十二　大尺度大厅的室内透视

基座或柱头，都只需要一种形式。

在用来固定斜柱的脚手架上，中心（都一样的）很容易搭起来，而拱顶，如果是按照特殊的方法建造，可以变成不用定心，或至少不用支拱板条，如我们现在要解释过的。

这种用铁和砖石砌体的结构方式满足我们看来应赋予这样的工程特色的条件。因此，铁框架是可见的、独立的、自由伸缩的，所以它不会在砌体中引起错位，不管是通过氧化作用还是温度变化。砖石砌体，当部分是实体的时候，仍然保持了一定程度的弹性，归功于承托整体的小型拱。由于拱顶只占据了相对于内部宽度来说相当小的高度，它允许大窗相对升高——它需要最少的材料，和薄的墙（除了支撑点之外）可以部分的由毛石建造——在铁作中，易受损或者断裂的螺栓的使用被避免，螺栓仅仅用于将拉杆扣牢在支撑或轴环上。图 12–13 描绘的是铸铁柱顶 A 处的细部，B 处是它的短轴和球形基座，T 是上面的拉杆的轴环，C 是支杆头，D 是支杆的脚，E 是基座，以及拉杆 F 和键 G 的分支。因此，很明显，这些连接构件都是可以移动的，不会引起任何错位或者断裂，他们既不会在固定过程中引起麻烦，也不要求必须安装到位。

2–81

很明显，在这种结构中，每个部件都需要提前准备好。工程中的各部分可以在制造厂或者专门的车间制作好，带到建筑现场准备安装，这样它们能安装到位而不会引起进一步的麻烦。

目前建造过程中需要考虑的重要困难就是场地空间。在我们人口稠密的城镇中，空间变得那么有价值，以至于看起来很值得寻找必要的方法，去尽可能减少这些场地的空间。砖石建筑尤其是在习惯于使用毛石的建筑，整石工必须在这些建筑里找出适合建造的所有石材，必然会造成纯粹浪费的大量石材堆积的不便，因为工程中使用的石材将减少。既然石材是按供应的立方数来收费，而运输是按照重量来计算，很清楚的是每块石头的四分之一或者五分之一在安装之前被砍削掉了，这么多无用的石材立方数跟运费一样要付费，没人从中获利，而且建造者不得不对此作出补偿。这种在工程中不必要的付给建造者的费用已扣除部分需承担的税款以及运输费用。因此，使用的石材的费用包括除了它实际浪费的价值之外，还包含浪费的部分的运输费。

如果石头的尺寸和形状，特别是在大型建筑物中，完全由建筑师规定，当将方案交给建造者的时候，后者可能从要砍削成型的方形石中订购一大部分他要的石头，因此不会被迫租用或占用那么大的场地空间。对他来讲这是节约，对于政府和个人，会产生一定比例的费用的减少。

如果是在小型的砌体结构工程中，比如，拱顶，会采用某种方法来避免一大堆未加工的石材原材料堆积在地面上的必要性——如果这些小型结构的部分来自于待安装的工厂——在提升、工艺和时间上将产生更大的节省。建

2–83

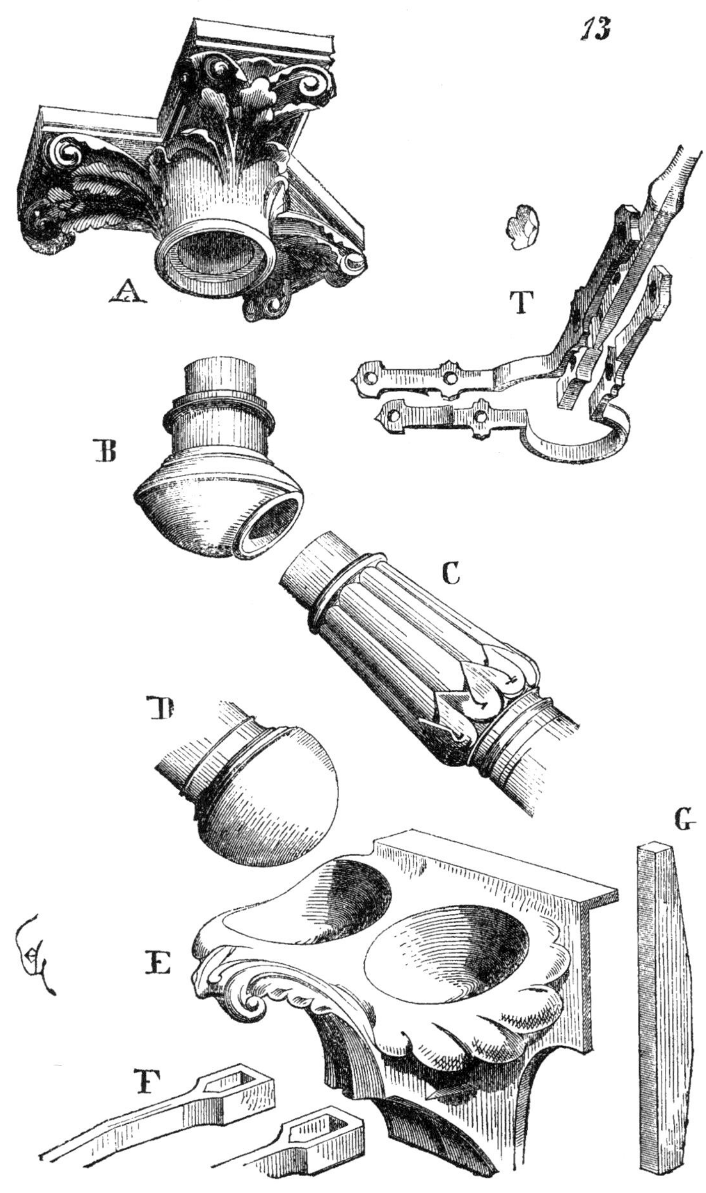

图 12-13 铁与石结构的结合——铁构件细部

筑艺术的改良应该体现在节省时间、空间和劳力上，比如吊装原材料的费用，只有一部分材料会用于结构中。比如，当相当一部分的水可以在地面或在车间使用时，将水运送到 60 英尺的高度的用途是什么？还有什么比在地面上的水槽里调和熟石膏或水泥，然后不得不由泥瓦工人运送到建筑顶部花费浪费更多劳力呢？如此多的时间和劳力被浪费啊！如此多的机会通过损坏、事故和粗心造成损害啊！

然后，让我们看看，特别是在拱形结构中，目前认为必要的某些劳动和准备工作可以如何避免，随之而来的是费用的降低。除了用于室内的熟石膏是一种优良的材料之外，我们还有现浇和模制的水泥和混凝土，利用它们，大部分拱形结构可以在车间最佳的条件下，通过各种控制设备，预先准备好所需的形状，以便于轻易提升及快捷安装，且费用适中。我们目前建造拱顶的方法需要一种木梁体系，中心定在表现拱顶结构凸面形式的铺好的木板上。这种预备好的木工，随后会被撤走，含有相当大的费用。罗马人采用相同的方式。在那些木构上，他们建成砖拱，用密灌的混凝土填满拱间空隙，因此能够建造大跨度的拱顶。中世纪的伟大建造者们为横向的和对角线的拱肋固定木质中心，在拱肋上面利用可移动的曲面建造拱腹。[1] 后面的方法在减少罗马方案中的拱顶需要的木工数量方面是一个进步。但是不要拘泥于坚持这些方式；我们应该只保留其中的优点，如果可能的话寻求更好的解决办法。图版二十二展示了同一时期用来覆盖内部空间的几种拱顶形式。用于固定铸铁支柱的脚手架上面，我们必须放置中心点（所有的采用同样的模式）来承托石拱；但是对于圆屋顶，我们可以省掉复杂而笨重的木作，它们经常为了拱顶形式而搭建，花费大量的时间和金钱。

2-84

东方建筑师有一套非常简单的建造球形穹顶的方法。他们将木杆的一端固定在球形穹顶的中心，这样它能成为一个在各个方向上旋转的半径，然后在这种导引下，他们依次敷贴形成凹面的石膏，砖块。每个砖拱，更确切地说是球体的每个水平断面，形成了一个不会倒塌的环，因此工匠可以在拱顶上封顶。然而，显而易见的是这种方案只适合于半径较小的穹顶，而且施工中劳动量大。不过，这种方法在某些案例中是好的，在改良的形式中可能方便运用，比如，通过使用几个这种脚部固定在铁轴甚或是木轴的活动拉杆，轴上有很多与拉杆数量一致的凹槽。但是对于一个基础直径 65 英尺的穹顶，以及半径是 45 英尺，如同剖面图 12－12 中展示的那样，上面提到的方案就不能采用了。然而，利用一种新颖的砖石砌体系统，中心定位所产生的费用可以大幅度降低。

假设一个基座直径 65 英尺的穹顶，基座的圆周将因此达到 195 英尺；我们把圆周划分为 60 份，制作一个按照划分形成的穹顶的薄片模板，我们把这个薄片切成一定数量的板，如透视图 12－14 中所示。在车间制作、用熟石膏或压制混凝土制模、必需的板材数量，没有比这更简单的了，尤其是如果我们有几个这种穹顶需要覆盖。按照我们的图示，这里只有 7 种不同的板的模式；如果较低的区域需要 60 个，那么每个也都需要同样的数量。

2-85

即使在冬天，这些板也要预先准备，它们要足够干燥，以配合熟石灰或者水泥。固定的每一个区都形成了一个不会垮掉的同心环，然后就完美重合。

1 见《法国建筑辞典》“建造”一文对这一方法的解释。

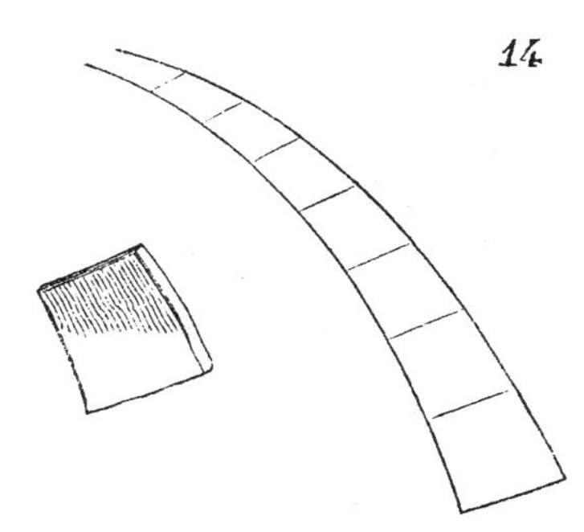

图 12–14 穹顶的起拱方式

它所做的不是增加，而是形成一个室内的装饰，因为板可以做成带有凹隔的模板。

于是，穹顶的中心就覆盖了模板，将不再需要厚木板，因为每块板都代表了一个固体的表面。因此，所有这些需要的就是在上升的节点下面 30 个中心或者 60 个半中心。在安装这些中心的时候，铁是很有优势的，由于这种材料保持了其价值，它以后也能用于其他的目的，或者当工作结束后进行交换。因此，如果，在图 12–15，我们修补 A 处的一个丁字铁或者甚至是铸铁的环，在 B 修补另一个角铁的环；如果，作为一个预防措施，我们将这个较低的环系紧在 15 根拉杆的 c 上，用螺栓固定在换 D 上；然后，在上部环和下部环的凸缘之间，将 60 个横梁叶 E 固定在木曲面和木夹上就足够了，它们能够增加强度，并且用来向前木板；后者中上升的节点位于每个中心之上。如果，代替低环，我们放置一个板铁的 60 个边的多边形，在每个第二个角度上与锚固的板连接，见节点 o，我们就可以运用拉杆发散出去。

每个板、平均仅 1.5 立方英尺，如果按照压制混凝土来算，相应的重量只有大约 2 英担或者按照干燥的熟石灰来算，大概 1.5 英担，它们的数量是 420，穹顶的总重量，基部 65 英尺宽，高度 15 英尺，如果按照压制混凝土算，只有 41 吨，如果是熟石膏，只有 34 吨。支撑薄穹顶的 8 个点，将因此只有 4 吨或 5 吨的重量去支撑。 2–86

通过 H 处的铁环，任何推力的行为都能轻易避免（参见图 12–15）。尽管如此，这些设备还不是组成了一个新的结构体系。这里我们只是用铁支撑点取代了石头，通过经济的便宜之计而不是常用的方法来建造拱顶的常用形式的方法。铁没有进入到拱顶结构的结果原则，它们的规模也没有超过在我们的大型拱顶结构中的常规规模。不过，相比于在过去年代任何建筑所提供的空间来讲，在那些更大的空间建造中，它表现出越来越大的必要性。我们的城市会堂都不够巨大以容纳偶尔聚集在一起的拥挤的人群。比如，曾经发生过的，适合于普通音乐会的巴黎会堂，不能容纳想要进入的一半的人。工业宫（Palais de l’ Industrie）和火车站,只是闪亮的大棚。它们并不是封闭的，

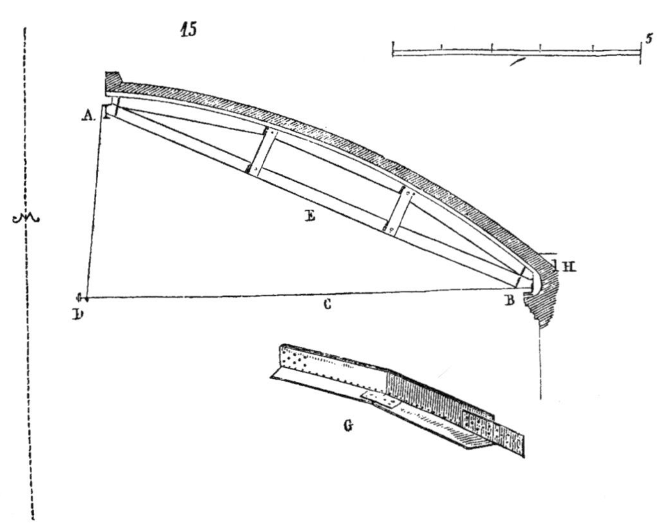

图 12–15 穹顶起拱的模板设置方法

舒适的温暖的建筑。它们的建筑内部不会产生偶尔需要的共鸣。空气从四面八方涌入，有相当多的凉表面。因此，我再说一遍，砖石砌体建筑提供了铁和玻璃的建筑所不具备的优势。如果我们考察一下罗马建筑，他们是石头建造的，它们中最大的也不能具有大规模的室内空间。

比如，罗马的安东尼纳斯卡拉卡拉浴场的圆形大厅，净直径只有 82 英尺。君士坦丁堡的圣索菲亚的大圆屋顶测量只有 100 英尺，罗马的圣彼得只有 30 英尺多。就达到这种效果所使用的大量材料而言，即使现在来看都是非常巨大的，考虑到他们产生的巨大费用，我们现在不去冒险尝试这一点也不足为怪。

如果建筑中铁的使用不能让我们以明显减少的费用来超越这种规模，那么我们确实不如前人。事实上，中世纪的伟大建造者，如同文艺复兴时期的建筑师一样，是机智的、活跃的和有创造性才智的人。我认为创造性才智，是过去的建造者留给我们的作品中最主要的特点。显而易见的是在中世纪的建筑结构中，当材料不充分的时候，只是停止自我展示。显而易见的是在文艺复兴的尝试中；因为，脱离了对受到后世建筑师的影响的古典形式的表面模仿，他们在建造他们的建筑和采用的方法中并不坚持这种模仿。不参考那个时代的建筑，我们可以在那时的几位建筑师书写的著作中找到这个事实的证据，比如阿尔伯特·丢勒、塞利奥、菲利贝·德·洛梅等。在他们著作中的每一页，我们都能找到一些独特的观点或新的改变，在这种情况下，与他们的前辈相比，他们的独创性只限于材料的不足。在今天，我们是否已经达到或者甚至是在努力达到这个限定呢？我认为不是。在他们的大型桥梁建筑中，我们的工程师毅然闯出一条新路；但是我们的建筑师，到目前为止，只是略微地改造了新的设备以适应旧的形式。为了避免自己陷入计算、发明和

2–87

设计的麻烦之中，他们借口这些发明、计算和设计与他们所采用的准则相反，他们宁愿生活在崩裂于脚下的过去之中，而这种过去将把他们拉入最后的衰落。在这种日新月异的社会条件之中，他们单独的，如同维护宗教教义的僧侣，在建造过程中让他们自己处于前进的对立面；最有才华的大部分是从他们的调查中排除了大量那些过去的、可能导向新的发现的建筑遗迹。

可是，这种所谓的系统，终究只是大量在我们中持续了大约 2 个世纪的偏见。公众总是抱怨建筑的建造，既不符合他们的需求，也不满足他们要求创新的愿望，并宣称这种愿望被建筑的建造摧毁了，因其难以理解的、有时在错误的古典品味上自我骄傲的目的。

不管怎样，是时候让我们的建筑师思考未来了；是时候像我们的祖先那样去创新了，并把过去实现的一切仅仅看作让我们获益和我们应当加以分析以仍然继续推进的一系列进步；是时候去考虑最重要的建筑经济问题，如果我们不能理解公众，他们因没有获得完全符合要求的满足而厌倦付钱，而雇用那些不关心美学但能建造和制造出与时代精神和谐的建筑的人。

2–88

作为职业生涯中期的我们不会可能成为新建筑的创始人，但是我们应该依照自己的能力使之能发展，并利用所有的古代知识及其提供给我们的帮助——并非其中的一部分，而排除其他——寻找新的与我们掌握的材料和方法相协调的调整。过程总是通过方法的连续转换，存在于从已知到未知的过程之中。并不是因为安装和开始，进程才会发生，而是通过一系列的转变。因此让我们充满责任心的尽力为这些转换做准备，完全不忽视那些仰仗它而让我们得以提升的过去。

仅仅从前面讲义中提到的例子里的观点应当被注意。我并没有自负到去认为或者希望它被思考，即我已经创造了一个全新的会带来新的建筑风格的建造体系。我提出定额；我唯一的主张就是指出那些能让我们采用时代赋予我们的那些设备的方法。如果每位建筑师在他自己那部分都能做到恰当的考虑古典和中世纪的艺术，特别是通过分析他们的遗存，我们就能够见证公众需要的自己时代的建筑创造，但是如果我们继续复制过去时代的艺术，而不考虑他们建造的条件以及产生的要素，我们的时代将让我们一无所得。

本章给出的系列案例提出一种方法，它应该出现在这些努力的追求过程中。我们从熟悉的方法出发，逐渐的改造他们，或者用新元素来取代他们。现在我们应该进入更全面地使用新材料并在新的条件下从中推断出某些通用的建造形式。

为了尽可能用最少的实体材料获得最大的空间，当然是一个每种建筑类型都要面临的问题，因为必须为公众建造。人群没进过希腊神庙；我前面提到过，希腊小共和国的市民们只在无屋顶的场地集会。而罗马人是第一个建造能容纳大量人群在屋顶下集会的建筑，解决了同样的问题的中世纪的建造者，努力减少砖石砌体的数量。然而，他们拥有的材料不允许他们超过某个界限，因此这些大型建筑必须采用拱顶。由于他们不能使用大尺度的锻铁或者铸铁，只能依靠砖石砌体的方法——一种推力和反推力的平衡系统——他们成功的建起像我们的大教堂那样的大空间建筑。但是我们拥有这些他们想拥有的设备。铁让迄今为止未经尝试的建造技艺证明了材料是根据其本性来使用的。我再说一次，我们谈论的并不只是建造市场大厅或者火车站，而是覆盖那些应该有充足光线的砖石砌体空间，而且提出那些我们的气候需要的耐久性、健康性的设计。

2-89

立体结构，比如由平面组成的多面体，看起来提示了适用于铁、石混合结构的基本形式。当讨论拱顶时，金属的本性以及它所能加工成的形式并不利于铁拱的建造，不管是通过锚固板，或者螺栓连接的铸铁、锻铁的梯形。

因此，流行的铁框架造价昂贵，仅仅满足了一个目的，为了防止弯曲或者断裂，它被制造得格外坚固。但是如果我们把铁板看作是一种特别适合于抵抗拉力的材料，如果与它连接的石材被连成一体防止铁作的变形，如果我们认为铁很易于使用并直接连接；如果用这些分开的部分我们形成一种独立的网络，在这个梁组成的网络上，我们将拱顶放置在独立的部分，于是，我们按照铁的本性建造了一个铁框架系统和一种利用一系列不同的拱顶覆盖大跨度空间的方法。图 12−16 展示了一种在半球形内可以连接、组成规则的八边形、六边形和方形的多面体。很明显，如果我们按照这个图形的边来建造一个铁框架，我们可以获得一个非常坚固的网络，我们可以用拱顶的各部分来覆盖这个网络的各个部位。从这个简单的原则出发，我们可以设想我们要用拱顶来覆盖一个大的音乐厅——例如——可以容纳侧廊、大概 8000 观众。图 12−17 中的平面 A，将满足这些要求。在 *a* 我们为步行的观众设置一个门厅，在 *b* 为驱车的观众设置一个门厅，*c* 处的楼梯直接导向侧廊。音乐厅、突出的包厢 *e*，将有一个两侧都是 149 英尺的内部宽度，和超过 6500 英尺的表面积。*ffffffff* 是图 12−17 中多面体的平面，B 代表了穿过 *gh* 的剖面。

2-91

铁多面体框架将支撑在八个铸铁柱上，将重量传导到斜支撑 *i* 上。这些斜撑也支撑着侧廊 *k*。四个突出部分的墙将支撑着整个系统的推力——这些推力被减少到了很小的作用。这些突出部分在板梁 *s* 上形成拱形结构（参见穿过

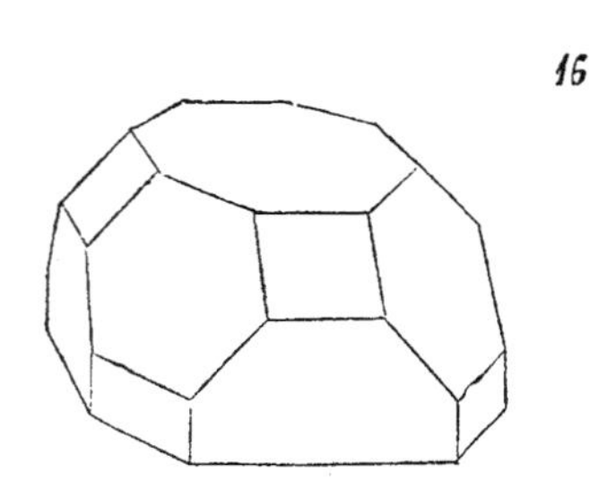

图 12−16 铁与石工——大空间的起拱

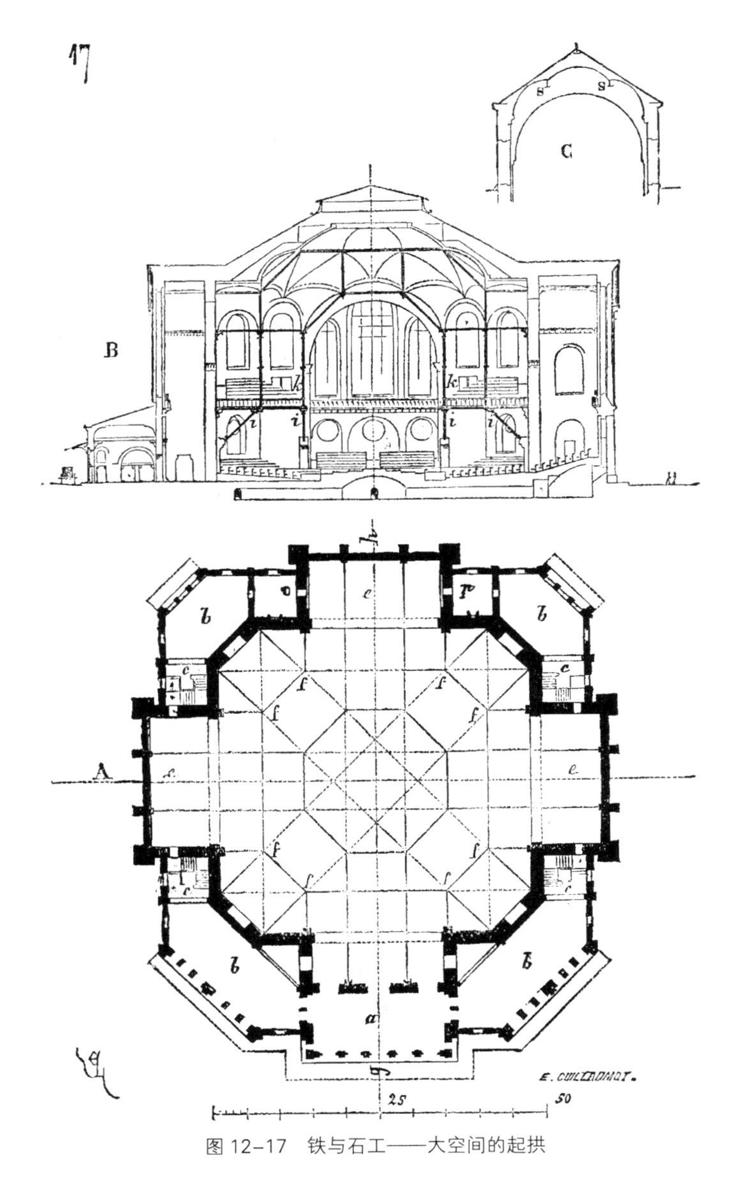

图 12–17　铁与石工——大空间的起拱

op 的剖面图所示），这样就不会施加任何推力给山墙。注意到的是多边形框架的每个直线部分都是等长的——多面体大约 28 英尺的长度，和拱形结构的其他部件一样。当我们处理铁作时，我们应该考虑这些部件及其装饰的形式。

这个结构的外观如图 12–18 所示。由于铁质网状系统提供的强度，拱顶部分可以采用轻质材料建造，并采用薄的厚度。我们看到这些拱顶部分，在铁质网状系统的空间，被陶瓦或者毛石制成的肋拱分割，中间的空间很容易用陶土或平面朝下的空心砖填充，甚或都采用前面提过的模制材料部件。这些拱形结构的中心可以由各自对且在拱顶下可见的框架自固定，这个框架只是在划分的肋拱的附近支撑着他们它们。拱顶覆盖的最大的空间是中央的八

图 12–18 铁与石工——大空间的起拱

角形空间，直径 68 英尺，不过，它的重量，通过顶部圆形的开口减少了。六角形的空间对角线尺寸只有 50 英尺，它们的斜置将拱顶的重量导向铸铁柱。2–93 充分展示这种结构系统的施工需要许多细节，这里我们不做说明[1]；而且，在这个案例中，我只想给出同时使用铁和石的理性调整——只是指明了我们应当努力的方向，如果我们能够摆脱建筑所受的局限，认真地在大型建筑中使用铁，而不是仅仅作为一个临时代用品，或者是一个结构装饰方式。

1 当我们专门谈到大型锻造工程的时候，我们会有机会讨论这些细节，尤其是关于节点。

比如，如果研究一下自然晶体，我们就能够找到最适合同时使用铁和石的拱顶的构造。大部分由结晶作用产生的多面体提供了面的排列组合，这不仅让我们能用大型的铁梁覆盖相当大的空间，还能让它形成非常令人喜爱的外形。当谈到新材料的使用时，我们必须不能忽略任何具有提示性的东西；我们必须处处寻找指引，特别是在那些自然产物的原理中，我们借助它们让自己不至于太过熟悉而无法用我们的方式创新。

设想一下我们必须建造这种尺度的大型建筑物，并且利用罗马甚或中世纪建筑师采用过的结构方式来覆盖这个庞大的空间，我们能轻易地估算出相对于空的部分来说实体部分需的面积更必要，为了支撑比 50 英尺的君士坦丁堡的圣索菲亚穹顶更大的砖石砌体拱顶。毫不夸张地说，这个空间至少比我们设计的大三倍。可能在帆拱上建造一个这种尺寸的球面拱吗？从没有尝试过。但是，它会被反对，"对于这里提到的系统的稳定性，你能提出什么证据？仅仅是假设的；承认其独创性，你无法提供任何可行性证明"。由于没有能力建造一个这种规模的大厅来证明这种体系的卓越，我只能运用推理来维持。

首先要注意的是主拱——它取代了帆拱上的圆屋顶的石穹顶——以石质支撑跨在距离 18—20 英尺空间上；这个中心拱顶的铁框架由互相均衡的组件组成，有同样的接合点，在这些组件的交会点形成等角椎体；因此，由于没有连接件，这些组件紧靠在一起以保证椎体顶点不会垮掉；这些直线组件，被承托着穹顶拱腹的石拱束缚，保持刚性且不会发生变形；它们的扩展不受限制，既然网状结构的每一个网眼都被与邻近的网眼相独立的拱束缚；同时，由中心多面体承托的所有拱顶的重量不超过 375 吨；因为这些拱（只包括中心多面体）的展开面最多是 1600 码，计算这些拱的表面积，包括肋拱，大概 4½ 英担，超过实际重量。如果我们加上铁件的重量，大概 43 吨 2 英担，我们得到中心多面体的所有重量，铁和石头的，418 吨 2 英担。因此，8 个圆柱中的每一根都承受 52 吨 5½ 英担，这个重量应加上侧面拱的一部分重量，侧面拱将用每一根柱子承载最大 60 吨的重量。很容易计算出这些柱子能承受这个压力。但这些柱子承托在以 45° 角倾斜的支撑上，然而这些支撑只有 20 英尺长。所以，建造者的主要考虑应直接指向这些斜支撑。它们的推力很大程度上被墙体突出部位和这些墙体内侧顶端承受的重量所抵消。因此，所有剩下要做的就是确保柱头固定斜柱的支撑的强度。这些支撑要有相当大的强度，既然它们的高度是走廊侧墙的两倍或四倍。中央拱顶被安置在拱顶与坚固连接的砖石砌体之间的水平束带以及侧拱牢牢地固定住，不能在任一方向上变形。铁框架在各处保持着独立性，只是形成了砖石砌体中的弓形带。这些连接点安全地保持松弛，以便不阻碍膨胀，既然框架的整体系统是由无数片段组合而成，这些片段在没有支撑的地方总是形成椎体的顶点。容许在如此大

2–94

规模的结构中的一些移动，不会造成任何损害。拱顶相互独立，类似于哥特建筑交叉拱的表面，建造得如此之好以至于任何移动都不会引发断裂或者错位。如果经济是首要考虑，有可能只在外缘的角上使用加工过的石材；其他所有的，尤其是十字形翼部的大拱肩上，可以用毛石建造，而不用石拱或砖拱。

2–95 大厅需要的加工石材的数量，专用于附属建筑，将有 135800 立方英尺，并估算 3s 的立方英尺数量。我们得到一个总数 ………………………… £ 20370
砖砌体的数量是 1960 立方码，每码大概 45 s.，总计大概 …………… 4410
扣除开口，毛石墙的数量大概 36650 立方码………………………………14660
石拱顶大概 3380 英尺，纵尺 12s. 总量大概 ……………………………… 2028
拱腹的表面积，包括侧廊拱腹，大概 10070 码，表面积 8s. 包括中心… 4028
脚手架的费用……………………………………………………………… 3200
铁件的重量将有 110 吨，大概 42s. 英担 ……………………………… 4840
外屋顶的铁框架重量大概 75 吨，42s. 英担 …………………………… 3300
外屋顶测得 5680 码，平均造价每平方码 9s. 包括铅天沟，造价 ……… 2546
窗户的铁艺重量 35 吨，42s. 英担 ……………………………………… 1540
玻璃造价…………………………………………………………………… 1400
抹灰和饰面………………………………………………………………… 1800
地板，包括侧廊部分……………………………………………………… 2000
所有工作，比如优秀的铁匠，五金配件，连接件以及油漆……………… 3000
附加的附属建筑，入口，楼梯的费用等………………………………… 9600
基础，地下室，暖气设备等………………………………………………10000
合计……………………………………………………………………… £ 88722
不能预见的额外工作，任务和工资，10% ……………………………… 8872
总造价将达到…………………………………………………………… £ 97594

现在，由于总面积是 51120 平方英尺，造价将达到每平方英尺 £ 2。考虑到这一点，我们已经低估了造价的三分之一，总费用达到 £ 150000，费用仍然比一个如此大型的、宏伟特征的结构通常需要的费用低得多。

2–96 甚至，假设大厅的墙及其附属物全用加工好的石材建造，费用也不用花每平方英尺 £ 4。现在，我们无须被提醒我们的大型公共建筑，为了在我们的公共建筑中看到源自同时采用铁和石材的优点而付费；特别是当这些建筑要容纳大量人、为他们提供拱顶覆盖的充足的自由空间，且不受气候变化影响。

建造艺术中的一个目前最重要的考虑要素是经济。建筑师和工程师都被指责不择手段地超出预算。但是，显而易见，由于预算书与预期费用相称，超支的费用就令人尴尬，并成为不断让人恼火的原因。这个问题是很难的，且需要仔细检查。

我们的公共工程的主管满足于按工作性质决定价格表，接受以这种价格工作的承建商的投标。但是如果固含量、材料重量或工艺超出预算，差额就归咎于承建商，而实际上，没人为这些超支负责。工程师或者建筑师会受到指责——他们会被指责缺少预见或经验——但是没有进一步的纠正，既然工程真正代表的是政府独自获利的价值。如果建筑师或者工程师被要求支付超过预算规定的额外费用，他可能回复说，建筑已完成的部分属于他，因为他已为它付钱。如果建筑师接受这种按费用数目百分比的委托，为了防止预算被无理由地超支，他可能被按超额量处以合理罚款，因为他可能被怀疑他为了提高自己的报酬而导致超支；但是，如果像巴黎的工程师和建筑师，以及管理部门的某些人，这些代理人拿固定的薪水，他们不会承担《民法典》规定以外的责任。

作为拿薪水的代理人，他们只是单独负责的主管部门下面的雇员，他们只是受委托的管理员，负责发出工作指令和提供账目结算单；虽然主管者只管付钱，他们也可能发现他们的代理人的过错，如果他们超过政府预算书规定的数目。

在这种情况下，主管部门只能责怪自己，如果他们的雇员或管理员在命令或者经济方面没有遵照他们的意见，或者软弱地屈服于承建商浪费的倾向。 2–97

某些人认为，通过降低建筑师的地位——通过让他更直接地依赖主管部门——将其贬低为纯粹的职员角色——管理部门将更自由地控制支出，并确保从他们那里获得更好的回报。

实践证明这是错的。建筑师的地位越低，主管者对于费用的控制就越差。通过降低中介的地位，他们减少了责任感，且因此减少了避免超支的防护措施。如果我们彻底地纠正这个错误，而不是无理地抱怨，我们必须调查起因。很容易责备在烂体系的不利条件下工作的建筑师，并认为他要为那些在很多情况下他并非错因的过错负责。在很多案例中，相对于项目需求，那些规定的费用是不足的；当方案画出来后，发现预算太高，要求建筑师削减费用。然后他发现自己左右为难：要么他必须减少工程费用直至不能满足高品质的建筑的需要，要么他被诱惑低估报价。如果他不这么做，他就因此面临失去一项可能期待已久的委托任务；因此，不要指望其他的建筑师会宣称他们有能力在规定的费用限制内满足任何要求，他们诱人的担保被轻易地相信，尽管最终预算将超支，没有任何材料补偿的可能，既然建筑师并不亲自负责。因此，严谨的建筑师制定可靠的预算，拒绝他被驱使执行的无价值的工作，会成为自己的诚实的受害者，对任何人都没有好处。很少人下决心这样英勇地表现，并且，如果建筑师被发现如此严谨，必须承认，他们的责任心得不到任何感激。无论如何，遍地都是建筑师对手建的建筑，花费可能的、必须花的费用。

不在乎这种很少的严谨同行的担保，尽管它是由责任心较少的同行的保证下进行的，它甚至比留给有原则的人来指导花费更多的费用。建筑建起来了，它引起的失望没有成为对未来指导的警告；至少到目前为止是这样的。我们已经看到了，比如建筑师被邀请竞争的建造建筑规定的数目。在核查设计时，没有留意过与这个数目一致性。奖励被授予了，建筑建好了，费用也在规定的金额上翻了两到三番；可能会有一些抱怨；但是在这个事件中谁是最被终蒙蔽的呢？难道不是遵照获得的知识、认真负责的建筑师吗？他摒弃了更吸引人的特征，这些特征从比他更少严谨、更多精明或更不实际的对手那里获取额外费用。

2-98

但这只是问题的一个方面。我们的现代公共建筑的无与伦比且经常过度的花费，以及没有充足理由的挥霍材料，是一个不断增长的罪恶；因为不喜欢被对手超越，一个指导建造的建筑师有意地让他的建筑花费更多，更多地挥霍最昂贵材料。建造者热切地助长这种趋势，主要从获取利益的动机出发，但也是出于自豪。有没有很多建筑师拥有足够的决心和理智去抵抗这种状况下的诱惑呢？——他们为了控制预算限额，愿意在除了几乎装饰满柱列、壁柱和雕刻的立面外看不到任何东西的公众面前呈现谦卑和平凡呢。当建筑完工之后，不管怎样都要付费的公众会问它的造价吗？——费用是否与建筑的实际价值相称，是否如果少花了￡40000 或者￡50000，它就不会那么有用甚或那么美观呢？极少数的真正的建筑师被发现可以抵抗这些想法；他们因为这样做而被感激吗？我们没有经常听到他们的作品被批评为平庸而缺乏想象力的吗？

为自己建造城市豪宅或者乡村别墅的富人，可能会从他喜欢的建筑师那里要求他喜欢的；他可能让他服从他所有怪想法，把一个装饰或者建筑特征修改 10 次，如果那种怪想法控制了他；他也会轮流采纳他的妻子或者朋友们的想法，或者那些“有品味的人”的想法，他们喜欢提大量建议并乐于看到自己的影响施加到建筑上。如果十分热爱自己职业的建筑师拒绝将自己贡献给雇主的所有荒谬的怪想法，那么这个掏腰包的人完全有自由雇用园丁或者装饰画家来设计他的房子。

但是，当讨论用国家开支或者当地的税收来建造的公共建筑的时候，就不同了。在这种情况下，政府长官，甚至是建筑师，要对这些资金的恰当支出负责任；我不认为在这种情况下，长官的责任可以完全取代建筑师的；因为后者在获取资金时对其来源并非一无所知；他作为建筑师的野心必须从属于他作为一名市民的责任；因此，他应该拒绝成为不必要的花费的一部分，反对变化无常的想法；他的责任是去说服和敦促采用他认为正确的做法；总之，就是维护自己的独立性。我意识到，公共建设工程的官员倾向于认为这种精神独立是令人厌烦的，而宁愿雇用那些更顺从的人；由此可以维护他们的主

2-99

动权的威望；再者，很多人雄心勃勃地亲自指导公共建设工程，并希望将建筑师看作只是唯命是从的工头，因此，他们可以说："我建了这座建筑；艺术家可能没有完全执行我的意见；我改变了它；我完成的。"处于支配的地位的人，没有谁能抵御得了这种奇怪的被认为"有点像个建筑师"的嗜好。

路易十四有时对此非常疯狂，尽管满载所有其他的荣誉；那么，我们能期待一个公共工程委员会成为例外吗？由建筑师的软弱助长的对这种多少有点孩子气的虚荣的沉溺，简而言之，对于艺术是灾难性的，对于财政是有害的。

通过充分地考虑他的职责本质；通过恢复某种程度的精神独立，这种精神曾经如此孜孜不倦地通过其学术训练被他克制；通过去除大量的成见和陈腐的观念，通过认真地投身于艺术实践中；通过学习将他的想法放置于合理的形式中，以便被需要时能够为自己的观点辩护——建筑师要采用最可靠的方法来重新获取他正在逐步失去的位置，并恢复他的艺术本应占有的位置。

因此，为了将公众工程的费用限制在更加合理的范围之内，看起来可取的就是称职的管理委员会应该主要考虑雇用各方面都值得信任的建筑师，既有能力又有品质；他们应该避免干涉他们的设计和预算的准备工作以及施工方式；被委托建造建筑的建筑师应更少渴望生产一种无所事事的观望者眼中的"效果"，而是认真仔细地完成项目的要求，用最简单、最经济的与对象相适合的方法；或许通过带给影响他们工作的更全面的材料和明智使用它们的知识。我认为，习惯于华而不实的展现的公众品味，需要一定程度的纠正；但是，如果我们不履行我们的职责，已经厌倦无意义的挥霍和过度浪费的公众，将最终坚持用毛石和抹灰建造四面朴素的墙体，它们将让眼睛获得安宁而不会掏空钱包。然后，对伟大国家的显眼的宏伟必不可少的建筑师的工作，将被廉价的建造者、肆无忌惮的承包商和准备承接一切的代理商扔到一边，而建筑艺术将不再存在与我们之间，除了作为过去的纪念之外。

2-100

第十三讲　建筑结构——使用现代设备的建筑场地组织——展现建筑艺术状态

2-101　近年来，在促进建筑施工方面有很大改善；但是当提到建筑工程时，仍有许多有待完成。土木工程促进了那些极大地影响施工组织的实用器械的采用。近来越来越多的铁路、堤坝以及大规模的公共建筑工程，迫使这些工程的管理者寻求经济而快速有效的挖掘、运输、改造、吊装和安装材料的方法。在这些分项工程中，供应石灰、水泥、砖、瓦、铁等基本材料给承包商的制造商，被迫扩展并简化他们的生产，以及时满足已增长的需求及可以大量使用的定价。土木工程中采用的新机器已经逐渐在由建筑师监督的建筑场地中找到出路。但是，必须注意的是，那些在广阔的场地有用的器械，例如铁路、桥梁和大型公共项目的土木工程中经常有的那些清理场地中布置的空间——并不总是适合建筑师管理下或者他们自然监督的项目的场地。这些场地空间有限，或者距离建筑物有相当的距离——事实上，建造者常常除了他们建造的空间之外没有任何可移动的空间。在这种情况下，仅可以使用的改良的机器是那些用于提升的，以及那些在地面或者脚手架安装的小型轨道。

在挖掘和堤坝工程中，使用蒸汽机的困难对于城市中的建筑师仍然很大的；因为 20 个实例中的 19 个在街道边界出现下沉，然后必定上演救援，铲子、手推车——提升和运输的工具阻塞了街道。但是，很显然，这些原始的方式将得以改进。比如，为什么不使用循环链和铲斗来提升挖出来的土壤，并把它卸到手推车里？为什么不对这些交通工具——老式的手推车——进行改良或代以马车，马车上的吊箱可以从各个方向卸载，像在铁路挖掘工程中卡车一样？这种运输方式比手推车安全得多。四轮马车的轮子直径很大，拉起来不重，猿马也轻松一些。泥土的倾卸永远不会使拖车和马匹冒翻下堤坝的险，这种情况现在时有发生。

2-102

所有这些问题都留给承包人去解决，建筑师很少自己考虑这些问题。因为承包商很少是“综合的”，而是相反，按照工程的性质细分的，每个承包人仅仅在其明确限定的职责范围内工作，或考虑他不会从采用优于工程常见利益的方法中获益。结果就是在建造需要多个工种协作的建筑预张拉部分的过程中，每个公众都采用自己特有的提升、安装材料或者施工的方法。因此，浪费了时间和人力。在所有承包商中，需要最强大的机器以及各种不同安装方式的石匠，经常受合同强制，同意铁匠，比如，或者木匠，利用给砖石砌体工程安排的机器去提升铁块或者木材，或者留下他准备彻底清除的脚手架，直到雕工完成他们的工作，但是这些是细节措施。

当蒸汽、液压、和燃气起重机与老式卷扬机相比，已经取得了相当的进步，将重型材料移当场提升的方法并没有比以前采用的显得更加经济、可靠或快速有效。但是，看上去好像带有可移动横梁的移动式起重机可以将石头放置在指定位置，应该很快就会取代固定式起重机；在非常大型的建筑工程中，轨道与卡车有时候在脚手架顶部使用，以便利用转车台可以把石材运送到任何地方。但是这些设备，仅仅在相当大的工程中采用，并没有在普通建筑中使用。

2–103 看上去好像在我们的时代，机器和制造业能满足所有需要，城市建筑的建造应当不会有任何的不便，不会阻碍交通或者干扰邻里，并具有现代机械设备确保的精确性。很明显，我们还有很多需要做的。如果我们想要从这些机械机构中获得所有的长处，这些长处是公众有权利从那些并非公共建筑的案例中有所期盼的。

在法国的很多地区，建筑师习惯于使用在采石场已经修整过的石头。这种方式提供了某些不值得一提的长处：只有所需的石材数量及由此所需的重量被运抵；它避免了存放未处理的石材的场地的必要性；它防止不合格的石材被运送到场地，由于修整过程暴露了不足——裂缝，基部松软等等。它迫使建筑师仔细研究来自“模板”的连接与安装，因为每一块从采石场订购的每一块石材都必须恰好按照图示的位置安装。我们不能忽略的事实是，材料施工方式会影响建筑，因此，非常多的建筑师反对这种做法，将其视为设计的束缚。

在那些获取采石场加工好的石材的地区，建筑常常呈现坦率而简单的结构，这种结构有各自的或多或少令人喜爱的建筑特征。顺理成章地，给定模板之后，允许在建筑物外一定距离加工石材，尽可能简化构件成为必要，以避免必需口头解说的困难、劳力的浪费、特别是“大约”的估算。希腊人在非常靠近安装点的采石场加工石材，只需要很少的清理场地。罗马人也一样，如他们的古代采石场所展现的那样。在中世纪，这种卓越的方式被不断地采用，每块石材在安装前都经过完全的加工。直到 16 世纪，建筑师在法国的某些省份，尤其是在巴黎，终止了这种方式。从那时起，石材未经加工就被从采石场运送出来，石工不得不从这些石块中选择适合工程这部分或者那部分的石材。因此，如果没有完成加工，当修整已经极大地施加在被发现有问题的石块上，就导致相当的浪费和劳力损失；由此，必须有大的场地来存放、转移并加工成型这些石材，因此，建筑师在系统连接方面几乎没有麻烦。他主要考虑建筑的特有风格，这种风格通常跟使用的材料特性不协调，他经常留给石匠过多的拖拉构件的任务。 2–104

更密切地考虑这个重要问题是很有必要的，以便它能被及时地发现。30 年前，在巴黎，几乎只用蒙鲁日和阿尔克伊的风化石，这种石材被称为“巴涅”，岩层厚度最大是 2 英尺，青石灰岩仅 10 英寸厚，以及被称为“漠林”的薄石材，比如，只有 12 英寸厚。在熟练工建造的建筑中，甚至在最近的世纪，这些厚度仍然在考虑之中；建筑特征及其水平线脚在设计中都参考了岩层厚度。在中世纪，这一准则被严格看待，在前面给出的那些例子中可以看到。但在最近 20 年，以前的采石场耗尽了，必须从远处输入风化石。铁路及时地促进便利了这种输入，因此，我们现在能够从勃艮第和汝拉得到风化石，从厄维尔、绍维尼、罗讷河和索恩河的堤岸获得石材。现在这些耐久的石灰石中的大部分岩层厚度是 3 英尺以上，有些甚至如绍维尼的石材没有岩层，可以随意放置。看上去，这些材料，比在这些部位目前使用的任何材料都好更精细，应该产生某种建筑特色的改变，这种特色是仅仅当石头有较小的岩层厚度时所采用的。除了极少数的例外，这不是成功案例，我们的建筑师一直遵循着最近 2 个世纪的建造者所采用的尺度。我们可以在我们的建造场地看到，厚石块被砍削成薄片，造成劳动力无用的浪费，只为了遵照传统的设计方法——优质石材的价值也因此被贬低——代价昂贵。或者再一次（更糟糕的），我们看到在大块材的位置用小块材来模仿，这样一个单层就看上去像是两到三层。可以想象的是，建筑师很乐意拥有这样大尺寸的材料，而且在设计结构的时候会考虑突出它们的高品质：没有东西是这样的；他把它掩盖起来，为了坚持一种建筑风格，这种风格的建筑中可自由支配的材料都是较小尺度的。在法国的大城市——里昂——输入特殊强度的耐久石材，块材尺寸巨大，可以在整块的门窗侧柱上看到痕迹，也可以在整块石材的梁上看到拱顶石的痕迹。

2-105

没有比将一整块好布料剪成小块，只为了将它们缝在一起的快乐，或者将从宽幅材料上剪下的片片连在斗篷上，更加荒谬了。然而，跟这些同样荒谬的是我们被领向厌恶，被某种看似理性证明的建筑学派，或更荒谬的忧虑生怕理性会扼杀灵感。在任何艺术中，理性都不会反对灵感；相反，它是它必备的原则，最常见的理性只是对反复无常的任性想法的校核。真实的灵感，为了自我证明，需要每种智慧的能力作用，并无惧理性的光芒，以其如同堡垒一样包围自己。

如果，如期待的那样，运输和提升材料的机器被更进一步地改良，更便捷频繁地使用，如果它们是石材，这些材料将以更大块的形式运至施工场地，如果是铁，它们会有更大的重量和尺寸。但是即使现在这样，我们的建筑已经不再与今天的设备相匹配；它努力地掩饰这些高效的资源而不是展现它们；那么当这些资源本应更值得考虑时，会是什么状态呢？我们是不是没有明智的使用时代赋予我们的可以复兴艺术的设备？当这些设备更高效时，为什么建筑师没有利用可得到的材料的品质和尺寸的增加？最近几年在这方面所做的尝试仅限于在建筑物立面竖立一些整块石柱——而且，柱子只是装饰——它们只是被粘在上面，对建筑稳定性毫不必要。怎么这样呢，这些特别尺寸或品质的材料没有被坦率地使用？从美学观点来看，什么好的理由能被促使反对它们的使用，不单作为一种装饰，而是作为真实而有效的必备设备。

事实是，建筑实践和现代机械完全不一致；建筑师所得到的新方法对他们来说是麻烦的源头，而不是从新原则中创新和改良的契机。因为没有很好地了解如何利用那些方法，这些方法的恶名是他们不敢忽略的，他们只是通过外加的方式采用它们——对恶名的一种妥协。我们的现代建筑师就像暴发户一样，突然拥有大笔财富，不知道如何像习惯富有的人那样慎重地调整他们的花费。我们不应该伪装事实，就新材料和新机器的使用而言，在建筑领域内任何事都要做；没有认真尝试过任何事。仅仅在土木工程的大场地中，做了一些这方面的事：但是这种工程在材料改进上很少变化，而且被限制在特殊需要的满意度中，不能作为建筑师的先例。甚至即使他将这些工程看作是值得或者应该值得的，他并不总是坦率而坚定地采用所使用的方法需要的形式。即使在土木工程中，恶劣的传统也会阻碍施工者的发明。 2–106

在之前的章节中，我谈到了一些与铁和石混合建造相关的问题，只为了给调查者提供新方法或旧方法的新利用的原理——指出应追求的道路。毋庸置疑，更有益的是给这些章节的读者们提供一些按照这些原理建立起来的现代建筑结构的案例；但不幸的是，这样的结构并不存在，而我因此被迫设想它们将是什么样，如果这些在不同时期尤其是艺术活动被赞许的时期获得的实践方法被采用时。

首先，应该关注到现代建筑的特殊性，即大规模。之前的文明不需要覆盖如此巨大的空间。古代最大的建筑跟我们必要的要求相比也是小的。当然，我这里说的只是可以获取的尺度；比如，我们不能将孟菲斯的金字塔，或者分成很多小间的亚述宫殿，甚至或是只有间隔覆盖的看台的罗马圆形露天竞技场看作大型建筑。现代文明，越来越倾向民主，不能容忍奴隶制或者农奴制，甚或特权阶级，为所有的人建造建筑。中世纪在建造他们的大教堂时作出了榜样，制订的计划被极好地完成。在19世纪，欧洲和美洲一样，不管包围着我们的传统网络是什么，我们必须将所有那些不是为公众——所有公众——建造的东西看作是转瞬即逝的。现在那些公众经常用作商业或者娱乐的场所从来都不够大。现代建筑的原理不断被阐述。在任何一座公众聚集的建筑中，不管推动它的目标是品味、必要性、商业还是娱乐，有顶的空间永远不会太大，出口永远不会太宽，或者通信设施永远不会太好。这里我们有一个新的要求，一个在铁路出现和通讯及交流设施的惊人增长之前永远不会出现的要求。有时候，聆听抱怨的人们，他们甚至责备在巴黎或者我们的其他大城市中已完成的街道切割的巨大工程，我们自问，如果我们的城市停留在20年前会是什么样的？我们能够生存、到处旅行、买卖吗？遭到反驳的是，实际上我们的大城市高度活跃的活动由新的交通设施及它们所需的工程引起的。这就是问 2–107

题。我不认为街道的开口是充足的、人群和交通工具会立刻填满其中的理由。路易十四永远不会将凡尔赛建成一个活泼的地方，不管宏伟的干道横穿。但是当我们看到拥挤的人群挤满为他们设计的空间，我们可以看到这样的空间是必需的。在巴黎，马赛，或里昂开放的所有这些大型的新街道都是空的吗?

另一个事实也值得注意：第一条铁路建起来时，多久之后才宣称，一旦建造第二条线，大干线将会损失相当一部分的盈利。但是几乎没有例外的是结果完全相反；建造的线路越多，旅行越多，货物运输量越大。看起来，成倍增加的人口与各种类型道路的增长成正比。我们可以在我们的城市自身中得出结论；人们经常说这样或者那样一条大街会损害另一条，这样或那样一条大马路会导致另一条被废弃。相反的是，与开放的数量成比例，它们被光顾越多，新旧都一样。事实是这样的：现在人们花一天时间完成他们以前花一周的，花一小时完成以前一天的完成。结果，如政治经济学所预测的，是财富的增长。我不会去讨论这是好的或坏的；我只关注事实，注意到它一定会并正在对影响建筑。我只能说，在出现这样越来越完善的社会转型中，我看到了某些供奉给精心守护的神的献祭，这些神在近两个世纪的建筑中左右摇摆；当我看到被引用作最高仲裁者的希腊柱式、维尼奥拉、帕拉第奥以及不比我们的小型地方中心大的希腊首都的艺术准则，当少数微不足道的改变被不加鉴别地采用，被当成大胆的革新时，我忍不住轻笑。事实上，我们听过它被作为一个重要的问题加以讨论，即科林斯柱式是应该单独出现还是成对出现；完整的檐部是否应该放置在柱子上，过梁优于拱，或者拱优于过梁。大理石装饰是否注定要产生艺术变革，或者是否任何这种变革都避免将大理石和镀金装饰暴露在空气中！对我们来讲，真正重要的是去锻炼我们的理性。但是，我们壮丽的新街道，缩短了距离，将光线和空气引入到我们城市拥挤的市中心，毫无疑问改善了我们市民的物质条件。它们制造了市民吗？从来没有这么有利的位置给予艺术家；从来没有钱被更不受限制地被投入建造目的，或更自由发挥余地在短时间内被给予最广泛的企业。这将产生艺术吗?如同不可能通过开放街道创造市民那样——不管它们有多宽——也不可能通过随意给教授们场地和金钱就能创造出一座建筑。那么，如果建筑师不希望在下个世纪被归入迷失种类和丧失历史个性，比如占星家，炼金术士，以及武士——是时候毅然投身于工作了，因为利用令人崇敬的神秘来维持的威严开始被暴露在老百姓的视线中；如果公众将来有一天想到坚决要求一种理性的对建造目的的解释，将会出现报复性的反应来反对这些耗资巨大的怪想法——这些石材的滥用。并非只有通过风格的混合与毫无理性和原则地结合不同时代的建筑形式，才能找到适合我们自己的艺术，而是通过将理性和清晰的明智引入我们首要考虑的每一个概念中；按照各自的特性利用材料；坦诚而诚恳地采用工业设备，而不是坐等它们采取主动，我们自己引导生产。

2–108

即使现在，仍有人认为建筑革新应在于某些例如建造倒金字塔或柱式头尾颠倒之类的设计中；很多我们的专业同行，发现曝光这种观念的愚蠢毫不费力，很容易得出结论在这种“可能世间最好的”里面“一切都是为了最好”，并得出倾听这各阶层的改革者是最大的灾难的结论。有些人在研究某种艺术风格时发现了缺陷，当他们在自己的设计中致力于将从奥古斯都时期借鉴的形式与路易十四时期的合并时，指责其他风格的研究导致奢华浪费，引起艺术倒退和超前。在这里我不想夸大这些陈词滥调，尽管他们不断地以各种面目示人，且缺乏逻辑连贯性和良好的信仰。目前，建筑中真正的革新将追随理性的轨迹——已经失去很久的轨迹；目前，建筑中真正的新颖性就是遵从理性－这条道路早就丢失了；研究那些按照理性方法建立的古代艺术是唯一先于并高于任何其他事、能给予我们新的使用自然分给我们的那部分理性的习惯方法。 2–109

乐观的天性，建筑乐观主义者——并且有很多——长久地希望从那么多不同原理、方法混乱、原则缺失的奇怪积累中，会逐渐产生一种适合于 19 世纪的艺术。“看”，他们说，“16 世纪发生了什么？对于古典艺术没有批判辨别或者科学方法进行的研究，被引入到已逝的哥特艺术之中。与哲学的转变同期的，只有困扰和混乱显现出来，但是对我们来说，远一点来看，16 世纪的法国建筑提供了完整艺术的所有凭证；它与意大利的完全不同，有自己的特点；甚至每个地域都有独特的特点。让发展自由进行，我们会发现在我们的时代中，有一个相似的过程在进行着，我们无法清晰地认识到这一点，因为我们恰好处于演变的中心；但是，你现在称为混乱的东西，在我们的子孙看来将只是一种过渡；这种过渡会产生一种与时代相宜的艺术，这些时代拥有自己的特点，或者会在未来的时代闪光。”这些是 30 年前所持有的观点；但是过渡状态仅仅是过渡，混乱会增加，我们的城市会被风格上越来越偏离常见原则的公共建填满，而不是与周边建筑协调。进一步说，我们每一位建筑师都在自相矛盾；这里他采用了罗马风的形式，那里他追随文艺复兴风格，其他地方他又毫无保留地遵从路易十四时代的特点；在第四个案例中，他又使用了拜占庭风格。因此，这不是 16 世纪的建筑师进行的，我们可以确信，在文明的任一阶段，没有一个艺术新纪元是因此而开创的。16 世纪的建筑师在他们的发展中是完全真诚而一致的。他们保持了前代所采取的建造方法，一种好的、实用的和理性的方法，符合他们时代的品味，他们用新的外皮包裹他们的结构。 2–110

不管对错，他们断定，新包装可以改造原封不动的旧实体。这种观点可能是错误的，但是它是一种观点，而且他们一直持有这种观点。

现在，我们不能声称一种观点是好或坏；因为当一个设计放在建筑师面前时，他并不知道应该采用罗马风、哥特、文艺复兴或者罗马建筑风格。除非当局指定这些风格中的一种——必须考虑的，他们很少这么做——建筑师可以自由选择，他的选择受到纯粹任意的想法左右，是另一种想法的成功，即希望建造某种不同于以往的，或者同样微不足道的考虑。持有这种怀疑态度，不会产生任何新的、充满生机的或者富于创造性的东西；只会产生我们日常所建的结果——建筑展示了越来越多的雕塑或者材料展品；这里需要概念因为缺少想法时，只有一直增加这种展品的奢侈度而已——我们永远看不到可清晰追溯其设计的建筑；合理的理由很少干涉，更罕见的是明智而审慎地使用材料。公众厌倦了这些建筑奢侈品，甚至在其尚未完工前。

当建筑完工时，就要意识到它建造的目的，一系列活动开始改变建筑效果和设计。这里，阁楼地板将横穿一列宏伟的窗户凹槽。那里，一个金属雨棚正好穿过柱列；在其他地方，原方案中没有的阳台将出现在窗户前面——它们之前没有被考虑过！可能会去除无用的窗户，尽管光秃秃的窗框被保留下来掩饰改变。薄铁烟囱管会穿过屋顶，或者在石烟囱上增加烟囱管帽。煤气装修工也会凿穿墙体并在壁柱上砍出空间来安装管道；当其他管道在不同方向缠绕，破坏建筑线脚的效果，改变为了光影目的的檐口轮廓。室内的改变会相当大；设计时没有考虑的楼梯和后来加热器的暖气管，将从窗户前面穿过。雨落管将横穿墙体；超过使用目的的房间将被分隔；盥洗室和通道只能间接采光或者从屋顶采光。本应宽敞的大厅将被缩小成小尺度；靠近它们的将是空洞、无用、乌黑而幽暗的空间，在里面中午也必须开灯。一部分没有通风，其他部分则是危险的冷气流。弹簧门必须安装在外门里面，开关的噪音对居住者形成持续不断的骚扰。还有更多类似预先考虑不足的案例。难道我们不应该在建筑上更多考虑满足文明的复杂需要，而不是如何结合建筑的风格，或者建造吸引路人注视的立面？——顺便提一下，路人很少关注这些，因为他们不了解它们的作用和意义，但却会因为一想到在这些建筑怪物上大量浪费而恼怒。

2-111

难道没有一点反思提出一种最有效的方法用于发现被如此急需的时代建筑要严格地遵循实际要求吗？同时这些需要存在于许多新案例中，它们严谨的惯例不会带给我们新观念吗？我们可以把那些同样重要的特点加到这些如此建议的主要的考虑中，这些特点来自于以前没用过的材料性质并迫使我们采用适合它们特质的新形式。我们难道不可以从这些像这样提出的情况中得出严格符合逻辑的推论，这个推论符合我们的理性、与习俗一致且不会出现现有的习惯和全国建筑间那种奇怪的反差吗？从大部分我们的公共建筑的立面和平面布置中，难道不可能得出这样的结论吗？即法国人民受到征服者的极权统治，这些征服者试图将一种与其品味、要求和习惯相矛盾的艺术形式强加于他们。这种强加给人民的艺术难道不是——一种有点类似于在神权政治制度下的宗教语言——一种最奇怪的现象吗？难道它不是在某种程度上让我们想起在宗教法庭和议会上坚持讲拉丁文的习惯，这种尝试是用来用那种语言来表达思想并阐释恺撒帝国时代完全未知的对象。想象一下，一位铁路局长用拉丁语说股票凭证、优先股、铁路机车、线路状况、车站、隧道、路基道渣、路堑、路堤、枕木、铁轨、火车头和车厢、道岔和平交道口！ 结果会产生一种奇怪的行话！那么为什么在前面提到的案例中被在建筑中习惯性地采用显得奇怪呢？为什么要折磨古代艺术形式，强迫它们表达那些形式被发明时根本不存在的要求和设备呢？ 2–112

通过经验我知道，有一些人一定会遇到困难，他们主要考虑参考理性并遵从其抉择，而不是屈服于命令，专横的同时含糊而未加限定的，来源于有权的小集团，他们的长处就是保持全面监视并监督在建筑专业和公共服务之间的所有交流。我能理解这样一种政体所鼓动的弱点，我真诚地同情它们；但是并非误解的事实是这是一个建筑师的生死存亡的问题。这种无趣的怀疑论，缺乏清楚定义的观点、完全忽视的原理、对非理性信条的懦弱的谄媚，这种心理惯性推动我们顺应潮流以获得生路，且不会让自己被敌对，躲藏在偏见后面而不是剖析它们，将建筑师不知不觉地贬低成纯粹的设计师，如果他还有一些独创性，如果连这点都没有的话，就只是一个纯粹的职员了。这是长久以来建筑师抱怨的话题，即工程专业一直倾向于把他们甩到后面去。事实上，一定会是这样的，如果在他们当中没有什么勇敢的精神，有些决心坚定的人下决心，付出可能的代价，摆脱老套路，脱离卑躬屈膝的杂种艺术，这种艺术惧怕理性的介入和检验就跟蝙蝠惧怕太阳一样。学校文凭并不能将其从他们已经屈从的衰败中救出来；他们的文凭只能让他们让他们获得那些让事物的进程不可避免地越来越次要和贬低的地位。唯一能够提升他们的是对完全清晰、良好定义的原理的坦诚、自由和充满活力的运用，并坚信这些原则，以毫不动摇的精神支撑它们；因为，成为一名建筑师和成为一名医生或律师一样，我们首先得是一个人。这一点不应该忘记。有真的迹象表明，真诚的曙光开始降临。在科学领域，实验方法已经明确取代了假说。哲学越来越倾向于立基于生理学——对自然规律的缜密观察。纯粹的形而上学正在老朽，甚至是轻信不能压抑智慧的宗教体系和哲学体系，人类思想的连续相和历史的主要现象一样，面临着批判和理性的筛选。 2–113

是时候让那些没有先入观念、自由地投身于智力劳动的人——或许将建筑师划归其中是自作主张的——来选择了；决定他们是否保持依附在坚持不容置疑的教义上，或者是否他们会使用理性来展示他们的道路。或者他们是否会使用理性来表达他们的路线。为了置身于被传递给文学、科学和哲学上的冲动之外，就要自我谴责至迅速瓦解的地步。学术规章及辨惑学、行政命令都不能让艺术和科学的没落延缓一天——因为建筑两者皆是——应当假设它立足于不会论及的教义之上。让我们至少始终如一。为什么思想自由和理性权威，它们的主张在文学和科学领域被维护，却在艺术领域被驱逐呢？大部分宣称自由倾向的作家将他们的信念立足于对历史的深远而批判的研究以及对社会现象的观察。有很好的理由的是已经在我们当中建立声望的作者在保持他们关于人类命运的观点中依赖这样认真负责的研究。而且，实际上，历史研究只会是无用的汇编，如果它被局限于纯粹的事实展示的话——如果它不尽力为我们的现代文明搜集一个已有经验的主体，这些经验会让其得出可能引导其判断并指导其行动的推论。实际上没有必要进一步争论。我们时代的政治领袖已经学会了统治的艺术，已经通过对历史及离我们并不遥远的过往的研究获取他们的名望和主导地位。

但是如果一个建筑师也用同样的方法；如果他开始在过去寻找于建立和发展某些永恒不变的原理相对应的元素；如果从这些元素中他开始着手揣摩与我们时代相适应的实践设备，伴随着所有自然地接踵而来的结果，人们说他："他是古物研究者，将让我们住在加洛林王朝的房子或 13 世纪的住宅里"。

在这些大部分对文明史有很深研究的作者的观点中，认为奇怪的（并非不合理地）是益处不是利用从过去获取的知识来帮助解决现在的困难——被当作"注重实干的人"的建筑师——时代的代表——不必拥有很多知识，但可能被期望从他空洞的大脑中产生新形式，一种能让他运用新原理的经验，以及所有他的艺术实践可能需要的推论和解决方法。由于，对那些已经逐环研究过艺术学经历过的转化链和发展阶段的人，假设增加一环，他们就被归类为只能修补前代遗存的考古学家。并且（我顺便观察）这种考古学家的称号——我承认，是一种谄媚的头衔——被赋予某个阶层的只秉持在他们的艺术中抵制新应用的观点的建筑师。那些对于过去的研究只限定在伯里克利时代和康斯坦丁时代之间的建筑师，是被特别排除在这类考古学家之外的；因此，将我们时代的建筑视野托付给他们估计是安全的。只有当建筑师对过去的研究没有停在罗马帝国的衰落时，他才受到让艺术倒退的指责。

2–114

我有时提到过这个问题，现在老调重弹。"对一位研究历史局限于希腊和罗马艺术的建筑师，怎么可能够格建造具有我们时代特色的建筑并准备好未来的建筑之路呢？如果一个建筑师不光研究这些艺术，还研究那些与我们时代更近的时期的艺术，为什么妒忌地怀疑他带我们回归的愿望呢？"自从侯爵在《女子学校的评论》方式之后，这个问题再也没有被回答过。

因为运气够好，能够在今天把这些可悲的前后矛盾当作一个冷静的旁观者；实际上，直到我自己担心，我可能确实有责任对影响我的位置的权力集团说，

"Deus nobis haec otia fecit"神垂怜这些画

我当然没有个人兴趣与这些偏见论战，它们有其荒谬甚至粗野的一面（如同所有的偏见一样）；因此，在我看来，与研究和探求真正的安全的独立性相比，没有什么值得考虑：唯一刺激我的动机是本能地反抗各种形式的压制。有些

天性是被那些本应增加它们的人的软弱和背叛而失去勇气的；相反，其他人乐于将自己的闲暇时间投入到为犹豫不决注入些许勇气，与被巧妙地维持的错误作斗争，为那些被蓄意地向漠不关心的公众和好学的年轻人表达晦涩的问题投去一些光芒。这些努力，虽然表面看起来微弱，却带给他们补偿。　2-115

只是对理念历史的软弱判断和肤浅认识，会阻碍我们意识到环绕着一个观点的沉默或空白是一个真正增加其重要性的范围。

除此之外，在我们见证了挥霍无度之后，还剩下什么需要在建筑中尝试的呢？这样的偏差不可避免地激起反应。难道它不是所有人的责任吗——那些诚挚而热切地对这件事感兴趣的人——尽力，虽然他们可能只能完成一点点，给予这种反应不变的原理——一个由理性和认真地研究前人尝试过的和当代的资源及要求所决定的运行基础。

我们能理解那些对建造艺术愚昧无知的人怎么坚持某些材料——比如铁——不能被用于大型的公共纪念性建筑；因为到目前为止铁还没以与其特质相符的方式运用于公共建筑。可能会辩称的是那些从未被发现的东西是无法发现的；但是稍微困难的是理解专业认识怎么愿意承认这个观点；或者，假设他们接受这个观点，他们怎么会把那些前代艺术给予其他材料如大理石或石材的形式用在铁上。更合理的观点可能看起来是那样的，如果铁不能适应建筑形式，它不应被用于我们的公共建筑；而另一方面，如果它被认为有必要用的话，它应当被给予与其品质相符并反映其用途的形式。这不仅仅是艺术的问题，还是经济问题。为了基于其硬度用铁作支撑，然后用砖和抹灰覆盖它，是为了给两种支撑代替一种已经足够而花费。通过埋在砖石砌体中来掩饰铁拱而歪曲建筑真相，并使用了所需材料的两倍数量。努力赋予这些材料适合它们的形式，并设计相应的建筑特征不是更自然吗？我承认，这些还没有实现，但难道是不可能实现的吗？我们不应尽力去实现它吗？与所使用的材料性质恰当的形式不会在一天之内被发现，或者被一个艺术家发现，即使是天才；但渴望开始。由于在建筑中，一个真实而理性的形式只有在一系列的努力和实验被系统地实施后才会展现自我。只有经过多年的努力后，被认为有独创性的希腊人发明了多立克柱式；但是在使其臻于完善的过程中，他们并没有自娱自乐；他们并没有到处寻找各种美学的表达方式。自从采用一种原理，他们时时刻刻都不会忘记它；永远不会从权宜之计中划出真实，从来不想象美能脱离合理的理性、诚挚和实用来证明自己。　2-116

如果建筑师要获得美观的形式，他就被限制于某些材料的使用，这难道不是奇怪的臆断吗？依我们看来的观点，美观，要求有更广阔的范围；真正并恰当选择的说法是在我们掌握的特殊材料中，我们必须满足物质或精神的要求。

设想美观可能是谎言的产物，是一种艺术的异端邪说，这种艺术本应被希腊人否认的。但是，由于我们经常已经注意到并可能应当有机会重演，我们室外“不朽的”建筑是一个永恒的谎言。事实是，我们的建筑中所有看得见的形式都是无用的，只是为装饰目的服务的——所有必要的方式都被小心地掩盖在经常与其相悖的外表下面。实际上，值得这么麻烦，我们的每一个公共建筑都应当在两部分不同的工作组成的分析上展示；一部分——真实的——结构；另一部分——被展现给眼睛——外观；互不相同，两者间的对比让公共大为吃惊。

那些柱子，你被误导认为是实心石材，实际上是被抹灰覆盖的砖外皮，抱着铸铁柱。那个结构模仿石工的拱顶，只是一个被抹灰覆盖的铁骨架。那些宏伟的柱列不支撑任何东西；在它们后面，建造真正的支撑。那些外表四边形的开口，在内部形成一排拱形结构。这些模仿一个屋顶穿过另一个屋顶的山墙，穿过了天沟。从那些你见到被提升到建筑里的巨大的铁梁里，当工程完成时你找不到痕迹；那些必备的形成建筑骨架的建造方式被小心地掩饰在一个寄生式的装饰下面。既然没有人会看到那些必要部分，就没有人能判断它们是否比必要的强度更高；没有人能知道是否那些被隐藏的设备是被审慎而经济地设计。由于被讨论的设备没被展示建筑师就没有兴趣适当地采用它们；他将自由或节省的与其一致，因为他有权铺张浪费，或害怕浪费。

2-117

然而，必然的是许多这些建筑谎言——我们还能称呼它们别的什么呢？——来自经济动机。我们的建筑师，目前流行的教育体系没有很好地把原理传授给他们，渴望在每个项目中表现自豪，甚至当这完全偏离与他们自由支配的普通材料保持一致。他们不敢坦诚地表现使用的材料，因为他们把采用与材料不协调的形式当成一种必不可少的条件；通过漠不关心，或者很可能通过害怕与强权而成为古典教条的捍卫者发生冲突，他们避免寻找与材料相符的形式。

我不确定，为了让方案被不能容忍任何创新并完全沉溺于自我克制的管理委员会中的一员通过，建筑师们不知多少次无保留地屈从于已有的常规。问题是，想或不想。但是，不应假设成主动尽情享受困扰，这些困扰就是任何在屈服于他们的赏识的工程中展现出的勇敢或新观点被这些贵族议事会扼杀。绝不！学院惯例提供了其他方式。少数认为脱离了粗俗轨道的方案，其特别的外观被赞词覆盖；然而，紧接着“但是”被巧妙地插入这些赞词中，将创新的企图压得粉碎。并且，这个“但是”，借助不愿承担任何责任的管理部门，足以摧毁任何在被推荐的发明中产生的一切。通过那些遭受过这类经历的人——在建筑师中有谁没经历过呢？——发现更有益的是保护一个小心谨慎的、不伤人的平庸无奇，以免遭到那些麻烦的“但是”的攻击；因为这会让他们相应地获得特权，当他们被平庸无奇充分浸透时，巧妙地破坏了那些努力解放自我的专业同行的计划。

这是一种我们的继任者弥补我们的、我们的前辈给予我们的烦恼。被《美丽的法国》里的美术学院设计并精心保持其状态的“减震器”被代代相传；

但是这解释了为什么我们没有建筑风格，以及为什么我们的政府预算分配了相当的数量到建造与我们的社会环境完全不符的并会留给后代难以解决的问题的公共建筑中。

2–118

但是即使现在——我们一定不允许让我们忘掉更多好的方向的邪恶出现，不管他们的比例有多小——我们能觉察出对获胜的过度庸俗的斗争反应的第一症状。一些保持一定独立性格和遵循原理的建筑师像建造者那样自我学习；即他们努力赋予所用材料其性质要求的形式。这些建筑师事实上我们宏伟中心的最重要项目的操纵者；但是围绕他们自发形成了一个年轻的、爱探索的思想核心，他们可以主宰未来的命运，如果他们抵制住轻易成功的诱惑影响的话。那么我想向这个学校的独立学生中零散的但数量颇多的成员解释一下。让我们仔细考虑我们如何推进使用这些现代制造技艺提供给我们的方式，严格完成项目要求并寻求与所用材料性质相符的形式。[1]

假设我们要为一个三级地位的城市建造一座市政厅。我们先判断在一个平面上那些所有人都认为合适的、并提供多样性的布置。在一个市政厅里，要有开放空间、办公室、大的会议室、便捷的通道和僻静的房间，每一个地方都有良好的通风和照明。在底层有一个入口大厅，一个宽阔的与各种办公室和会议室相连的门厅，楼梯梯段开口要相对宽敞且易于攀登，引向一——为节庆和公共聚会而做的大厅。

显然，大型的被覆盖的空间应当利用高大的天花板取得充足照明，并易于到达，而二层的房间、各种办公室应相对低矮。因此，下面就是这种市政建筑要求的布置。图版二十三（1）和二十三（2），给出了建筑的平面。入口大厅在街道上有一个宽敞的开口。它提供了通向市政办公室和引向一层大厅的大楼梯间的入口。容纳办公室的侧翼是夹层的，并有自己的专用楼梯间。夹层的房间通过围绕三面围绕入口大厅走廊连接，走廊本身可以从大楼梯进入。在一层，侧翼的屋顶里是雇员的房间；中央是为公共聚会的自带前厅的大厅，前厅上是一个与环绕大厅的走廊相通的讲坛。在这个大楼梯上建了一座钟塔，有自己的小楼梯。在公共集会或者节庆期间，可以通过侧翼的两个楼梯提供服务。沿着大厅的前面是一个宽大的阳台。图版二十四展示了这座建筑的立面和横剖面。常识告诉我们大厅的立面不应该和适用于会议室、办公室或者甚至是会客室的一样。在这种情况下，建筑特征的统一就是不合理的了。古人——被当作榜样却不被这样的问题束缚——通常认识的事实；中世纪的建造者，其方法被系统地批判，也认识到这个事实并更坦率。外部特征与结构不同。为办公和居住设计的建筑，应当采用与适用于私人住宅相似的建造模式，另一方面，恰当的是在为公共聚会设计的部分应该采用更有庄重特色并适合这一特定目标的建造模式。这里应提供大量的空间，支撑不应

2–119

1　需要理解的是，在后面的案例里，不能确定所采用的形式是唯一合适的。我们所讨论的是一种方法。

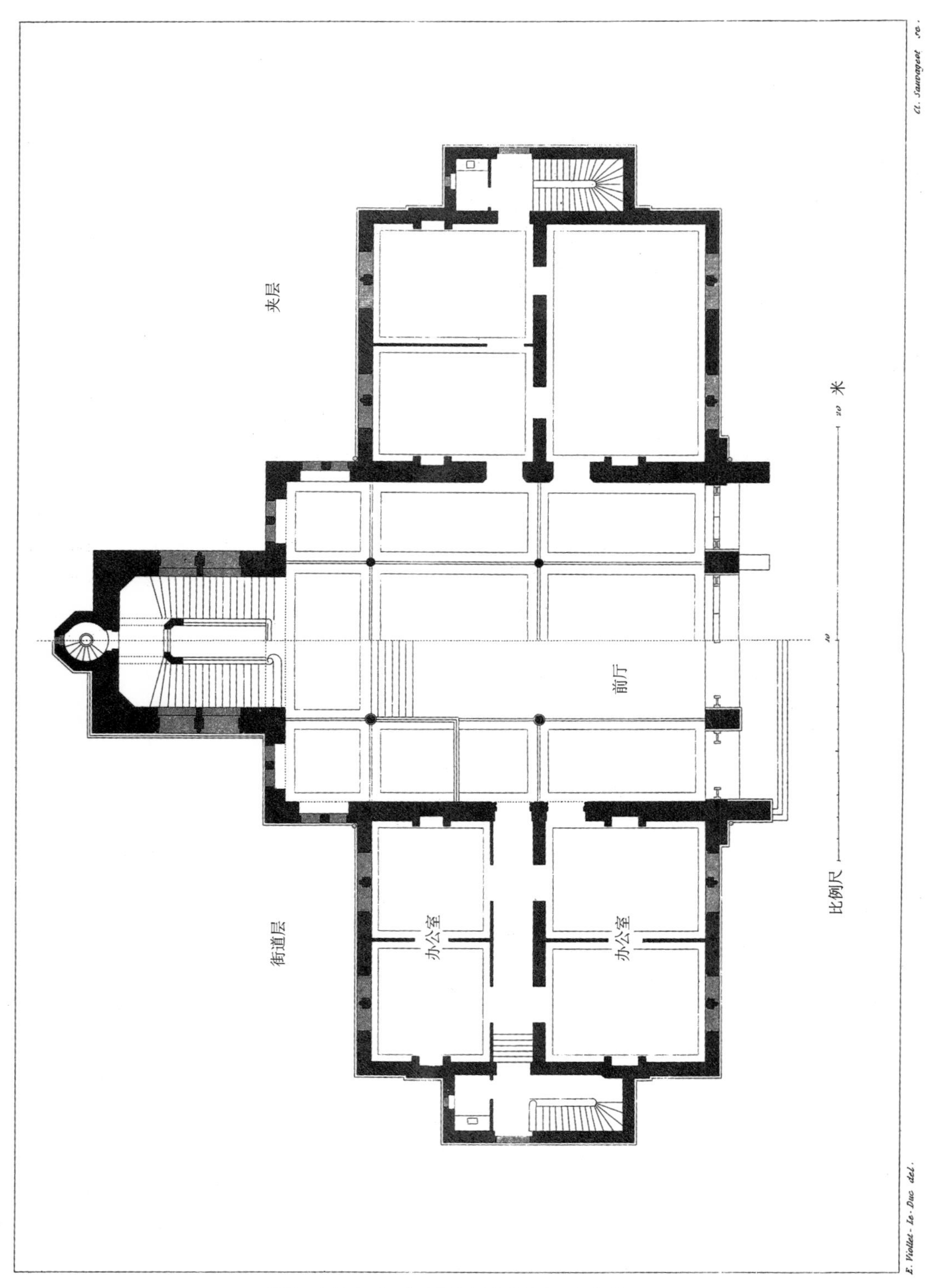

图版二十三（1） 市政厅的平面（铁和石）街道层和夹层

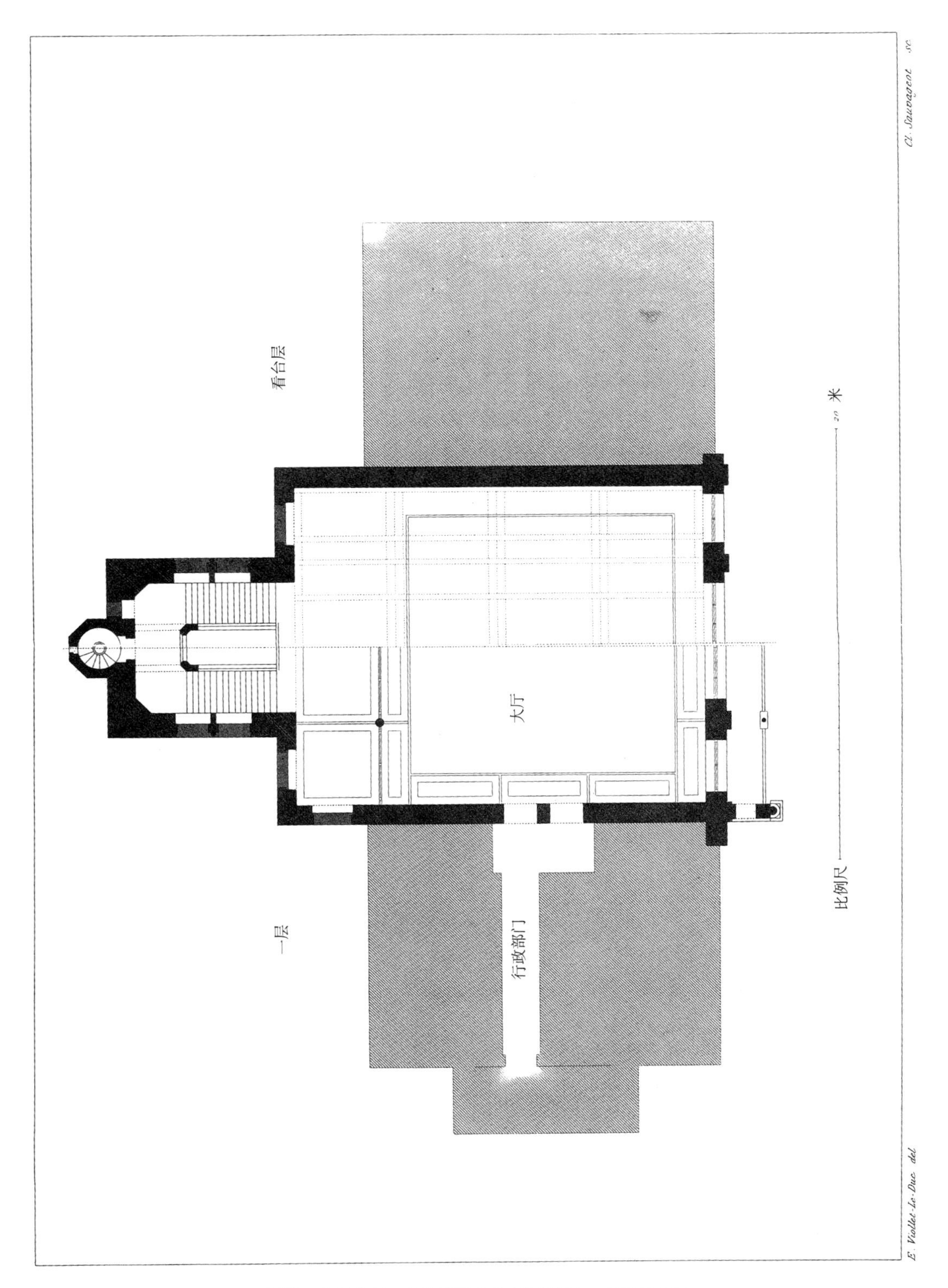

图版二十三（2）　市政厅的平面（铁和石）一层和看台层

图版二十四　市政厅的剖立面（铁和石）

图版二十五 市政厅正面透视图（铁和石）

该密集地拥挤在一起，空气和光线应该自由分布，这里应该易于疏散。要注意的是，长方形并不是最适合于集会和宴会的形式。一个长大于宽的大厅——如我们的大部分城堡中的大厅——最适合于法院和宴会，但是正方形的方式适合于舞会、音乐会和公众集会。最适合这些目的的是杜伊勒里宫的元帅大厅，这个大厅是方的。但是面积一定非常大。现在我们的市政厅的一层大厅方 50 英尺。通过一个前厅进入，但是前厅和礼堂的隔墙从地面升起的高度只有 13 英尺，而且采用的是木作，为了给大厅提供了更多的通风，帘幕间或被垂下来，遮挡上方的交流。在底层，紧邻内部楼梯踏步的两个开放空间，通向左右，因此，位于前厅的人行道上，将用作节庆或类似集会的参观者的衣帽间。在形成前厅屋顶的讲坛旁边，很适合于管弦乐队，围绕着大厅的阳台；这些可以使公众看到在会议中间正在发生的事情，而且可以对枝形吊灯进行管理，提升绞盘被放在上面，在天花和室外屋顶之间。讲坛的开口位于钟楼之下，易于通风，而且通风可以调整。每个人都知道这种大厅里的楼座，由于灯产生的热量而变成十足的烤箱。如果墙上开窗，当它们如观众所愿被打开时，风流变得如此强烈，以至于不可能在那里待下去。钟塔起到了一个大烟囱的作用，其中的气流可以被控制以改变空气流动快或慢。

2–120

市政厅前面的广场上常有面对集合人群的演讲。我们古代的市政大厦通常提供阳台以满足这个目的，甚至经常是带顶的阳台。这样的阳台应当被包含在这类建筑的设计中。因此，我给它设计了相当的长度和大概 6 英尺的宽度。此外，这个阳台应该是带顶的；因为公共官员在向公众演讲或者宣读公告时，不应该被迫打着伞。庄重被这种附属物牺牲了，且声名狼藉以至于公众，特别是法国的公众，倾向于嘲弄这些仪式，因其有失庄重的附属物。或许我们的某些具有高度想象力的建筑师，在设计他们的建筑时考虑阳光——例如，一个典型的在水平线上 45° 的日照，但是谁也不会屈尊关注这些无关紧要的事情，如雨、风或热——可能会指责我们的计划，当进行到不值得我们高贵的艺术注意的细节时。不过，我认为值得增加的是这个阳台不仅应该有顶，而且应两端封闭，为那些希望在那逗留一些时间的人提供一个受庇护的或者安静的隐退地。我们中世纪的带顶的阳台就因此建造起来了。

图版二十五展示了前面主要部分的一个透视，阳台端部封闭，上面覆盖着一个光滑的雨棚。

展示了项目的主要布置，让我们考虑一下我们认为值得分配一个重要和独立部分给铁的结构。

如前面所论及的，如果铁注定在我们的现代建筑中只是不完善的砌体结构的保障，或者伪装在寄生外壳之下，我们最好让它独立，按照它在路易十四时代曾经用于建造的样子去建造，采用借鉴于可以的古迹的形式，用混合的装饰物让它们超负荷。但是如果铁被指定——不是禁止，已被理解了——

我们应该尽力去寻找适合其性质和制造的形式；我们不应该掩饰它，而是寻找那些方式，直到我们找到为止。我不敢断言这是简单的任务，但是应该尝试问题的解决方法。对于建筑师来讲，更好的是投身于这种努力，尽管第一步的尝试可能在艺术上是不完善的，而不是将时间花在设计华而不实的正立面。　2-121

问题的要点是支撑 50 英尺宽、60 英尺长的楼板。为了实现这个，4 个铸铁柱（见图版二十二的底层平面）将入口大厅分成 3 个开间——2 个 24 英尺，一个 12 英尺。丁形铁的连梁被用于承托 24 英尺的部分；但是搁在柱上的横梁需要承托这些铁连梁。由于这些大梁的支座只有 24 英尺，他们很容易由铆接的板和角铁形成，或者由具有足够强度的铁构架系统来承托连梁及任何它们必须承受的其他重量。必须认识到的是板和角铁组成的大梁在建筑室内外观不好看。铁的箱形梁采用木梁的形式就非常好，但是那样很重也很昂贵，也不提供符合铁的性质的外滚。这些箱形梁也不容易固定在铸铁柱上；他们需要很宽的柱顶。因此，看上去这里应该采用一些其他的系统。[1] 按照我们给出的节点，图 13-1，是推荐的系统。长度适中的铸铁柱比很长的柱子更容易获得。这两个柱子从地面一直延伸到首层侧廊的下面，因此有两种长度——一个是 26 英尺 6 英寸，另一个是 23 英尺 6 英寸，在 A 点由 4 个螺栓固定在一起（见柱顶 *a* 的平面。）另外两根前面的柱子也是由一个 26 英尺 6 英寸的较矮部分，和一个高度 4 英尺 6 英寸的连接部分组成，用同样的方式固定在一起。在 B 我们得到了柱子的部分水平截面，这里承托这支撑楼板托梁的横框架 *c*，和纵向支撑框架 *g*。

横向框架支撑着托梁，托梁是由单独的丁字铁的上杆件 D，截面见 *d*，和下杆件 E 组成的，截面见 *e*。这些杆件在节点处与柱连接，通过垂直的箍带 H，形成了托架，叉在上部，捆扎方式见节点 G，为竖向的丁字铁 D 的凸缘留出了通道。两个半桁架（见节点 F）的连接也是一样的，箍带弯成角度，承托着与这些箍带邻接的丁字铁的下部，并叉住，上部的丁字铁，每一块都单独承载全部长度的荷载。这两个箍带，其中一个见 I，与螺栓相伴。为了提供这些桁架刚度，1¼ 的双轴被 ¾ 英寸的铁（见 *l* 处的剖面 *d*）锚固在两个上下丁字铁的凸缘；整个系统被锚固在这些轴的外表面的薄铁板的叶形装饰进一步加强。[2]　2-123

纵向支撑框架不需要这么强大。用扁铁取代丁字铁就足够了，单轴两侧都带有铁片装饰。这种带箍的框架对柱子来讲是可靠的，它不使用螺栓，因为螺栓的洞会削弱铸铁支撑。在上部丁字铁 D 的平面部分，支撑着首尾相连的托梁，它们通过连轴垫板连在一起（见 L）。这些托梁（参见剖面 K）是由带有附加凸缘的双向丁字铁 *o* 组成的，起着类似于空心砖拱底座的作用。因此，

1　这一细部表现了在大型的上层大厅（见图版二十三的剖面）的楼面下主梁或桁架和柱子的连接。

* 在 Dover 版本中，是图版二十二 a。

2　我们已经见到根据这一原则制作的桁架梁，在相对较大的重量的测试下没有发生偏转。当单独的 T 形铁不足以承载重量或者凸缘的宽度时，可以使用铆接在一起的角铁，上覆铁板，如剖面 S 所示。

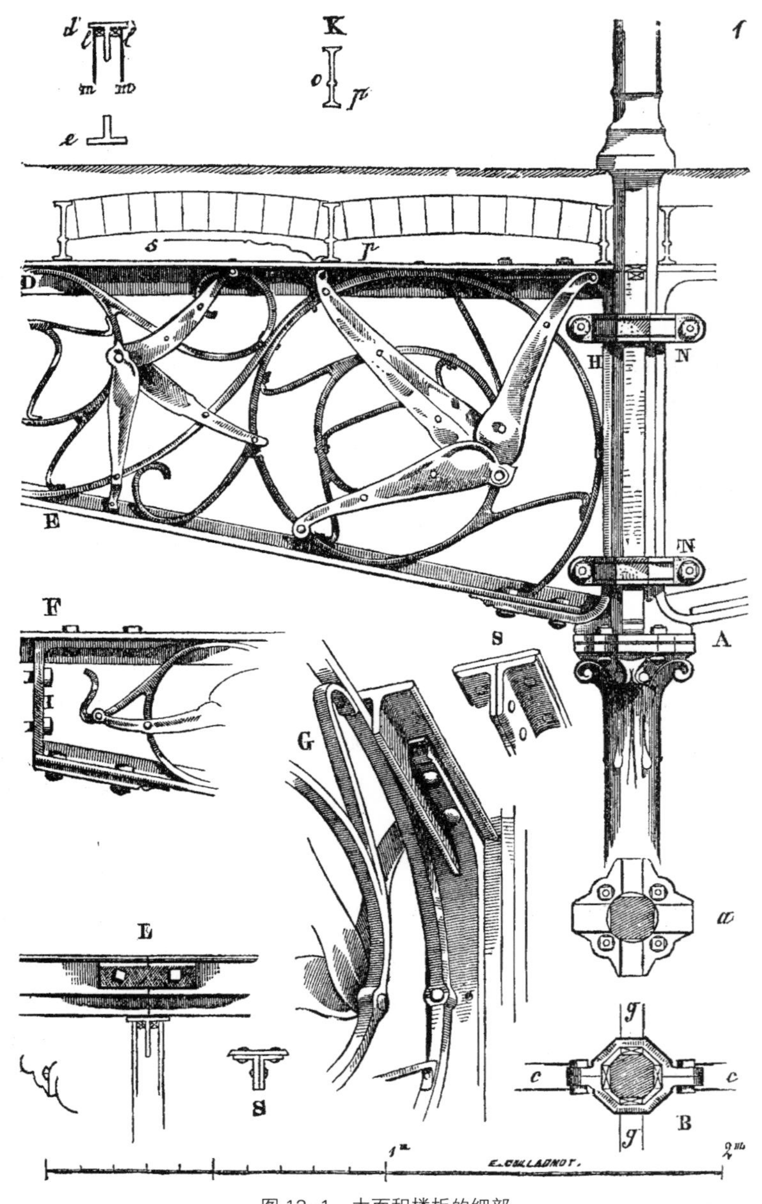

图 13-1 大面积楼板的细部

在这些较低的凸缘上就剩下一个未被填满的空间 p，这里可以放置石膏模板，或者空心砖板，或者铁箔，甚或是木板。在这些板和拱之间的空间很利于检查这些铁板材的共振；它们用空心砖或者带孔的熟石膏填充，这种共振将令人不快。

很明显，框架梁的设计不会像铁质箱形梁那么重。它们可能比带有锚固的角铁和平板的普通的单片板梁略重一些，但是它们有更具装饰性的外表，而且更易于固定在柱子上。如果建筑师为了获得同样的空间采用了我们这里提到的方式来设计他的底层平面，那么他只需要一两种模式的轴和薄铁装饰，利用我们大型的铁具商店目前提供的机械设备，这种框架的造价很低，几乎不会超过带有铆钉的角铁的单片板梁的造价。

如果观察一下图版二十四，我们就会看到侧廊是利用同样透空的梁架结构来支撑的。但是在这里，由于重量小更多，桁架可能会更细更浅，在一边有轴，而且只是丁字铁——还是面向大厅的一面。

这些简洁的解释使得很明显的是这里的铁作独立于砌体结构——它不再被隐藏起来，它可以形成部件，不管它对于室内装饰的影响如何。(因为这是品味的问题，每个人可以自由地采用他认为合适的形式)。假设铁作要被油漆和镀金，我们可以轻易地想象其效果将是极其丰富的。反对意见可能来自于适合于金属的形式的单薄。事实上，这种单薄的方面非常令人不悦，当铁作被放在一个竞争地位是——当它被与建筑石作混用，如同以前那样。当铁不被放在与适合于石工的建筑形式相竞争的位置的时候，这种结果就不会出现。但是这里，在这些内部，我们只有四堵墙——没有石工装饰。这些墙需要用彩绘和护墙板装饰；彩画和细木工要与适合铁作装饰尺寸的装修保持一致。

2–124

相反，在前面，我们努力使铁和石头结合，即使把铁作当成一个明显的、独立的部分。铁作不是安装在里面，而是简单地靠着或放在沟槽里。阳台光滑的雨棚在前面被一个铸铁排水沟截止，排水沟承托组成光滑杆件的丁字铁。排水沟与水滴和重叠部分一起清晰站立。我们一会检查一下这个结构。

看一下图版二十五，它给出了建筑前面部分的透视图，为我们展示了铁阳台以及窗户下面支柱之间的分段曲线，简单地支撑在石作中为此目的预留的突出窗台上。曲线是由带有角铁和支撑的两块铁板组成的；被锤薄的铁皮板填满这些空间。对阳台来讲，地板托梁利用角板和螺栓与在外侧形成过梁的双层丁字铁固定。被石托架支撑着的是基座，也是石质的，其中刻着栏杆，上面立着承托玻璃雨棚的铸铁柱。然而，为了更高效，阳台上的雨棚应超过阳台自身出挑的部分。这些铸铁柱因此被设计用于承托铸铁托架，这些托架与支撑着排水沟重量的桁架固定在一起。这些桁架与柱子不在一个平面，但是在它们外面伸出一定距离，这样可以完全遮挡阳台。排水沟的端部支撑在围绕着门廊两侧的石头出挑部位的前面。

图 13–2 给出了这两个柱子的头部，并且解释了承托排水沟和玻璃的铸铁和熟铁的连接方式。A 是通过竖向支撑 *ab* 的一个剖面。柱顶有四个突出物形成了一个托架，承托着铸铁托架 B，半桁架 C，以及侧肋的两踵，其上是支撑着光滑支杆的双层丁字铁 D。铸铁托架 B 在 *e* 有个可以防止这些双层丁字铁 D 拖出的肩；在 E，为螺栓预留有洞的沟槽确保承托天沟的桁架的安全，并为整个结构增加稳性。这些托架在外端被截止的方式，见节点图 G 的 *g*，为了承托确保天沟连接的熟铁支撑 *h*。桁架 *c*，在它们的上段，勾进被牢牢固

2–126

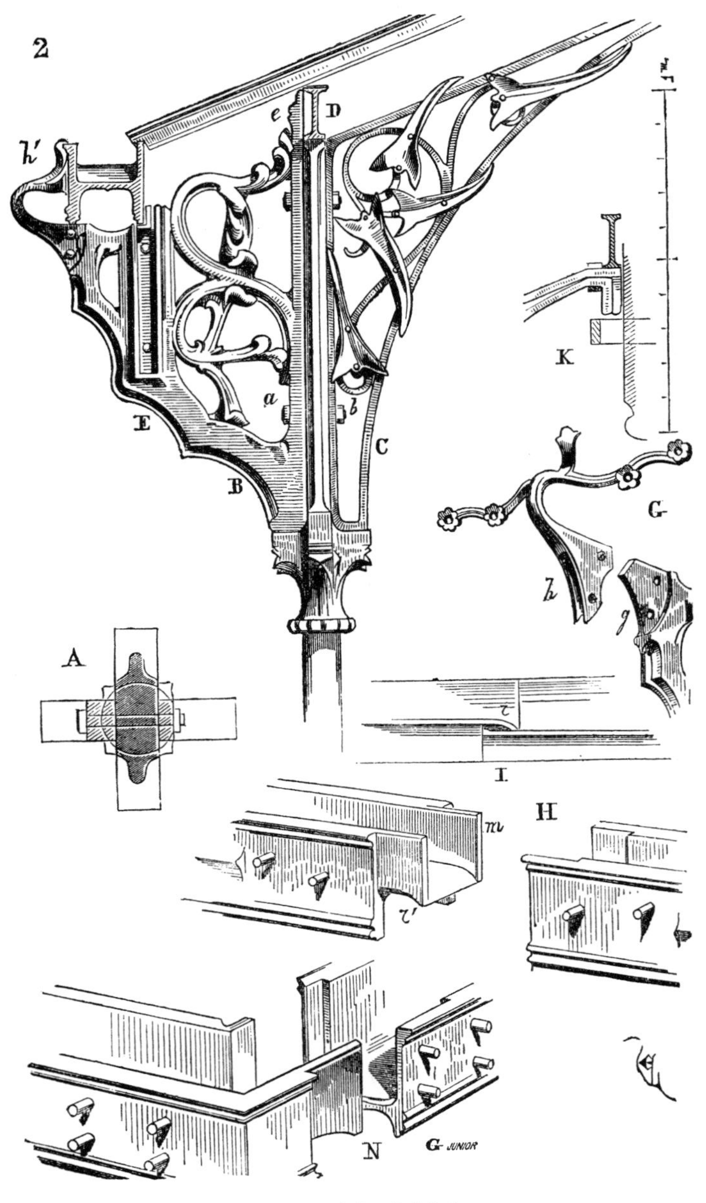

图 13–2　玻璃雨棚的细部

定的 U 形钉里，或者被建在砌体里(见节点 K)。因此，铁质结构独立于石结构；它的建立与拆卸不会对后者造成任何影响。

铸铁天沟在建筑上的应用是非常可取的；但是它们的设计和连接方式需要非常细致的考虑。仅仅将铸铁管首尾相接，用油灰或者铅加以连接，只是权宜之计；并非有效方法。铸铁管应该是独立的，不应需要油灰或铅影响他们的目的。这里给出的一个案例，釉面屋顶的排水沟，是由五部分组成的，三个在前面，两个在端部；这些分件中最长的那个——中间的那个——有 25 英尺长，没有什么困难。排水管的两颊前后左右同高，但底部是斜的，在连接点有一个滴水，见节点 I 中的 r，以及节点 H 中的 *r'*。沿着竖向的两颊，排水管的长度被连接起来——像水落管一样——通过法兰。由于下面长度的底部 I 有一个略微升起的边缘，水在连接处不会流出去。排水管角部接合点被设计成如 N 所示那样。作为一种连接前面排水管的方法，我们已经说明了熟铁扣件 h；在角部，平板就足够了（参见图版二十四的透视图）。但是在这些排水管的两颊不能设置螺栓洞；螺栓销钉，如节点 H 所示，因此采用镶注，并承托固定熟铁扣件和角板的螺母。[1]

看来没有必要继续这些给出的案例了，如我所说的，只是说明一种方法，不是作为一种建筑形式。如果我们的建筑师想自找麻烦的话，他们有能力创造更好的设计和更令人喜爱的形式；但是他们必须决心彻底抛弃陈腐的类型、昂贵的且不便的平庸，毅然地决定考虑方案的需要，且毫不犹豫地使用我们时代提供给我们的材料和实践设备。在路易十四时代，医生——建筑师佩罗本应被授命设计与《伟大时代》的年代有关的建筑样式，接着被坚信，从此找到了新原则，一个新时代开始了，这是可以想象的；但是目前，不是通过为一个柱子或多或少提供一个模块而希望在建筑艺术中引发一场变革的时候。只有用回归常识性的方法代替坚持古典准则和小团体的偏见，才能在建筑中引发革命。 2–127

在艺术上和哲学上一样——他们是同盟的——甚至是折中主义都过时了；我们不再相信兼收并蓄是明智之举，而是只有那些理性的、被经验方式以及逻辑推演支配的观点。我们完全被迫采用这种方式，当我们要建立仓库、工厂和农场建筑时；我们为什么在公共建筑中改变我们的方法呢？建筑师有什么权利强加给公共建筑那些与它们的惯例或需要不协调，并因此支付最奢侈的费用的特点呢？难道未来不会强烈地责备我们，为这样与所得结果不成比例的超额费用而浪费我们的资源？如果建筑师设想公众会一直保持对这些问题漠不关心，继续忽视它们，并遵守那些隐藏自我的“高等艺术”背后的自命不凡的教条，他们错了。公众会对忍受这些问题开始研究，和对其他问题一样；其判决之严重，将与其曾经被欺骗的痛苦相当。难道没有人已经留意到这种源于少数人的任性、无意义的建筑的成本吗？难道没有看到，不管已公布的和仔细审议的，建筑整体的设计在他们的建造过程中被改变了，没有任何明确的理由就将一种形式改成了另一种？现在，我要问的是，如果最初的特征是在任何合理建造中必要的对环境深思熟虑的结果，那么还需要这样的改变吗？甚至认为最初的外观不尽如人意，难道建筑师没有好的理由去坚持它们吗？但是当这些纯粹的幻想或任性产生了一种艺术形式，并宣称这种

1　这一在 running　the　medal 中，将锻铁与铸铁固定在一起的方法，在英格兰非常流行，但迄今还没有在法国被采用。无论如何，这是一个优秀的方案。

2–128 形式是令人不悦的，或太丰富，或太低劣，你能提出什么理由保持它呢？因此，我们这种非理性和任性的建筑被第一个来者摆布，不管他是完全无知的还是有品味的：任何人按片刻的幻想可能要求这样或那样的改变。不再立足于基本原则、对项目要求及可用的材料的周密思考，不能维护艺术所宣称的特权，而是落入奢侈品种类里——人们根据目前的潮流购买或去除的装饰物，其价值完全全部被约定的。

当公众第一次看到铁在公共建筑中被用作主要建造手段出现时，他们倾向于将它与铁路终点站、市场或者工厂中使用的相同材料的结构相联系。但是，难道只能通过伪装这些材料，如同很多我们努力这样伪装的材料一样，才能避免产生批评吗？我认为不是；相反，通过完全清楚地表现这种材料的真实功能。很明显，到目前为止，这个方向的尝试是谨小慎微的，表现出缺乏脱离确立已久的某些建筑形式的勇气，这些建筑形式与我们掌握的新设备不合适。

铁拥有非常有用的特性，我们应该将使用和证明这些特征作为我们的目标，而不是伪装它们。一个实干的建筑师可能不自然地设想建立一座完全用铁作框架的大厦，外面覆盖框架——保护它——用石材作为表皮。[1] 利用铁，拱形结构的推力几乎完全被抵消，纤细的支撑就能提供相当的强度。但是也不能过于频繁的重复：铁应该是独立的；在大型建筑中它不能与砌体连接。它具有与砌体相对的抵抗力、弹性和延展性这些特性。用作支撑，铸铁是刚性的并具有抗压性，而是由板层组成的砌体，会通过填充接点的砂浆的干缩

2–129 沉降一点。所以，一堵建在铸铁柱后面的墙多少会沉降，而柱子却不会变形。因此，柱子所支撑的部分一定不能同时支撑在墙上，因为在两个支撑之间会产生一个不同的水平面，因此会使被支撑物出现歪闪。因此，我们得出结论，刚性支撑应该放在外侧，砌体在内侧；那么因此后者的沉降只会导致将压力引向建筑的中心。但是如果我们靠着建筑内墙放置铸铁柱，或承托铁桁架，比如，在柱和墙上，那么我们就冒着在建筑中部分或者全部脱位的风险。因此，如果我们着手用砌体结构的外壳把一个铁结构包住，那个外壳必须只被当成一层封皮，只有承受自重的功能，不放置任何支撑在铁上，或让其承托任何东西。任何想要混用这两种系统时，危害就存在于形体错位和不均匀沉降中。在这个特点里，近距离考察我们伟大的中世纪法国建筑，将提供给我们一个有用的先例，因为在这些大厦中，骨架（即柱、拱、穹顶、扶壁和飞扶壁）都是独立于围护结构的。但是，通过盲目的偏见，我们宁愿错误地使用已被检验过的原理来承担义务；如我们的建筑师们所说，为了不倒退，他们让自

1 这一思想在巴黎圣奥古斯丁教堂的建造中无疑占据统治性地位。它只是缺少所有的结果被坦诚地接受。如果这座建筑的建筑师采用了某些在结构原则上与之类似的中世纪建筑所体现出来的方法的话，他将会得到更满意的结果，因为它们可能会与所采用的方法更加和谐一致。他同时也会多少节约点建筑的花费——这一考虑永远不会被忽视。无论如何，它表现出了一种进步——尽管这进步确实有点犹豫不决，但在我们当前的艺术状况下，它应当被作为我们回归独立的象征而载入史册。

己丧失了通过全面系统的实践调查获得的知识——这些只是将自然地引领他们赋予铁结构真实的功能。这种决心没有从这些非常赞成铁结构发展的先例中获益，决心如此明显，以至于任何不如论及的建筑更严肃或者昂贵的事情都是可笑的。

有一个被称作哥特拱顶的系统，看上去好像是预先为铁结构设计的一样，即，在 14 世纪末的英国采用过，被称为扇形拱，提供了一系列相同曲度的拱肋，从一个支撑点或者轴发散出来。这种扇形拱，呈曲面凹锥形，好像喇叭上的钟状物，由类似的均匀的肋组成，其间是易于填充的板或拱腹。我在其他地方对这种拱作了精确的描述[1]，它非常适用于铁结构。

随着机械现在被广泛应用于大型轧制刚的制造中，应该被避免的是模式的增殖，这些模式在车间操作中必须经常改变。一个铁匠来做 50 块同样模式的铁片要比做每一块都要求不同模式的更便宜而快速；当安装的时候，更少机会出现不合适的工作或错误。　2–130

在最近建造的一些建筑中，出现了将铁用于拱的建造方式的尝试，铁肋清晰可见；它们在砌体下面围绕中心旋转而成，并且支撑着它。因此，装饰这些肋并让他们组成两个同轴曲线的必要性，其中填满涡形装饰的空间，多多少少是丰富的，牢固地连接这些曲线形成装饰。但是，尽管这些肋上的涡形装饰设计精美，从下面几乎看不到，由于它位于两个曲线的面上，而且观众看来还被其中一个遮住了[2]。当这些装饰肋被间接看到，它们必须提供一种拱顶实心砌体拱腹下面超薄的外观。而且，这种铁框架是昂贵的，因为它们要求复杂的施工。看来更合理的是把这些肋看作一个中间只放板的骨架。所以将那些铁腱放在拱形结构上面，只留下它们的内部曲线，也不再有必要装饰它们。

图 13–3 是个铁桁架。假设我们在这个桁架上安放拱或面 B，很明显桁架上所有的部分 *a*，*b* 将在建筑内部都是可见的，并应该加以装饰；但是如果我们在 C 处放置拱顶或板，就不再有必要装饰桁架 A 了，可能采取最经济的方式来建造它。并且，拱顶实体表面下由角铁形成的骨架结构是看不见的，这些角铁在一定高度看上去非常薄弱。在这种情况下，由丁字铁加强的薄铁板桁架就足够了，被看到的部位可以被轻易而便宜地却是非常恰当地装饰。　2–131

按照现在采用的铁结构系统，当需要覆盖一个巨大的空间时，使用由纵向支架或檩条连接的平行构架。这些平行桁架要求相对大的强度，以自我支撑——更不必说它们需要承载的重量——以便不会扭转或者在任何方向上变形。可是，看上去对于铁的采用自然地引向覆盖空间的网络系统。每个人都知道球形的铁网的强度。如果这种铁网的重量用其他方式分布，强度就会减弱。

1　见《建筑辞典》（*Dictionnaire de l'Architecture*）中的“拱顶”（VOÛTE）一文。

2　因此，在巴黎圣奥古斯丁教堂的穹顶曲线肋之间的涡卷是不可能被看到的。

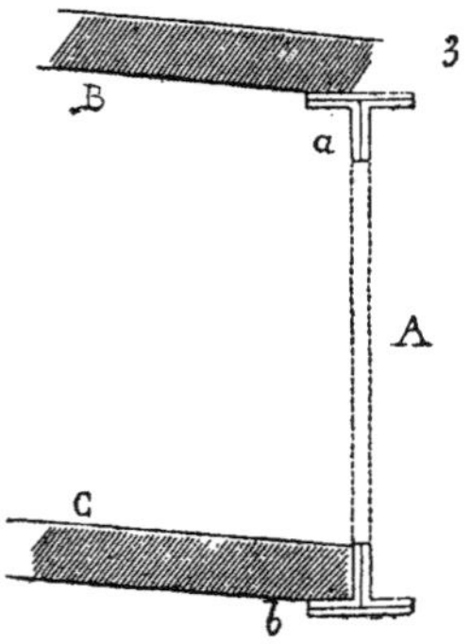

图 13-3　铁拱肋

抛弃原来的用法是很不容易的，以铁代替木屋顶结构也是如此，我们为了将与木材相同的方式应用于铁，比如，开间形式和原理。但是，在木屋顶或者拱顶中，中世纪的建造者显示出一种明显超越 17 世纪建造者的优越性；他们在一个更加广阔的表面范围内分布重量。当我们将铁用于屋顶结构时，我们的建筑师从没有想过研究一下，在中世纪的建筑中是否没有找到某种可能帮助他们的原理；那些已经"倒退的"和避免"倒退的"，他们所能想到的最好的方案就是沿用在罗马帝国时期流行的方式，或者更好的就是 17 世纪的仿罗马式的风格——那个时代人们极其病态地建造。正是在 17 世纪发明了承载檩、椽和所有屋面的主体的沉重形式。因此，我们用铁来造那些习惯用木来建造的东西；即，对于屋顶或者拱顶，我们搭建一系列的平行主体或者桁架，给予它们超量的荷载以保证不移动；然而，毕竟这些桁架有时候也会移动，像一排卡片一样一个接一个地倒塌。

英国人在铸铁中试用了网络系统；但是由于铸铁缺乏弹性，这些努力并不成功。另一方面，利用锻铁或者板铁，这个系统很好地给出了答案。为了增强我们现在用于桁架或者梁架的板铁的强度，为了保持它在竖向的位置，不得不用铆在其上的沉重的角铁来增加强度，并被强有力地支撑着。用网架系统带铁平行桁架，铁结构的重量大大减轻。我前面说过，在 14 世纪和 15 世纪的一段时间内流行于英国的所谓扇形拱为我们提供了这种系统的原理。我将努力说明这个。

2-132

我们需要设计一个覆盖空间尺度为 70 英尺的大厅的拱顶；这个大厅必须要以石墙围合。我们知道应该采用铁作为建筑的整体框架，石材砌体仅仅是作为一个外壳。

在前面的第一章中，我解释了石拱是如何被承托在铁支撑或者铁桁架上的。这里的情况是不同的；我们必须建造一个本身就是铁结构的拱，或者利用承托在同样是铁支撑上的铁构架，内部的铁结构必须要完全独立于外皮。这是一项不能背离的原则，否则会招致极大的危险，这在最近一些被忽视的尝试中被证明。

图版二十六给出了拱顶的一个开间的四分之一的平面。整个系统位于分离的柱 A 之上（参见 B 处的大厅的屋顶总平面），墙只是一个足够承受自重的外壳，不需要来自于铸铁支撑 A 的帮助，也不给这些支撑提供任何帮助。大厅的柱间宽度是 70 英尺。桁架 *ab* 是所有其他放射构架 *ac*、*ad*、*ae*、*af* 的模型。剖面给出了桁架的竖向立面图。它们每个都靠着直立的 *b*，*c*，*d*，*e*，*f*，下面将描述它们的形状和功能。线脚 *fg*，*bg* 是稍微从 *f* 升到 *g* 和从 *b* 升到 *g* 的脊线。*c* 处的剖面画出了对角线 *dg*，它也倚靠着中心的竖向点 *g*。这些桁架 *ab*、*ac*、*ad*、*ae*、*af* 是均匀的并且相似。这里保留了桁架 *ki*、*kl*，等部分，它们只是主要辐射桁架的一部分。这些半桁架根部被束住，在 *h* 处和 *k* 处，通过支撑杆 *hm*、*hn*、*kn*、*ko* 等，将它们的压力导向主要的放射恒桁架。这些组件被同轴的支架分成板，它们的表面积不超过 3 码。因此，表面 *ab*、*fa* 是一个曲面凹锥的四分之一，而表面 *b*、*g*、*f* 是一个在 *g* 点稍微升高的天花板。桁架 *af* 取代了附墙拱肋，但是它距墙有 5 英尺的空间，只是通过固定的支架连接以提供移动的自由。为了保持铸铁柱的竖直，并且抵抗桁架产生的推力，我们不需要靠在墙上；一个露天的铸铁扶壁可以满足这个目的（参见剖面）。然后，因此，整个框架可以在围护墙体建立之前或之后建造。现在，我们开始封闭拱顶，在网络之中填充。取代将拱腹支承在桁架上，我们假设将它们放在这些板－桁架较低的角铁的凸缘上；这样在建筑内部，所有可见的就是桁架的下边线、它们的角铁凸缘的厚度和拱腹、它们可以像巴黎灰泥、被锤薄的铁皮或带有栅格的赤陶那样在车间生产的，并呈现出一种所希望的丰富的装饰外观。这些拱腹，仅仅是易于固定的平板，可以提前准备。图版二十七表现的是这个礼堂的室内透视。 2–134

对于这些使用的方法，有必要给出更多的细节和解释，为了解释这个系统借助于非常简单的方式是切实可行的。

图 13–4 中 A 给出了一个 1/25 比例的柱和固定桁架的竖向起拱石的剖面。沿着柱子一侧，是形成凹槽的两个翼缘，为了承托组成扶壁的铸铁板。一个铸铁的竖直件靠在墙上，其剖面见 B，也刻了槽，支撑这些穿孔板的其他边缘。这个垂直的部分 B 可能是一块或两块，在位于较低的通道的开口上的过梁平面上连接，（参见图版二十五）。通过柱顶的顶板的后踵，固定它上部的端点，见这些部件的剖视图中的 *a*（图 13–4）。柱子可能是一块或者两块，同样在上面提过的过梁的水平面连接。柱顶被浇注在轴上，如同在后者的凸缘上一样。铸铁顶板是一个独立的部分，有一个足跟 *a*，它抓住竖直的沟槽部分，有一点肩 *d*，为了固定连接 G 的铸铁脚。熟铁支架 F 连接柱与墙；但是没有它，可能后者的沉降将以任何方式影响柱或其他铸铁构件，由于支架能变形。连接的部位 G 放进固定的垂直铸铁起拱石 H 的沟槽里。起拱石，其水平截面见图

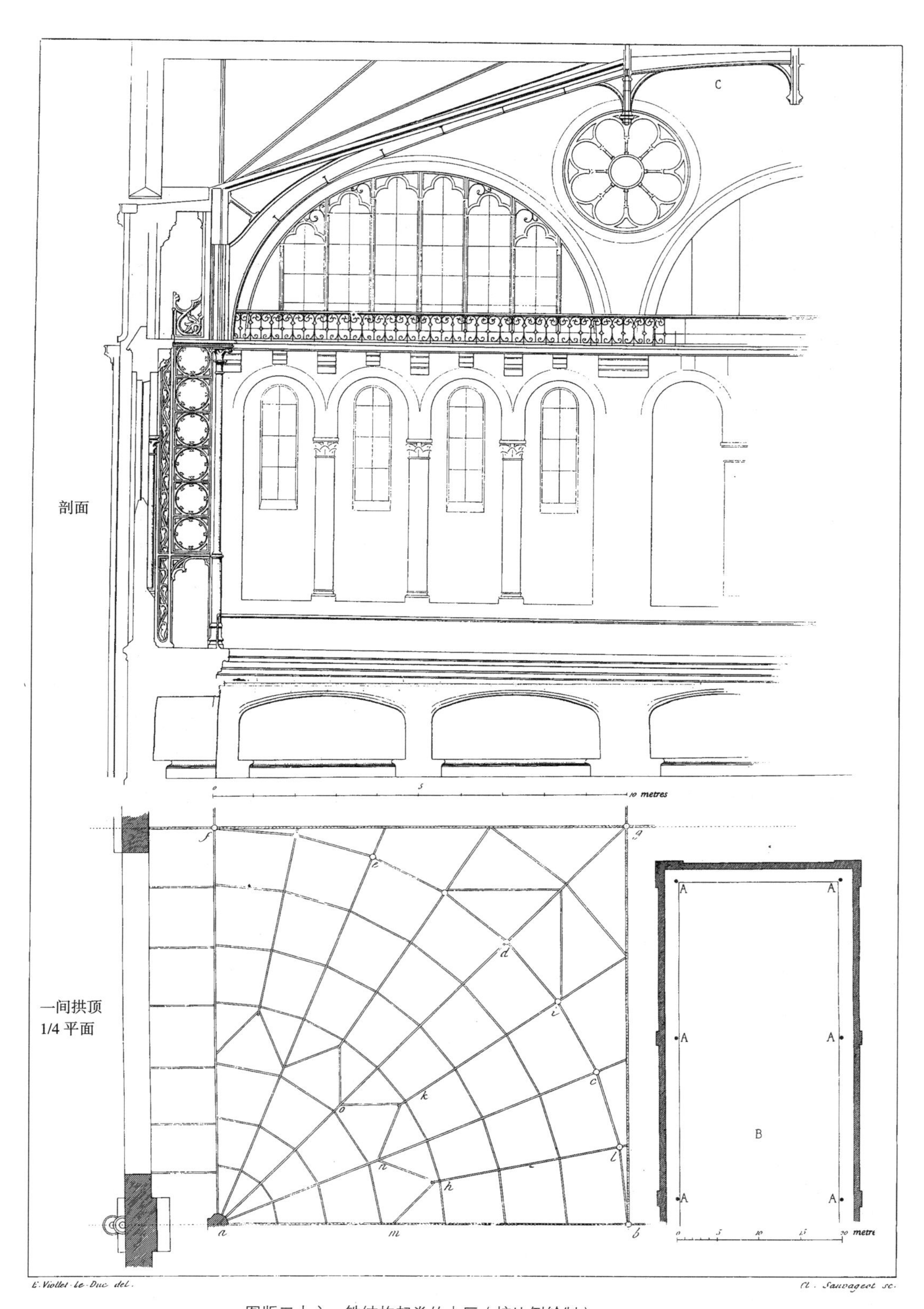

图版二十六　铁结构起券的大厅（按比例绘制）

图版二十七　铁结构起券的大厅内部透视

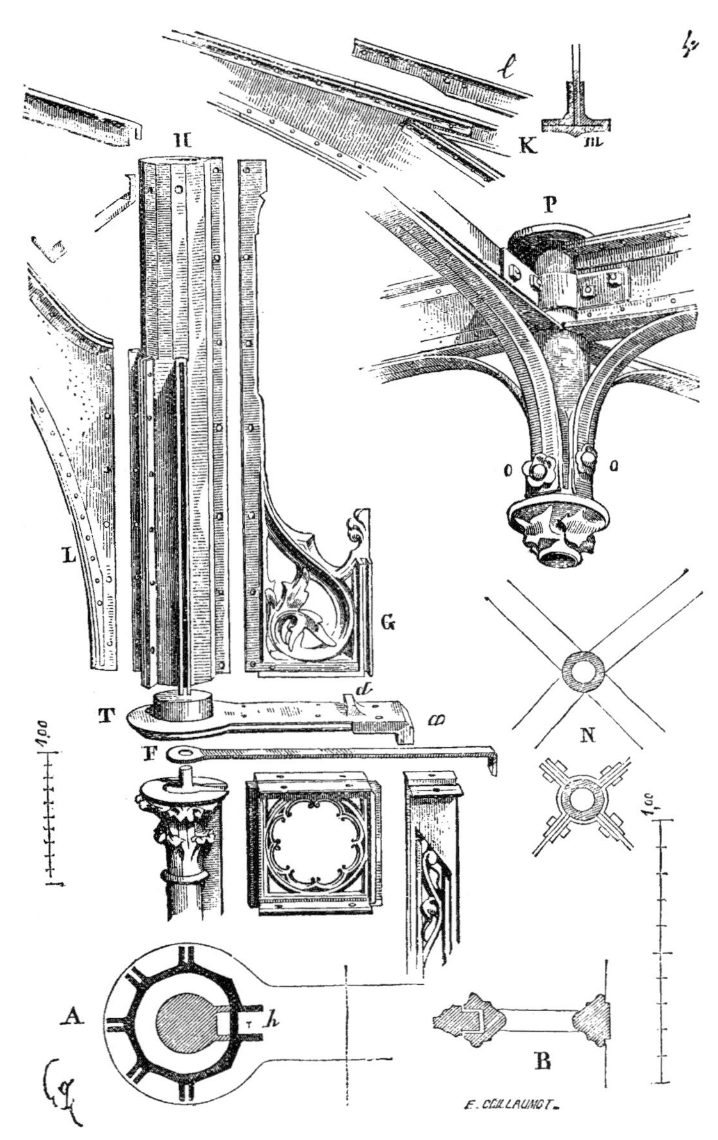

图 13-4 网格式铁拱顶的细部

A，也承托着 5 个沟槽，这些沟槽支撑着 5 个辐射桁架，其中较低的部分见图 L。这些板铁桁架，我已经说过，用角铁增加强度，安装在用丁字铁 K 变陡峭的曲线点上，以承托屋顶，参见 L。桁架，连接其端点的托架，以及构成屋顶主体框架的对角部分，都统一靠在圆柱形的铸铁中柱 *p* 上，它是中空的，为悬挂吊灯的绳或管留出通道，被角铁固定；而且，下面的盖板 *m*，从中柱离开桁架和支架一定距离里，以曲线支杆的形式向下弯，在 *o* 处以螺栓固定，靠着这些位于较低的边缘上的中柱。N 给出了一个比例为 1/25 的穿过这些扣接位置的桁架中柱的截面。构件 G 与侧沟槽固定在一起，承托上层走廊的铁

2-135

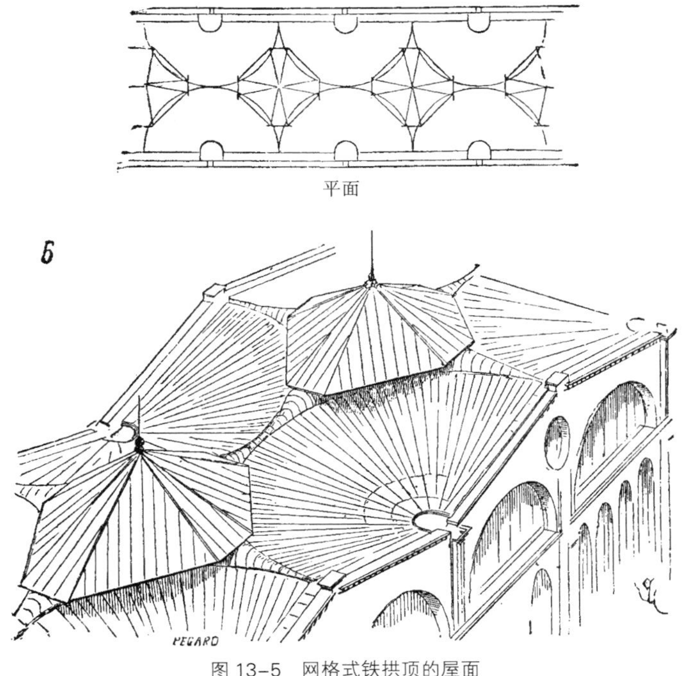

图 13-5 网格式铁拱顶的屋面

栏杆（参见剖面）

屋顶遮蔽物可以直接放在拱顶上，由于拱腹就放在拱肋的较低的翼缘上，因此，空气可以在拱腹和组成顶盖的金属薄板之间自由循环。事实上，屋顶的圆锥形很适合金属顶盖；在每个开间都有一个石质的山墙或者山花。只有中部形成平屋顶的部分，需要特殊的屋顶。图 13-5 展示了这种屋顶可能出现的外形。

这些少数的细节足以举例说明这种与石砌体结构结合但又独立的铁系统，这个系统看上去值得我们的建筑师最认真的考虑。但是我再提起注意，这种说明不是计划一种可以跟随的方式，只是一些原理案例和一些可能在其中被采用的方法。显得更明智的是回归到那些自身最适合铁结构的先例上——如同我们已经在这个被推荐的英国 15 世纪的拱顶案例中做过——利用建议的设备，相较于系统地反对某些建筑形式只因为他们属于一个特定时期或风格，并去采纳其他的明显地否定新材料运用的形式，只是因为它们被称作经典。我们可能非常确信，景点，或者称为古典教条，与公众对我们表明的合理要求的建筑是完全相异的。 2-136

由扇形穹拱组成的铁网络系统，在前面的图版中已经有所说明，类似于从中得到其原理的英国拱顶，提供了一种独特的优点，铁作按比例变得更轻巧，由于拱顶自身支撑减轻。因此，这种框架获得最大的抵抗力强度，在它必须承载最重的荷载的地方。比如，不久之前，在建造过程中本应被看到某些扁平的、平面为圆形的拱顶，由均匀截面的辐射的铁件组成，全部聚集于

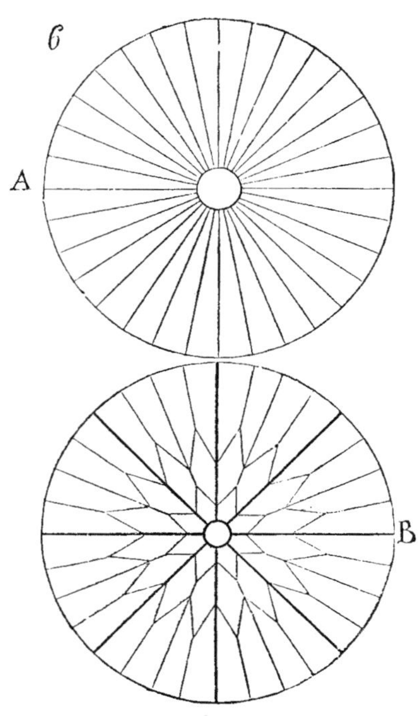

图 13–6 网格式铁拱顶

一个中心箍；因此，这个中心部分，最大程度地远离支撑，成为相对最受力的。当这种拱顶计划承受除了自身的重量之外的相当大的附加荷载时，比如人群数量，最薄弱部位的表面积，离支撑点最远处，跟那些支撑点附近同等范围的表面积相比，要承受 10 倍以上的压力。在这样的案例中，为什么不采用非常适用于铁结构的网络系统呢？

一个图表可以解释这个。这是一个圆形的大厅，需要覆盖一个有最经济高度的扁平的屋顶——拱顶计划要承托相当大的重量——密集的观众。如果，图 13–6，从大厅的圆周到圆心，直径为 80 英尺，我们设计了一系列等截面的梁，都聚集到中央的小圆（参见 A），很明显，尽管我们可以在这些梁的端部减少重量，围绕中心圆仍然会有一个荷载与分散到圆周附近的不成比例。为了承受这个额外的、拱顶必须承受的荷载，必需极大地增加圆周附近的梁的强度——极大地增加它们的重量，由此增加费用；墙体的强度也要相应地增加；但是如果我们按照图 B 的方式进行，仅仅将主梁中的八根与中心圆相交，在这八根主梁之间放置带有斜角撑的部分更轻薄的梁，我们就可以确保和图 A 中一样的强度，但是更少的金属荷载——特别是在中心——因此也就具有更大的承托力。

2–137

因此，我们应该将这种中世纪建筑师在他们的石拱结构中审慎地使用过的网络系统应用在铁结构上。我不知道我们是否是“经典”，但是我确信我们是明智的，即我们不应该浪费公众和业主的钱。我甚至愿意思考，网状框架

B 与框架 A 一样非常适合装饰；也就是，如果我们想要表现结构，不是按照现在的流行方式将铁作包在掩饰结构的巴黎灰泥壳内。没必进一步详述这种方式，当将铁用在大型建筑，并让结构保持可见时，采用这种方式看上去是理性的。提供更多的案例将迫使我们超出了这个工作的范围，因为工作的目标不是教授建造。解释了这些原理之后，我们把它留给那些可能研究它们的运用而得到认可的人。当然，如果我们在大型结构中使用铁的时候，采用了这些理性的方法，我们必须要让自己摆脱某种先入观念，只接受理性的引导；同时，仔细地分析前面的先辈们所提供给我们的方法，他们可能为我们提供有价值的线索，时刻准备放弃不加思索地复制的建筑形式以及一点也不符合我们的工厂让我们自由支配的新材料。我们坚信，建筑的未来取决于迅速采用这些理性的法则。 2–138

当这个题目被论及的时候，我们不止一次的被告知，我们只是在破坏建筑师的想象力和灵感；在建筑观念中被指定如此重要的功能，我们正在扑灭神圣之火；关于知识、分析习惯，预算以及我们敦促学生的方式的获得，是以牺牲品味和对没的直觉欣赏为代价的。这种辩论的风格——恕我直言——让人形象地想起农夫的故事，他们不关心给他们的孩子洗头，因为，他们说，后脑勺乱发中密集的寄生虫有益于健康。这已经不是第一次，人们被发现准备去抨击那些倾向于理性、科学及其所提供的设备的人了。当火药第一次用在战争中时，难道没被说成是勇敢的终点吗？当印刷术发明的时候，难道没被流行的知识断言，真正的科学将会灭亡吗？当铁路机车首次出发的时候，什么样的不详的语言没有出现！人类的思想天生是惰性的，有时候在与需要付出努力来认识的真理斗争时，会给自己创造更多麻烦，付出更多所需的努力。比如，当我看到大部分我们的工艺花费了极大的痛苦来避免在它们建造的任何东西中借用那些从中世纪建造者的某些案例中采用的透彻了解的方法时，我都忍不住笑。他们探讨这些方法，并乐于利用它们，从而避免了无用的复杂化和费用；但是偏见——有时候可能是恐惧，唯恐它们会引起对美术学院的谴责——束缚了他们，然后，我们看到他们如何扭曲一个简单的想法——一个真正理性的过程——用自觉有罪的犹豫不决和沉默逃避真理。要好好问一下，是否这些幼稚的、让人想起教师的指导且无论如何都没有展现独立特征的先入观念，对想象力和灵感来说，没有比可能唤醒理性、计算和方法，更不利。相反，那些已经显露出完善独立性的人总是那些其理性、知识和判断力已经到达发展的合理程度的人。并且，既然想象力——或者灵感，如果我们选择这样称呼它的话——就其性质而言，本质上是独立的，那么性格的独立对其表现来说是完全有必要的。 2–139

第十四讲　建筑教育

2-140　很显然，我们濒临着成为文明史中被批判的时代之一，每个人都觉得在自己的领域内努力地不够——如果认可我这样的表达的话——陷入了谁来当那只给猫戴上摇铃铛老鼠的境地；但是他们也都等着自己的邻居去采取创新。我们很容易理解，建筑师，有自己的方式——为了生存（因为这是案例的真实状态，那些献身建筑的年轻人通常都不是大富豪），他们寻求强大的资助，听命于经常是棘手的要求，如果他们有自己的信念，却又碰巧与流行观念不一致，那么他们就会很不情愿去卖弄自己的信仰。我们也可以理解，在一段时间之后，最坚定的头脑也会习惯于向他们刚开始持有保留态度的那些观念屈服；他们的这种屈服，尽管表面上看去使他们获得了某种利益，最后，当他们成为自己的主人的时候，他们就会发现将自己划归到压迫者的范围内是一件很容易也很有利可图的事情。

向公众演说的作家——创作了公众阅读的书籍——创造了图画的画家，或者制作雕像的雕塑家，可以真正不需要任何人的资助就将自己的才华展示出来。他们的才能，如果他们有的话，将迟早会流行。建筑师的情况则不同。因为他的作品有时候需要的不仅是少许笔墨纸张，一块画布和颜料，或者几块泥土。无须证明，那种能让一位有才华的建筑师展示自己能力的各种有利境遇的结合，却很少出现。如果这些境遇的结合依赖于一个法人机构的意愿，2-141　比如美术学会的意愿，就此而言，我们不得不说，很明显，对于那些不能充分分享那个机构的思想观点的人是不能提供支持的。这也很清楚。但是也可能遭到反对，我们怎么能归咎于一个由 1868 年的艺术家组成的机构呢？我们的估测中一定有些夸张。它是一个行政管理机构吗？不是。它掌控了艺术的教育吗？不是。它控制了我们的国家或者伟大城市的税收了吗？不是。那么，你对它的势力估计是基于什么呢？

事实很简单，机构享受着政府的保护。政府，就成了公认的智力机构的保护者，假设说到机构的地位、权力和主管。那些公认的有远见卓识的智者，需要与国家的教会划清界限，他们会为这种需要提供强有力的证据；理由也非常有力，至少，可以被声称是为了将学术与政体相分离。在这些理由中，我将只讨论一个，那就是每个认可固定的教条制度的机构，尽管制度是不负责任的，是国家意志的，一定会利用被称为国家的客观力量去保护制度的胜利。

路易十四以完美的逻辑连贯性建立了美术学会，因为路易十四统治下的国家在所有的学术机构中都制定了教条。当时存在一个国家宗教；很自然，应该有一个国家艺术，国家哲学，以及一个国家教育系统。因为王位与圣坛紧密连接，按照这一逻辑，在智力或良心领域与政府管理之间不可能出现纷争。也就是在那个时代，命令向全体推行，"做天主教徒，或者离开这个王国"即使有更大的理由，这种命令可能会执行，"按照我们希望的方式去思考，或者就会收到向你证明自由不再流行的通缉令"。因此从国家的立场出发，路易十四的政府在建立美术学会方面是非常合理的，因为它认可了一种官方的建筑——证据就是所有在王国建造的公共建筑物的平面都受到大管理者勒布伦的管制。我甚至还可以说，美术学会是这种组织机构的必要补充部分；必须有一个机构来阐释政府所鼓励的原则，维护它们，并将那些能够遵守原则并将之发扬光大的人联合在其周围。美术学院因此还要有它的学校，即罗马学校（École de Rome），我重述一下：这个完美的逻辑关联无可挑剔，第一个被认为理所当然的资料就是——政府在智力范围的干预。 2–142

于是，由路易十四的政府创立的组织机构无可争辩地展现了伟大的一面，我们很容易就能理解，它是如何不仅迷惑了同时代的人，也迷惑了随后时代的很多聪明人。这种思想与行动统一的达成，君主不必同时是帝国的祭司长和世俗的统治者的情况下，精神与物质要素在一个民族身上的结合，在自己独立地选择成员但却要将成员们置于国家保护下的机构所发展出来的成果，只能激起我们的尊敬。教堂也是法国天主教会的（Gallican），就是说是国家的，在学会的进程中，保持了一种统一性，这种统一性和政府的进程、趋势以及功能，完美协调。

但是，在我们的世界中，逻辑矛盾受到危害不能免责。华丽的合奏只有在最微小的细节都不能被修改的情况下，才保持它的统一。一个小齿轮被置换，这个华丽的机器的全部就会垮掉。这里，书写上个世纪末的历史不是我的任务。改革不只是移走了某一个齿轮；它破坏了整个机器。尽管收集重聚的努力已经进行，但收集来的片段只会困扰我们。旧机器的传动装置，没有像18世纪那样，形成一个和谐的整体（至少表面上如此），而是发出刺耳的声音，并且故障频频；给所有人，尤其是那些希望它重新运转发挥功能的人，带来了无穷无尽的困难，甚至危险。

政府既不是神父也不是艺术家，如果它着手保护正教或者艺术，那么很快不得不将手中的权力交出来。

可是，政府最后发现，他的保护是荒谬的；然后，他开始干预教义或者艺术的问题，界定它的行为，保护它的责任；但不是过多就是太少；在这些事物中，它是无知的，不管它多谨慎地努力不染指神圣方舟，它还是会被指责为专横。因此，它总是进退维谷：或者被看作是暴君，或者必须交出判断的权力。关于讨论的主题，难道我们没有发现这正是国家试图对艺术教育进 2–143

行改革的尝试吗？

政府认为它觉察到了美术学会——没有合法权利去控制艺术教学，但是对学会来讲，教育就是主题——正在危害着研究；它作为研究的负责任的保护者，着手改良教育系统——在一些细节上进行修改（尽管看上去很细微）。我们能够记得关于"学会"成员的激烈的劝导。艺术共和国公开宣布处于危险之中，宣言、抗议和纪念像冰雹一样紧密的投向管理委员会，管委会承受了第一场攻击，但很快他们就意识到自己正处在一场不均衡的竞争中被动挨打，他们想要在表面上的调和和尊重利益的掩护下，体面地撤退，但他们坦诚，他们可能并未充分认识到这一利益。但是，我们可以看到，这不能阻止美术学会仍然持愠怒和不信任的态度面对政治权威，正是当局侵犯了那些他们具有裁判权的领域。现在这两种力量正式的和解了，一种是保护者，另一种是合法的被保护者；但是这种和解仅仅是以保护者越来越顺从被保护者的愿望为代价而实现的，后者成为如此坚决果断的主人，以至于滥用了他的地位——像类似的机构经常出现的那样－他们非常过分以至于引发了一种反应。如果这种反应在管理过程中采取了改良的形式，那么将再度回到最初的状态。在政治权威的保护下，只有一种改革机构的手段，被称为不再保护——即不再通过规章制度尝试改变他们，使其符合时代观点，而是采取不干涉的态度。如果美术学会不再像路易十四时代那样，被置于政府的保护之下，如果让它拥有自我改变的自由，或许它能提供出更多的服务；但至少我们应该确定，它不会让政府或者被统治者难堪，而且，艺术，特别是建筑将会实现更好的转变。

这些事实在很多人看来非常简单，以至于他们想问，为什么没有付诸实践？为什么？因为在整个事件中，关注最少的就是艺术本身；个人的考虑不断上升，在艺术上，同样在其他各种事情上，当个人的考虑超越了对原则的考虑，就不会实现有价值或者持久的成就。

2-144

此外，美术学会现在发现自己正处在一个新的处境之中；它不再认可艺术上明确的教条；它想要建立的不是一个原则——一种规范信念——而仅仅是兴趣的主导地位。它所有的努力不是要宣传教条，不管是对是错，而是去维护它的地位，并排斥那些不是学会成员，或者不想成为其中之一，或者不想承认其权威性的人。在这些方面，美术学会背离了那些想要永远存在的机构的传统，受到那些寄居在日渐腐朽的机构内部的寄生虫的攻击。

相对于提升各自的行业水平以符合时代要求来讲，当协会和行会——其起源其实非常民主——更多的关注于维护自己过时的特权的时候，在他们排外且只想赶走竞争者而不是进行超越的时候，他们行将就木了。当大家明白宗教裁判所（inquistio pro fide）指控富有的异教徒是为了没收他们的财产时，它权力的所剩之日也就屈指可数了。

美术学会建筑部门的历史，自 1846 年宣言以来，在不止一个方面提供了有教益的指导，是时候来总结一下了，我们可以计算它的代价，可以展现它是如何逐步达到不负责任的霸权，将烂摊子留给政府部门去处理，或者为大部分它的毕业生的错误或者昂贵的幻想而辩解。同时，我们认为，它还想要在公众和组织机构之间竖起一层面纱，这些机构与中世纪同样类型的最坚定的机构相似。

美术学会的建筑部门是由 8 个成员组成——数量不是很大；绘画部门 14 个；雕塑部门 8 个；总计 30 个。因为建筑师也经常有机会接受雕塑或者绘画的工作，很自然，在这 30 个成员中就形成了一个利益团体。在提名学会空缺的主席时，罗马学校中流行的团队精神（esprit de corps）显露出来，所以，我们不会惊讶于这 30 个曾经出自同一学校的成员，8 位建筑师，9 位画家，7 位雕塑家，获得半数以上的票数。 2–145

如果美术学会是一个独立的协会，不享受政府的保护，当然是无可挑剔的。很自然，学会成员宁愿从他们熟悉的圈子中招收新成员，而不是自寻烦恼的从各种不同的岗位上去寻找有天赋的人才；这是合理的，特别是当考虑到他们的亲密伙伴都是能力高强的人，因为他们通过竞争性考试获得了罗马大展（Roman Exhibition）机会。但是不要忘记，政府是他们的保护者，因此，这让它自己成为一成不变的机构的被动工具。事实上，因为你在罗马，你加入了“学会”，并获得了认可，（最重要的），没有这个你就不能接到任何工作，除非你遵守学会所指定的路线。

经常会有尝试突破这个利益圈的努力，但是，带有保护色彩和特权色彩的，因此不负责任的团体很容易挫败这种尝试。少数较为年轻的人可能想要实现自我解放，他们依赖于管理机构中的自由倾向，尝试了这种解放所需要付出的代价。如果他们不想按照小集团所规定的既定路线行进，他们会发现面前所有的门都关闭了；如果他们不想公开战斗，他们就要对付沉默的阴谋。他们没有加入那个管理机构中去。他们认为已经认识到了其观点的外表慷慨，并曾对其寄予他们最好的愿望和最谦卑的努力：他们接受了各种款待和承诺；他们甚至为对这一团体的独立态度而获得称赞；但是他们想要的，常常是能带来利益的任务，却会交给那些更谨慎的人，这些人用于妥协，为团体的特权辩护，反对管理机构的自由倾向。这些行为，是管理者在与“协会”论战的过程中计划得分的方式，贴上了公正的标签。这就是事情所处的状态，比以前更明显的是，我们可以充分理解一个不负责任的团体可以施加于行政管理部门的影响之巨大。

事实上，管理机构自己认为有能力，但实际没有能力判断这类事件，它能够用什么来抗议这一国家认可的团体的观点呢？我们能够如何期待一个不敢宣称对艺术的识别能力拥有权力的管理机构，会负起委托公共建筑之建造的责任，比如，将其交给那些被本应从精英艺术家中选拔成员的团体排除在 2–146

外的人。对管理机构来讲，最简单而且较少折中的方法，就是将自己隐藏在那个团体的观点之下，不过，那个团体也不是负责任的团体，不会向公众说明行为的动机，它仔细地避免这一点。考虑到这些顾虑，我们可以理解这种胆怯，对于一个不熟悉艺术专业的管理机构来说是可以原谅的，这一小团体将艺术置于最末的地位。于是，政府管委会不久就发现他们完全处于团体领导的摆布之下，被支持者所包围，他们都是每个岗位的候选人。这些后者越来越多，而且越来越顺从我们讨论的这个机构的影响，他们意识到，它的影响在不断增加，而它的权利也在所有政府任务中不断加强。当局不断听到关于正在进行的所有事情的同样的观点表达－因为他们将持有不同意见的人排除在外——它们真诚地相信，它们听到的观点是正确的，直至一些意外事件的发生，才突然将它们召唤回到现实之中。然后，负责任的管理机构认为应该归咎于没有全力以赴的不负责任的机构，而政府保护的团体就退居到"学会"之后。读者应该明确，我正在控诉的不是人，而是一种制度，它与政府相关，它是很多烦恼的根源，是艺术衰退的根源；它将艺术置于一种无尊严的地位，它与时代的趋势和我们的社会条件的需要不一致。我不想要讨论涉及画家和雕塑家的问题；对他们来讲，要判断的是"学会"是否在他们的专业领域中促进了艺术的发展，或者是否有利于他们的个人利益。这里，我只是讨论建筑师的立场，如我刚才所说的，他们正处在一个涉及公众和公众设施的特殊状况。毫不夸张，事实维持着这样一种状态，对于被托付了重要利益的人来说，这是一种无尊严的选择，或者否定他们的观点或者想法——如果这些观点和想法不能被政府保护的团体所接纳——或者被排斥在外，如果他们坚持这些观点和想法。在强大的利益鼓动下，坚定不移和不屈不挠是很罕见的美德；而且，对大多数人来说，更多考虑的是生存之道。社团机构不再有监禁或者烧死那些与自己不同意见的人的权力，但他们仍然能够以长期的折磨，比如孤立、压制、羞辱、设置各种障碍，礼貌地表达出憎恶、失望等态度。在我们看来，仍然有很多这种权力的展现。如果这有可能对艺术有益；如果艺术因此获得了艺术家在独立和安全中所丧失的尊严和力量，就不应该抱怨。我们应该尽情呼喊："让艺术家而不是艺术消亡吧！"但是事实是，没有艺术家就没有艺术；事实上，没有艺术家的独立和个性，什么都没有了。侮辱艺术家，必然是在侮辱艺术本身。

2-147

面对这种可悲的状态，只有一种治疗方法，也就是，将美术学会（至少是其中的建筑部门）视为一个独立的社团，隔断它与政府的联系。这是迟早的事。那个时代将会到来－在民族历史的某种危难关头会产生这样的改变－那时候，对于原则的问题将会优先于个人考虑；那时候我们将会意识到17世纪的旧机器没有保存的必要了。

只有到那时，建筑教育才能获得自由，并开始自身的发展。但是怎么做呢？

这是一个我们现在将要考察的问题。

很自然，美术学会的建筑部门应该呈现自奠基的时代 1671 年以来法国的优秀建筑艺术；但通常，这种观点并不被大众所接受，许多智者相信，在那之前，有某些闪光点的建筑就已经在法国建立了。但是即便有人说这种观点是错误的，那它也是真诚的，只基于这一点，在这个最近 75 年里已经将道德和观念的自由置于需要遵守的法规之前的国家里，它也是值得尊重的。

但是刚开始，可以看到，这个建筑学会不具有它日后所表现出来的特点，特别是在复辟(Restoration)之后。这里我要引用一个作家的话，这位作家深信，没人会以一贯的敌意指责学会[1]。在那场终结了古代君主的大革命之前，法国艺术传统的主要保管者是绘画和雕塑学会，不是由勒布伦，而是由马萨林(Mazarin) 在 1648 年创立的，以及科尔贝（Colbert）在 1671 年创立的建筑学会。这两个机构成立后，如果我们只从名称判断，并且按照现在流行的观点来予以解释，我们就不会认可其中的艺术特征。以前的行会和公司制度为法国所有的艺术行业制定了规则。没人能够从事绘画或者雕塑的艺术实践，除非他属于梅特画家和雕塑家公司（the Corporation of Maîtres Peintres and Sculptiers)，成为其中的成员，有六年跟随一位大师，三年是作为画工，三年是作为学徒；最后，申请者还要创作一幅作品参与竞争。在这个特权圈以外，没人有权自由或者公开的使用调色板或者刻刀，否则在团体的大师们势力所及的任何地方，他都无法拥有工作。只有直接接受国王、王子或者非常有权势的贵族委托的艺术家，才可以逃脱行会团体嫉妒的监视。为了将艺术家从行会的暴政中解放出来，马萨林和科尔贝建立了我们提到的学会。事实上，他们的成员才有权不参加协会，可以没有限制地实践自己的艺术。

2–148

但在授予这种新的特权的过程中，马萨林和科尔贝没有为这两个艺术学会制定两个公开制度；后面的这个观点与创立者的本意无关。他们建立了两个新的私人团体，高于其他团体，我承认，很自由，而其他公司都受商业牵制，但是呈现出同样的基本特征；因为不属于协会或者行会的人不能从事绘画、雕塑或者建筑的实践。因此，艺术学会按照商业公司的模式组织起来；这就是那时候这类协会惯常的必要形式。因此，学会的管理由财团(syndicate)来决定；学会名单上的前 12 名形成了最高董事会。其他成员，数量不限，没有管理权力；但是他们拥有自由从事艺术实践的荣誉或者特权；租金、做模型的费用，甚至是奖金，一般都从学会会员的捐款中支付，会员们按照这些费用来缴纳自己的份额。政府从未提供任何帮助，只有微不足道和偶尔的补贴。后来，国王给他们了一块本地的居住地。除了几个专业的自由实践，教学也是学会的另一项特权；但是老一辈的理事会对于提名教授，调整学科以及决定学校制度条款拥有专权。这种制度一直延续到 1793 年，当老式的商业公司

2–149

1　见“给安格尔先生的回信”(Réponseà la letter de M. Ingres)，学会(Institute)的 Ch. 吉罗先生著，巴黎，1864 年，第 2 页。

的最后一部分逐渐消失之后……当革命的风暴吹过之后，维安（Vien）在美术学校（Ecole des Beaux Arts）这个更加新颖和适合的称号之下重建了老式的学会。他的影响大到甚至有助于恢复老一代人的特权；但是只持续了很短的时间，1806 年 1 月 11 日的法令将教授的提名权交给了君主，从国库中为他们支付薪酬。

对于美术学院从它的建立直至 1806 年的历史的回顾，揭示了一些值得考虑的普遍问题。

中世纪的团体机构，尽管称不上自由但仍然民主，不过，他们在路易十四的大臣的建立政府的管理下，无法继续生存。那么那些大臣想要追求的是什么呢？他们设立了与之并行或者在它之上的特权团体，但是采用古代行会的准共和权利。

路易十四的政府在旧有的特权上又嫁接了一个特权。不管这个团体被称为学会或者行会，在最初的影响上是相同的或者差不多的；但是，我们也能了解，相对于对古代的行会施加影响，政府更容易迅速将一个自主创立的学会驯服为傀儡——它自己的傀儡；艺术也如同在封建制度下一样前进着。它提出了一套特权的新秩序，更合乎逻辑，同时也更听命于自己，凌驾于特权的古代秩序之上，这些特权会在通往绝对权力的路上设置阻碍。

不过，这个超级团体，在国王的保护下，保留了古代行会的共和的形式。但令人不快的是与那些古代行会相关的恶习，他们不顺从于任何外部权威，他们存在于城市，有自己的生存方式，被迫考虑流行的观念，并随之不停变化。对于那些在皇权控制下的团体来说，不能这样；在享受背后特殊权力的庇护时，它不久必定会被孤立，并形成一种贵族品质，拥有比那些寡头统治下的行会更大的权利。事实上，“这些学会同时是教学，职业和学术团体，这是这一名词的现代含义；事实上，同样类型的学会存在于意大利——马萨林就是在那里获得灵感和计划的——它们对于意大利从 17 世纪往下的艺术俱有灾难性的影响”。这门艺术的衰落很大程度上要归因于它们。这一学术职业团体在各处创造了一种风格，臭名昭著，并不优雅，也没有好品味。

2–150

那时候，学会的最高荣誉就是教授职位，所以，元老们诚挚地相信他们已经做到了最好，所以他们经常在自己人中提名。学会会员和教授，在他们看来，是可以变换的头衔，相互独立……[1]

1806 年 1 月 11 日的法令，关于重建美术学会，声称将把它的权利限制在适度范围；由国王提名教授，费用由国家提供。这种安排是一种协定，之后在各种时期，特别是在 1863 年，制定了许多调节规定。但是我们知道对于这一团体来说，调节规定是什么，这一团体之所以接受协定只是希望能够至少回避它的精神，所以到现在，作为制度遗留的，与我们的时代观念不符的机构，

1 “给安格尔先生的回信”（Réponseà la letter de M. Ingres），学会（Institute）的 Ch. 吉罗（Ch. Giraud）先生，巴黎，1864 年。

尽管受着种种限制，但仍然拥有对于美术教育的控制权，能够控制那些掌管着国家和大城市的美术方面支出的大部分董事会；因此，它决定着艺术家的命运，特别是建筑师的命运，除了由那些董事会控制的工程以外，他们几乎没有机会展示自己的才华。

如果我们不考虑社团机构常常否认他们的起源，并装作他们的尊严来自于自身，我们可能会问，为什么作为中世纪行会的集中代表的美术学会，公开表明其对那个时代的一切的那种绝对的轻蔑，甚至是反感？但是这里展示的忘恩负义是没有理由的。为了使美术学会成为一个公共的机构，政府对学会百般挑剔；他没有实现所提出的目标，并且只要在它和学会之间存在联系，它就永远不能实现。在学术机构的立场下，政府在美术教育方面的干涉，与从主教的立场对神学院教学进行干涉一样，都是对特权的大破坏。　2–151

但是，在某些原因下，也可能遭到反对，因为政府对公共资金的使用负有责任，公平地说，至少在建筑方面，它需要为接受任务的建筑师提供一种指导，这些建筑师将在公共建筑的建造中花费这些资金，这些指导可以保证公共建筑的个性和品质。这不仅是一个经济的问题，还涉及安全；更不用说，如果这些建筑物端庄秀美，为国家带来荣誉，如果设计拙劣和丑陋，为国家带来耻辱。

我们所说的这一团体回答“不，”唯一的理由就是，“我是你——政府——创立，用来将我们时代可以获得的艺术保存在最高的水平的”；借助于因此赋予我的地位，在你的保护下，我从当下所有最有能力的艺术家中招募成员；我坚信所选者的能力；因此我，一个精英的团体，有填补空缺者的选择权。因此，如果你剥夺我招募有能力的艺术家的方式，不毫无保留地认可他们的优秀，这会影响我的构成，你知道我是优秀的，因为你是我的创立者和保护者。

“你们政府，在这类事情上没有评判权；你不知道建筑师是如何训练出来的；你所能做得最好的事情就是将这些事物全权交给我，由我来建立，由你来维护——要记住——为了让艺术保持高贵的水准，不让其在某种我认为危险的研究中迷失方向，因为我对这些研究缺乏了解，或不让其在我不认为正确的新鲜事物中迷失自己。”

公众当然有理由说上述的话；但是学会如果给出这样的答复，就要有自己的理由。

对于这些矛盾的立场，它们的真相必须从所站的角度来判断；在这些会永远持续下去的冲突的争论中，每一方的观点都丝毫不会让步，政府在某日会找到一个简单、和谐的解决方法，这种解决方法谁都不会被反对。它只需以此方式来表达：“你的建立日期远到 1671 年，我承认，学会也会引以为豪；但是从 1671 年以来，在法国发生了一些严重的大事件。”从那时候起，有很多其他的机构建立起来或者发生了改变；许多传统惯例被遗忘或者消灭；前　2–152

任政府批准的特权被废止了：这是现在的当局必须要认可的事实。我不反对你拥有大量的自由，因为我不希望限制任何个人或者协会、行会，或者公司。但是你必须知道，18 世纪的重大变革废止了特权和垄断，在法国，平等的原则开始蔓延到我们的道德和社会；因此我不能保护或者支持你，因为我专门而垄断的保护对我来说是一种限制和伤害；更重要的是，这是对自由竞争原则的伤害。如果我为你提供了独有的保护和支持，要么这种保护会迫使你顺从我的意愿——你反对这种独断的自由——要么我必须给你绝对的自由，这种自由指的是在我的保护之下，可以压制其他人。我很清楚地了解这种两难，不再想陷入其中。与其他人公平相处，维持你认为正确的你的机构，但从此以后我不是它的保护着或最高责任人。决定是否建立一座学校；如果有慷慨的捐赠者的帮助，可以进行你所研究的艺术实践或理论，颁发奖章和推出展览；为那些愿意聆听或阅读的人提供演讲或出版书籍；我都不会干涉你。只要你不扰乱街道的秩序，或者阻塞大道的通行，不会展出或者出版有损道德的内容，你都可以做你想做。但是如果明天，一个，两个，三个，或者二十个艺术学会都要在这个国家谋求自己的立足之地，你就不能反对我为他们提供同样的自由，事实上，从 1868 年那个日子以来，它们都是合法的了，政府不能再批准特权或者特权机构了。如果你培养有能力的人，我将很感激你，而且将在可能的情况下雇佣他；但是你也要允许我从其他地方挑选人才，如果其他机构能给我提供能力更强的人的话。你穿着绿丝绣花的外套；我丝毫不会反对你这么做；但我也不能阻止其他学会穿红丝或者黄丝刺绣的衣服。这是琐事，我知道，但是我提出来是想你可以完全理解这种精神，从今以后，我们的关系即以这种精神为导向——平等地为所有人提供同样的保护，但是没有补贴、保险或者薪金；我不能允许艺术永远处于这样的不成熟状态；它们已经成年，应该知道如何经营自己。他们不能永远需要家族式政务委员会的帮助。然而，我不是那种倾向于把自己限制在与自己的功能不匹配的消极态度的政府。我为艺术学校免费提供附属的模型博物馆和良好的图书馆。这个学校将是公共的，像法兰西学院一样，我保留提名教授的权利，这些教授可以根据公共竞争的结果，或者由艺术家选举的若干候选人来承担教席。

2–153

"当然，我不会让这些职位仅仅教授基本的部门。那是专业学校的职责，我不会承担校长的职责；我只是关心教育中的高级部分。而且，学习的过程不会有考试或者颁发奖励。奖章和学位同样是专业学校的事情。不要认为我在艺术学院上的投入是寒酸吝啬的——凭良心说，这种投入对于一个大国家来讲是微不足道的；不，这不是我的想法；但是我处理的资源是远远不够的，我许诺会将公共资金用在最需要的地方。我将废止罗马学校，它是一个机构，至少可以说现在它没有什么实用价值了。在从巴黎到罗马的旅游要花费 3 个月的时间，游遍欧洲的各个部分实非易事的时代，而我之前的政府将这一机构视为在永恒之城中保存法国影响的方便的托词，这种情况下，那个学校会有很大的用途。在我们的时代里，这种政治动机已经过时了；在全球旅行都是很容易，更别说在欧洲了；艺术家，特别是建筑师，可以在各处学习；可以在罗马给他们提供一个机构，在那里让他们失去今天需要的活力和创新能力，习惯于美第奇别墅的闲适生活——在年轻人中激励小集团的精神，这将因此引导他们互相传播前一代人的老传统——对于时代精神而言，这是既不聪明也不适宜的做法。我们必须要注意到，在压制罗马学校的时候，我没有提出过归还它花费的国库金钱的建议。我只是建议了利用它。如果我不再维护你的垄断，在法国会立刻形成几个艺术学校，不但如此，甚至私人工作室也会出现，他们在自由竞争的刺激下，努力在尽可能短的时间内为学生提供最好的教育。很明显，这些事件以及它们带来的结果，我一定会仔细研究，因为这符合我的利益。所以我邀请那些私立学校或者工作室每年送一个学生参加竞赛(注意我在这里仅指建筑方面)。竞赛的项目提纲，包括两到三个等级，由从一定数量的提纲中抽签决定，这些提纲是由与政府工程相关的建筑师准备的。考试结果将提交给由参赛者选出的评判委员会，当然不包括送考的教师。同时会产生奖励；这些获奖者和他们的设计将被刊印并公开展览。我们将可以看到每年是否会颁布一个或者更多的奖励。获奖者(如果只有一名的话)在第一年和第三年的课程中，可以获得旅行的机会，如果他认为合适并选择了合适的地点的话。在第一年的结尾，他必须提交对于某些现存遗址的研究，古代的或者现代的，同时提交批判性和分析性的论文。这种研究成果将提交给选出的评判委员会，以决定来年的竞争，如果这些工作通过了，获奖者就将能够享受第二年的薪金，可以参与政府制定的某些任务。这一阶段的结果也需要像之前一样加以评判。如果他被认定是有能力的，第三年的殊荣就会理所当然给他；在结尾，他也将提供一个研究，充分发展不是关于公共建筑的，而是涉及他自由选择的，属于某个国家或某个时期的全部建筑——这种研究要是图示分析性的，充分深入的。在这些考验之后——尽管与我无关，也没有形成他们的主张，只是确认了他们的能力——我为这些获奖者颁发了奖状。很明显，我有兴趣在公共工程中雇佣那些因此获得证明的人；但是，我再说一遍，我仍然拥有充分的自由去选择是否这样做。”

2–154

如果政府真的如上所说（它迟早会这样的），将有如下的好处，第一，使我们对于艺术的实际管理与作为社会制度基础的原则相和谐与一致；第二，避免窘境——我认为，不太重要，但也不是完全无意义；第三，政府不再为不负责任的机构负责担保；第四，它会刺激认真而实际的研究的发展，可能不会立刻实现，这是现在的情况，许多平庸的人如果获得政府的支持，因为它的教育，指导他们，给他们发放津贴，并为他们划定他们要经过的几个阶段；第五，它会归还艺术家，特别是建筑师，在每种自由职业中都不可缺少的创

2–155

新精神，这种精神在实践结果中也能体现出来，但是现在它却在学会的影响下被小心的抑制着；第六，它将会赋予那些常见问题优先权，这些常见问题是社会真正关心的，位于个人问题之前的，而个人问题只关心那些特权团体的利益……由此，它将带来很大的福利。

我不应该冷淡地忽视那些反对这些激进变革的论调。这些论调大体如下我承认他们有些分量：如果政府将建筑教育放任给私人企业，教育将会明显的退步。在这些学校和工作室中将会出现奇怪的教义：你认为教育的最高方向的美好感觉和恰当理性，将遭遇例外。欧洲嫉妒我们的学会和艺术学校，那些自称将成为文明的领袖的国家，在最近60年中，正在努力模仿你要破坏的我们国家的这一套制度。如果你的建议被采纳，法国将会发现自己在艺术创作方面跌入低谷。如果学会的影响——你放大了他们的效能——不再存在，我们将会丧失在所有留给我们的建筑作品中的品味，感觉，和谐和宏伟。建筑师不再是艺术家，而只是有技巧、善于发明创造的建造者，它们缺乏对美的良好鉴别力，而这种鉴别力，是在所有时尚变迁中在学会的影响下保持下来的。

"像地球上所有其他东西一样，通过破坏一种制度，并不能免除滥用，尽管它们根本就不重要，你将会放弃对艺术的研究而沉迷于流行的影响，你将会牺牲非常宝贵的传统，同时，对于那些你允许建立的学校，你也得不出对于各种教育来讲都是必要的指示性原则，尽管这些原则有时候会影响前进的趋势，但它可以防止它在异想天开中迷失方向，这些奇怪的想法你一定会第一个站出来反对。允许一个团体接受纯道德的影响没有严重的危险，这个机构只能由最卓越的人组成；美术学会的影响没有而且不能有其他特征。它在艺术教育和公共工程中所获得的分量只取决于它的学说的价值；或者，如果学说这个词在你看来与时代精神不协调，取决于组成团体的每个成员创造的工程的真正价值。你不能阻止荣誉的光环围绕在天资和优点周围，你也不能完全否认，这种辐射有最合理和最有益的影响。另外，美术学会没有权利去阻止艺术学校的建立；而且如果它有权利的话，有各种理由可以相信它不会用的。它的兴趣将引导它宁可去赞同开设建筑学校，因为它很确信，不久，这些学校将成为美术学院的分支。因此，我们认为压制或者缩减美术学会的地位而带来的不便——不使用太刺眼的词语——并不会因为国家保护的取消而可能带来的令人怀疑的好处而获得补偿。至于罗马学校，从1863年通过的法令开始，获奖者享受奖学金的时间由5年降到了3年，且在这3年中，学生大部分时间会在国外度过；因此在你提出的改良协议和现在采用的部分之间没有很大的差异，学生们在美第奇别墅的居住为他们带来了友谊，并为他们提供了艺术环境，在发展他们的天赋和未来的道路上将产生最好的结果。隔离对任何人来说都不好；事实上，对年轻人来说尤为糟糕，对学生的批评和鼓励在形成品味和智慧的过程中是最有影响的方式，特别是当有活力的研

2–156

究传统对这种生活方式发生普遍的影响时。简而言之，我们应该给学会和美术学院中建筑部门的那些和不完美的或违反时代精神的部分留出逐步提高的时间，进行跳跃式的改变是不明智的。

这些说法，每个人都听过或读过了，因为他们在口头或者书面，以各种形式重复着同样的片段，它将得到这样的答复：如果一种没有政治特征的制度为了维持下去而要求政府的专门保护，它一定是因为自己没有力量来维持，因此就会被公众认为是不必要的。我们不要求美术学会和学院建筑部的压制；我们只想让政府停止保护其中一个，按照自己的职责来引导另一个。我们确实知道，在学会和学校的观点里，失去政府的支持就是剥夺了那个团体的影响；2–157 但是从这种我们认为有害的影响中，为了艺术自身的利益，我们希望它可以被从这种我们认为有害的影响中解脱出来。时间可能会提升或者改造那些自由的团体；它没有为那些将自己的不负责任掩盖在政府责任之后的社团机构带来新元素。对于连续发展来讲，自由是必要的。但是一个被保护的机构不会比机构的保护者有更多的自由。在这种情况下，政府和社团机构就是拴在一根链子上的两端；由于政府不能让自己从事那些团体感兴趣的细节，后者的唯一工作就是将链条拉向自己一侧。因此除了砍断链条之外，没有其他可以确保两部分独立的方法。在我们的眼中，美术学会对于建筑的教学和实践施加了不公正的影响，一旦它完全独立一定会成为一个有用的社团，与其他协会以公平为立足点展开斗争。它拥有对自己有利的历史悠久的社会群体，但是却不再能够为平庸之人铺平道路。我个人对这个问题不感兴趣，因为相较于拥有艺术学会成员的头衔而带来的好处，我们更看重自我的独立，我们会全神贯注的关注可能会对那种制度精神的改良产生影响的那些事件的过程。在最近 30 年内，应该注意到建筑部门的人员已经完全更新了。这一部门成员的绝大多数，不仅是从我们的建筑精英中选择的，而且还包括很早就拥有会员资格的那些人，从那时到现在，已经展示了最丰富和最自由的趋势。在这些最著名的个人中，有些甚至被误认为是革命者，换言之，他们乐于在被学会认可的教育系统中和在公共工程中接受非常彻底的改革。但这是环境的内力，这种自由和开明的精神，一旦被同业所认可，就不能再改变它的特征了，只能强迫将他们的观点或者个人趋势减弱到一致性的底线，这也就是机构的法则。事实上，这种大部分人的自由和开明是受到小部分人的束缚的，因为小部分人，不是由有威望的天才组成的，除了维护团体的精神之外，没有其他目标，与高级的管理机构以及学校的成员有广泛的联系，因此也拥有一种 2–158 政府的保护所赋予它的力量。

因此，美术学会（建筑部），真是在制度以外，因此我们称它为同业行会（集会）。它跟随着小集团的觉醒，这些小集团是由活跃的有权势的平庸人组成的，他们所有的力量都存在于政府的保护之中。收回那种保护，非常明显的结果就是学会的这个类别恢复独立，将进入自由的过程，将像他们现在阻碍进程的程度一样有助益。

因此，我们不应该对时间的影响有所期待，如果政府保持着对美术学会的保护以及对于建筑教学的管理。机构本身以及它所管理的研究越来越明显的衰退倒是指日可待。如果教会组织垄断着法国的教育，或者，如果在与那些机构的竞争中，如果我们没有大学和私人学校以及法兰西学院，我们设想一下，在目前的社会状态下，文学、哲学和科学研究的自由水平会得到提高吗？但是，这些都关系到建筑教育，独立建筑师的命运掌握在学会的手中，服从于隐藏在阳光下的影响之中，它们的行为受到"学会"的保护。

社团机构不再被天才人物指导——而是在那些只关注眼前利益的平庸人的管理下，他们没有保护原则胜利的志向——这样的时代一定会到来。当事情发展到这一步，人才，甚至是天才，都不幸被出卖给了环境，不仅不能获得有活力的东西，却最先受到自大的平庸之辈的专政。

关于罗马学校所规定的课程，接下来是"每个冷静和公正的观察者必须要注意的"。在团体中生活和学习可能适合非常年轻的人，但它们对于超人才能的发展也是有害的，当第二级的年轻人开始学习的时候，他们已经看到成长中的果实成熟了。让那些艺术或者文学成功的人问问自己的记忆，回想一下在他们最初尝试的学习到开始意识到学习成果的时候之间的阻碍时期。多么变化不定和焦虑不安啊！……那时候的感觉充满了不清晰的渴求，不知道如何或者在哪能满足它们。需要冷静反思，将不能消化的元素归类。它需要执行一个被我们称之为清理的过程。它认为需要一种方法，尽管它不知道是什么。在这种激动的关键时刻，真正的人才发展了自己，正是由于那个缘故，不要管他们，不要在他们面前指出一条准备好的路，因为他们可能会跟着走下去。只有傻瓜才在25岁时就相信自己是天才。相反，在这个阶段，真正的价值（不假设他们是天才）就是焦急、不安、不自信，因为在它之前隐约看到了辛苦的工作，感到了它的力量，但却不知道如何开始。这样的特性是在艺术和文学的共同财富中我们需要考虑的唯一内容，不会在艺术或文学的学校中自己发展出来；相反，他们渴望这种氛围。在这些包括怀疑、焦虑以及畏缩的谦逊的感情因素的包围下，这些感情因素预见了工作的距离和困难，他们很快让自己坠入了似乎合情合理的简单而安静的研究之中；他们倾向于相信相关工作的有利因素，或许他们比其他人更加感谢这些怀疑和忧郁所提供的保护；除非他们拥有罕见的个性能量，他们很容易放弃个人的责任感。罗马学校有多少学生，在开始工作的时候承诺出色完成，但所做的作品却越来越无精打采！另外，这种制度非常适合纯粹的平庸人；它让他们感到安全、自信和自以为是，对他们来讲，这些也常常是成功的要素……但却造成对艺术关注的公众严重的失望。在罗马的法国建筑学校（the French Seminary

2-159

of Architecture)，在我们的判断中，是填满我们城市的那些荒谬和昂贵粗俗的东西的起源。少数著名的从这一学校出来的艺术家——有些我们可以明确地指出姓名——形成了一个没有影响的阶级－或许是受人尊敬的，当然最可贵的是个性方面，但是被迫沉默地反对作为会员的平庸人的主导，而正是这些庸才危害着我们艺术的未来。这个阶级的艺术家的真正观点，我们确定，在这件事情上是与我们一致的；但是由于他们是同业行会的成员，他们认为毫无怨言的服从行会的专政是义不容辞的。

因此，让那些不关心这些琐事，但却因此承受着相关的危害的政府，采用仅有的可能补救的办法吧；让完全自由，无限制的竞争来取代保护的制度。它将首先从这种变化中获益，因为它给所有人以自由，它也会赢回自己的自由，不再被迫违背自己的利益地去迁就垄断，而且，现在的社会状态不再能够容忍垄断了。 2–160

在美术学院现有的组织机构中不可能存在真正的竞争。教育所给出的非必要的个性，以罗马大奖（Prix de Rome）为顶点的系列奖项，一种回归美第奇别墅的主张，以出于霸主地位的美术学会的人牵头的小集团的支持，这些对于那些不屈从于他们的年轻人非常具有诱惑力。但是，很明显，现在各种没有受到自由竞争刺激的智力工作，都将很快衰退，任何垄断都有助于劣等产品的产生。因此，告诉我们建筑教育是自由的是一种嘲笑；由于政府的保护，将学生们引入了单一特权的学校，那里只接受特权机构的环境影响。利用政府的资源，不是维持一个团体和一个特殊的组织，而是利用被检验过的才能，无论它来自哪里；这是所有可以合理要求的，也是唯一提升艺术教育水平的途径。

我们所说的团体组织展开了一个覆盖建筑师渴望的所有职位的网络系统，但不足以阻挡建筑自由思考者的进入。后者确实不会达到那些为顺从的专家保留的位置，但是他们有时候也会找到展示自己能力的机会。下面的观察非常有趣，当今天完成的非常重要的建筑工程中较大的部分显示出支离破碎元素的最奇怪、最昂贵的组合的时候，拥有更谦虚性格的工程常常会显现出知识、理性的力量以及对材料价值和本性的准确把握的特点，这些都是我们乐于在自命不凡的建筑中看到的。这些设计的设计者不是学会奖励获得者，这是真的；他们没有经历过美术学院的磨炼；他们的名字也很少被人知道，他们也不是民用建筑理事会（Conseil des batiments civils）的成员，现在理事会仅仅成为美术学会的一个分支机构，违背了这个组织机构的精神；他们永远也不会在孔蒂王宫（Quai Conti）的穹顶下拥有自己的一席之地；但是，他们留下的作品会让感觉敏锐的人稍感慰藉，而那些拥有特权的建筑师同行们生产的都只是石头的狂欢而已。他们适度的天才使他们有很广泛的施工设备，寻找最好的设备，并充分而经济的使用它们。是他们将某些与建筑相关的工业设 2–161

备引入使用，因为他们放下架子给出理由，以及业主的兴趣，优先权在满足他们自己的设想之前。那么，建筑师是从何处得到这些方法的呢——这个常常是早熟的经验？是在美术学院吗？当然不是；这来自于他们自己的智慧和私人工作室，伴随着一丝不苟的严谨并且没有偏见。因此认为学校以外的教育是不可能的或走向堕落的说法是不正确的，如果特权学校不存在的话。通过停止支持特权机构来实现建筑教育真正的自由，你会马上看到那些聪明勤奋的人，带着适当的知识和实践经验，带头传播教育成果，不受小集团偏见的左右，并不盲目的遵守“路线”。你将看到这种教育的自我发展，不在于形成一个纪律严明和专用的机构，不在于只追求那些可以为自己的成员谋求舒适地位的奖项，而是在于训练为公共服务的人，他们只以个人的魅力去推荐他们，他们是独立而严谨的，因为如果他们承认失误，他们也不能依赖于强大且不负责任的机构的影响力来为他们掩盖。

20 年以前，美术学院以外，和与它并列的，那时候被称作工作室，换言之，在大师指导下的年轻人的团体。在这些工作室里，建筑师应该是真正博学的；基础教育应该在这门艺术的研究开始之前就已经教授完成。这些工作室相互竞争，甚至是在教师的指挥下，这些教师们所持有的原则常常互不相同，引发了一场智力活动的较量，培养了杰出的人才和独立的个性。整个学校从属于当时全力对抗这些自由趋势的“学会”，在学院影响的统治下，将这些思想压制到最低；但是它在这个过程中并不总是成功。如果这些工作室仍然名义上存在，他们也不再具有原来的精神了。学会水平的评定，不考虑 1863 年的法令，对他们置之不理，降低了他们的高度，而且填满了空位。这些制度为我们表明，不仅是个别学生，而是整个群体，反对惯例，展现青春的活力，决定不满足于莫名其妙的惯例，遵从那些经过了检验和思考的法则。2–162 因此，从一个理智的观点来看，当一个单独的社团机构可以随心所欲的开放和关闭大门的时候，我们正在后退而不是进步，因为教育总是在退步，如同在其他事情上一样。在那些增长了我们学生的智慧，并鼓励他们毅然投入竞争，准备与损害他们利益的事物进行战斗的那些原则和思想之后，紧接而来的是对于地位的极度贪婪。因此，在各种管理建筑工程的委员会，我们看到了很多这种安排，代表那些用够特权行会支持的人，更多地满足自己的需求。在大多数与公共建筑相关的办公室和巴黎的那些办公室中，职员的数量是需要数量的两倍。这里，又是人位于原则之前；人们更急于为职业生涯各阶段的行会门徒寻找位置，而不是去寻找那些能最好的完成工程的人。这些代理人薪金很少，这是事实，但是他们的劳动也不多，他们的数量倾向于分割那些本应归咎于每个代理人的道德责任。按照工程量付给团体的他们的工资总量，应产生更加满意的结果和胜任的更好的保证。但这不是预期的目标；行会的要求必须要满足，他们越满足，行会的数量就会越大，他所有的影响力也就越大。无知的公众恳切的关注着所有与建筑的实际应用相关的问题，这种极度的无知将事情引向了我们正在关注的路口。因此，我在这里求助于公众；只有他们的观点才能抵抗我提出的滥用，一旦他清晰认识到他最感兴趣的是他的建筑工程有正确且明智的方向，他就会反对。

设想一下，建筑学会从政府或者管理委员会分离出来，也就是说，假设他们拥有完全的自由，也就不必要再给他们提供职位，至少其中的一半是无用的，因为这种职位，由学会招募来证明自己的权力的。为什么，我们会问，为什么政府委员会要承担这许多成员的任命和指导工作？他们为什么要用一个从总建筑师到实际工程的办事员的等级制度来阻碍自己？在这个法律之前，这些代理人没有责任；建筑师单独负责工程的执行。那么，为什么剥夺他们这项与责任相关的特权，这就是自由吗？委员会赋予建筑师一项任务，同时，还为他指定了一个代理职员。我承认，关于选择谁，甚至选择几位，委员会都咨询了他的意见，尽管并不是总是这样，也没有义务这样做。为什么不让他有权在能力和数量方面选择（法律上他是负责人）他需要的职员呢？或者，如果他认为正确的话，为什么不能免除一个职员，自己完成所有的建筑工作呢？我看到，有时候是这样的情况；我还可以举出这类情况，即建筑师独自工作，负责设计，施工细部，以及财务，早上就开始工作，在工匠们走了之后才结束工作；而他的员工们则致力于他们个人的事务或者无所事事。我们能够很容易理解，为什么事情会发展成现在这样。首先，是建筑师不愿意扮演传达员的角色，不愿意揭发那些不直接依赖于你的雇员的缺席或者缺点，他们的报酬常常是不足的——事实上他们所得不足以维持自己和家庭的生活。在一些暗示和抱怨之后，建筑师决定什么也不说，只是亲力亲为，因为他是责任方。我见过一些建筑师，他们在指定的职员享受闲暇的时候接手他们的工作。甚至假设，一个人运气好，有一群勤奋的办事员，更焦虑的事情是去指导他们从何而来，他们的需求范围是什么，他们的态度和品味如何。这种职员最常见的情况就是缺乏建筑实践的基本概念；从建筑学校彻底被习俗规定的错误观念洗脑，他们反感我们艺术中实际的一面。他们认为自己被束缚在一种与他们的优点不匹配的职业上：他们不是获得了奖金吗？他们没有树立起（至少在纸上）壮丽的、能引起了同行羡慕并为他们赢得罗马奖的建筑吗？他们感觉到自己不是正在以超级概念惊愕公众吗？这些年轻人主管开挖，指挥实体创作，选择材料，让石材加工者遵从设计意图工作而让自己满意吗？我们在让军队的首长做额外的工作，打扫军营！再设想一下，这些职员是要愿意帮助你，他们愿意参加工作，仍然存在的一个问题是他们是否遵从你的方法，被引导你的那些原则感染，会像你的学生或者助手那样做事。在大多数情况下，他们几乎与你形同陌路，或者他们是带着与你相左的观点和方法来到你的办公室的。如果你交给他们事情去做，你很快就会通过他们做事的

2–163

2–164

方式意识到，或者你屈服于他们的想法，或者你要重新教他们；然后，就会发生下面的情况，十有八九，你不要他们的帮助也能做，或者在自己的工作中多了一个爱发表意见的人，出现错误的时候他会特别兴奋。管理委员会不要自寻烦恼了；让他们放权给建筑师在认为合适的地点和方式自主挑选他们的代理人吧；然后我们不需要特权学校就能获得非常好的教学成果了。事实上，每个建筑工地都最有可能成为一所学校；因为在接受工程的时候，没有一个有能力的建筑师不想建立他自己的由工程中的学生组成的工作室，按照他们的能力和要求的级别参加工作，对自己有用，对他们也有益。这就是私人建造企业的情况，所以从建筑现场出来的人们都有真实的有用的能力；因此，与我们的公共建筑物相比，我们的私人住宅楼一般都规划得很好，造价经济，建造巧妙。

我们可以理解一个组织，比如“桥梁道路学院”，它由一个终身主管（毫无例外的拥有超凡的能力）和精选的机构组成。对于工程师来讲，他不在乎工程的主管是彼得还是保罗；他是一个公认的有能力的负责人；如果他不是，就要更换，但是桥梁道路学院的主管不是工程师头衔的追求者；他不认为自己在工作中经过的阶段是通往更高级别的必要途径。他诚实而直率的从事自己的工作，毫不保留心眼；他不会为在学校获得的成功而兴奋，也不认为他在工作上所花费的时间，相对于所渴望追逐的艺术而言是一种浪费。我完全不建议将这样一种组织——此外，它还与现在的习俗不协调——运用于实际的建筑；但是在建筑工程的导向方面，管理机构所采取的中间路线，为所有不是从逻辑原则出发的计划都带来了麻烦；他既没有体现桥梁道路学院所采用的系统优势，也没有体现其自由的优势。但是，就像我之前说过的那样，在所有这些事情中至少都考虑过的一点就是艺术和公共利益。主要的目的是要维护美术学会永远的影响力，以及由此而来的在其保护之下的那些人的地位。逐渐的，下意识的，我们的管理委员会自己退到了底线，对学会建筑部门的入侵绝对顺从。在不远的过去，那些高居办公室的人意识到这些入侵，并表现出将自己从对学会的逐渐依赖中解放出来的倾向。那个时间已经过去了；现在，那些高官有其他关心的事情，或许是其他更重要的事情，他们将这些事情交给自己的手下。不用多说，这些手下会成为全能行会的同盟，因为只要他们顺从地满足他不断增长的对影响力的渴望就会获得好处，反对它，对他们来说没有任何好处，无名无利。

2-165

拥有成熟和活力个性的人从不会让自己堕落到顺从一个社团机构的地步，必须承认，要在政府中爬上高位或者维持高位，必须拥有威严的公正性，这就要求他不能与小集团的利益纠缠不清；但是在这个时代，高位的人管理着很多重要的事情，以至于他们无法在其管理中所有微不足道的细节上发挥他们的公正。他们将这些细节交给下属，很明显，这些人既没有意愿也没有能力去抵抗来自关系网发达并处于政府保护之下的团体的持续不断的影响。即使是一个部长（在现有的情况下）也很难拥有足够的权力冲破包围着他的管理的学会网络。如果稍作尝试，他会很快招来全世界的敌人，他自己的幕僚也将成为他的障碍。从这些事实中，学院行会也很好地意识到，所有他的努力，而别是在最近这些年，相当稳固而连续。因此，只有一种方法简单有效的破坏魔咒，可以使政府与学院行会彻底脱离——建筑教育上的自由以及政府方面不再扮演校长角色的决心：事实上，以自由竞争来取代保护系统；以建筑师的责任来取代政府指导各处各方面——而且这种责任是通过法律强加给他的。然后，而且只有然后，就会产生一个真正彻底的系统，政府没有义务在这上面自找麻烦；正如巴黎中央工艺制造学校[1]所形成的指导系统一样。在支持政府主管建筑教育的时候，将大学教育作为论据是很不理智的。我不会讨论这个问题，不管我们的大学系统是否有助于法国年轻人的智力发展；我只是主张在这两种教育之间没有相似性。主张在公共学校教育中维护统一系统是政府责任的说法是很理智的。在这里，我们要将家庭中的孩子教育成市民，让他们为各种向他们开放的职业做好准备，让他们服从于平等的社会制度，平等正是我们这个社会的基本原则，但是当他们脱离了高中的文化教育之后，政府的任务就完成了，高中的教育将所有的孩子变成了新生的市民；政府在学园之外，还要保护特殊学校，比如圣锡尔，道路桥梁学院以及法学院和医学院；因为圣锡尔是军队的培养基地，道路桥梁学院是工程师的训练场，他们形成了一个定期的组织机构；因为政府相信他的职责是保护市民的健康；因为法律是不可改变的，地方官的职务是政府的一个功能；但是在建筑方面，我们不能继续这种逻辑。艺术正在，或者应该经受附加在社会习俗上的所有的变化。最理性的是，法律教授在政府的保护下教授法律，因为是政府制定了法律，并且管理它的执行；但是一位建筑系的教授在政府的保护下教授特定的建筑形式，就是几乎荒谬的了。我，作为个体，不能指定法律；但是我能发明一种建筑形式；如果可取的话，为什么政府介入阻止我教学或者应用呢？政府在我们学院里按照被认可的方法教授文学、历史和科学。这都非常好；但是政府不教授小说、喜剧或者历史学的写作方法。如果政府打算开设一所文学院；如果它在某些时候教年轻人写小说或者喜剧；如果通过关禁闭而让他们放弃灵感；如果给他们提供奖金，把他们送到罗马去更好的熟悉塔西陀和西塞罗，或者去西班牙学习孤老的西班牙歌剧，我们会听到从阿夫里到马赛的大声的嘲笑。

2–166

2–167

建筑是一门基于几个学科的艺术。这些科学——几何、数学、化学、力学——各处都可以教。但是在涉及艺术的地方，政府不能引导教学，只能咨

1 巴黎中央工艺制造学校（the Ecole Centrale des Arts et Manufactures）现在是国家直属的机构，在大部分人看来，是让人遗憾的；但它最初是由私人创立，并且得到了我们大家有目共睹的影响力。

询小说和喜剧是如何产生的。在这个阶段，每个艺术家，每个作家，都必须要找到属于自己的道路。没有像官方建筑或者官方文学这样的事情；在公众和艺术家或者作家之间，不管出于多好的目的，都不能干预。这种干预在路易十四期间出现过，但是必须降低到与马利机（machine de Marly）[1]同样的级别。不幸的是，我们仍然有很多这样的马利机，我们可以理解，当机器发生故障的时候，或者蒸汽机取代其位置的时候，那些负责润滑的人和以此谋生的人是多么希望世界走到尽头。

许多聪明的人抱怨，我们的时代没有自己的建筑。我们从非常著名的人那里听到了这样的抱怨。

但是，在法国，我们的时代怎么能拥有自己的建筑呢？当政府持续保护这样一个机构，而逐渐成为这一机构的工具，它对所有后起之秀持蔑视和反对的态度，维护那些适合其目的的特别的艺术形式——这一团体，尽管有诸多的反对，但仍是教育的终极指导者，并坚持将其局限在它所关注的狭窄的领域内，它可以从中获取相当的利益。建筑师处在风雨飘摇之中，怎么可能发展新理念呢？他们只能获得纸上的认可；他们怎么能成功地用石材将图纸变成建筑呢？

如果我们想要发展自己时代特殊的艺术，为了建筑师的独立发展，也是为了确保它的独立性，我们应该继续努力。自由讨论并不足够；这些讨论所建议的所有方式，只要与公共安全相一致，都应该采用，而不是让那些追求的人陷入窘境，或者，更恶劣的，让他们不能保留职位。

2-168

曾经有一个时期，每个人都被迫按照某种规定或者法令穿衣，那时候议员不允许穿斗篷，比如覆盖在男爵肩上的那种。有一段时间，议员不允许建造类似于贵族的房子。现在，每个人可以按照自己喜欢的方式着装和盖房－每个人可以选择自己喜欢的裁缝或者建筑师。那么为什么政府继续鼓励和维护那种垄断呢，这种垄断会将一门实用艺术，如建筑学，限定在某一个团体所划定的范围内。它能从事情的这种状态中获得什么好处呢？它会第一个抱怨，它那忠心的团体的合伙人给它带来的巨大花费。

现在，政府只能也只应该漠视那些教条；它丧失了所有，在以支持一个为代价牺牲其他的过程中什么都没有得到。在这个过程中，和在许多其他事物中一样，政府只是各种观点的一个缩影，它的职责是简单的用以新的代替旧的这样的方式保护一切。当政府抱怨那个他亲自选入的建筑师所需要的巨大费用的时候，这活该，因为他们曾是它保护的学校的学生，公众们却并不满意这些建筑师们喜欢的风格；他们会对这些为他们建造的建筑进行正确的或者错误的指责，这些指责最后又会落到委员会自身。所以，没人会满意，

1 路易十四大兴喷泉，为了供应其巨量水，不惜耗费巨额财力、物力制造泵水装置——马利机。此典故用于此是种讽刺。——中译者注

除了建筑学会；政府既不能摆脱它的责任，也不能对公众说那些责备应该归咎于它自己创造的艺术家。如果一台演出在剧院被嘘下台，没人会归咎于政府，但是如果政府为学校提供戏剧作家，如果也由它为从那个学校颁发奖励，情况就不一样了；在不赞成的嘘声中，政府就会受到责难。

让政府在建筑教育方面不要再自找麻烦了，这样才能产生一个健全的教育系统，适合我们的时代以及它的需要。

让政府隔断与美术学会的联系吧，我们将会有 19 世纪法国自己的建筑，如同那些在雅典，在罗马，拜占庭，佛罗伦萨，威尼斯，以及 12—16 世纪在美术学会或美术学会的建筑部出现之前我们法国自己的建筑。但是，我再重复一遍，主要反对的对象不是只求助于历史或者从教育中谋利；考虑的对象不是艺术，或者少数那些想要自由的实践和教育的人；而是对成功地将自己与政府捆绑在一起的协会团体的保护，它与政府的关系如同苔藓之于岩石，并且已经达到了掩盖其真实本性和品质的程度。

2-169

第十五讲　内外的综合考察——建筑装饰

2–170　建筑概念包含装饰吗，或者装饰是建筑的后期设计吗？或者说，装饰是建筑的必需部分吗，或者它只是当建筑形式需要的时候覆盖在外的一件有点儿昂贵的外衣？在拥有典型建筑的各种文明中，这些问题大概从没有被有意识地提出过；但是它们的建筑，就如同这些问题已经讨论过一样，对于我们的问题，就会得到同样的结论。

已知最古老的有可信记载的建筑学在埃及；建筑产生了自己的装饰，最初，来源于建造的早期方法，不是那些我们在现存最古老的纪念性建筑上发现的。因此，我们不能怀疑，最早的埃及建筑是由植物王国（树木和芦苇）提供的材料建造的：但现在的尼罗河岸边，只有石建筑还有遗存，这些石建筑的装饰很大程度上来自木结构。在那个遥远的时代，会出现结构转换吗？我们不知道；至少我们现在还没有发现。但年代在这里是次要的，就像在地球外层的地质改变中，地层的连续性表现出来，尽管我们不能确定我们讨论的这种改变到底经过了多少个世纪。

毫无疑问的是，在仍然存在的最古老的埃及建筑建造的时候，那些原始的木建筑传统并没有消除，因为我们可以在雕塑和绘画中发现它们。但是那些植物材料的结构不像是在北部建立的那些木建筑。有相当长度和硬度的木梁，埃及是缺乏的，尼罗河边的丘陵地带没有森林。我们很容易理解，原始建筑师所采用的建造系统是用芦苇建造的，构架和板式结构——相对于原木作，更像细木作——以及黏土作，就是在阳光下晒干的泥土。

2–171

不管埃及是否生活着在河岸边的石灰岩上掏洞穴居住的土著人，或者是否努比亚的植物成功的适应了炎热的气候，早期由芦苇和纤木组成的建筑，确实看上去在墙和顶棚里有土心；确切地说，以这样的方式建造了人工地窖；木支撑和外壳，内部和屋顶一起被黏土夯实填充。此外，在亚述，这种与最古老的埃及遗址相比的建造传统出现在最近的建筑中。但我们要回到这个话题。

由于埃及只有适用于细木作的芦苇和轻木，比如悬铃木，无花果和一些树脂木，但这些都不适合于木构架，当需要（比如）一个竖直的，不易弯曲的，可以相当长支撑的 – 我们称作支撑柱的东西时，唯一的方法就是通过将这些芦苇用带子捆扎起来，然后将它们树立在基座上；由于没有粗壮的木梁，这些芦苇束必须较近的放置，共同承载一个短距的过梁，或者甚至是其他芦苇横置——一种编织的板条中间由夯实黏土填实。顶棚也按照同样的方式形成。对于墙——竖直的维护结构——只能由欠火砖(unburnt bricks)建成——此后，当石建筑取代了这些芦苇和泥结构时，柱和过梁的装饰从植物王国借取了形式，而墙甚至保存原状或被覆盖着彩画和凹浮雕。这种凹浮雕，特别属于埃及，是早期结构方式的明证。事实上，当我们建造一堵土墙时——黏土的——土里需要一个有强度的木镶板；因此，将获得这两个平表面，当工程干燥以后，很容易变得很光滑。但是，如果我们要用精美的雕刻或者象形文字来装饰他们的表面，不可能在光滑的墙上植入这样的雕刻，或者只能通过压低周围的表面让它们凸显出来；相反，很自然，要在这些光滑表面上画出图形，并通过内凹它们的轮廓线完成设计。仍然很奇怪的就是，当一种建筑方式被其他方式所取代了以后，相应的建筑装饰却保留下来。这只能解释为传统的影响。同样的现象出现在印度建筑和小亚细亚建筑上，这被归于爱奥尼亚人。通过最初的建造方式形成的形式是神圣的：当这种方式改变的时候，改变形式并不被认为是必要或明智之举。在某些岩石上砍凿出的爱奥尼亚纪念物中，可以看出对于圆木的模仿，这些圆木最初是作为支撑、庇护和围合作用的。引人注目的是亚洲艺术，－我们拟将埃及的艺术与它们划为一类——缺乏批判的精神和逻辑的方法。东方的希腊，是第一个在建筑上，及在所有艺术表现形式中，在理性和批判性调查的基础上思考问题的。是他们首先让传统臣服于智慧的力量，这种智慧的力量试图赋予每种人类的创造以合适的表达，这一表达与功能及所使用材料和谐一致。为什么这么精湛完美的希腊艺术感觉甚至没有被那些假装从中吸取灵感的人发觉呢？这里，即便后果不严重，也会有种可笑的自相矛盾；关于这种自相矛盾，我不想设法解释，当然它也永远不会被我们中的那些人解释，因为那些人妄想自己是唯一能够正确解释那种艺术的人，因为他们从来都不想屈尊根据引导他们的理性去启发公众。不过，真实的情况是，在古代亚洲艺术和希腊艺术之间存在一条非常清晰的分界线。前者只是存在于不间断的传统，每一代都重复着前一代所采取的形式。当结构方式，或者材料发生了必要的改变，不变的形式也不会因此受到影响，不管新条件如何会永存下去；所以一个没有建筑木材的地区的建筑，继续用石或砖重复着前几代居住在森林的人所采用过的形式。相反，希腊艺术，走在时代的前列；尽管它有踌躇不前的时候，但它不会有固定的界限。简单、智慧，与形式相关，但却更与精神相关，它反对艺术上的清规戒律，如同它反对宗教和哲学上的神权和固定教条。如果不与赋予它生命和扩张力量的希腊圣人取得联系，谁知道基督教会是什么样子；没有立刻将它限制在不可变更的清规戒律之中，而是通过讨论让它经历了一种快速而深远的转变。它需要帝国所有的团结和集中的精神，伊斯兰的野蛮入侵，制止了这种新宗教的分化和可能富有成果的发展。如果没有帝国权力的干涉，伊斯兰已经将他的统治扩展到了印度，而不是扩张到了埃及和小亚细亚，亚历山

2–172

2–173

大学院将会成为西方启蒙的中心，推动文明的发展长达 10 个世纪。或许在那种情况下，我们可能不会经受长时间的智力压迫，这种压迫在中世纪的欧洲是如此的沉重和漫长，这种可悲的结果现在仍然在影响着我们。希腊圣人的基本精神消失了，这要归因于一种长期连续的智力暴政，西方自 5 世纪以来就承受着这种压迫。我们认识到它的出色；但在大多数情况下，我们不能让它清晰的光亮引导我们，如同那些在黑暗中生活了很长时间的人，不能承受太阳的光芒，当我们要完成手边的工作的时候，我们不得不寻找阴影的角落。

我们建筑师们，紧握着从未拥有教条信仰力量的某种虚假的传统；屈服于无从解释的幻想；复制着毫无意义的形式，这种形式在创造之初就缺乏理性或严肃的考虑；我们以蹩脚的方言口吃地谈论着希腊人！我们去希腊学习建筑！但是这是出于什么目的？除非将他们大胆的精神、精确的理性和对知识的明智使用灌输给我们。

希腊的天赋不只是存在于欧洲的一个角落，在建筑中尤其如此。它也并不是局限于柱顶的形式或者檐口轮廓。希腊天才是人类极为杰出的天才；因此，它依然活着，而且将永远活着。我们中的任何一个人，如果他愿意的话，都会看到它的火花；那些建造了我们西方中世纪建筑的建造者们，更彻底地接受了希腊天才人物的基本原则，而不是冷漠的复制希腊形式。

建筑装饰中采纳了各种原则。首先，或最古老的——最自然地被装饰者想到的——存在于建筑所使用的材料和对象中提取装饰。

森林中的居民用他能找到的树建造了自己的房子；木材的组合，覆盖在其上的树叶，提供了最早的也是最自然的装饰。习惯了这种形式之后，当他后来移居到没有木材的地区，我们可以确定，他仍然会赋予新材料以来自于木构的形式。在这方面，我们不需要更多的证明，在说明亚洲的大部分古迹的时候已经给出过很多例证。[1] 装饰的第二个原则是文明的更加完美的结果：它存在于赋予建筑的几个部分，这些形式不是由对传统的浅薄的忠诚支配，而是相反，由仔细的思考支配；——使用从材料的本性、使用需求，和气候要求推导出来的特征。第一种装饰方法仅仅在古代被大部分亚洲国家遵循，我们把它们归入埃及的类别。希腊人可能是第一个采用第二种原则的人。第一种不符合逻辑推演，第二种则完全是理性的。

2-174

比如，赋予一颗柱子，一个单列柱殿堂以芦苇束的形式，很显然是非常不合逻辑的。但是，这是埃及人在早期所做的。用石头模拟芦苇束，见图 15−1，而且亲自在建筑上绘画或者雕刻它们真实的形式[2]，他们在他们的建筑

1　见第二讲。

2　图 15−1 的 A 处所绘的雕刻是第四王朝的。芦苇束几乎以真实的形态表现出来。这是柱子原始的轮廓设计。B 处是石柱（第十八王朝），但准确复制了芦苇束的所有特征。这一柱子的装饰和柱头仅仅是由植物形象而来的原始作品的再现。平面 C 中，a 是柱基座部位的断面，b 是束杆形式的断面，e 是柱头鼓出部位的断面，d 是柱头顶端的断面。（见《埃及艺术史》（*l'Histoire de l'Art Egyptien*），普里斯 · 德阿韦纳（Prisse d'Avenne）先生著）

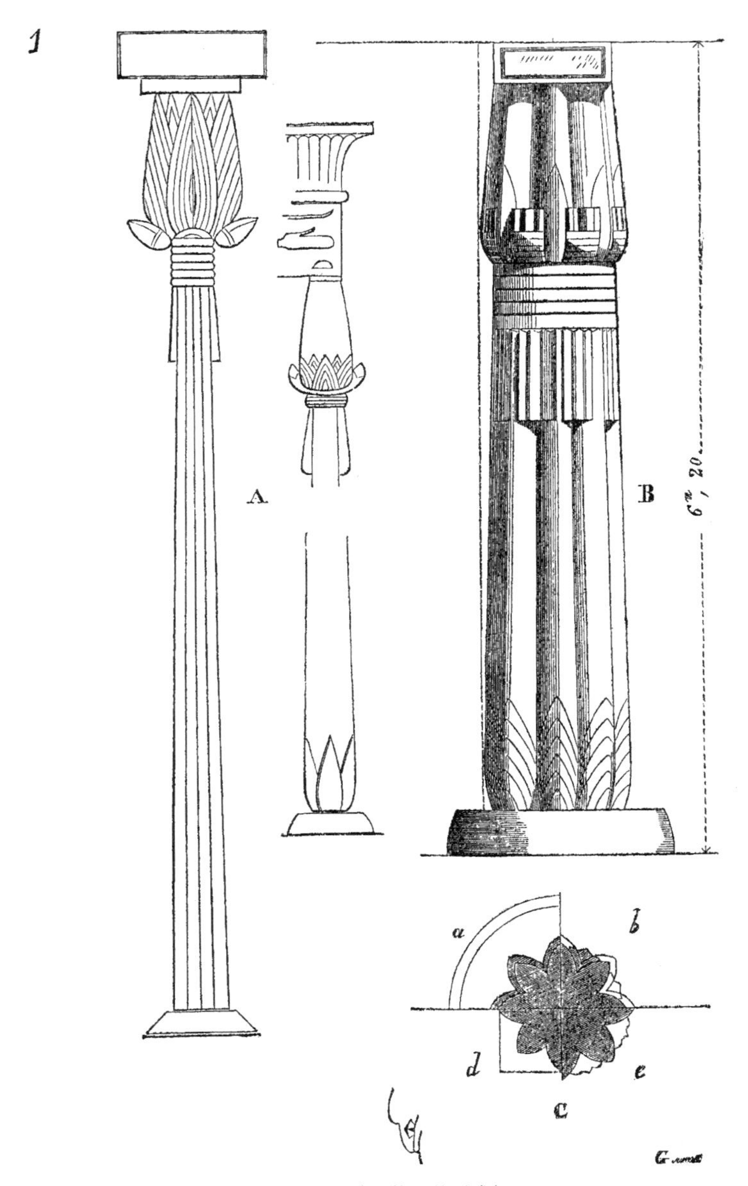

图 15–1 埃及柱子的形式起源

上使用这种装饰使用了很多世纪。以此方式，他们还雕刻了花岗石或者玄武岩的石棺，使他们的侧面展现出木作的样子。这种装饰风格可以在某些人那里解释得通，这些人正在试图保护某种被宗教社团赋予神圣含义的，或被强大的神权国家所保持的传统形式；但是自从有了希腊的天才，这种情形在我们西方文明中就不能接受了。事实上，当亚洲的爱奥尼亚人们相信，他们应该继续这种形式的传播，多利安人们则没有用这样的方式。甚至他们更早的建筑展现的也是适合于材料本性的形式。我意识到有一种很流行的观点，将多立克神庙（比如）看作以石材对木结构的模拟；但是我们可以将其看作是

独特而非正确的假设；我相信我们在第二讲中已经展示过了[1]，不应该再回到那

2-176

个问题了；尤其是在未来很长一段时间，所有的规劝都不能组织这样的论断的重复，希腊多立克神庙起源于原始的木棚屋。不管怎样，没有争议的是，柱顶的形式和檐口的装饰线条互不相同，不管它们的形式是不是来自于木材的样子。早期埃及柱头很明显模仿了莲花，或者一簇莲花苞；但是希腊的多立克柱头没有模仿任何植物形式；也很难在木工中找到这样一种方式。它优雅的轮廓显示出无疑属于石质支撑的形式。这是显而易见的。再回到三垄板，我们被要求察看梁头：但是却不考虑梁头不会出现在一座建筑的四个侧面，我们怎么能够解释木材在端头有凹槽呢？很容易按照木材纹理的方向挖出凹槽，但是跨过纹理就不是一件容易或者理性的方法了。我们在三垄板中看到竖直的石头，中间放有柱间壁，只起到填充作用。这看上去非常符合常识：由于希腊人让他们在柱子上设置的凹槽清晰的表达了他们自己作为竖向支撑的功能，所以很自然，在建筑上挖竖向凹槽，功能上是一样的。这里，木材与三垄板形式的起源并没有关系。但是我们不会再深入讨论这些某种程度上属于常识的琐事。

在希腊的多利安人所建造的建筑中，彩绘在室内外总是被作为装饰的手段。在古典艺术的黄金时代，希腊人并没有在他们的大型建筑中使用彩色的大理石。他们用石材或者白色大理石来建造，在单色的石材外面罩以精美的灰泥，并着色；当他们使用所选择的白色大理石，就会在它的整个表面着色。因此，色彩，成为装饰手段中最有效果的一种；它可以用来区分建筑部分，按照结构的起伏展现结构的几个平面。但是——在这种特殊情况下，希腊天才们的敏锐是非常明显的——因为特别是在像他们那样的气候下，考虑太阳光线的影响是非常必要的，希腊艺术家感到在一座规模不算很大的建筑中，较重要的地方要么竖向要么是横向线条的：因此，所有他们的装饰线脚都做成横向的；它们非常抢眼；甚至陷入很深，为了获得像图纸中的粗线那样深的阴影；而竖直构件则光秃秃

2-177

的，或者仅仅稍微做一点线脚。带有浅条纹柱身上刻有清晰的槽，只是为了让它的圆锥形表面更加清晰可见。如果我们考察黄金时期的一座多立克希腊神庙，我们不会发现一个单独的竖直线条；所有的线脚都是水平的，并且雕刻是尖锐的。这种系统的效果就是表面因阴影的差异有不同的特征，在一般的情况下，建筑被强有力的水平阴影所包围着，让眼睛感到安静，清晰地区分出不同的色调。在这些神庙中，雕刻非常少；只出现在柱间壁和山花板的中心部分；而且，并不是装饰雕塑，而是代表了那些部分的独立性。就装饰中的大部分而言，恰当地说，由彩绘组成。有时候，水平线脚以最仔细而高效的方式饰以珠饰。

只是在伯利克里时代的阿提卡，雕塑装饰才成为建筑的一个特征；那时候它是平的，浅的，看上去好像要将绘画变成雕塑。因此，可以证明，一般来说，黄金时代的希腊建筑中的装饰完全是由水平线脚组成，它们设计巧妙，恰当地

1 见卷一，第 35 页及其后。

考虑了光线、阴影和色调的效果，这种和谐的安排，我们将在日后也有机会看到。

希腊人的节制创造了这样突出的效果，如果他们没有保持这种令人称赞的节制，他们至少不会陷入他们的模仿者常常身陷其中而无法自拔的怪癖之中。甚至当罗马帝国在他们中开始建立的时候，他们仍然有能力为帝国建筑设计一种适合于那时候使用的建造系统的装饰体系；因为，如果一种建筑的装饰手法与结构和谐，当然是帝国时期的建筑；那么尽管它有着先天的无可争辩的价值，但这种装饰手法有伪装结构的缺点，尽管这种结构仍然拥有足够的美丽和理性，能使它符合杰出的称号。恺撒时期的建筑中所采用的装饰——当那些建筑真正是罗马的，并不是希腊建筑的仿制品——常常让建筑被矮化，只有将它的外衣去除之后，它真正的宏伟才能表现出来。

在希腊所有的装饰中，非但没有伪装，反倒都是在强调结构；而且，总是与建筑的规模相称；它从来不会割裂本应该保持完整外观的部分；它拥有一种自我节制和控制的效果。在罗马建筑中，装饰是未加考虑且过度的，它的目标是效果的繁复而不是适当与清晰。古典时期的希腊人只对雕塑装饰进行适度的使用，将他们的雕塑限定在特别选定的位置，如果需要的话，他们用色彩来覆盖建筑表面，在支撑物上用浮雕，它附属于那些部件，不起支撑作用只起围合作用。相反，罗马帝国，将它作为主要的目标来使用，如果可能的话，每种装饰手段——花岗石、碧玉、斑石、大理石、彩色灰泥、青铜、马赛克——所有一起上；他们以超出辨别力的丰富来使用所有这些。使用这些手段，意味着眩晕，目眩；他们不欣赏希腊天才的纯净优雅。另外这些装饰是否适合于使用的材料；或者那些装饰是否属于两种方式中的第一或者第二，（在两者之间，我们已经建立了一个显著的区别），或者同时借用了两者，并不是他们关心的问题。每种装饰都让他们满足，只要它是丰富多彩的。 2–178

但是在追溯装饰方面希腊的理性和罗马的折中并蓄的原因之前，我们必须简要的考查一下米堤亚人（Medes）或者亚述人的文明所展现的那个艺术阶段，它不可否认地对希腊艺术产生了影响，相对于埃及来讲，它拥有更大的力量。

美索不达米亚，整个区域内的可塑性泥土特别适合生产砖，具有非常丰富的沥青的来源；在它的某些山脊上有石灰岩、石膏，甚至低硬度的大理石。在那些阳光明媚的地区，有可能用幼发拉底河（Euphrates）的淤泥做成大量的砖，然后在流通的空气中风干。因此，以此方式容易获得这些材料，他们的建筑的主体部分就可以建立在石质的地下室之上。墙体以火焙砖贴面，表面经常上釉或涂以灰泥。在这些墙上，或者建造拱顶，同样用风干的黏土，并以平台盖顶，或者建造用树脂木梁组成的顶棚，背面为砖，呈台阶状，表面为灰泥。有时候，用沥青来连接这些黏土砖，可以很自然地形成平台屋顶。除了地下室以外，石头只用于门道或者室内护板，然后上面刻有雕刻或者碑文。这些碑文总是关于那个建造这座建筑的人的军功的详细记述。 2–179

在几个世纪中，亚述国王只是在不断地掠夺他们的邻居。从这些被征服的国家手中抢走的不仅是人民、牲畜、财宝，如同我们在萨丹纳帕路斯三世(Sardanapalus III)[1]的碑文中所了解到的，铁、铜、木材，加工或者未加工的——每件东西，事实上；另外，还包括所有的人口，他们要在美索不达米亚增加奴隶工匠的数量，他们是被雇佣来制造或者组合那些巨大砖块，从采石场开采庞大石块，并且是将其运送到皇家建筑的主力军。而且，这种野蛮的政策配合着一个文明的高级状态。亚述人因此可以吸收邻国所有的活力和精力，他们的帝国的巨大光辉在周围的遗址和沙漠的环境中崛起。当尼尼微人的力量在米底亚（Median）入侵和长期被压迫国家的参与力量的努力中瓦解时，它的荣耀不再，只余下至今我们仍然能在幼发拉底河和底格里斯河岸边看到的砖堆。因此，在地球表面没有地方还有这种滥用帝王权力的例证，也没有任何一个地方有如此彻底的没落；事实上，从此以后，没有新的文明在那片土壤上建立，他们都被已知最可怕的专治统治弄的筋疲力尽。

无疑，形成美索不达米亚边界的山地曾经被茂密的森林所覆盖；因为，在碑文中，集中的叙述常常是国王所作，为了建造他们的宫殿，这些国王曾经派人去砍伐大量的杉木。现在，这些山地几乎不产木材；所有迹象表明，在亚述人的破坏之后它们就是现在的状态了。亚述国王只关心他们自己，但是很少关心他们正在消费的植物资源的再生；他们掠夺各种事物——人、物、动物以及森林；认为他们的后代也不会缺少土地去继续鲁莽掠夺。可以这样设想，就艺术而言，一种这样的文明，会建造种类上、范围上或者特征上非常特殊的建筑。可是，在这些建筑的遗址中，没有可以让我们想到近乎野蛮的东西；相反，他们显示出所有极度先进的材料文明。在总体的安排中，每件事情都是协调的，经过设计的，预先考虑过的，按照体现完整有力的管理组织的工程顺序和规则来执行的。河道被严格仔细的控制着；在各个方向都能发现升高的用来阻挡河水的定期泛滥的堤岸和用于平地灌溉的大坝的痕迹；当这些凶猛的亚述国王在王国的周围创造沙漠的时候，他们很幸福地生活在令人愉悦的花园和满眼的青翠欲滴之中。那些他们从邻国抢来充当奴隶的人，承担着我们现代设备甚至都不能完成的任务。这些劳工将从许多运河和溪流中取出的黏土堆积在一起，太阳晒干或者用火烧干制砖，用这些材料可以建造真正的小山或者高原，上面建造巨大而高耸的宫殿，周围是防御土墙，侧面林立着许多高塔。这些高原上有沟渠和排水道的孔洞。

2–180

按照东方仍然流行的传统，这些宫殿相对于住宅来讲更像市镇，以对称的方式排布；它们是按照使用要求成组设计的建筑，很多房间围绕着庭院或者走廊，水从草地和花园中穿过。夯实黏土做成的台地，涂上水泥或者沥青，

1　见《政府命令下进行的美索不达米亚的科学考察 1851–1854》(*Expédit. scient. En Mésopotamie executée par ordre du government*)，弗雷内尔（Fresnel）、费利克斯·托马斯（Felix Thomas）和朱尔·奥佩尔（Jules Oppert）先生著，1853。

盖满建筑，为这些地区在炎热的日子里，享受夜晚凉爽的空气提供场地。大量的墙，有太阳晒干的砖建造而成，建造得极为仔细，由湿黏土或者沥青薄层连接在一起，表面是石膏和亮色的釉面砖。入口处，巨大的有翼的狮子雕像，或者人面牛身像，类似于在大英博物馆和卢浮宫的雕像那样，或者是勇刺雄狮的人像，形成柱状，支撑由欠火砖建造的带有釉面砖拱形饰的半圆拱顶。在科撒巴德（Khorsabad）的宫殿里，普拉斯先生发现了一个那种带有拱顶的门，这个发现震惊了考古学家，因为他们曾经坚持认为拱顶是一个较为晚近的发明，仅仅能追溯到我们的纪元之前的6世纪。

图版二十七表现的是科撒巴德宫殿东南大门的透视图，按照普拉斯先生的发现所提供的数据复原的，它出自杰出的画家E·托马斯（E.Thomas）之手。入口的底座，是由巨大规模的有翼的公牛构成的，是大理石的，每个形象都是独块巨石。上面有大量的日晒砖形成的拱门和两个塔楼。整座建筑是由石膏覆盖的，如果我们可以根据一些保存的类似部分，以及希罗多德（Herodotus）的描述做出判断的话，大部分可能都有颜色。而且，带有彩釉的饰带和砖拱门上的装饰表现了人类的形象，打猎的场景以及战争。 2–181

塔壁外部的装饰很值得观察——科撒巴德宫殿所有部分都采用的装饰，是由一系列并置的圆柱部分组成的，如同风琴的管，或者，更准确地说，像紧密垂直排列的树干。这种装饰风格是木围桩的最后回忆了，它最初是用于维护和保护温和的泥土或者黏土，在规律的使用晒干砖之前。很明显，除了这种已经停止使用的结构系统的传统以外，所有的装饰都非常理性，并与建筑方式相协调。事实上，在砖建立的所有部分，它只是由与石膏齐平的釉面砖饰面或装饰品组成的。雕塑限制在由石灰材料所组成的部件之中，形成了宏伟显著的底座。[1] 当我们仔细检查这个雕塑的特征，我们禁不住要检视类似的早期多利安遗址与之相似的程度。[2] 因此，在亚述建筑中，按照希罗多德、色诺芬（Xenophon）、科丘斯（Quintus Curtius），以及狄奥多罗斯（Diodorus Siculus）提供的证据，绘画在装饰系统中扮演着最重要的角色，因为，独立于瓷砖的覆盖层之外，石膏可以不同的色调着色，最常见的就是蓝色、黄色和红色。我们可以想象由这些大规模的彩色竖直表面所产生的效果，被最亮丽的釉面缓解，整体支撑在良好的粗削石或者繁复的雕塑石的底座上。桅杆被镀金青铜覆盖着，以大圆盾或者棕榈叶所终结，像镀金的一样，拴牢在这些入口的侧面，如图版二十八所示。[3]

地球上的东方，人们的生活习惯甚少受到变化的影响；因此波斯在公元14世纪和15世纪所建造的建筑仍然保持着同样的装饰特征。外部巨大的几乎

1 见普拉斯（Place）先生和托马斯（Thomas）先生的作品，《亚述的尼尼微》（*Ninive et l'Assyrie*）。

2 见巴勒莫博物馆（Palermo Museum）中的栖来那斯人柱间壁（Selinuntianmetopes）。

3 在卢浮宫的亚述馆中，除了众多的浅浮雕上所描绘的建筑上表现了之外，还保存了很多这种外表镀金的铜碎片实物。

图版二十八　科撒巴德宫东南部透视

垂直的表面，一些釉面瓷砖或者印花灰泥的饰带；平屋顶上升起圆顶阁；为了获得新鲜的空气和凉爽的上部凉廊；底座相对来讲比较丰富，硬质的材料上的装饰。

多利安人一定没有复制这些建筑特征，因为这些既不适合他们的习惯也不适合他们所选用的材料；但是他们为自己的建筑着色，着手模仿那些在色诺芬横穿美索不达米亚的时候早已掩埋在废墟之中的雕塑的特征；可是，在那个时候，希腊艺术已经解放了自己，已经不再从其他资源而只是从自己的天赋中寻找灵感。 2–182

这里再举多利安建筑的装饰案例就显得多余了，因为它已广为人知，并经常成为被复制和评论的对象。甚至在这本讲义中希腊装饰也已经被多次讨论——这种装饰总是非常适度，相对于雕塑来讲更多依赖绘画。帝国时期的罗马装饰也为大家所熟悉。奢侈而过于平庸，它的主要价值在于丰富的昂贵材料，超越品味的奢侈装饰部件的堆积。不过，必须承认，艺术家（通常指希腊人）在建筑物内外的装饰上，展示了创造使用材料丰富效果的技巧，在装饰风格上创造了即使是现在当尝试创造类似的效果的时候，也不能忽视的庄严感觉。

罗马帝国的建筑装饰中的主要缺点就是缺乏宁静。我将解释一下我的意思：希腊古典时期的建筑，装饰仅仅用在定义明确的位置；建筑部件被非常仔细地考斟酌推敲、协调比例，并设计成型，以至于它们自己就可以形成最重要的装饰；当更加明确的放置之后，建筑的结构特征就形成了装饰；结构需要这些部分显示出更大的抵抗力，更大的强度，这就限定了雕塑装饰的部位成为不强壮或者没有抵抗力的部分。因此，在多利安神庙中，非常明显的就是那些唯一适合于进行雕刻或雕塑的部件就是柱间壁、饰带以及山墙的中心。其他各处，是结构的实际部分，其装饰形式产生于对功能的忠实表达。但是，如果我们以看上去仿佛要被所承载的力量压碎的科林斯柱头——一种建筑构件，从视觉上看，缺乏对于支撑的表达——替换能明确指示其支撑功能的多立克柱头，我们就不得不赋予其所承载的部件外观一种轻巧的形象；我们必须丰富的装饰饰带，甚至是柱顶过梁和檐口。结果将是要加强这种华丽的上部装饰与光滑的柱身之间的过渡；我们必须加深后者的凹槽；柱身自己必须支撑在一个与柱头同样华丽的底座上。但是我们不能在这停下来；同样的过程要扩展到建筑的每个部分。当艺术家装饰了一个建筑部件，由于它的功能应该维持一种特殊力量的形象，它很快就被领入一种整体的装饰之中；特别是在光滑表面，那里支撑的功能并不非常明显。因此，希腊人慢慢地接受了科林斯柱头，一开始，仅将他们以非常小的规模应用在建筑上，比如列雪格拉得音乐纪念亭。爱奥尼柱头，尽管也有丰富的装饰，当时没有丧失它作为一个支撑的表达——非常适合于它的早期形式。它宽大的涡卷围绕着柱身的 2–183

直径，并将其升到顶板；他们没有隐藏这种支撑，但只是优雅的终结了它。

一座罗马礼堂，如果结构上没有改变，可能在内外被各种方式装饰着；事实上，将那些建筑物中的一个完全剥离它的装饰，十个建筑师能想象出十种不同的装饰方法。但是对希腊建筑来讲，就没那么容易了，因为它们的装饰是由结构自身所决定的。在这种情况下,改变将会只涉及重要性较小的细节，或者是彩绘的风格;甚至是在这些次要部分，也存在着从结构推演出来的法则，即便是那些成绩最有限的建筑师也熟悉的法则。

我们设想一下罗马万神庙的圆形大厅，完全剥离它的内部柱式，它的大理石，以及它的装饰线条；没有任何附加装饰的痕迹留存；假设关于它是什么的知识也失传了，几个建筑师被授命去重新装饰它赤裸的室内。很显然，每个人都会创造一种不同的设计。他们中间会有人用柱廊的屏障去切断那些巨大的壁龛吗？会有两个或者三个柱式在圆墙的高度被支撑着吗？或者只有一个柱式，或者根本就是一个没有？事实上，结构中没有东西能够指出，装饰应该是什么样的，装饰尽管只是一个覆盖物，但却是很重要的。

每个建筑师都有罗马建筑的图示，－按照真正的罗马形式建造的建筑物，不是希腊方式的；因为这两者不应该互相混淆。然后，我会让他压制构成这些建筑物的装饰的想象力，只考虑他们的结构；然后，如果可能的话，忘掉所有关于装饰是什么的知识，努力用一种理性的方式来重新装饰他们。我们可以自信的预言，它会设计出一些与现有装饰不同的东西来。不过，我不会扩大这个问题，因为它在前面的章节中已经讨论过了。我们可能会羡慕帝国的建筑装饰；但是它只是源于一种渴望，即想要堆积昂贵的材料以展示奢华，获得无论如何都引人注目或者宏伟壮丽的效果。当然，在某种混合特征的建筑中也有例外，比如，巴西利卡，其中的装饰适合于对象，而且是构成结构必须的部分：但是，巴西利卡并不是真正的罗马建筑；它是混合有希腊和东方特色的建筑。

2-184

与罗马帝国想要将它的中心转移到东方相一致，希腊天才在帝国力量达到顶峰之前，重新找回其施加于建筑艺术上的影响。我们可以看到，它还遵照了时代的特点——罗马人所创造的社会条件的需要。它没有将自己限制于复制或者复活伯里克利生活时代所流行的形式。它已经感觉到了来自于罗马结构系统中的优势，在长期顺从地只充当那些结构的装饰者之后，它继续以一种与其装饰方式相协调的方式来改善罗马建筑。我承认阿格里帕的万神庙在技巧方面优越于君士坦丁堡的圣索菲亚教堂；但只需要简单的解释，就可以理解在后者建筑的装饰和结构之间，比万神庙的结构与装饰之间有更加紧密的联系：尽管在圣索菲亚的教堂中，我们发现了重叠的装饰，它只是形成了一种织锦的形式，柱式则仍然充当着有用和甚至是必要的目的。

在我们开始考虑拜占庭的装饰之前，最好调查一下我们那些距离君士坦丁堡并不遥远的叙利亚的希腊人是如何构想装饰艺术的。我们将要选择一个叙利亚建筑中最简单的例子，——事实上，是最普通的一种类型，只要能更清楚的表达希腊天才的基本品质，这些希腊天才很乐于使自己在不违背真理的情况下适应新的条件。每个人都已经看到了庞贝的希腊－意大利风格的房子，或者至少了解他们，或者通过相当准确的表现媒介了解过他们；因此，在这里，不需要特别强调这些民用建筑案例的实际方面，或者它的魅力和优雅，及非常完美地满足于人们的需要和生活习惯。不管装饰华丽还是简单朴素，庞贝的房子在艺术上都拥有相同的价值，而他们的装饰也是这种习惯的表达。 2–185
那不勒斯海岸的那些零散的市镇，建造在一片引人入胜的环境之中，各种材料和资源的丰富，为当地居民提供了一种轻松而优雅的生活方式，并展现于他们的建筑之中。个性不同的是那些散落在安提阿附近的小镇，它们位于那些联系波斯、阿拉伯湾与君士坦丁的商队所经行的道路上。建造在一片干燥的地区，那里的气候在夏季燃烧似火，而冬季则变幻莫测，它们存在的唯一理由就是频繁经过的商队。在我们所讨论的这个地区中，没有江河，甚至都没有湍流的小溪；没有木材，但是石材却随处可见。许多小城市的遗址依然存在，展示着几乎完好无损的住所；因为它们所占据的大部分区域完全缺乏木材，建筑的每一部分都是由石材建造而成的，甚至是门也不例外。由大厚板组成的地板横跨在过梁或者拱形结构之上。台地屋顶采用了同样的建造方式。可以假想，在设施如此局限的地方，这些住宅是不是就像地穴。根本不是；希腊人仍然知道如何将艺术引入他们最初的建筑中，以及如何让装饰表达需要，完美的符合结构的方式。

图版二十九描绘的是叙利亚中心的那些小住宅之中的一个室内场景。[1] 结构方式还能更坦诚的表达吗，或者装饰还能更加简洁而诚实吗？主要房间位于地面层和第一层，它们面向两层低矮的、较为纵深的柱廊开敞，这些柱廊在面对这些地区肆虐的炎热和冬天的暴风雪方面，能够提供很好的庇护功能。地面层的柱廊，没有任何装饰线条，或许装饰有少量彩绘，它们是由单石连续组成的，支撑着过梁，而过梁的槽口处则承受着厚板，而这个厚板又形成了上一层的楼板。所有的装饰都是为这一层预留的；它是住宅的凉廊——这部分用于家庭间的交往。围绕着柱廊和涡卷端部的宽大的装饰线条，位于突出的檐口之下，而这些檐口是由覆盖着建筑物的板的端部形成的。陷入檐口的天沟接收台地上的流水，然后这些水通过怪兽状滴水嘴排入庭院。三个柱子，拥有不同的柱头形式，赋予上部柱廊一个优雅力量的外观，并被结实的阳台所加强，阳台板上的装饰线条倾向于使柱础依靠在一个水平表面上。过梁互相成直角放置，独块巨石被砍削出一个突出的托架，以承接另一个梁的重量。 2–186

1　这座住宅，位于 Refali 地区，时间是 510 年 8 月 13 日。（见 *la Syrie Centrale par M. le Comte Melchior de Vogüé, dessins de M.Duthoit*）

图版二十九　叙利亚住宅（希腊－拜占庭）

我认为，这都是小事；但是，在建筑上，这些小事几乎代表了所有；我们在观察它们的过程中所体会到的满足感大于我们在注视一座充满了装饰的立面时所感觉到的喜悦，因为后者的使用方式或者意义是我们所不能理解的。在这些不露锋芒的住宅中，被深度表达的难道不是均衡的感觉吗？这些难道不是正好与人类的尺度相关吗？这些房子难道没有清晰的指示出它们使用者的习惯吗？

在同一个国家的其他部分，气候更加友好，那里就有木材。这里，我们发现了另一种建造系统，以及由此而来的另一种装饰方式。然而，这些建造方式迥异的部落只是仅仅几英里以外的邻居，他们同时建造着自己的村庄。那么他们为什么没有采用我们现在的方式呢？我们，即我们的村庄正努力模仿市镇中的建筑，后者，非但没有按照材料本性、气候和我们几个地点的习俗努力去改变装饰的方式，反而冗长乏味的复制到令人作呕的地步，从广袤国土的一边到另一边，这些设计的唯一正当理由就是今天非理性的流行时尚。为什么这样？因为我们所讨论中的部落保存了基于常识的希腊天才的本质。它可能看上去不可思议，事实上它代表了希腊的那些天才们，那些我们已经丢失的那些基本的品质。少数优秀人士曾经形成了与其特殊爱好和兴趣一致的所谓的希腊风格、希腊品味、希腊艺术；公众的冷漠支持了他们，他们将自己任命为唯一的希腊艺术的翻译者，成功地说服我们，在他们自己的小教派之外，只有混乱和野蛮。然而，无疑，如果希腊天才可以被人格化并在我们中重生，当他看到那些号称古典学派的人所包裹的外衣，以及以他们的名义所做的愚蠢的事情的时候就不是一点吃惊了。

在拜占庭，罗马传统的力量是那么强大，以至于让希腊人感到不能在艺术上施加彻底的影响；不过，他们的影响还是在很大程度上显示出来。第一个给我们留下深刻印象的就是，它在装饰和结构之间建立了清晰的相互关系；在君士坦丁堡的圣索菲亚大教堂里，我们要寻找一个没有必要用途的建筑构件，甚至一个这样的装饰构件的努力将是徒劳的。从这栋建筑中移走所有的柱式也是不可能的——柱身和顶盘——如同在罗马建筑中那样，在丝毫不会毁坏建筑的情况下。在圣索菲亚教堂中，柱子和它们的柱头并不是简单的装饰；它们真实的承担着结构。后者甚至采取了一个新的形式，适合于目的，即承受拱顶或者拱形结构的起拱石。至于室内表面，它们在竖直部分上覆盖有大理石板，拱顶上镶嵌有马赛克。

2–187

我们说，古典时期的希腊人没有使用过彩色的大理石，但是却为白色大理石或者石头着色。因此他们控制了建筑物内外的色彩和谐。确保色彩和谐的首要事情就是只使用同样的物质，或者是容易混合的物质。使用色彩，在保持外表面一致方面具有优势，如果不是色彩的话，至少是材料、纹理一致、光滑、表面硬度、光泽等方面。但是当我们在建筑中使用了像彩色大理石或者碧玉，或者红色或绿色的斑岩的时候，彩绘就不再能很好地与这些物质结合了，因为它们本身就带有天然的颜色，并且呈现出反光和强烈的效果。

没有彩绘装饰能与这些自然的颜色为伍。彩色大理石在外观上要求有大理石或者与之相似的彩色物质，或者是类似于金或者铜的金属制品与其相配。帝国的罗马人毫不犹豫的结合了这两种方式的彩色装饰，即天然彩色材料和彩绘而成的材料。但我们不能将罗马人的方式看作是艺术上的优雅品味。当罗马建筑被引入拜占庭的时候，在希腊人的社会中，没过多久，他们本能的品味流行起来。装饰和结构亲密的联系在一起；由于帝国需要使用彩色大理石，整个彩色系统被设计成由大理石或者类似外观物质的使用，比如玻璃马赛克。墙体因此被同样色调的大块大理石板所覆盖；柱子也由色彩强烈和温暖的大理石、斑石和碧玉制成；柱头和基座是由白色大理石制成，上面覆盖着精美的雕刻，丝毫不会破坏它们对于支撑的表达，拱顶和曲面，不可能与大理石板完全一致，被效果彩色玻璃的马赛克所覆盖着，在镀金的板面上形成了一个半透明的彩饰。因此装饰整体呈现出来一种辉煌的效果，冷冰冰的物质拥有了同样的彩色效果；当彩绘被使用之后，它就只是次要的了，在建筑上分散分布，并不会影响整体效果。而且，除了那些精致的彩缎装饰，或者不会影响整体宁静气氛的柔弱窗饰之外，没有雕塑。当我们想要赋予一座建筑一种富丽堂皇的效果时，这是最重要的一个原则。因此，圣索菲亚教堂的室内看上去要比它实际的情况更加巨大，而罗马的圣彼得教堂则由于构成装饰的巨大雕塑和装饰线脚而使室内看上去相对较小。

2–188

尽管圣索菲亚的建筑风格受到了很多批评，那座建筑的结构，尽管概念宏伟，但是并不完美，甚至在很多方面表现除了粗心大意和艺术上的退步，当与帝国极盛时期的其他建筑相比的时候；但是，说到其内部装饰的正确的概念，这座巨大的教堂似乎已经解决了这个问题。它的主题是那么完美，以至于不能有所增加，也不能有所减少；这是因为，其所采用的方案是如此直率和清晰，从基础到拱顶都是那么严格地精益求精；因为引入室外光线的方式为完善整体的效果增加了很大的影响－光线穿过这些由相似材料组成的整体表面，它们拥有类似的色彩品质，在光线的照射下闪烁着同样的光芒。众所周知，圣索菲亚教堂巨大的中央穹顶和半圆拱顶的基部，都凿出了一系列紧密排列的精致小窗，因此，使得这些拱顶看上去就像是固定在某些点上的被风张满的小帆。除了这些结构方式所造成的效果之外，拱顶基部的这些洞口还有更进一步的优势，那就是照亮圆顶内的空气层。这层空气被照亮了，在观者的眼睛和上方的马赛克之间插入了一层发光的薄雾，如果没有这层插入的介质，对于眼睛来讲就是过于生硬且明亮了；而它们以此种方式创造了一个提升并柔化它们的透明调子。这里也体现出了希腊人的天才，他们在建筑装饰上，在利用光线创造过效果方面从未失败过。

今天，这些细微的差别可能被认为是一种空想；如果现在有一位建筑师谈论在建筑的室内通过光线的设计以产生富丽堂皇、宁静，或者欢呼雀跃的效果，那么他很有可能被认为是疯了。他不会被认为只是在展现已经过了深思熟虑并已经预见了建成效果的设计。这应该在装饰设计中使用理性，在某种学派的观点中，理性的如此运用是“不健全的”。 2-189

不过，当论及建筑物内外的装饰，光线、透视、朝向、观者的远近距离，都应该纳入到建筑师的考虑之中，早期的建筑师都持有这个观点。对这两种情况——我们不能忽视的效果——的思考，光线和透视——只要有一点常识，我们就可以避免大量的浪费，且一定能得到想要的结果。然而，一般情况下，建筑师满足于创造纸上的效果；然后在他迷人的设计实施完毕，他会惊奇地发现得到的却是糟糕的结果。我坚持，通过不厌其烦的预先研究建筑的光线和透视效果，可以避免大量的费用；更进一步，我认为，我们越多地避免那些无用的费用，我们越能为艺术工作增添价值。考虑的主要问题就是将事物放在适合它的位置：那些立面上过度的装饰会引起观者的疲乏，但是如果把它们限制在几个适当的位置上，则会产生让人喜悦的效果。在这方面，东方人优于我们。在他们的建筑中，不管怎样华丽的装饰，都不会影响整体的效果；它总是会留出一些空白的宁静——而且是结构要求的位置；非但不会造成视觉疲劳，还会吸引视觉，因为它放在最能发挥它的优势的地方。我们已经远离了东方的装饰方式，很有必要指出，这些方式与现在流行于我们中的方式有哪些不同。[1]

自从 17 世纪以来，在意大利和法国，装饰要素的原理被从某种最不适合于现代建筑的古典建筑中吸取而来。以此种方式，比如在恺撒帝国时期采用的柱式，在反对声中，组成了建筑物，我们，在大多数情况下，仅仅使用叠合式，至少它的缺点是用恼人而单调的竖直线或者水平线分割了正面或者表面。除此以外就是这些柱式的不当使用可能产生了一种装饰上的更加严重的不利。建筑柱式有它自己的比例，模数，这是建筑师所不能忽视的，所以，比如，当他在一座大建筑上使用叠柱式，它不得不从属于整体的装饰，即在一个较大的比例下，使用相对较小的柱式。因此，这种装饰相对于建筑物来讲，看起来卑微而弱小。另一方面，当建筑师在立面上采用了巨大的柱式，由于它的分割，建筑师将不得不切割开口，在各层开窗洞，并承托束带层，那种柱式装饰的比例也会不符合夹层的装饰比例，因此将会缺乏和谐。最近，我们已经在码头旁杜伊勒里宫花园中转角的花廊（Pavilion de Flore）看到了一个由这一系统带来的缺点。尽管建筑师在这座大型建筑中展现出无可置疑的能力，但还是没有成功，而且也没人能在将小柱式产生的装饰与较大的比 2-190

1　在谈到东方建筑时，我们这里仅指波斯、小亚细亚和埃及的流派，而不包括印度建筑，对印度建筑美学特征的分析需要超出我们能力范围的专门的研究。

例相协调方面获得成功。建筑师本人早已经意识到了这是不可逾越的困难，所以，他努力通过在楼阁的前部中央和转角处设置巨大的雕塑去协调这种在小柱式的比例和建筑规模之间所缺乏的一致性，这些雕塑与整个建筑是成比例的，但是却与建筑的楼层不成比例。周边的环境会鲜明的体现出问题所在。在码头的一侧，能干的建筑师在中部支墩之间开挖壁龛，其中放置雕像。这些壁龛，连同其中的雕像，与建筑的楼层设置成比例；但是当与整座建筑成比例的上面的门楣与和角冠（angle-crowning），没有加顶，那么雕塑和它们的壁龛看上去非常单薄，与大体量不成比例，以至于不得不去掉它们；这种效果是无法容忍的。我们引用这个案例，不是要批评一个值得称赞的工程，而是想要展示自 17 世纪以来，在建筑装饰上采用的这种系统的内在缺陷——这种缺陷的糟糕结果无法克服。当建筑师没有多少才华或者没有这么严谨，不想校正自己的工程时，那么情况就会更糟！从错误的概念出发，没有他不深感内疚的奢侈或者幻想。他用雕塑覆盖了正面，某些平坦而安静，类似于阿拉伯纹饰，另一些则是突出而显著的。他设置的越多，他需要的也越多，每块空白看上去都会让他纠结。用尽了石头所赋予它的各种方式，采用了各种尺度，或者更确切地说已经忽视了与整体和部分相关的每种比例之后——也未能产生令人满意的效果，本能地感觉到，所有自己的努力和所有细节的积累只是创造出一种缺乏连贯性的整体——他开始追求另一种柱式、大理石，或者金属光泽，除了体现出思想的彻底匮乏之外，别无他果。如实的遵照希腊格言，做不到让作品美观，只好炫耀财富。当不再被建筑装饰中正确思想的引导的时候，艺术家缺乏活力，不再属于现代的时代。帝国的罗马人陷入了类似的陷阱，所有那么做的人都必将落入其中，因为这些人将建筑装饰仅仅当成是随意的东西——一种独立于充分判断或常识以外，独立于对尺度和透视效果的仔细研究以外的纯粹想象力的工程。

2-191

但是，仅以在一般观点看来也缺乏活力的作品中选择批判对象，是不受欢迎的。在每个建筑系统中，用于比较多应该是杰作；而不是那些在一方面很优秀，另外一方面却很平庸的作品：即使是承认了一种系统相对于另一种低级，能力体现在有缺陷的原则的使用上，或者说体现在处理方式上，而理性规定的法则被忽视，只受随意空想的指令控制。不认识到以下这点是不公平的，即比如，自 17 世纪以来，在古典艺术虚假使用的影响下，在建筑装饰方面还是有很多卓越的工作的。因此，巴黎的协和宫殿的法国皇室建筑的立面展示了一个我们自己时代建筑中成功的柱式应用。正面和侧面连接非常巧妙，大型的柱廊支撑在第一层，而这一层的相对比例是优秀的，表达了它形成巨大的门廊庇护两个楼层的目的。这里，有一个非常建筑的概念，通过展现光影最悦人的对比，通过为位于柱廊上方的房间提供壮丽的有顶阳台，与壮丽的公共道路隔离开来，使自己产生装饰效果。这种装饰风格不需要大理石或者多余的装饰去产生丰富的效果；尽管它拥有豪华的特征，它都有一个适合于它所处场所的安静而庄严的气氛。按照要求，最大的柱廊位于建筑的中间，对着两个楼阁在任何一个端头的终结，这些楼阁形成了方形的回转，以一种自然而和谐的方式，连接着最主要的正面和两个旁边的正面。石柱廊的规模足够大，其细节与宫殿的总体规模成比例符合极盛时期建筑师们的建造方法，借助于最好的例子，建筑师在正面明智而节制的使用雕塑作品。它预留了中央楼阁的装饰空间，仔细地避免接近开敞的拱形地下室上的雕塑。因此，这项工程——至少在我们眼中——已经美丽而杰出的了，因为它拥有充分的理性，彻底的考虑，以及即使在最奢华的建筑上建筑师也从未放松的节制。他在旁边的凉亭的屋顶上他一掷千金，而下面带有装饰雕塑或者群体或单人雕像的柱廊，他则减少宏伟壮丽的效果，但最后这种宏伟壮丽如此强烈地表现了出来。 2–192

在建筑工程中，美观的条件之一就是，它给所有观者留下的印象是它的建造是自然而不费力的——不会给他的设计者带来困扰或者焦虑的考虑，事实上，它也不会采用其他方式。尤其，他应该从那些权宜之计中摆脱出来，这些权宜之计暴露出思想匮乏——这些思想体现了研究的努力，而设计者的目标却是去故弄玄虚，吸引路人的注意，但却无法让自己的思考得到满足。不需要努力就能清晰的理解的是：总是存在一种建筑师应该考虑的目标。公共演说家所期待的最高奖赏就是听众的评论："这正是我想的；他完全表达了我的感受。"同样，在考察建筑工程的时候，每个人都应该体会这种感受，材料的组合反映了旁观者的期待——实现的概念，是唯一适合于这个案件的情况的。

然而，一栋建筑越是装饰华丽，建筑越应该附属于那个不去削弱、扰乱或者模糊其表达的概念。我承认，在这样一个案例中，装饰越华丽，概念就要表达地越鲜明，概念在简单的建筑中比装饰繁复的建筑中更容易展现出来。但是很简单，在思想缺乏的地方，诱惑力强大到足以掩盖隐藏在装饰之下的概念的虚弱。 2–193

我注意到，在建筑装饰这方面，东方高于我们，因为其装饰从来都不会掩盖主要的概念；相反，总是强有力地坚持表现主题，呈现自然。确实要看到，在开始的时候，主体概念在他们中间从未缺乏过。对于学会应该负责的创新，我们已经无话可说，它对后来建筑的伤害是显而易见的。我知道，按照某种学院派的观点，艺术中的概念是次要的；但事实是，艺术中的观点具有专横的一面，或者至少不是次要的；它经常展示出对于自由的欣赏，对妥协的拒绝；——这些特征会让那些团体不悦，在他们看来自我封闭才是最好的方式。

不管怎样，建筑装饰最吸引人的地方只在于它清晰的概念表达。我们已经看到了，在某些古典建筑中，概念是如何通过工程表达的；让我们继续这

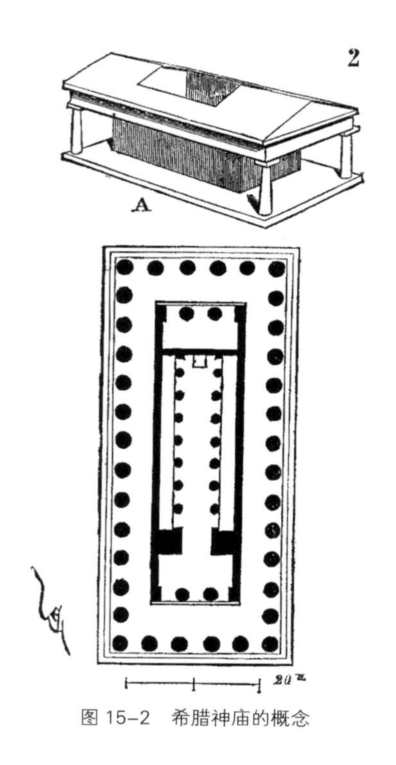

图 15–2 希腊神庙的概念

2–194 种调查。我们将要选取早期的一座希腊神庙：帕埃斯图姆的大神庙，比如，图 15–2。建筑师的想法或者概念是什么？方案很清楚地表现出来。这里，将神庙看作一个箱子，一个书匣，里面装有特别或者地方宗教的圣像，以及围绕着圣像的圣品。在这个箱子或者围合体的周围，如果我们愿意这样称呼它的话，是一个柱廊——一个步行区，一个有顶的屏障，但是为了能够看到内堂或者封闭部分，它又是开敞的。那么这座建筑的装饰部分是由什么组成的呢？是开敞的屏障自己单独形成的装饰。希腊建筑师让它在外面遮挡着建筑设计中的基础，在设计过程中，他寻求着比例最和谐的系统以及可能找到的最和谐的形式。从图表 A，我们只是较为清晰的表达了角柱部分，解释了这个如此简单的概念——一个箱子被一圈有顶的屏障围绕着。不管山墙是否装饰有雕塑，不管山墙的角部是否有雕像及其底座凸起出来，或者，柱间壁被浅浮雕装饰着－这些装饰绝不会影响建筑概念与装饰概念的和谐。当建筑师一开始就出色地建立了这种和谐，他就可以完全自由地去改善原始概念中的细节，在这种改良的过程中，他只是用一种更好，更富有吸引力的方式在表达着最初的想法。但是那种可以简单地表达想法的机会并不常有，更确切地说，大部分我们的现代建筑需要结合各种想法。

仍然很明显的是，不管计划多么复杂，都有一个主导的思想。要建一座宫殿？那里应该有一个主要的礼堂——位于集会的中心。是一座教堂吗？应该有一座高坛。是一座公共图书馆吗？中央阅览室，应该有各种便于索引的设备。是一个市场吗？再多的出入口都不过分。这些必要条件要求建筑特征与之协调，因此，装饰有助于表达这些特征。

现在让我们看另一种建筑。在希腊神庙中，关于神性——或者神性的戒备而排外的特征，按照泛神论的观点——包括某些特别礼拜的空间；内殿是封闭的；只有祭司——神和人之间的交流者才能进入。清真寺与之非常不同。不应该将其归因于所崇拜的最高神，神只与那些进入封闭的圣所中的人交流：伊斯兰的神无处不在；他不能被描绘为形象：他既能在沙漠中，海洋中，也能在神圣空间中被崇拜。在接近神之前，崇拜者必须清洁自身，集中思想，冥想，使自己有资格与神交流。神传递着仁慈和宁静……那么清真寺是什么样的呢？没有形象，没有仪式，没有外表的华丽。清真寺只是一个围合的空间，内设壁龛，让信徒们可以在沉默的冥想中集中思想；在这个围合空间中，有一个特别的场所，那里不是神存在的空间，而是每个伊斯兰教徒朝向它祈祷的空间。然后，让我们来考察一下这些建筑中的一个。这里，图 15–3 就是伊斯法罕的 Mesdjid–i–Shah 清真寺的平面。它的主入口位于一个大集市南北方向的走廊上；但是，由于清真寺本身必须按照规定方式放置，以保证每个忠诚的信徒都可以朝向麦加祈祷——“将你的脸转向圣所（Haram），不管你身处何方，都要凝望那威严的圣地”[1]——为了让神圣的空间朝向那一方向，清真寺的轴线变换着方向。A 处是第一个水池；B 处是第二个用于沐浴

2–195

2–196

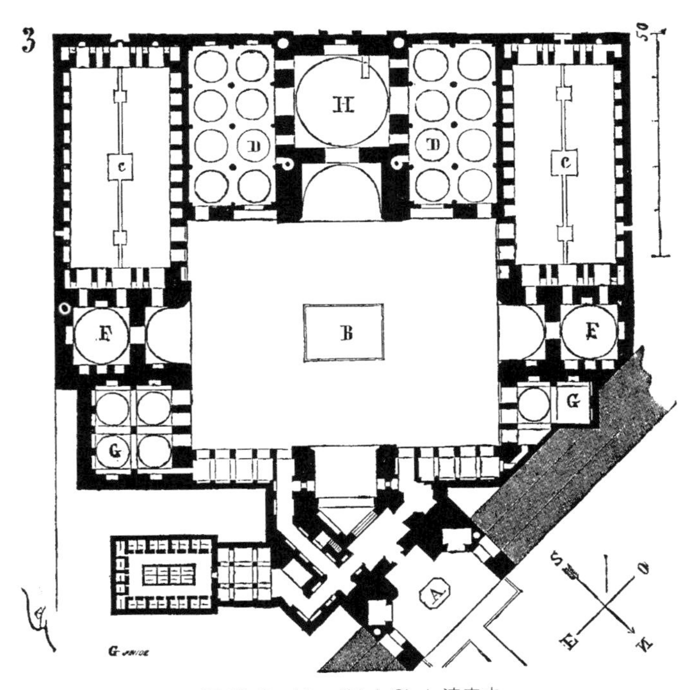

图 15–3　Mesdjid–i–Shah 清真寺

1　Coran，第二章。

2-197 的水池，中间是一个巨大的庭院；在O是旁边两个院子的水池，周围围绕的是用于庇护的壁龛。每位信徒都没有等级的差异，可以在他喜欢的任何地方冥想或者祈祷，在侧院，或者在礼堂D，F和G，不过，H处有一个中央的主场所，用于唤起对神的一致性的注意。仅凭着它的组织方式，这个平面直白地表达了规定概念的装饰体系。各边都容易进入，为那些想要祈祷或者独自沉思的人提供退隐的场所；但是神性的统一，通过位于神圣部分中央的大建筑，被表示出来。事实上，前面的正视图拥有平面的所有直白。一个高耸的门廊，一个高大而宽敞的拱门提供了通向礼堂H的入口，上面是一个尖顶穹隆，建筑所有其他的部分，在高度上都附属于这个主体的结构。图15-4呈现出的是中间部分的透视。建筑自身就有着壮丽的装饰性，因为它完全满足这一案例的需要[1]，清楚地表达了规则的概念。不过，这些表面必须要经过装饰。可以采用那些出色地适应了希腊神庙的柱廊吗，它们在这好像不能服从任何目的？可以采用那些大比例的雕塑吗，它们倾向于分散忠诚的注意？或者最后，可以堆积那些没有意义的小构件吗，过多地放置装饰线条、无用的构件，壁龛或者山墙？不。将釉面砖形成的饰面，像织锦那样，铺满建筑内外所有的水平表面。色调协调，恰当地将相对小的设计分散设计，就能构成这座建筑的装饰——产生辉煌的装饰效果，但是由于外表的统一，让主线条有足够的重要性，建筑通常展现的是它简单的辉煌和宁静。门廊，或者巨大的开口，允许光和空气进入清真寺的中央部分，象征着伊斯兰教徒的一神思想，神的圣地就是整个宇宙，神的住所既是各处，又不是各处，对每个信徒来讲，他们的祈祷不需要经过其他人的中转："更能愉悦真主的方式还有什么呢？除了抬起头面向他，做正确的事情，跟随着亚伯拉罕的信仰，他崇拜唯一的真神，配得上称为他的朋友！神是天堂和世界的王。他以其广阔拥抱宇宙。"[2]两
2-198 座塔——两座光塔，位于巨大入口的两侧。在它的顶端，宣告祈祷开始的时间。覆盖着中央大厅的穹顶，在它最远的一侧，有一个壁凹，指示出麦加的方向，上方覆盖着混合着天空光辉的亮色釉面砖。

那么，这里我们拥有了两种建筑物，它们在建造意图和使用要求方面存在着巨大的不同，但是，在它们各自的实施过程中，建造的想法都获得了清晰的表达。不管我们认为希腊建筑优于波斯，或者希腊的泛神论优于伊斯兰的一神教，毫不会影响我们的意图；但不可否认的是，这些清晰不同的装饰形式每一个都完美的适合于它们的目标，在两个案例中，形式都表达了思想，我们不能从建筑宝库中随便选取任何形式来表达某种特殊思想。此外，我们不能不认识到，装饰不是一个可以随意用在各种建筑上的美化的方法；装饰应该是在方案策划阶段就应该预先想到的，在项目的最初概念中就应该成型

1 这座清真寺的细节，请参考科斯特（Coste）先生的著作：《波斯近代纪念物》（*Monuments modernes de la Perse*），Mesdjid-i-Shah 清真寺大约建于1580年。

2 Coran，第四章。

图 15-4　Mesdjid-i-Shah 清真寺

的；它已经在结构中被标示出来，如果结构是合理的话；它适合于那座建筑，并非像衣服那样，而是像肌肉和皮肤之于人类一样；像我们用奖章、武器或者图片装饰房间或者礼堂的墙面那样装饰建筑的方法，是一种稍微近期的方法，因为古人在他们的极盛时期或者中世纪从来都没有采用过 ；所以，事实上，那些使用这些方法的人一定会，或者指责古人最优秀的工程，或者如果他们欣赏那些杰出的作品的话就会充满自责。在 Mesdjid-i-Shah 清真寺中所使用的装饰种类，覆盖在墙面上的上釉表面，如同织锦一样，是最适合这

图版三十　威尼斯公爵府

里的，因为那座建筑物是由烧结砖组成的，装饰是贴在建筑使用的同种材料之上，因为用砖不可能形成非常突出的部分。只有建筑物的底部是由红色的大理石组成的。

现在，让我们考虑一种采用完全不同的秩序建造的建筑。让我们去威尼斯，考察一下那些用石头建造的古老宫殿。我们不要关注那些装饰细节，因为它们在品味上并不是无可指责的；但是，让我们看看它的整体特征。在圣马可广场的老公爵府从外观上看是由两层柱廊组成的，一层位于另一层之上，支撑着实际的公寓，公寓是由高大而宽敞的房间组成的。这里，实际的需要与希腊神庙以及伊斯法罕的清真寺那样坦率地得到了满足。那个盒子，围合的部分，由柱廊的竖直部分支撑着，在它后面，是次要的办公室。如果这座建筑是由木材建造的——最容易和最经济的方式 - 那么关于这个方案的严格解释可以参见图 15-5。但如果想要建造一座耐久的建筑，使用坚固材料，在不违反它们的特性的情况下，创造一种围合的住宅的外观，包含有大的公寓，放在两层的有顶步道之上。 2-199

威尼斯建筑师小心翼翼地满足了这个项目的要求，他的工作将所有的装饰效果归结于对结构的真实而有力的表达。很少有人不熟悉这座建筑，或者是通过版画，或者通过照片，或者通过实际考察。现在，不管我们对其建筑风格持钦佩还是漠视的态度，建筑的总体设计在创造一种强烈而持久的印象——特别真实而杰出的表达印象——方面从未失手。装饰细部，不管它们的优缺点如何，都与创造的印象无关，任何一个建筑师，只要他小心翼翼地遵照整体想法的话，在按照流行的品味修改风格的时候，也能创造了一种突出的效果。就装饰细节而言，这座建筑，展现了一些显著的特征。通过对于角部———个微妙的地方——的巧妙处理，这个建筑师成功的赋予了支撑系统一种强有力的形象，这种支撑系统支撑着一个拥有沉重外观的盒子。图版三十描绘了角部，表现了设计的杰出。为了减轻廊上方的墙体的沉重外观，建筑师采用两种颜色的材料来建造 - 红和白 - 形成了一个规则图案，类似于大幅马赛克。这里，威尼斯建筑师再次从东方那些伟大的装饰艺术大师那里找到了自己的案例。让宽广 2-200

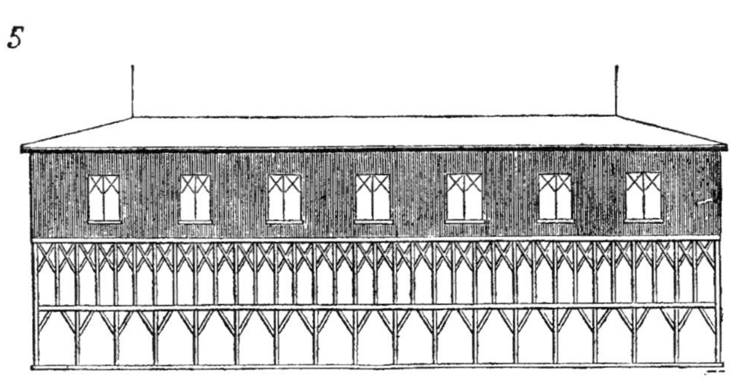

图 15-5　威尼斯宫殿的概念

的平面与充满了光影效果的凹凸部分形成对比，甚至用一种吸引注意力但并不破坏整体性的彩色平面来遮盖他们，这是被东方的艺术家频繁而恰当使用的装饰方式之一。最简单特征的小而清晰的重复，砖与白色材料混合在一起，足以创造出平整表面令人愉悦的效果，平面的色彩与覆满细节的外观形成对比，呈现了一种凹凸效果。在这座宫殿的对面，矗立着另一座建筑，拥有几乎类似的目的（Procurazzi），在那里，文艺复兴的品味展示了它所有的光彩，装饰细部引人入胜。但是缺乏坦率而庄严的印记，我们的目光总会从它转回老公爵府，因为后者外观很好地表达了它的内部目的，而且其装饰系统也非常完美地与结构相和谐。在注视立面的时候，我们难道没有看到较低的柱廊采用了拱形结构吗，而上层的柱廊则支撑着木楼板－上面公寓的楼板－这些公寓的天花板也是木的。上一层没有突出的扶壁或者壁柱，它只是一个带有大窗的穿孔盒子。

不过，可能，我们北部的西方建筑在文艺复兴时期之前，在装饰特征上更加直接。装饰与结构的关系更加和谐，装饰本身更具艺术性：真实的情况是，在这些建筑中，没有发现我们现代建筑中大量采用的寄生装饰；如果我们接受了占统治地位的不容异议的学院的判断，那么这种情况就被看作是一种贫乏。并不是学院不辞辛苦毫不隐讳地宣称这种观点；这不是它的行事方式；它没有讨论原则；它满足于用权力所及的各种方法阻碍原则的形成，因为原则是恼人的——他们使得义务成为必要。

依照我们的观点，最好的建筑是那些装饰不能从结构中剥离的建筑。无论是借助于一块雕塑——或者是装饰构件，如果这样一块雕塑或者构件，在被移除之后却没有对建筑物的外观产生某些实质影响，那么这个附件价值很小，或者甚至是有损害的。并不需要很多的知识就能识别建筑师附加到一座建筑上但却不是结构需要的装饰特征。比如，装饰板在木工中是非常适合的，

2-201

但是在石工中就是很不合适的了。挂在平直墙上的奖章，如同房间内的照片，并不是结构所要求的装饰。门或窗上的标志或多或少都是制作精良的，使得洞口的上檐让人联想起一个收藏者的挂满珍品的壁炉台，它并不能被看作真正的建筑装饰。山花上成组的人物，为了在屋顶更加自由自在，看上去好像要溜走一样，使得敏感的人希望将这些逃走的人推回到他们的框架之中。摆满带有底座的半身像小圆洞，可能更适合于肖像走廊，但是在外立面上形成了最呆板的外观。曲线或者三角的山墙位于窗柱之上，拱形结构的拱心石夸张的突出着，没有什么需要支撑，如果不是很严苛的话，可以称之为装饰性添加物。除了由此产生的无益于艺术的费用，这些广泛流行的普遍现象还有一个非常严重的缺陷——它们使观者疲乏而作呕，逐渐开始讨厌所有建筑形式；事实上，达到了那样一种地步，他开始讨厌这些无意义的装饰，甚至不会从过去或者现在的真正大师的设计中获得愉悦的感受。糟糕的古典悲剧阻

碍了很多人去表现科尔内耶（Corneille）和拉辛（Racine）的杰作。可是，就像我的朋友桑多（Sandeau）曾经说过的那样："不写诗体五幕悲剧是多么容易的事啊！"不复制建筑装饰中那些令人作呕的部分也是很容易的事，它们的存在既不是出于结构形式的要求，也不是出于对于传统的考虑。建筑上那些古典的符号，过时的证章有什么意义呢？在一座既不使用竖琴也不使用面具的剧院墙上挂上希腊面具和竖琴，有什么意义呢？将勒布伦改善过的罗马奖杯置于由配备后膛步枪的士兵看守门道的宫殿里，有什么意义吗？但是无须夸大：这些过时的陈词滥调除了雕刻工匠以外几乎没有任何意义，不会为建筑工程传达任何真实的价值；但是，很少有建筑师有勇气避免这些庸俗叠加，除了无意义的特征，它们对设计师的想象力无益，对公众也无丝毫的吸引力。于是，当一位建筑师显示了充分的能力，和良好的品味，将自己从这种束缚中解放出来时，我们应该不遗余力的称赞和祝贺他，并将其推荐给那些持怀疑态度的缺乏关注的公众。[1] 然而，选用的材料很高贵，现在流行的装饰方法总是模制石膏或者廉价浮华的建筑上过度使用的混合装饰。如果在坚固的石头上切割出来的装饰与模制黏合而成的看上去非常像，那前者有什么优势呢？将昂贵的石材用于装饰之后，第二天就能在临近的酒店前发现其石膏的复制品，那么前者的价值又体现在哪呢？真正的华美，是掩饰在简单的外观之下，拥有着不能被廉价手段模仿的优雅。它相当于，在社会中法国人所称的特质（distinction）——一种态度，特点是优雅的品味、谨慎、不矫情的简单，对某些人来讲是与生俱来的，与财产或者地位无关。 2–202

好建筑的魅力之一就存在于内外装饰之间的紧密关系。外部的装饰应该让观众有所准备，并让他对进入其中将要看到的景象有所预感。它不是让建筑产生惊喜。此外，建筑师不应该在外部给予超出自己能力范围之外的承诺。当他在正面上过度的使用了每块装饰物，那么他还有什么留下来用于表现室内呢？在这方面，我们还可以从东方的国家中学到一些东西。他们的建筑外观的效果相对比较简单，当我们深入到内部的时候，建筑变得更加丰富而优雅——一种合理的妩媚，我们可能这样称呼它，它们从不会丧失美丽。它们在过度的时候非常灵巧——逐步将观者的注意力引向辉煌的顶峰，这样人们永远都不会有一种想要返回的愿望。在装饰中，最致命的影响莫过于夸张的前奏——一个过于自以为是的承诺。接下来就会导致同样令人遗憾的结果，如同诗人夸夸其谈的序言。给不止一个承诺是吸引和保持听者和观者注意力的实际方法。同时，前奏应该直接符合论文的主体——它应该为主要的兴趣点做好铺垫，并直接导向

1 少数巴黎建筑确实从粗俗中解脱出来了。关于其他建筑，我们可以引用一个最突出的：the Palais de Justice 的新建部分，它的装饰与结构完整统一，甚至强调了结构，因此并不缺乏尊严与创造性。The Salle des Pas Perdus，无论内部还是外部，都是足以让我们这个时代引以为豪的建筑之一。这里，一切都保持着协调一致；一个清晰的观念贯彻下来并联系着整体。在这些案例中，施工永远是与设计相称的；施工精良且细致。所有一切证明，这是一位尊重他艺术和公众的艺术家，这样的艺术家在我们当代已经可遇不可求了。

那里。获得这个结尾的最佳方式就是真实——按照实际情况的需要选用装饰。2-203 在观察之前，在每一座建筑中，都有一个特殊兴趣的部分；这不是位于外面的部分，因为建筑的建造并不只是考虑从街上看的视点。因此，我们在处置的时候应该将兴趣——装饰效果——集中到特殊部分上。在宫殿中，它可能是觐见场所；在剧院中，是大厅和包厢；教堂中是祭坛；在市政厅，是会议室；在法院，是公堂；在公馆，是会客厅。因此，从外到内，引入应该是逐渐的，应该没有什么东西让人们倾向于停留在前厅，或者一段楼梯上。将一座建筑的会客厅设计得沉闷或者毫无装饰，但楼梯间反而过于壮丽，可能不会赢得建筑学上的称赞；内部的房间在很大程度上看上去可能令人厌倦，因为那些楼梯给出了过多的承诺。

必须要承认，在大多数我们现代建筑中，当需要节省的时候往往装饰是过多的，当需要丰富的时候往往装饰是不足的。正面被装饰覆盖着；在前厅和楼梯的设计中寻求惊人的装饰效果；所有这些沿着路径布置，房间里则是相对朴素的。观者看到正面被高耸的柱子装饰着，经过庄严的列柱廊之下，带有迷人效果的上升的台阶被充满雕塑的穹顶覆盖着；在这些难忘的序列之后，你可能期待着其礼堂堪与兰伯特大厦、曼恩大厦、马萨林大厦以及法尔内塞宫殿（Farnese Palace）媲美，而事实你所见到的是什么呢？整体设计非常普通的房间，但是夸张地布置着镀金的灰泥装饰，木刻赝品，普通的纸张裱糊和粗俗的家具装饰。外部少些夸张，内部多些庄严而真实的丰富效果，这样看上去就更加理性——更加符合真实装饰的原则。

但是我们应该怎样来评价那些自以为是的古典柱式呢，它们过于广泛使用在我们城市住宅的上层——壁柱，支撑在木质门面之上？这种不恰当的装饰看上去是多么的荒谬，迟早，当公众的品味自那些毫不吝惜地挥霍之后，转而推崇更加简洁而理性的形式的时候；在那时，就到了我们的建筑特征和时代风俗之间重建和谐的时刻了。在仅仅装饰公寓外部的时候，其丰富程度越胜于实际大贵族的宅邸，那会是什么感觉呢？这难道不是无聊的虚荣吗——在墙和窗框上覆有装饰——而同时，挤在房子内的家庭成员，正在被屋内各2-204 种不适折磨着，其勉强够用的规模几乎不能容纳房间婴儿床和椅子。

在 17 世纪和 18 世纪的公共建筑和公馆所采用的建筑风格中，存在着某种与时代风俗的协调。那时候，所有的建筑——尤其是大型的——为了外观的富丽堂皇而牺牲了生活的舒适性。外面是宽敞的庭院和宏伟的装饰立面；里面是华丽的门厅，高贵的楼梯，以及巨大的客厅；但是这种庄严效果的获得，是以舒适性为代价的。卧室通常都是狭小而封闭的，建造在夹层；通道和后面的楼梯狭窄而陡峭。佣人们挤在屋顶下糟糕的阁楼里。除了迎宾室以外，没有方便或者舒适可谈。这是符合时代习惯的，没人抱怨。但在民主时代，仅肤浅的并且限于外观的模仿过时的、毫无遗憾的贵族状态和辉煌，是非常可笑的。时代的风俗与这个过时的艺术背道而驰，在使我们的舒适习惯与这种外部的辉煌相适应的过程中，真理以最奇怪的方式被违背。在私人住宅中，我们可能仍然在某种程度上让需求决定的设计与沿街正立面的装饰相调和。他们的楼层被分割了，他们的窗户在处理上符合商业考虑，不顾古典柱式和对称的宏伟；但是就公共建筑而言，则是另一回事了。这里商业问题无须考虑，也不存在利益回报的问题，因此，我们有壮观的立面，彻底隐藏内部的安排，与他们所围合的空间完全不一致。我们为路人做了一个设计，为居住者做了另一个设计；如果一位建筑师有机会为这些皇家住所设计平面和立面，他将很难令他们满意。他画在立面上的窗户，内部没有对应的内容；路人看上去是正方形的窗户，对于居住者来讲是拱形的；事实上，他会发现建筑中的双重情况——一个是为外面看的，另一个是适合于内部安排的。在这个昂贵的混合物中，建筑装饰又是什么呢？像结构一样，它也是双层的，内外装饰之间没有联系。对这些观察者来说，说到所有能够感受到的事实，大多数人会说："对我们最重要的是什么？为建筑提供一个优美的外观和悦目的室内，看上去使这两种美一致并不必要。我们想要的是这样一座建筑，路人看去，壮丽辉煌，印象深刻，匀称而完美，同时，居住其中也感到舒适，其中能够发现丰富的奢华饰品。我们自己不会忙于观看立面，这些立面是树立起来吸引普通人的注视的；我们生活在这些立面的背后，使得我们的品味和奢华分离。"那些不关心艺术的人会说这并不令人吃惊，但是建筑师要屈从于这样奇特的要求，并且在做的过程中，仍然将自己视为建筑师，非常困难的去设想；因为，如果这里有一件最值得建筑师去考虑的事情，那就是在建筑的所有部分之间实现完美的一致，容器和它所包含的内容之间的一致——内部安排在外观上坦率地表达，不仅在结构方面，而且还包括装饰方面，因为装饰应该紧密地与结构结合在一起。我们发现，一位医学大夫装作路易十六时期建筑师的样子，建造了卢浮宫的柱廊，仅具有装饰作用，并未考虑到他将要放置那个庄严的屏障之后的内容。事实上，他什么都没干，而他的继任者不幸地陷入尴尬，因为它发现放入的内容其实没有什么实用价值。我们不想假设，最热衷于宏伟规模建筑的爱好者，会从这个立面中感受到超越精神崇拜的感觉，或者尝试去解释这个石头玩具的意义。但是这种随意的想法适合我们的时代吗？它们可以被公众所接受吗，公众迟早有一天会询问这座或者那座建筑建造的原因。那些辉煌的建筑可能很好；但至少让它们变得理性一些，设计不要仅仅为了外部的表现；因为，公众，有时候是温和的，在很长一段时间内已经接受了——我会想起了那个词语——容忍了某种建筑风格，它傲慢的显示着法国艺术的荣誉，某天却宣称它不再能够支付这种荣誉所需要的费用。我们年轻的建筑师将促成这种感受的改变，并会依赖它，那种并不是基于会引发反应的理性的基础上，但是炫耀奢华，刺眼的财富，只是无用的自我炫耀。适合于我们时代的建筑不是艺术，而仅仅是奢侈品，一些业余爱好者——社会精选的部分——的娱乐对象；它必须

2–205

要成为一个属于所有人的艺术，因为就公共建筑的情况而言，它是全民付费的。因此，它不应该只是满足小集团或者一个人的风俗和习惯，而是全部大众的。那么，让我们在赞赏——如同我们可能做的那样——罗马建筑或者路易十六建筑所炫耀的辉煌的时候，不要再复制它们；努力避免耗尽、剥夺，以及羞辱我们自己——这些都与一个伟大的国家不相配——通过对于品味、思想和良好感觉的展示获得尊重，而不是不合理地滥用财富。让我们建筑的装饰与我们民族性格中的优秀品质相一致，而后者反对夸张和缺乏均衡，这是一个极好的问题，不断成长起来的一代建筑师应该将他们最好的力量用在这个问题上。应该仔细考虑这个唯一能够产生建筑未来问题的结果；并非屈服于模仿或者未充分理解的混合从早先时代中借来的特征和建筑的早先风格。

2-206

有一个完全对现代的影响必须考虑：就是批判，不是党派的批判，嫉妒的和破坏性的——这些是我们不注意的——而是与时代精神有关的评论，赞成仔细的调查，并立足于理性。这种在科学中抛弃了臆测和建立于先验推理的体系，且要求基于经验和观察的证据的调查精神，倾向于渗入艺术领域，特别是当艺术与科学相联系时。我们的时代，以及我们自己，已经见证了新的批判方法应用于材料历史的研究，如同在非物质领域一样。这种方法不满足于推测，不管是有独创性的，或者基于感觉或感情的观点；它需要逻辑推演的证据。忽略时代的趋势，并非不赞成这种方法；只是为无知提供证据。但是，尽管在过去的年代，可能被允许的是只考虑已灭绝文明的建筑遗迹的形式和外观，不考虑产生那些形式的原因，在今天，这是不被允许的。历史是相同的：一位作家，试图回顾过去文明所采用的各种统治形式，没有调查从其中一些产生神权政治或君主政治而另一些形成寡头政治或者民主政治的原因，他顶多被认为只是一个编年史家而不是历史学家。从时代精神的趋势来看，导致的结果是，在实际的当代政治中，过去的分析知识，历史的哲学知识，成为必要，既然它们在讨论中不断地被要求。最近的世纪已经在历史研究中引入了批判方法：孟德斯鸠[1]，甚至是伏尔泰[2]都不满足于叙事；他们寻求对照、鉴赏、演绎，当立足于严谨观察时，获得了公理的形式——定律——关于文明。同样的现象随即出现在科学研究中。但在这方面，艺术落后了，除一些无法解释的教条主义系统之外，鉴赏建筑作品的评论，几乎没受到任何超过兴趣或他们所生活的社会的本能品味的影响。德国的温克尔曼，是第一个尝试将批判方法运用到古典艺术上的。尽管他研究的范围非常有限，他努力的结果还是捍卫了实验步骤。这些产生了一种想要在古代遗迹中发现一些不只是外在形式的东西。但我们的法国建筑师不容易被劝说采用批判方法。由于对自己的能力深信不疑，很多人坚信某种信念，即天才的基本特征就是忽视所有非专业的东西。年轻的时候，我有建筑同学，他们为自己没有成为讲师而愤恨。事实上，

2-207

1 《罗马盛衰原因论》（*Grandeur et Decadence des Romains*）和《论法的精神》（*Esprit des Lois*）

2 《哲学辞典》（*Dictionnaire philosophique*），*Essaisur les Lois*.

他们除了懂得如何用墨水画平面图和为立面图着色之外，一无所知，而这仅有的一点也是那时在学校里教授的。不过，从那以后，事情有点变化了。

对于过去时代的艺术的研究，特别是建筑方面，在许多建筑师团体中引发了不止一点惊恐，这些建筑师的图书馆由佩罗翻译的维特鲁威、维尼奥拉、帕拉第奥、隆德莱的《建造》、佩利耶和方丹的《罗马宫殿》组成。最活跃的思想促使他们用刚出版的任何东西，好的或不重要的，填满他们的书架。结果就是所有这些建筑形式的实例，没有条理胡乱收集的，更多的，它就像为人们的词汇表添加了惊人数量的单词，而这些人并不认识它们的意义，也不了解其句法和语法。随之产生的行话就能想象了。优秀建筑基地的令人尊敬的保护者，惊愕地见证了这场从各处收集来的文献的入侵，发诅咒反对他们称之为"考古学"的东西来蚕食艺术。他们并不是完全错误的。但是被强烈反对的事情是信念的坚持不懈，即对于过去的研究是不公正的，目前我们可以将分析的方法用于建筑，像我们在科学上那样。

这种研究——当然如果它不会在形式上突然停止，而是继续调查其成因和原理——如果它不是排外的或有成见的先验——很快就能让我们从或多或少成功的抄袭案例中辨别出在那些独创的建筑案例；将那些经过完整逻辑推理产生的实例进行分类；发现某些文明中共有的原理，并因此发现规则不在于这样的运用或这样的艺术形式上，而是基于不可改变的理性。我承认这是一项比 30 年前流行的系统更复杂的劳动，这个系统由运用某些不考虑其产生理由的艺术形式组成；但这是一个必须采取的步骤，因为它将被严格的批判决定（而且在严格的批判形成之前并没有多长时间）当那个评论家，更好的启发建筑的基本条件，他会问建筑师，为什么建在柱脚上的古典柱式被抬高到建筑第一层上？为什么这些没有别的目的只承受自身重量的柱子被两个楼层分开？为什么这些窗洞口要开得那么高，既然你不得不用地板来分开它们？为什么模仿小型意大利宫殿的正立面被粘在一个大型的只有巨大的大厅的建筑上？为什么形成扶壁的重叠的柱子被靠在只承受无外部侧推力的天花板的厚墙上呢？为什么在一座一切都同时建造的新建筑上，复制一个不同时期和不同要求产生的正立面呢？为什么建筑同一个立面上有两个钟楼和两个钟面，而且仅仅相隔两码？你说是对称？但是这种对称止于哪里？它用什么方式组成艺术？为什么要在没人经过或不能经过的地方建造门廊呢，既然它们不通向任何地方，并使第一层和夹层变暗？为什么要建造这样一种横向宽度以至于你不能照亮中央部分？对于这样的及许多类似的问题，一个严格的评论家会在很多案例中向建筑师提出，它足以回答这个评论家是一个考古学家，排外的或是热情的吗？考古学、排他性或热情在哪呢？年轻的建筑师聪明地预见到并不遥远的未来，当他们的工作被呈现在评论审理委员会面前时，这些委员会并非考古的、排外的或者热情的，只是简单地要求事物的理性。他们明智地为判决做好准备，通过与现代的有序精神一致的研究，并通过外部形态永远不会与理性指导违背的作品，以及对我们生活的时代要求正确而明智的鉴赏。

2–208

第十六讲　关于纪念性雕塑

2-209　我想，建筑从来就不是很容易实现的艺术。

当我们为了满足所有的需求，不得不组合并完成这一综合体时，建筑是多种艺术的组合的这一事实导致了困难的积累。如果这一综合体不能被一种主导性的智慧引领的话——如果每位贡献力量的艺术家都自顾自地构想并实施的话，这些困难是不可逾越的。因此，如果大多数建筑只是艺术产品的胡乱堆砌而非艺术作品，我们既不应感到惊讶也不应只责备建筑师。当我们还在思考要建造一座建筑，方方面面的问题该如何处理时——现在比过去更加复杂——让人惊讶的是，大量形形色色的怪物都被冠以公共建筑之名建造了起来，没有什么比这更让人困惑的了。一度与建筑有着姊妹关系的雕塑，渐渐地与之越来越疏远，有时甚至与之相敌对；它坚持选择自己的位置，就像它在某个展览或者在博物馆中那样。它所希望的是被看到，并且在它附近没有任何东西会分散观察者的注意力。雕刻家不仅希望他自己更引人注目，他还希望使与之相邻的从事其他主题创作的雕刻家相形见绌。如果他们打算要公开展示的作品的话，这本是非常可取的竞争方式，但发生在要组成一个整体的作品中时，就是一种灾难。那么，建筑师应该——这可能会被反对——敢于指导这位雕刻家——以某些他可能愿意听从的程式收敛他的天赋，一让雕塑家只作为一个工人，成为一个图像雕刻工，图像的设计应由建筑师决定？这并不是任何特权——雕刻家在这一方面并不吝啬他们的抱怨——建筑师应2-210　该拥有指定地点、界定限制、规定不同的凸起程度以及尺度的权力。雕塑家的艺术至少与建筑师的地位相等吧？为什么前者必须服从后者？这样的反常现象在我们早已远离的野蛮时代或许是预料之中的，那时艺术家的名字不为人所知，艺术界的崇高地位仅为工匠们所有……我知道——每个人都知道——在这一点上会有什么样的争论；名字是无关紧要的问题；兰斯或沙特尔地区我能知道名字的雕刻雕塑的工匠们，在我看来与现代艺术家有着同样的天赋。但他在表现他的天赋的时候是独立且自由的吗？我们可以这么假设；在他被要求参与的活动之中，只有他没有给他所参加的统一的活动带来不和谐，且没有通过喧宾夺主来凸显自己的功劳时，他的天赋才能表现出来。

我不是要以任何形式贬低我们的雕塑家的真实价值，因为他们的作品表现出来的才能是非常可观的。现代以来，任何时候的艺术都没有创造出如此众多的优秀作品，我们可以毫不费力地认识到自 19 世纪开始以来，雕塑家的艺术达到了非常高的水平；但必须明白的是，尽管正在上升中，它仍与它的姐妹建筑艺术越来越不和，以至于我们可以认为它们必须分道扬镳的年代并不遥远。那么，对它们的和谐的需求是从何而来的呢？这是我们要着手研究的问题。

在造型艺术服从于宗教规制的地区，比如埃及，这些艺术只在它们不能违背的特定的有限限度内前进。它们之间的和谐不能被人类天赋的创造力扰乱。建筑、雕塑和绘画的功能，从一开始就是在严格而陈旧的控制下实现的，这种预先设定的和谐，在观察最优秀时代的埃及建筑时，很难判断这三种联系紧密的艺术表达是从何处各自开始和结束的。它们之间的紧密联系是如何以及通过什么样天才的努力首先建立起来的？我不试图解释这一点。我将这一现象简单地视作事实。它的重要意义在于，甚至在最笨拙的观察者看来，埃及的纪念物不仅与其他纪念物区别明显，而且呈现出如此完整的和谐一致的印记，以至于其他任何制度下的建筑，即使在它的类型中是最完美的建筑，在与埃及建筑比较时，似乎也需要在整体性方面更为加强。罗马建筑[1]尽管坚实牢固且和谐，但和最好时代的埃及最不足道的纪念物相比较，仍然显得缺乏气度与整体性。原因是，在埃及建筑中，建筑物显示出稳定和力量的感觉，因为它被最简单且最易想象的原则引导，雕塑和绘画艺术与建筑师所采取的形式形成的紧密整体，吸引了观众对整体的绝对统一性的注意，而非消解这种统一性。位于入口侧面牌楼门上的巨大雕像在构图上呈现出扶壁的外观。站在门廊平台对面的女像柱通过它们的形式和它们被作为纪念物对待的方式成为这些柱子的一部分。如果历史雕刻出现在墙壁上，它会被结构同化；它像一种覆盖了墙体但却不改变其表面的挂毯。尽管这项工作完成得精密且仔细，尽管埃及雕塑家以罕见的有穿透力的细致观察着自然，他仍为了追求纪念物的原则而作出了相当大的牺牲。他对他所表现的形式惊人地熟悉，但他仍然小心谨慎地避免表现所有的细节，并满足于自由简洁但永远真实的诠释，尽管他赋予这一形式的是陈旧古老的外表。在雕塑与建筑之间的绝对和谐，导致了当与埃及艺术相比较时，所有其他建筑看上去像几件家具，并不由自主地引起了我们对三种艺术紧密结合的强大而独特的表达方式的注意。那么我们要在我们的大街两侧推行对埃及纪念物的模仿吗！当然不要：但无论埃及艺术距离我们的时代有多么遥远，和我们的习俗有多大的差别，我们可以在其中发现很多教益，如果我们希望在艺术的不同表达中保留除了表面形式之外的东西的话——如果我们在其中寻求发生原则，以及表达的多样性的原因的话。埃及建筑中雕刻的首要特征，我们不再多次重复，是它与建筑形式的紧密结合——它在这些形式中的参与。无论雕塑是巨大的或是小尺度

2–211

1　在谈到罗马建筑的时候，所指的是真正的罗马建筑物，而非那些帝国时期对希腊艺术的虚假模仿。后文亦如此。

的，在先前的案例中，它从未妨碍建筑的统治性界限，在后来的案例中，也不会显得自私或不利于建筑整体的壮观表达。当我们看到那些尼罗河沿岸的纪念物时，这一点显而易见；可以想象，这一如此完美的结果没有花费任何

2–212

的努力；事实上，它是完整和谐的艺术作品的特点，观众看不出任何努力或者研究过的痕迹：但对于知道每件吸引并留住目光的而非扰人的艺术作品需要多少知识以及耗费多少脑力劳动的人来说，埃及最好时代的建筑当然是当时的世界上最完美的。的确，必须同意的是，这样的结果在类似埃及文明的简单需求下比我们这一时代文明提出的复杂要求下更容易获得。这一原则适用于各处。艺术家总是可以自由地利用自然，不需要屈从地复制自然，可以自由地使作品和雕刻的技巧服从于纪念物的构想。我不是要责备博物馆的教条，它显著地推动了艺术作品的保护和艺术家的教育：但不可否认的是，博物馆倾向于从艺术家的脑中抹去艺术紧密结合体的思想，（除非他是天才且具备良好的批判才能），而这一思想正是艺术最好时代的显著特征之一。对孤立的杰作的观摩当然会导致同样是孤立的新的杰作的产生，但它们不会带来宏大且综合的思想，那些思想对建筑以及不得不努力表现它的人来说是非常必要的。在更大的程度上，这些博物馆倾向于分散公众的注意力和品味，他们很快就认识到要成为艺术的鉴赏家，需要的是以某种程度上的细心对古代纪念物的碎片进行研究，而不是哪怕是在脑中将碎片安装到合适的位置的能力。要真正有教益，要成为不只是考古的奇珍异宝的归类展示厅，或者杰作碎片的陈列处，博物馆除去遗物之外，应该同时展示出遗物们所从属的完整的作品，哪怕只以绘画的形式，以分类的方式。但在这些问题中，一切都等待完成，许多偏见也要去除。我们的英格兰邻居已经作了此类尝试，但我们非凡的虚荣而非资源的匮乏挡住了我们的去路。基于对我们的领悟力和天生的品味的信任，我们相信如果展示出一幅美丽的画作或者一件精细的雕塑，我们就提供了艺术所需要的一切；但我们几乎不关注这幅画作或者雕塑是在何处发现的。然而，这并不是希腊人在他们的艺术最盛时期所做的，当他们还没

2–213

有开始为富裕的罗马外行们雕刻、绘画，正在建造或装饰那些列入他们的光荣榜的纪念物时候。也不是中世纪和文艺复兴时期艺术家们的做法。只讨论雕塑艺术的话——我们最卓越的艺术家们的在他们的研究中独立工作的习惯，他们对不属于其专业的艺术表现出的轻蔑，以及他们对纪念物艺术状态的漠视，在他们自己来说引起了最大的欺骗，在公众的方面引起了最严肃的批判，当公众被召集起来为建筑的装饰捐钱时。那么我们就应该理解雕塑家们对由此引起的失望和批评的指责吗？绝不！这永远是建筑师或与之紧密关联的且相互竞争的雕塑家的错误。建筑以它的体量、布置或细节损坏了雕塑的效果；或者与之竞争的雕塑家竭力“杀死”与他自己相竞争的成果，这种状态是不好的。必须很清楚地知道这些今天常常发生的小意外，多少是由建筑师引起的。

雕塑作品总是被作为附属物，因而艺术家们在接受了已为他的雕塑规定好框架或者基础的设计方案之后，并不会花心思去考虑他并不理解也没有人向他解释的所谓整体效果，因为多半并无所谓整体效果，也没有人为此征询过他的意见，他想做的只是将自己的作品展示出来。我当然从未见过希腊人如何工作，但我相信他们不会如此工作；事实上，所有一切都让我相信伊科蒂诺(Ictinus)和菲迪亚斯(Phidias)在工作中是紧密联合的。并且，不管希腊建筑在其巅峰时代是多么美丽，必须承认的是，我们现在能看到的希腊建筑中，雕塑远不像埃及建筑的完美范式一样，表现出与建筑在纪念性上的紧密结合。和谐统一最可能存在于早期的多立克建筑中，比如阿格里真托巴西利卡，即巨人神庙，以及其他具有古代特征的建筑；但在我看来在帕提农神庙中，如果雕塑技巧还没有绝迹的话，至少原则已经绝迹。

事实上，在纪念性雕塑中，两点必须注意——相对于整体的恰当的设计；以及与风格、地位和目的有关的技巧。对菲迪亚斯心怀尊敬，但柱间壁上表现的主题似乎并不精确适合于建筑的规模；这些高浮雕的图像，在它们所在的高度上，看起来非常渺小，尤其是在正面的前后部，即在充满着门楣中心的巨型雕像的下方的时候。但如果我们观察其技法，我们会发现不可能再找到比它们更适合于目的和场所的雕刻了。细节上的精美并未损害直率地表现出来的整体效果。人们可能会原谅诸如菲迪亚斯(他可能在他的工作室中陈列了一些门楣中的图像)的艺术家在某些只有燕子才能看到的细节的技巧中过度细致，如果这种细致不会严重影响整体的朴素庄严的话。在这一为取悦某些外行人而精心完成的作品中，我们已经可以找寻到即将清晰地浮出水面的恶习的痕迹——两种艺术的分离，建筑和雕塑。当艺术家在满足一些业余爱好者的目标下工作时，他已经接近于衰退，他正在迷失自己；他认为他正在日趋完美，因为他正取悦于某些行家精英，而实际上他正在退步。艺术的完美必然要使所有人都印象深刻——无知者和挑剔者。当雕塑家的艺术局限于满足某些特权阶层以及某些著名的业余爱好者的品味时，它已经失去它的纪念物意义，而唯有这种意义，才能鼓舞大众。

2–214

如果雕塑能让人留下非常深刻的印象，那么它一定具备了对所有人的意义，这难道不是毫无疑问的吗？在希腊人看来，神话的、英雄的或历史的雕塑表现了所有人都热爱的东西。同样，在我们的中世纪纪念物中，雕塑也有着可以为所有人清楚理解的意义；它是一种教化的途径。我们伟大的北方教堂的肖像画就是通过眼睛教化大众的名副其实的百科全书。我承认，今天这些途径已不再流行。寓言是贫乏的资源——很少有人费心去揣测冷漠的谜团，因为没有人对其感兴趣，且它不符合人类心灵的感情。特性或者抽象的人格化——诸如和平、战争、繁荣、商业、艺术等——所有这些都太过抽象或者充满着太过幼稚的形而上学，以至于不能引起任何人的兴趣。这只不过是制作雕塑、浅浮雕或者雕刻组群的借口，在其中人们大约只能看到精心布置的图像的集合——工作室中的学院派作品，与任何生动的事实、思维的活动或者心灵的情感都不一致。我们可以赞赏它的形式，如果它是美的，但拥有如此能量的一种艺术，例如雕塑，并不仅仅是以满足眼球和将思维引导向纯粹的物质批判为目的的。形式只是唤醒某种思想或感觉的一种途径；如果它自我孤立，或甚至它不是在某种注定会传播开去的思想的激发下突然闪现的，形式只会在思想中留下非常短暂的印记，且很快会使我们厌烦。我们最受人尊敬的雕塑家深知这一点；由于他们不能将一种思想扩散到整座建筑中去，他们满足于在一座雕像或者一座半身雕塑像具体表现这一观点，如果他们有观点的话；他们有时会成功。但随着艺术越来越限制在工作室中，集中于越来越狭窄的范围内，这一观点对纪念性雕塑来说是完全无效的。那么我们就可以断定当下盛行的不公正的状况是致命的且不可补救的吗？我们就可以认为，拥有我们这个时代引以为豪的丰富且独特天赋的纪念性雕塑，就只是分离的碎片，它们因接近而互相损害，它们与建筑没有任何联系，它们就技巧而言有时可被称为杰作，但又因思想上的含混或平庸而被遗忘吗？当然不是；一门拥有如此众多的活力元素（这种活力常常创造出价值突出的作品）的艺术，一定不会在公众面前消亡，也不会只存在于分散的底座上、宅邸、宫殿或博物馆中。找出其中的祸害是很容易的事情，公众可以清楚地了解其原因也是很好的事情。现在，公众并不明白艺术的共和国是如何被管理的，愿意教育他们的批评家们也并不比他们知道得更多，或者因对这样的问题有太多的个人兴趣而不能说出所有的真相。

如果一座建筑将要被建造，而在其中雕塑将处于某种重要地位，建筑师设计方案，将其呈交给有关当局，并开始实行；很快，他会被来自于希望参与其中的雕塑家的申请书质疑。通常，他会将他们提交管理委员会处理，他们负责在必要的时候保证工作顺利进行。同时，建筑继续进行，建筑师指定雕塑（statuary）应该放置的地方。这里应该有雕塑。但放什么？他并不知道，对他来说这也不重要。它们应该有 6 英尺高：这是他主要考虑的事情。那个地方应该有一座浅浮雕……它应该表现什么呢？……我们不久就能看到。山墙上，或者这些平台前面，应该有成组的雕塑……它们应该表达什么呢？……工业、农业、音乐或者诗歌？……时间到了，这自然会解决的。雕塑家开始工作的那天到来了。然后混乱就发生了……某某先生得到了一座雕塑的委托；……他很愤怒，因为他更有特权的同行得到了两项委托。后者则会诅咒为 M 先生提供了一个雕塑组群的董事会，M 先生则因发现他的组群地位不如分配给 N 先生的而暴怒发狂。如果建筑师有董事会的帮助，他的雕塑家朋友们就会得到好的委托；如果董事会并不重视对他的帮助，他的建议甚至不会被征询，但他将会收到官方信件的通知，告诉他某位或某位雕塑家已被董事会任命完成某件雕塑、浅浮雕或者组群，他被要求与雕塑家们协商完成。在这样的指派中，如果被拒绝的雕塑家不满意的话，那些得到委任的大部分更不满意。有着协会成员荣誉的这一位，认为他与某位不是协会成员的雕塑家有同等资格是不合适的；他认为他自己被不公正地对待了，并要求赔偿。精神上独立于董事会或学会——没有什么不同——的另一位，只有指派给他的室内的石膏图案，或某个半身像，这只是为了不让无人认同的候选者或者艺术家们不至于饿死，而施舍给他们的一枚小铜板。喜欢介绍菲迪亚斯的美术研究会（Academic des Beaux Arts）的永久秘书（secretary），应该请求他告诉我们关于建筑装饰的程序方法，菲迪亚斯是怎么看的。现在是这样的，如果所有的设计都要听从于建筑师的或者更常见的听从于委员会的，每个人开始着手工作，以便于在实施之前可以获得赞同。当然，每个雕塑家都在他的工作室中制作模型；他有指派给他的计划和尺度规模。关于纪念物的风格，放置的场所，以及整体的效果，他很少考虑。如果他的作品将占据一个好的位置，他希望使他的同行黯然失色并创造出引人注意的作品。如果他仅仅是被二等的委员会认可的，他只会拼凑出使他可以得到任命的设计。他创作出一尊 Muse 或者一尊 Season，或某些其他的使人想起古代雕塑或其他的作品。女性形象的数量在这种正式雕塑中是显著的；很少有男性的雕塑！光荣、战争、信仰、仁慈、和平、自然哲学以及天文学——所有的这一切都是有女性气质的；但即便要表现商业、春、夏、秋[1]这些内容，仍然是女性的主题。如果，从这以后的两三千年，当我们的公共建筑的旧址已被荒草淹没时，博学的古董商将会进行探险，发现许多法国雕塑，他们当然会推测某条法令或宗教教义禁止我们在雕塑中表现男性；他们将会阅读关于这一主题那一年代的学会之前（before the Academies of those days）的长篇论文，它们可能被“crowned”。最后，设计被认可。但看一个 1∶20 甚至 1∶10 的模型，并不能得到当建筑的某个部位被雕塑充满时的效果。这些黏土或石膏制作的小而粗糙的模型，即使对于最有经验的艺术家来说，也只能给出关于作品设计的概念；它们不能让他形成关于放大后的模型放在建筑上或建筑前所创造出的效果的观念（即使它的主要形式被严格地贯彻了）：赞许随之而来，董事会也没有更多意见。接着接受了任命的雕塑家再次把自己和他们的模型以及作品单独关在他们的工作室中。

2–217

他们中的某些人——我认识一些，但他们是例外——会拜访他们的同事；但通常他们避免这样的探访，他们不能让自己受到可能会损害他们作品的独创性的影响。对那些要创作组群雕塑或浅浮雕的人来说，将会在他们要装饰的部位前面立起板屏，许多人可能都见到过，他们让他们的雇工制作一般来说是原尺寸一半的模型。可以假设，因为上述原因，他们没有参观其他人的

1　读者也许记得这些词语的法国同义语是男性的。——英译者注

作品。一个晴朗的早晨，板屏撤去，四轮马车运来雕塑，接着它们就会被安置在它们的壁龛或者基座上；所有这些作品，单独看上去确实有很多优点，当放到一起时，就创造出最奇怪的组合。在远离建筑的工作室中完成的雕像，看上去纤弱且贫乏；组群的雕塑压倒了一切围绕在它周边的东西，包括雕刻和建筑。一处浅浮雕被阴影覆盖，另外一处，与之相对的，就像是一片发光的污渍。每个艺术家都会带他的朋友们来参观他的作品，这些朋友独立地欣赏他的作品，就像它们是放在工作室中一样；一连串恭维的话说尽；公众看不明白，而没有偏见的批判家们尽管少有，在努力地寻找它整体上的意图，往往很难找到。

如我在前文所说，让承担我们的公共建筑委任的如此多人——从董事会的成员到实现设计的艺术家——烦恼的，并不是艺术的问题，而是人的问题。必须逐个安抚行会和同伴的情绪，必须取悦这位或那位赞助人，必须考虑到这种或那种利益；所有这一切都要求委任必须谨慎，必须尽可能地满足最多数人，这样他的重要性才能提高，才能保住募捐者和顾客，天才才不会被反感，占大多数的平庸者才不会被冒犯。被指派建造一座雕刻在其中占有重要地位的建筑的建筑师，必须同时被委任去选择并指导雕塑家，这似乎是非常合理的；但如果是这种情况，建筑师必须被授予控制整个设计的权力，并且雕塑家必须愿意接受它们；但我们还远不能实现这两个条件。必须承认，很少有建筑师能够对一件背景清晰的雕刻作品给出评论；更少有建筑师可以在纸张上写出此类观点，即便他们有这样的观点。或者，另一方面，如果他们被允许选择一位艺术家，并将装饰立面或厅堂的雕塑的设计交付给他的话，完全让他自作主张，或许结果会与建筑不协调，但可能自身互相协调。这不能让大的管理层满意，建筑师选择的幸运对象将会忙于抵抗建筑师因此对他产生的指责和厌恶。鉴于这一做法将会产生这样的状况，有先见之明的建筑师尽可能地避免对将要安放在他们的建筑中的雕塑进行任何的预见；那些鲁莽或缺乏经验而敢于要求雕塑成为重要的装饰要素的人一定会为之感到后悔。[1]

埃及人之后，在不同的观念秩序下，我们的视线中没有任何一个时代的艺术比中世纪最好的时期知道如何将雕塑运用于建筑。由于很少有构成纪念性作品组成部分的希腊雕塑，所以我不能斗胆断言在构成上或是在综合的协调性上，希腊人在他们的雕塑装饰中相对于中世纪大师的优劣。我们只能就现在仍然存在的，我们能看到的并因而可以分析的来谈。鉴于现存希腊建筑中的雕刻，就技巧而言优于过往的一切艺术，我们不得不极度尊敬希腊神庙中的雕塑所拥有的一致的构成和形式的划分。毫无疑问（我只就神庙而言），雕塑是服从于建筑整体的；它只扮演着有限的角色，不能对总体效果产生显著的影响的有利或者不利因素。我们可以假设——且在雅典的潘特洛西安我

2-219

1 见第七讲。

们有这类范例——希腊人建造的建筑中，雕塑对建筑的组成有着主要的影响；但当这些纪念物不再存在时，我们只能或多或少地猜测它们的精美。在艺术的总体观念上，我倾向于认为希腊人是有绝对的优越性的，但关于建筑，我们只能讨论那些仍然存在的，而不能讨论哪些我们假设曾经存在过的——至少在这里我们不能这么做。关于帝国时期与建筑相关的雕塑，我们没有什么好说的。雕塑对于罗马人的天赋来说，是完全陌生的：对于他们，它是一种异域风情的艺术，是一种奢侈品；一座真正的罗马建筑的美只存在于它令人惊叹的建筑中。我坦率地承认，图拉真广场的巴西利卡中，雕塑占据了重要的地位，并且是精心设置的，如果我们可以相信勋章和一些遗存提供的信息的话；但要确定地修复这座建筑是困难的。凯旋门——我不应将罗马神庙纳入考察对象，它们只是对腊神庙的些许修改——几乎是现存唯一的雕塑与建筑紧密关联的罗马纪念物。尽管在这些构筑物中，组合并未达到完美和谐，但其总体效果毫无疑问是宏伟壮丽的，相对的比例关系常常是令人愉快且坚定的，在雕像、浅浮雕和统治性的建筑线条之间的统一是尤其值得称赞的。建筑师和雕塑家很显然充分理解对方，我们可以推测罗马没有可以任命一打雕塑家去装饰一座建筑物的公共建筑委员会。并且，在观念的表达方面，罗马人并不逊色于希腊人。设计之间互相有关联；它们是有意义的，并形成了一个清晰且一致的整体。在这一方面，前文我们谈到的图拉真柱[1]，就是一件杰作，展示出罗马人雕塑和建筑的紧密关联的现存唯一纪念物——凯旋门，也清晰地表现出它们的来源。可能有人回答说，对于古人来说，这是非常容易的：希腊人可以毫不费力地为宗教纪念物设计雕塑，通过从神话和英雄故事中选取题材，它的意义可以为所有人理解，罗马人在为凯旋门选择合适的主题上也毫无困难，战争、战利品、条约、战俘、胜利者——这非常容易，这些主题们述说着自己的故事；生活在很大程度上基于并依赖于宗教信仰的社会中的中世纪的艺术家们，会以从宗教阶层的任何部分以及旧约和新约的历史中拿来的主题，装饰教堂的外观。但雕刻家在装饰交易大厅（Exchange）、法庭或剧院的时候，他的来源是什么呢？我们在这些建筑中，难道不是被迫采用了那些对于大众来说毫无意义的愚蠢且单调的抽象吗？大众可能形成了关于朱庇特、Fates 或童贞马利亚的观念；事实上，这可能人格化了某种美德或某种优点，比如勇气、坚忍、信心、力量——甚至一座城市或者一个省份，但我们应该以什么形式去表现工业、商业、宪法、物理学、天文学、诗歌的抒情或幻想呢？缪斯（Muses）是悲剧、喜剧和天文学的守护神，这是可以理解的，Deity 掌管着雨水或收获；大众熟知神话，不需要对其作更多的解释；但如何将一个抽象概念人格化呢？我们要被迫复制这些对于我们来说毫无意义的神话，或是赋予这些与形式不能相容的观念以某种形式吗？或者，另一

2-220

1 见第四讲。

方面，我们必须遵守冷酷且荒谬的寓言——表达被解放了的思想（Emancipated Thought）击溃了的专制主义（Despotism），被秩序征服的政治混乱，或是将苦难遮蔽在它神性外衣下的宗教信仰，或是打破束缚的自由？我们难道不可以做些别的，更好的事情吗？我们难道不能从过往中找到有发展可能的基本观念吗？在艺术、诗歌和感情上，绝对的新创造是不可能的，因为人类的心脏永远是以同样的方式跳动着。我们称之为新的东西，只能是一种往往是旧的思想的更充分或更广泛的发展。两种感情——爱和恨——为诗人、小说家、戏剧家提供并长期提供着激发读者和听众情绪的素材，如果他们在一个新的阶段里能表现出这些情绪的话。

我承认，如果我们不得不为公共建筑在雕塑的完整性上制订一个计划的话，是需要一些计谋和圆滑的，工程的董事会是不负责这些事情的，但建筑师至少要考虑到他们，因为他们的名声在这些麻烦中常常会受到影响。他们覆盖于建筑上的展示他们技艺的雕塑的平庸归咎于他们想象力的贫乏、他们知识的不足，或是来自学院的偏见，无论怎么辩解，学院只是一个狭窄的学术小团体。几乎全部的雕刻家和画家将自己限制在他们自己的狭隘圈子内，并对不拿凿子和画笔的所有人表示出深深的鄙视；而没有那么排他的建筑师，则受这一由专科学院制度带来的排他性的学术门类弊端的折磨。艺术家们很少阅读，他们并不热衷于让自己熟知思想的进步。另一方面，公众对于艺术家工作的背景是毫不知情的。他们之间的接触即便是有的话也很少，因此公众对艺术家感兴趣的问题的漠不关心，与后者对来自他们小圈子外的批评所表现出来的鄙视成正比。但正是艺术家自己，在这样的状况下失去的最多，如果他们认识到这是为了他们自己的兴趣，事情将会有所好转。他们中贪求成功的人，认识到公众并不理解他们的语言，奉承公众含糊的口味，公众只赞赏他们的无益幻想。无论他们在他们的作品中表现出什么样的才能，这些艺术家们贬低了艺术的层次，并使其沦为一种可鄙的职业。这里我应该不会被误解：我并不承认艺术有高级低级之分；只有一种艺术，如果公众喜欢某种含糊的表现，那是因为他们至少从中发现了某种观念，而在某种高尚的秩序中他们却没有找到。例如，现在被称为宗教雕塑或绘画的艺术，无论在技巧上有什么样的优点，完全是平庸且令人生厌的，且绝对在思想和观念上是欠缺的。这不是因为他们的作品表现了所谓宗教的主题，公众对其毫无兴趣，而是因为他们的作品只是老掉牙的抄袭，其中全无宗教或其他思想。所有的主题都是优秀的，只要它们向公众表达出清晰的观念；但为了绘画或雕刻出某种高尚秩序的主题，构想出它们的艺术家们必须有高层次的思想，且不能从传统的老生常谈中获取他的灵感。承担宗教主题绘画的每位画家，脑中都会立刻出现拉斐尔（Raphael）或文艺复兴的其他大师的作品。创作浅浮雕的每位雕塑家、表现讽喻组群或人物，或属于可疑的神话作品的形象时（or

2-221

one belonging to a doubtful mythology)，同样都会想到古典时代的作品，或更糟一点，想到古典作品的仿制品。公众为之感到厌烦，并非不合理；无论如何，这样的作品不能吸引他们的注意。一眼看上去，大众认为这一作品仅属于惯常的秩序；以通俗的话来说，他们并不相信任何这样的事情曾经发生过，因此他们并不会注意这些雕塑作品。撇开作品的价值来说，在希腊人中并非如此；装饰帕提侬或特修斯神庙的雕塑，对于他们来说有着非常独特甚至可以说是现世的意义。对于那些在早前时代里就会驻足端详教堂入口的人来说也不是如此；因为他们不但在那里发现了一整个他们所熟知的思想的世界，而且在善与恶的永恒斗争的表现中看到了邪恶的破产、正义的神圣以及美德的颂扬，尽管是谦卑的。这是缘于为所有人所熟知的一种思想或一系列思想的帮助；如果形式是美好的，那么眼睛就会习惯于对艺术感兴趣，爱好艺术，并且对美的东西感到熟悉。没有其他途径使公众习惯于美，并使得他们热爱它，但用美的形式表达某种吸引他们的思维的观念，会让他们感兴趣。但思想是必不可少的；它必须是可以理解且扣人心弦的。抛开那些雕塑中乏味的寓言或者抽象，如果我们用一座我们时代的浅浮雕表现最后的审判——假设要表达一个被普遍接受的信仰——那么一定不能忽略我们已经身处进步的19世纪，虔诚的人们对最后审判的观念不可能与13世纪时相同。但如果我们将老教堂上表现这一场景的浅浮雕与装饰马德莱娜教堂门楣（Madeleine tympanum）的浅浮雕相比，正是在老的雕塑上我们能看到成熟的哲学的、精妙的且真实的思想，而在后者中，只能显示出物质的粗陋的观念，或者根本没有任何思想可言。首先我们来研究十三世纪的浅浮雕。基督被表现为半裸的样子，露出他的伤口——表达出救赎的献身，这位神努力解救现世的罪恶。这足以表明有罪的人们是不可原谅的。他的周围是托着作为证词的耶稣受难文书的天使。接着我们会看到敬爱的门徒圣约翰和在他一侧跪着为人类说情的他的母亲。穿着一样的服装且头戴花冠的有福之人（the elect），是不分性别的——从艺术的角度看，这省去了很大的麻烦；相反，有罪之人则保持了他们的特定的容貌。各种地位的人群——劳工、商人、士兵、妇女、主教、国王、神父：被罚入地狱的人没有区别。当然，即便有这样的信仰，也不可能以更合理的或者同时更适合于造型艺术要求的表达方式表现出来。但马德莱娜教堂门楣的浅浮雕为我们展示了什么呢？穿着整齐的基督，摆在那似乎是为了分开人群；在他一侧，重要的人物——尤其是妇女——假装圣洁的表现，似乎在感谢救世主将她们与另外一侧的一伙恶魔分开，恶魔们面目可憎并互相争斗（pommelling）。我想请问任何没有偏见的判断，这两种设计哪一种包含了能使公众留下深刻印象的宗教思想？不创造雕像——像伊斯兰教徒一样完全拒绝雕像——当然胜于将毫无思想的设计安置在我们的教堂前面——我不认为它是宗教的，甚至是正确的或合理的。我可能会被提醒马德莱娜教堂

2–222

2–223

门楣的浅浮雕不是为了感化民众的目的设计的，而是为了向未来的人们表现我们的雕塑家可以如此娴熟地塑造和装点人物……但看到它们的公众会有什么兴趣呢，如果这些人物尽管被塑造和装点地多么美好却不能教给他任何道理——不能告诉他任何事情——也不能为他带来任何道德上的印象的话？他将会转而关注古物陈列馆，这是应该的。尽管有着受约束的信仰——尽管我从未见到有人驻足欣赏马德莱娜教堂的门楣——在穿过巴黎圣母院前的广场时（有时我会这么做），我常常会看到很多人停留在中门前，以他们自己的方式解释中门上门楣上的浅浮雕。即便在如今，这件雕刻仍然能引发思想，使得人们想到某些东西，而马德莱娜教堂的雕刻或许取悦了一小撮雕刻家，但完全不能吸引公众的眼球，尽管我们以为它是为他们创造的。即便如此，思想的些许差异也存在着，尽管表现得极为蹩脚；没有人知道它们为何高居于我们的大部分当代教堂之上，它们显然是为了让那些自封为雕刻家的人有事可做而制作的，但对于这些雕像我们可以说什么呢？

但不管这些失败的例子，让我们来看看是否不存在逃离那些古旧的神话、枯燥的寓言以及那些令人作呕或无趣而假装圣洁的宗教样式的方法，这些在过去已持续了一段时间？永恒正确的、只要地球上有人类存在就能永远引起他们兴趣的一个主题是——善与恶之间的对抗、好与坏真理与错误之间的斗争。尽管错误和邪恶常常取得胜利，真理与善的长期失败也没有削弱每个人以自己的良知对其怀有的尊敬。它们之间的对抗为艺术家提供了无穷无尽的主题，尤其是对于只有少数的形式来表达一种思想的雕刻家来说。我们所谈论的主题总是能吸引人的注意，因为它让每个人想起他自己的过去，鼓励罪恶的受害者坚持正义，并在公众面前谴责错误或邪恶。

2-224

中世纪的雕刻家和画家都很清楚这一点，并在宗教和民用纪念物中，为我们留下了这一对抗的大量造型艺术范例。使得一种美德或其他抽象的品质人格化，并对抗这一美德或品质的对立面，是一种至少从美学观点看来有创造价值的观点。这里我们有表现这种对照的机会，这样的对照可以成功地吸引眼球并占据人的思想。此外，我们还有少许造型作品。这并不同于寻求寓言的帮助——例如我刚才所说的，表现人格化的秩序消灭人格化的政治混乱，或者表现人格化的自由践踏着人格化的专制。但我预见到将会来的反对声……它会说，你如何在我们的公共建筑上表现那些关联性？……我完全赞同，以我们现在的建筑概念，这是不可能的；这正是我希望达到的目标。当雕像将被放置在立面上时，某些显然是额外的门楣、壁龛或基座就会被添加，一群有福之人就会被召集。“这里”，他们被告知，“就是指派给你们的地方；可能多多少少，或者一点儿也没有；因为这一雕塑不是建筑的基本组成部分，它只是一个多余的装饰，一件奢侈的剩余物。在地面附近基座上的组群、位于高处的壁龛中的雕像和填满门楣的浅浮雕之间，我们不会仔细考虑要在思想、主题、甚至技巧上建立任何联系。如果这些作品有其重要性的话，它们的重要性属于它们个体；不存在总体上的图像学关系，也看不出任何主导性的设计。我们只有一件件的雕刻作品，而不期望得到其他。

让我们详细地研究这一主题。我们所知的将雕塑引入作为附属装饰的建筑风格中，3个截然不同的系统是可以识别的，似乎很难再想出第四种。第一种，最为古老的，是埃及人所采用的风格，但很可能他们并非它的原创者。众所周知，这一系统是以一种连续的表现宗教、英雄或历史主题的装饰（tapestry）遮蔽裸露的位置——装饰绝不会改变建筑的主要线条；并在柱子或牌楼门前安置巨型人物雕像，或者作为装饰；人像是建筑在构图和处理手法上必不可少的组成部分。这里的雕塑和建筑，在某种程度上似乎是一同生长出来的。尽管希腊建筑在纪念性雕塑上比埃及建筑节制一些，希腊人同样认为这类装饰是建筑必需的组成部分。帕提农神庙的柱间壁、门楣和檐下的雕饰带（friezes）都是对建筑结构的线条毫无影响的雕刻的饰板（panels或者tapestries）；尽管我们不知道任何一座内殿墙壁从顶到底都被浅浮雕覆盖的希腊神庙，但这样的神庙可能曾经存在过，并且这一事实不会违反希腊人将雕塑运用于建筑中的观念。阿格里真托的大巴西利卡也显示出纯粹建筑属性并与建筑线条相一致的巨大的雕像，与埃及人一样，同样为多利安人所采用。紧接着这一早期系统的，我们将其划归为罗马系统，我们可以在亚洲发现其范例。我们用这个词语表示那些严格属于罗马人的艺术，而不包括他们对希腊艺术的模仿。罗马系统认为雕塑只是装饰性的附属品，与建筑没有任何关联。除了在某些我们特别定义的纪念物中，即图拉真柱和凯旋门中，罗马人将雕刻作为一种战利品，他们以之装饰建筑：事实上，这是他们真实的步骤。他们也许是第一个对某种有显著价值的事物有着业余爱好者的品味的，也是第一个以收集它们为自豪的。甚至在共和国时期，我们发现西塞罗组建了一个博物馆，并在缺少原版的希腊雕像的情况下，要求他的朋友阿提库斯（Atticus）从雅典为他送来复制品或者石膏模型。看起来似乎除了在上述特定门类的纪念物中，罗马人不关心图像学研究。他们的建筑师，和我们一样，习惯于准备壁龛，并在各处重新使用基座，然后再到希腊去寻找适合放在这些地方的雕像。

2-225

最后，我们还有为中世纪艺术家所采用的第三种系统——一种恢复图像学在埃及和希腊所获得的重要性的系统，但在构成上与前二者完全不同。这一系统确实不允许使用巨型雕塑[1]，以及为了营造某一特定角度的突出效果而创造的人物组群。类似埃及和希腊雕塑那样的浅浮雕并不适合它；这些主题以轻微突出的图像覆盖形成装饰效果，但都是以圆雕的形式表现的，除了观看者眼睛附近的一些点以及打算呈现为类似帷幔效果的一些地方。它并不像

2-226

1 我们只能以其相对的比例的外观称呼所谓的巨型雕塑。亚眠圣母院走廊13英尺高的国王雕像，就不能称为巨型的，只是由于它们所摆放的位置才会用这一尺度。事实上，它们看起来和真实大小差不多。

埃及和希腊系统那样，企图在宽敞的位置或者通长的饰带上发展雕刻，而是恰恰相反，将其集中于某些点上，形成极度的华丽与灿烂的效果和相对平淡的部分的对比。它比埃及希腊系统更坚决地让雕刻成为结构的组成部分；使前者与后者紧密地联系，甚至让它强调出建筑结构；为了证明这一点，我们可以看看这些装饰丰富的入口，它们的楣梁、门楣、侧柱或肋拱被雕塑设计清晰地标示出来，以便于每个对象或图像都是一块有着确定的用途石块。法国的中世纪艺术家，同时考虑基于自然气候的理性与艺术的思考，遮蔽他的雕像，并很少让它的轮廓打破天际线。而且，中世纪的雕像，与埃及、印度以及希腊的一样，总是着色的。这相当于认为，那些真正有着雕刻流派的文明都认为这门艺术不能与绘画割裂。

我认为，从以上陈述可以清楚地看到，运用于建筑的雕像自我调节以适应两种完全不同的体系：一种为亚洲、埃及和希腊所采用，一种适合于我们的中世纪艺术。

罗马人哪一种都没有采用；事实上，他们的方法可以说是没有方法。似乎今天的我们更喜欢这一中立的立场——图像学和确定的装饰体系的缺失——以及与之同时伴随着罗马人显然没有的自负做作。如果我们不打算在希腊人可取的品质方面类似他们，那么为什么我们要赞扬他们呢？我们的建筑师如何对待雅典？我们希望类似那些总是在呼吁荣誉和正直的无赖吗？对于我自己来说，我更欣赏 20 年前当希腊旅行开始被我们的艺术家推崇时，美术学会的某些成员就宣称在希腊的游学对于建筑师来说即便无害也是无用的那种直率。他们相信，在伯里克利的国度的游学——尽管他们被经验证明是错误的——会给他们带来与学会的基础原则相反的观念，并诱使他们违背对混杂的罗马风格的忠诚，罗马风格是被这一机构唯一认可的，并且是勒布伦时代提供的唯一认可的风格。事实上，我们陷入了一种毫无意义的罗马风格，甚至更为衰弱——是合乎自然规律的；如果我们的建筑师从阿提卡带回任何东西，它也仅是描述性的；从原则上来说，他们什么也没有带回来；或者至少，他们小心地不在他们的作品中运用它们。

2–227

我丝毫不期待某座底比斯建筑或者甚至帕提农神庙，应该在巴黎被复制；我们能拿它们做什么呢？如果我们打算绝对地模仿一座古代建筑，我宁愿看到一座真正的罗马建筑被建造起来——比如君士坦丁巴西利卡；我们至少能够使用它。但让我们真诚一些；我们将我们的公共建筑的立面只看作艺术作品的展示——露天的博物馆或者百货商店，每位雕刻家展示他的作品以吸引外行的注意；我们不要假装知道如何将雕塑艺术运用于建筑。作为这一问题的例证，允许我讲述一桩奇闻，不会太长。17 岁时，X. 是一个建筑师工作室的学生，这位建筑师是学会的成员，是一个非常优秀的人，他的学生因他的正直而崇拜他。这位导师让他的学生用墨汁（India Ink）抄写并渲染许多罗马建筑的片段；这位年轻人以在他画作的页边空白处——根据他对它们的观点——完成整座建筑自娱，而他其实只看过这一建筑的局部。很容易想象，这些复原与实际的建筑完全不同。他用来自各处的回忆将它们虚构出来，只有天知道它们是什么样奇怪的大杂烩！折中派（Eclectics）可能会醉心于此！科拉神庙（Temple of Cora）的门和在鲁昂或德勒看到过的门面放在一起；来自马塞勒斯剧场的一排柱子上，是覆满浅浮雕的阁楼屋顶，柱子搁在从佛罗伦萨的某座宫殿借来的基座上。起先，这位大师似乎没有注意这些奇异的复原，但看到接下来的事情之后，他说，"这些都是什么？"这位学生结结巴巴地解释他的意图没有更多的评价，直到明白弊端是长期的，这位导师某个早晨将学生叫进他的书房，并作如下训示："小伙子，你在耽误你的时间；如果财力允许，我建议你，暑假沿着卢瓦尔河岸或者在诺曼底进行一次长跑，绘下你看到的建筑，回来之后给我看你的图。"年轻人并不需要他重复这一建议。回来之后——事实上，他迫不及待地要向大师展示他的公文包。沉默地看完内容之后——"好，"他说，"你从这里面可以得到什么结论？"可以想象，这位新手建筑师没有得出任何结论，只能一言不发。大师又说道："你习惯于从在工作室中抄写的一个片段或一列柱子来假想建造一整座建筑，那么你为何从你绘出的诸多建筑物和建筑物的部件中得不出任何推论呢？一座住宅、一座公馆、一座教堂，每个建筑都有着建造的主导原则，并且一切与这些建筑有关的装饰也一定有它的原因和目的。你问过你自己是否你所绘的各种建筑都吸引着你，它们的装饰是否是本应如此？我发现作为天生的良好品味的结果，你已经进行了很好的筛选；但这是不够的。你应该知道一件艺术作品为什么以及如何能给人带来快乐。再次去旅行，如果你可以应付的话，不管在旅途中还是在工作室中，动脑要比动手更勤。"这一建议太符合学生的品味以至于他很难不听从；他继续在法国和欧洲其他地方旅行，铭记着他那优秀的导师的最后教诲。最后要得出的结论如下。如果它要令人愉悦，不管建筑呈现出的外衣如何，它的表达必须来自于清晰且确定的思考；它永远也不应以表达突如其来的灵感、形而上的偏好或者仅仅某种感觉为借口迷失在空幻的暧昧中。这些情绪，类似音乐或诗歌的能够在听者的耳中唤起感觉一样，只能在它通过推理的媒介影响思维的时候通过对一个建筑作品的思考创造出来。在涉及这一点时，我们必须像那些时髦的狂热者所说的那样"排外"，也就是说，我们必须排斥所有不满足这一条件的艺术。

2–228

将艺术互相换位的处理方式有点退步。作家自称在绘画；他将手中的钢笔换成画笔，并且将他遣词造句的语言换成颜料。他在他的风景画中描绘出灌木的每片树叶，不吝惜每一个技术术语，并且抓住每一点光与影；他会为你呈现出路上的每一类鹅卵石——他知道着一种是纯粹的花岗岩，而另一种是石英石的碎片；他设想他可以通过向你传达所有详细信息，让你知道他所

2–229

描述的地点；他加深了背景并增强了树叶的效果。但最粗线条的铅笔速写就能让我们更好地领会这一风景。另一方面，还有试图通过一幅绘画表达一种哲学的或是社会的宣言的一派画家。一小片织物或最细微的附属物隐藏着深奥的含义。一幅画因而成为一个谜；如果我们匆忙一瞥没有注意到这位艺术家极其细微的暗示，如果我们没有深入理解他所认为的适合画在画布上的病态异想，他就会认为我们都是白痴。

在建筑中，同样有这类被误导的艺术家。我承认，他们只是极少数，考虑到大部分当代建筑概念所表现出的思想需求，我倾向于宽容这些偏离正轨的探索者——他们至少是探索者。不过，我们的年轻学生应该当心他们；他们是危险的。一整页描写肮脏的庭院一角或是被鼠蚁占据的楼梯间下部的传奇文学或小说，也强于毫无用处的一页文字；它是可以宽容的。一种活泼的风格，让人愉快的措辞，语言的韵律，一系列妙趣横生的对比，可以让读者保持清醒；但在建筑学中，没有这样的方法，换位让人感到厌烦。甚至在纸面上，这一艺术也不得不用从不可动摇的法则中得出的常识方法表达思想；在不得不用石、木或铁表现一个含混不清不属于造型艺术领域的观点时，得到的结果近乎荒谬。

当某一流派的作家强调详细地描述一个地点、一个房间、一座茅舍时——为叙述增加趣味和逼真——建筑师，蔑视建筑艺术强制性的物质方面，不关心最普通的需求、材料的特性和使用它们的方式，不关心花费和对象重要性之间的相对比例，却会假装用石或铁表达某个即便以最深奥细致的分析也难以呈现的复杂的思想，这难道不奇怪吗？

建筑学不能伪装这一类的任何事情；它只以造型艺术的语言发声。很显然，如果一位建筑师竖起一堵没有开口的墙体，他传达出一个严格封闭且有防卫性的场所的观念，因而呈现出不信任的态度；相反，如果他在立面上设置许多开口，并用雕刻装饰立面，他将赋予他的建筑好客的外观，并使之与舒适与奢华的观念联系在一起。不信任与它的对立面——华丽的平易近人——是适合于造型艺术表现的非常简单的观念，因为它们与物质的、有形的、可感知的事实有关。但我们如何在建筑中表达对国家的热爱、责任的感觉、宽容或者友爱与团结的观念？

2–230

这些都是内心和理性思考的复杂的情感，与造型艺术的领域完全无关；所以，如果一位艺术家打算以石或铁表达这些形而上的概念，他将会创造出名副其实的谜题，或者为了表达某个哲学观念牺牲一些重要的基本条件和一些必要的基本需求，而在这一切被完成之后，没有人能认识到这一观念，它需要许多页纸的解释或者导游的帮助，才能为人所理解。

但回归到雕刻：对我来说，纪念性雕塑的名称似乎只能运用于那些所有的部分在总体观念和技巧细节上都与建筑紧密关联的雕刻。埃及雕刻，希腊雕刻以及中世纪雕刻，以不同的方式，成功地实现了这些必要的条件，而时间上最晚的中世纪，没有丢弃原则，提供了或许是所能获得的最多样的表达。从12世纪中期到十三世纪末，法国艺术以前所未有的丰富创造了大量建筑作品，其中的雕塑，哪怕是技巧平庸的，其宏伟壮丽亦毋庸置疑。需要我再提及穆瓦萨克（Moissac）和维泽莱修道院的门道，沙特尔圣母院（Chartres Notre Dame）、布尔日大教堂、波尔多圣瑟兰教堂（the church of St. Seurin at Bordeaux）的侧廊，或者亚眠大教堂的入口以及巴黎圣母院的立面吗？谁不知晓这些作品的构想，谁没有这些作品的版画或者相片呢？它们在建筑和雕刻上都如此惊人——这些作品的构想在图像学上设计得如此完美，比例关系研究地如此精当。但我们要研究一下那些没有那么夸张的样本。一种艺术风格的价值，不在于某些集合各方面的资源完成的伟大构想，而在于普通的作品。空前壮丽、极度奢华、炫耀财富的建筑物比肩接踵的时代，只能建造出野蛮人的可鄙的建筑物——它们的设计和实施如此糟糕，如此条理不清——不能被视作艺术的时代。艺术需要宽广的环境使之可以存活。如果它身处温室，它只是一件奇珍，一种娱乐，或者少数特权阶层的研究对象。设想一个地主建造一座壮丽的温室，并用尽他可以使用的方法和可以支配劳动力，在温室中培养最珍稀的植物，但却让蓟草和荆棘长满他的土地；我们难道不应该宁愿看到温室被摧毁，土地上生长出良好的树林、庄稼和葡萄吗？关于建筑学，我们身处与这个地主某种程度上类似的国家；我们有一座壮丽的温室，但在它附近却长满了太多的蓟草。这一先前曾广泛散布于我们土地上的艺术生命，现在集中于一座要靠巨大花费维持和培育的温室中；但毕竟毫无疑问，比起在有玻璃保护的树叶下，我们更喜欢漫步在户外茂盛的小树林中。

2–231

至于雕刻——就两三个我们的大城市来说，假设我们的评判过于苛刻——当雕刻常常会在地方城市中如此出现，难道不是很荒诞的事情吗？或者，得益于某个法人团体的慷慨，它出现在立面上，但是它与这座建筑之间有任何联系吗？在一次展览会上购买一座雕像，带到几百英里以外的地方，将它安置在墙上准备以任意雕塑填充的壁龛中——这就是所谓鼓励艺术！当然，这激励了那位艺术家去创造第二座雕像，期待它会和第一座有同样的幸运……但是艺术——在这其中有何作为？但这正是我们的大多数雕刻家工作的目标；我所指的只是那些真正有才华的雕刻家。闲暇时在工作室中创造一座或者一组雕像，看到这件作品被一个团体购买并安置在某处——出售它的艺术家和购买它的团体都不知道它将安置在何处。总会为它找一个地方！“*à statue donnée*……”这样的方式有可能形成纪念性雕塑的学派吗？

这些方法时下流行与否？以上所述是不是有点夸大？近来，艺术领域的一些改革已经被谈及。公众知道艺术家们提出了什么问题吗？他们谈到要举行一次展览会——更确切地说，是一个大集市。一些人赞同所有的东西都可以自由展示，另外一些希望有一个评审委员会；少数人——他们的提议并不是最没有道理的——假设当下艺术团体的管理方式是合理的——要求为学会和其同伙举行专门的展览会！这样的建议真的被提出了；这不是我的虚构。2-232 但没有人想到探询是否有更紧迫的事情需要去尝试：国家是否要在小集团的监护下继续扮演艺术家教育的管理者，或将这一功能交予私人企业是否更不合理。一位部长在自由主义的激励下，开始给予艺术家自由；艺术小集团纷纷开始思考如何才能按照它们自己的利益组织这种自由；当然首先是协会。组织自由！词语的奇怪组合。组织自由等同于对任何人说："你有权在七点起床，在八点去意大利大道（Boulevard des Italiens），十点在金色房子（Maison d'Or）吃早餐，十二点去 X 先生家，他会在余下的时间里给你上课。"

因为艺术家们长期以来习惯于生存其中的管理制度，这正是他们在不同的形式下所要求的。但有一种非常自然的赋予艺术家们自由的方法，如果真的希望给予自由的话，即，政府对他们说："你们是自由的……因此我也是。工作吧，并享受所有的成功，让你们自己尽情沉湎于你们的工作欲望之中；我将会率先鼓励展现自己的天才，并认为那些创造出价值为世人所认可的作品的人是对国家有用的公民。但以艺术的名义，我请求你们以你们自己的方式，为自己提供教育和指导，如果你们希望被指导的话！"

由此得出结论，在奴隶时期，艺术不由国家组织，国家既没有需要保护或者迎合的学会，也没有要维护的学院，罗马或雅典也没有展览会，没有主管或者检查员需要任命，关于艺术问题，艺术家自己和公众都没有经历批判，只有雕塑在其中并不多余的纪念物。这些建筑物中，雕刻的人像或许数以千计。数字并不重要；它只表明雕刻家有很多事情要做。但在这一点上，更重要的是这一巨大的数字如何分配以创造整体效果，在整体如此完美、清晰、容易理解的前提下，它的共性反映在每个细节中，以及单独看上去非常普通的这些作品，不会损害总体效果，并在整体中有自己的位置而不会让视觉感到厌烦。我再说一次，不需要为了表现这些组合物的优点而列举出这些巨大作品 2-233 的代表，它们已经为所有人熟知。在勃艮第和讷韦尔地区之间的一个遥远角落选择一座适中的建筑或许更符合我们的意图。在它有限的规模中，我们可以更好地体会和欣赏建筑组成部分之间的关系，雕塑在其中起到重要的作用。我指的是韦兹莱附近的圣皮埃尔[1]（St. Pierre sous Vezelay）小教堂的正立面。图版三十一给出了正立面的上部，其下部被晚近时期建造的一座突出门廊所掩盖。这一立面属于 13 世纪中期，是由细致的金色色调的坚固石材建造的。它本来通体被饰以颜色。整体的主题几乎不需要任何解释。顶部，坐着的基督被两个天使围绕；他脚下是圣史蒂芬（St. Stephen），教区的主管；

1 在约讷省，离阿瓦隆 10 英里远。

图版三十一 维泽莱圣皮埃尔小教堂的入口

他的一侧是童贞马利亚（Virgin）和圣安娜（Saint Anna）；两旁分别是圣彼得和圣保罗；圣约翰和圣安德鲁（St.Andrew），以及另外两位圣徒。这一构成中不缺少任何其他东西；不缺少与建筑线条的完整联系，这正是它所强调而非困扰的；也不缺少雕像与整体构图之间的关系；不缺少清晰，不缺少技巧。为了掩饰屋顶而设置的山花，位于中殿采光的玫瑰窗之上；玫瑰窗和承托山花的强有力的拱门饰是轻盈通透的，之下是原先有三尊雕像装饰的美丽门道。两个尖塔——只有一个是完整的——作为这一庄严构图的结束，并与立面的主要线条结合在一起。像我们所看到的那样，所有的人像都是有遮蔽的，这样可以避免在当代建筑中常见到的被雨水玷污。每一件艺术作品所必需的清晰，在这里是毋庸置疑的。

这座建筑的风格不合乎某些建筑师的品味这一点——原因是它拥有他们所缺乏的优点——并不影响我们所讨论的内容。我要唤起对总体设置、比例关系以及建筑线条与雕塑特征之间的协调的注意；我打算展示这些中世纪的艺术家们，即便是卑微的艺术家们，为了获得两种艺术同时实现的总体效果，如何能够互相之间取得理解。这就是需要留心的原则。在这里，雕塑并不是添加物——不是起初在建筑中没有预期的——不是从不同工作室中拿来的作品的集合：它作为建筑自身的组成部分是属于建筑的。这就是我们希望证明的。

中世纪工匠们对两种艺术的紧密组合不只是在他们建筑中可以追寻——可以同时增强二者效果的组合——在许多他们并不重视的其他艺术组成中也可以见到：例如，我们在手稿插图中就可以发现它。正是当艺术在各门类的作品中而非只在某些特殊对象中重现它们的表达时，我们才能欣赏到它们真正的价值，并认为它们已经成为一种习惯，它们源于被所有人认可且理解的原则。

2-235

在皇家图书馆，有一部15世纪末的手稿，里面的微缩插图就技巧而言并无太高的价值，但在其中，这位艺术家介绍了大量的建筑物。这是一部法文版的李维《罗马史》。在这位画家的印象中，古罗马建筑毫无疑问是覆满雕刻的，他也被迫在他的建筑上画满大量的浅浮雕或雕塑。此外，他所描绘的建筑完全属于他的时代，是法国北部风格。这位插图画家成功地以可能是最愉快且最特别的方式将雕塑安置在他的住宅、宫殿、神庙和塔楼等建筑上，这样习惯甚至被我们的艺术家保留至今。例如要画一座钟楼，能够绘出很多雕刻的插图画家，意识到要以圆雕的两圈雕塑来装饰这座塔楼（图16–1）。在这里我们难道不是得到了一个被清晰且坦率地表达出来的真实观点吗？的确，这位并无多高天赋的艺术家，并未绞尽脑汁地去发明创造：可以说，这只是他当下艺术观念的无意识表达，这些观念是合适的。此外，他只是重现了那些与他所欣赏的类似的东西。麦伦城堡（Château de la Ferté-Milon）的门道就是证据。这一入口是中世纪时期封建建筑最杰出的构想之一，它的特征如此多样，装饰性的部分与防卫的必要性以及这类建筑严肃的外表

图 16-1　中世纪的雕塑装饰

如此的和谐。图版三十二是这一入口的透视图，为了让建筑整体更易于理解，平面与剖面如图 16-2 所示。如这幅绘图所示，联结着两座高大塔楼的巨大门道是外部饰有表现童贞马利亚的皇冠的浅浮雕的墣口。在大约 1400 年，奥尔良的路易（Louis of Orleans）建造的城堡中，在建筑立面上总是会有取材于童贞马利亚历史的设计。在皮埃尔丰（Pierrefonds），则是天使传报（Annunciation）的题材。然而这并不重要；重要的是我们这里所谈到的雕

图版三十二　麦伦城堡的门道

图 16–2　麦伦城堡的门道

塑的组合。每座塔楼都装饰有 9 个 *Preuses*[1] 其中之一的巨大雕像，与皮埃尔丰城堡的塔楼 *Preux* 雕像的装饰手法一样：这也是命名它们的方法——给了它们名字。可以看出围绕着这些雕像的壁龛被放在侧面，并且与防止塔楼基础　2–237

1　The *Preuses*——中世纪 9 个女性爵士头衔；她们的名字是（在古典的故事中部分可以辨认出来）：*Tarnmaris*，埃及女王，*Deifemme, Lampredo, Hippolyte*，Amazons 女王，*Semiramis, Penthesilea, Tancqna, Deisille*，以及 *Menalippe*。The *Preux*——9 个男性爵士头衔；他们的名字是：*Joshua, David, Judas Macabœus, Alexander the Great, Hector of Troy, Julius Cæsar, Charlemagne, Arthur,* 以及 *Godefroy de Bouillon*.——英译者注

下切并加强侧推力的凸角或扶壁的相对位置关系相同。防卫性的要求带来的布置导致这些扶壁被倾斜地放置（见平面），建筑师将雕像放在与之相邻的一侧，从那里城堡大部分可见。这些艺术家们并不关注对称，但对于希腊人并不非常推崇的景观效果却有着不可思议的判断力。这种塔楼墙壁上招贴式的装饰，对一些人来说可能非常奇怪，并显得并不需要任何想象力。但正是这种鲁莽（如果认可我用这个词语的话），这种公然违抗原则的率直的设计，准确地创造出其效果。这种率真正是非常明白他们所做的事情以及他们要达到的目标的人们的特点；达到这种率真——从这个词语的现代意义上来说——并不像许多人想象得那么容易，不能堕入虚伪的率真，其中最难以忍受的是故弄玄虚。在中世纪鼎盛时期的法国，公共建筑上的雕刻设计的率真以及建筑与雕刻的完美和谐是值得关注的，相比较而言，技巧倒是不值得关注，因为技巧总是与场所和对象一致的。雕刻艺术家只在建筑上工作，或在建筑附近，从来不会忘记他们的作品将要放置的位置；雕刻家们小心翼翼地使他们的作品与建筑一致，他们似乎是在同一个观念的影响下构思并完成他们的设计。我不敢断言建筑师有足够的权利和学问能够自己掌管雕塑的设计和实施；但结果表明他与雕刻家之间的理解足以表现出一种合力的观念。我们不能怀疑这样的理解也存在于希腊人中——决不会有损雕塑的价值。认为雕塑家只应局限于托付给他们的单件雕塑上，他们作品的优秀与它所处的场所无关，其实是对他们的误解。我们将不再讨论已经谈了很多的整体关系的话题，下面讨论雕塑的技巧。

2-238

雕塑的尺寸越大，它放置的位置就会离人眼越远，它的加工就会越简单。我知道创造宏伟且简洁的作品并不是简单的事情，但我相信完成这样的效果只需要非常简单的技巧方法是有道理的。让我们回归到古代。埃及人以一种与尺度成比例的简单对待他们的雕塑。我们在我们所拥有的少量真正的希腊作品中观察到同样的原则。那些令人尊敬的艺术家们在技巧上将献祭艺术推进到其极限，而所有这一切并非形式表达必不可少的东西。没有任何一座纪念物比构成尼罗河畔努比亚（Nubia）阿布辛拜勒的岩庙（great Speos at Abou Sembil）入口的从山体上凿出的雕像更清晰地表达了古人对待巨型雕塑的方法。[1] 壮丽的雕像典型的线条被保留着；独一无二的类型被完整地保留着；细节被隐藏。但是，如果我们仔细检视那些阿波罗神的巨像，我们将会察觉到技巧是非常精妙的；外形（shaping）是清楚且细致的，容貌加工地柔和亲切（*con amore*），但艺术家尽管是手中凿子的主人，却没有让自己做必要之外的工作。一些大英博物馆中珍藏的花岗岩质地的埃及巨大雕塑的碎片，显示出更为高级的优点。我们看到的总是容易理解并在记忆中留下印象的简单侧面像，细节被掩盖，只能模糊地猜测，展现出来的只是基本的外形。

1 见费利克斯·泰纳德（Felix Teynard）先生出版的《埃及摄影地图集》（*Atlas des Photographies de l'Egypte*）。

我们同样在帕提农神庙门楣上的裸体雕像中发现这些纪念性的特征，以及人类天赋无法超越的形式的美。

此外，古代最优秀的纪念性雕刻中，我们从未见到粗暴或虚假的姿势，也未见到面部扭曲的神情表现。可以说，我们经过了自然的过滤，在其中无关紧要的细节以及粗俗的部分被抛弃，因而主要的思想——值得思考，并以最简单的过程展示构思——可以被清楚地表达出来。为了满足这些条件，艺术家不仅要拥有手工技艺，而且必须领会他的这门艺术的哲学，如果我们可以这样定义的话；他一定分析过本能、激情和感觉在生命体身上创造出的影响，一定知道在这些影响中，如何分辨出那些真正与机体结构（individual organism）有直接联系的影响，以及由社会习俗带来的影响。低等动物从不会摆出虚假的姿势；我们不能同样地评价人类，他的教育、社会环境、衣着、当时的时尚，常常会使他沦为关节灵巧的（cleverly-jointed）木偶。但那些能够审视木偶的人——我们常常认为雅典就有这样的人——会发现人性，发现事实；就像在任性、罪恶、和堕落之下，我们能发现人类的良知。对于雕刻家来说，技巧，和哲学家一样，存在于追寻和探索之中，只不过前者是真实的姿态，是感情的物质表达，后者隐藏于灵魂最深处，不会改变，我们称之为良知。一些批评家对现实主义的谴责是严厉的，或者他们的严厉是有道理的；但他们应该说清楚现实主义者哪一方面是该受指责的，他们很少这么做。因现实主义以其原本的样子对待自然并真实地再现自然而责备它，是用问题自身来回答问题，得不到任何答案。事实是，现实主义只是一个学术模型，它与自然并不近似。某些人感知并复制的只是一个外表，并非事实；另外一些人以传统的形式代替它，这一形式只为熟知它们的人所理解，对他们来说它可以为自然所代替。我将举例以说明我的观点。

2-239

你看到一个外表粗俗、容貌奇特的人。但在这些外表下，有一种表情，一种习惯，控制着整体；我们称之为面相（physiognomy）。天才的画家或雕塑家能够创作出此人的真实肖像——甚至比本身更为真实——如果他抓住了面相特征，抓住了支配性的表情；不理会那些可能会影响表达的粗俗或令人厌恶的细节，他使这副肖像成为杰作；他将创作出艺术作品。现实主义者，或者至少那些可以有此称谓的人，将会让自己被那粗俗的外表支配；他会以如此绝对的物质真实表现它——绝对的怀疑态度——以至于他的作品中看不到任何激情，而激情有时能让原型更为鲜明。他不会用一种常规形式替代原型，但他只画出了灯笼却没有画出灯笼内的光亮。这位艺术家最珍视的乐趣之一是研究被认为坦率、笨拙或粗鲁的人物，在这位偶然发现的模特身上找出大部分人没有发现的美和优雅的源泉，告诉自己这些有瑕疵的元素可以创造出美的得不同寻常的作品；并思考通过什么样的努力以及通过什么样的删减与选择可以达到这样的效果。这是希腊人的思考方法。因为在他们的黄金时代，

2-240

希腊人既非平庸地遵守陈规也非粗糙地写实。他们即便身处丑恶之中也知道如何寻找并发现美——要发现美，只需要成为美的热切爱好者——他们厌恶简单的复制。美存在于希腊；它是永葆青春的，借助于小心的选择而存在，它抛弃使它落入矫情或庸俗的东西，抛弃可鄙的细节和幼稚的改良；希腊雕塑在技巧和构图上同样继承着这样的方式，尽管它们是率先放弃古代传统并将艺术从古代传统中解放出来的。它的确已不再能够维持自己的崇高地位，但一个时代艺术的价值并不受到它持续时间的限制。这对我们来说，是探讨纪念性雕塑在什么样的条件下创造出预期效果的问题。

我们不需要提醒我们的读者，是光线赋予了雕塑以效果。雕塑家因此需要考虑它所创造出的效果。例如，很明显，一座雕像在阳光直接照射下会和反射光照射下获得完全不同的外观；因而雕塑的技巧在两种条件下会有所不同。但如果艺术家不知道雕像将安置在何处，（这种情况常常发生，）他如何能在制作时考虑这一不同呢？如果他未考虑这一不同，就只能靠运气吗？我不相信在罗马统治前——即在对艺术的虚荣胜过品味的罗马外行人入侵之前——希腊人在雕刻时，没有明确他们的目的。从现存的实例来看，我非常确信中世纪的雕塑家从不会在不知道他们的作品将放置在何处之前，制作一座雕像或者浅浮雕。在这一方面，他们完全可以将我们视作野蛮人。在阿提卡的天空下，空气如此透明，光线如此明亮，以至于艺术家们可以依赖光影持久的效果，这在我们这种不好的气候下是无法达到的。但必须注意到的是，为了赋予他们的雕塑全部的效果，哪怕是白色大理石雕塑，他们需要彩绘的帮助。因此，柱间壁和门楣的背景总是被绘以彩色，人物本身至少已经开始被装饰以彩色镀金的或金属的装饰物。因此，不需要担心这些雕刻会消失在檐口投射的阴影中。除此之外，从图像的处理方式，我们可以很容易地见到雕刻家如何考虑位置以及直射光和反射光之间的区别。例如，在帕提农神庙门廊内只能被反射光照到且只能在正下方才能看到的饰带中，这一点非常清晰。打算被光线照射的表面，为了创造出适当的浮雕的效果，常常与常规的形态相反。完全暴露于阳光下的潘特洛西安（Pandrosium）的女像柱就是以这样的方式加工的，强烈地表现姿态的部分呈现出宽大而光滑的表面，而那些作为背景的部分则雕满细节，无论哪里射来的光线都能留下阴影。[1] 同样的原则可以在胜利女神小神庙残留的美丽碎片上看到，这座神庙同样是完全暴露于阳光之下的。

2–241

但法国北部并无这样宜人的天气条件。阳光是稀少的；浓雾常常使阳光虚弱而苍白。如果浅浮雕在我们的建筑中设置在同帕提农神庙的门廊饰带同样的位置，我们或许一年中只能有两个星期可以看到它们；在余下的时间里，这些雕塑都处于晦暗不明的状态。因而，在我们国家，雕刻家不

1　见第七讲，图 7–15。

得不采用完全不同的方案。由于光线强烈，希腊人认为为了使光线下的部分和背景清楚地分开，将浅浮雕的背景涂上颜色是必要的，而在我们国家，因为与希腊相对的原因，即光线的漫射，这一权宜之计则是远远不够的。图案本身必须雕刻得足够强烈，以使得它们从背景中分裂出来，而不依赖于背景的着色；或者背景必须用织物装饰(diaperings)或者粉刷(powderings)，足够强烈地将它们与图像区别开来。为了让强烈凸起的图像投下阴影，这些背景的自由表面同样必须尽可能地简化。12 世纪和 13 世纪的雕刻家在这一点上从未失败过。 2–242

这些艺术家发现在我们的气候条件下，独立设置于墙体前面的一尊塑像，很快就会比背景的色彩更暗，塑像不但不能在墙体的背景下更加明亮突出，反而形成了一个暗点——令人非常不快的效果；所以他们很少将塑像置于这样的位置，当必须这样做时，他们总是在这些人像的周围辅以支撑或者非常显眼的支柱（uprights）和华盖，当它们遮蔽住塑像时，可以营造出充分的环境色调以使得塑像清晰地呈现出来。我们同样可以设想放在一堵光滑的墙体一旁对塑像来说也是有利的，尽管没有可以赋予其深色背景的环境，但因为塑像本身投射在光滑墙面上的影子就可以使它们与墙面分离开，并赋予它们足够的浮雕效果（relief）。但当我们把塑像放在一堵开了窗的墙体前，会得到什么样的效果呢？这些被潮气玷污且不能在墙壁上投下阴影的塑像，有时突出于支墩，有时突出于窗，只会呈现出不清晰且令人讨厌的斑斑点点的外观，污染我们的眼球。这一令人遗憾的效果在新卢浮宫门廊上方的内立面上非常明显，我们可以确信建筑师可以通过去除那些与高昂的花费一样不合适的装饰获得改善。这些如此设置的人像的技法，必须以极端的简洁手法来处理；它必须将能够吸引光线的宽广的表面呈现于日光之下，而在他们的工作室雕刻了这些人像的雕塑家们没有想到自己应该服从这些条件，而忙于其他方面的建筑师，也没有想到强制他们这么做。

将对古物的学习视作最重要且最有效果的首要方法的建筑师和雕刻家们——在这一点上他们是正确的——我们期待他们至少应该将那些古代作品清晰呈现出的原则付诸实践。但他们并未这么做。对古物的爱好纯粹是柏拉图式的；或者说它建立了一种特权或垄断，在其掩护之下，获得政府允许利用这种垄断为自己打算的人，产生了最奇特的怪癖。他们凡事诉诸古代，在学术论著中夸张地歌颂古代的艺术——但并未检视它们的价值，对于他们来说这么做是危险的，因为它会导致令人遗憾的对照；可以说，他们霸占了为古代艺术发声的专有权利，并装作鄙视所有不处于那一艺术范围的一切，并将这一艺术表现为一种不需要检验就必须相信的信条。他们声称罗马和雅典的学校是艺术教育的墙角石；但当付诸实践时，源于此的教育似乎对那些吹捧它的人几乎没有起到任何作用。这让我们想到当下正流行的那种虚伪，即 2–243

在儿童、乡下的穷人和仆人面前遵守宗教义务，而在社会中同等人面前则抛去面具。如果你赞赏古代艺术，为什么不将其最重要的原则运用于你自己的作品中呢？反过来说，如果你不运用它们，为什么会以为自己是艺术的主教和它的秘密的唯一的参与者呢？注意，我并不认为我们有必要一味屈从地模仿古代，而只是认为有必要以它的原则为基础，这些原则是所有艺术鼎盛时代的原则。然而，我们对此必须有清楚的了解，不能总是模棱两可。我不是说你是故意利用公众的轻信、无知或者不关心，并躲在你的门脸表现出的文雅背后，进行各种各样的娱乐表演——嘲笑为之买单的天真的公众；但我们可以很容易地相信确是如此。你当然不会在任何古代建筑，甚至文艺复兴建筑，或者更肯定的在中世纪建筑中，发现与你常常在你的建筑中采用的装饰有一点点类似的权宜之计。在你的建筑中我只看到——不是唯有我看到——17 世纪作品的微弱的回忆，却没有它的壮丽和和谐；此外还有那一时期艺术固有的缺点的放大，以及设计上的完全混淆和装饰效果理解的部分缺失。举个例子，顶部（coping）那些扭曲的人像集合，变形到如此程度，以至于在潮气和苔藓的影响下，很快就难以辨别那些缠绕盘旋的躯体和四肢，那么它们的意义何在？我们在古代作品中见到过任何类似的东西吗？当然没有；所有要从天空背景下突出轮廓的东西都是被以最简洁最容易理解的方式对待，既作为一个整体也在于其细节。这里有什么新鲜的东西吗？这就是为我们承诺的未来的艺术吗？不；因为我们已经在文艺复兴衰退时期意大利艺术的最糟糕的设计中发现了同样的陋习。这就是你到罗马去学习到的吗？或许如此；但另一方面，没有表现出关于古代艺术的任何观点，尤其是希腊艺术！那么你的原则是什么？你从何处得到它们的？无处而来。它们是来自于你的想象吗？这等于说你根本没有任何原则！那么就不要跟我们夸夸其谈地说什么伟大的传统以及保护传统的必要性。不要以传统的特许守护者自居，如果你是最无视它们的人；坦白地承认你是为了自己的利益，在头脑简单得足以相信你的政府的保护下，依靠你自己未经验证的判断，垄断这一对古代的不加批判的学习，成为教条不可缺少的守卫者，而这教条你根本从未实践过，它只是个掩饰。

2-244

很少有哪一个时代比我们的时代更喜欢在公共建筑中使用并滥用雕刻。对于公众来说，这一结果是对艺术的更优雅的品味还是更确定的判断？我恐怕，这产生了恰恰相反的效果。公众对工作室热衷的单个的设计并不感兴趣，除非某些特别的作品已被高调关注；公众只关注并评价整体的组合。如果它们缺少清晰或和谐，公众就会冷淡地忽略它们，作为公众的职能，这么做也是合乎情理的。艺术家挑剔公众，鄙视它们的无知，抱怨品味的下降；但他们其实是没有道理的。公众需要的——并永远需要的——是他们能毫不费力地理解为他们所创造的东西——也就是说，一座建筑的各个部分不应该从整体中孤立出来。他们希望在整体中发现令人喜悦的事物，没有闲暇去在一个迷惑他们的视觉和思想的作品中，寻找是否有值得称赞的部分，就像是让他们耐心地听完一部戏剧的五幕，戏剧整体上是拙劣且含糊不清的，其中只有两到三场的好戏。

批判公众是一个很容易的评论方法；但当像法国这样的国家拥有艺术学会的机构（Academies of Art），并不惜花费巨资去维持一个艺术学院时，如果公众仍不愿意在那些学院和学会创造的作品中找到兴趣，却到别处寻求品味的满足——如果他们仍将不断提高的价值标准寄托在小玩意上，在他们看来时间赋予其某种神圣化（consecration）；如果流行转向二流作品，那是因为你们——学会和学院——没有完成你们被赋予的任务；事实上，是你们自己的无能。如果国家继续支持你们，这从动机上说是与艺术无关的；它是考虑到某些价值被误解了的传统，或者更明显地——非常明显，我认为——是从个人的考虑出发的。我们不能自我欺骗；每次国家忙于不属于政治范围的智力领域的问题时，国家只考虑个人。国家的兴趣不是与某些可能给它带来麻烦的团体争吵，而是迎合他们，以便在需要的时候利用他们。关于超出政治和公共道德领域之外的原则，它鲜有兴趣，或者说它根本不理解它们——它发现那些原则非常麻烦。国家因此被它声称要保护并维持的法人团体所利用，由于这一缘故，它不应给予它们任何特别的道义支持，除了那些它应给予所有国民的。 2–245

第十七讲　家居建筑

2-246　刚刚发生的悲惨事件，那些没有被炫目但并不坚固的繁荣迷惑的人早已预见到了，必须对我们的道德和社会生活以及我们的教育体系产生根本的影响，如果我们不幸的国家还没有堕落到飞速衰退的话。现在我们只能承认奢华不能形成真正的伟大，免除了一切责任的官方教育系统带来的特权，远远不能满足我们时代的所有需求，只能让我们在危机来临时，给予我们在资源上的自信，而这无法为真实的实验证实，只能在对手面前暴露我们的自卑。在这些充满了错误的令人不快的日子里，我们如此频繁地见证了特权小团体的无能，他们的党羽宣称，他们将会在每个部门中保证我们的相对于邻居的优越。政府、战争、艺术和科学，事实上每个都在自信地沉迷于教条和制度中的不负责任的小团体的控制之下——拒绝私人企业的帮助，认为自己可以满足一切并保护我们不受威胁。在连续击倒我们的灾难面前，我们的制度——声称自己是欧洲的羡慕对象——为我们做了什么呢？他们不但让我们的国家陷入贫困，而且妨碍了私人企业的行动；在敌人面前，他们仍有时间将私人的争论摆上台面，并慢悠悠地为特权和套路辩护。他们不能阻止甚至预见这些灾难，但却带着自负的蔑视反对所有改革，抵制自由主义思潮的所有呼吁，他们甚至自甘堕落地摧毁那些反抗他们的专制教条的人。他们所想的只是他们自己的安全，如果他们不让我们独自为他们主要造成的灾难负责，我们必须承认我们是幸运的。2-247

甚至现在，当一种羞辱的和平强加于我们身上，流浪的游牧部落几乎摧毁法国的首都并在欧洲人眼前上演了一出戏剧，愚蠢和兽行通过暴力在欧洲建立了恐怖统治时，仍然有人敢于将他们的愚蠢的个性凸显出来。距离我们的国家——步德国的后尘，且因一群酒鬼而蒙羞——陷入绝境的灾难性间歇只过去了短短几个月时间，然而同样的自负已经开始显现。那些在风暴中销声匿迹的人就像夏天阵雨过后的苍蝇，又重新现身，以他们纠缠不休的臆测统治思想领域烦扰我们，他们声称他们是得到官方授权去保护思想领域的，但他们又使之陷入极大的危险之中。我们不能欺骗自己：我们的国家需要复兴，要实现这一点只能通过明智的教育。在我们的错误、我们的冷漠和道德软弱的影响下崩溃，被动力与仇恨相当的敌人压垮，我们必须自己通过教育、指导和劳动寻找反击的力量。要避免这一时代的国家堕入长期以来吞噬其生命的罪恶的深渊，就要下决心铭记这一罪恶——事实上，它将要堕入文明的最底层。我们已经到了在早前的文明中曾出现过的衰落时代。如果所谓的拉丁民族没有进行最后的一次努力，它的命运还是未知数。我们要鼓起勇气在光天化日之下检查伤口，测量它的深度，如果必要的话，使用烧红的烙铁，否则，溃烂将会蔓延。社会高级阶层的无能与墨守成规，中等阶层的柔弱与冷漠，以及下等阶层的嫉妒与无知——这是我们目前状态的全景图。必须在下等阶层中开始革新；民族的整体水平只有通过对下等阶层的指导和教育才能提高。在提高的过程中，他们会迫使其他人也跟着提高。因此，开始工作吧！赶快！对于有能力和智慧的人——如果我们中还有这样的人的话——放弃所有可能直到现在还被视作珍贵传统的偏见，将无用的讨论留给那些失业者，将严肃的、实践的、理性的研究作为所有智力工作的真正要素，向周围传播这样的对研究的热爱，并且不再应付学院或法人团体，而是考虑能力——不管它来自何处。 2–248

作为建筑师我们能做什么呢？我们还要在一个处于毁灭之中的国家里继续我们的老路，仍然为遭到的辱骂而战栗，绝望并寻求安全的方式——（这是过去一个世纪的过程——今天和 1870 年的头几个月之间的距离似乎如此巨大）？不考虑我们的真实需求和公共财政法律顾问的管控，我们还要继续将最荒谬的幻想转译为石材料的建筑？以不合时宜的卖弄嘲弄我们国家的悲痛，奉承公众的愚蠢？他们在我们最近的不幸中只意识到对外表的爱好、自负的炫耀和对悠闲懒散的暂时的抑制。

我明白，在我们中能找到那样的人，他们总是用以下 3 个词语作为挡箭牌——我是有报酬的！！（掮客也是有报酬的），他们总是最败坏的知识分子、最愚蠢的自负的人和最荒谬的方案的奉承者；他们，聪明且顺从，将会设法实现那个最荒谬的方案。但我相信一定也有建筑师——他们是唯一配得上建筑师称号的——坚持反对过去的不好倾向，并尊重他们职业的庄严性。建筑师相对于他的客户的立场，并不是仅仅作为后者的概念、幻想以及一时的心血来潮的执行者。他同样是顾问指导；他所拥有的才华永远也不应当被践踏到去完成一个错误、荒谬或对他的客户的真正利益有害的想法。这样的才华不应屈服于满足愚蠢的条件。才华被赋予了某种庄严性；作为一个作家，如果他是一个诚实的人，他不会让他的笔去表达有害的或是他认为不正确的思想，我没有看见过一位建筑师如何能够光荣地花客户的钱，但损害着客户的利益，哪怕是在付钱给他的人的明确命令下。

我在各处都听到有人说，由于我们所遭受的悲伤经历，每个人都应该努力激发国家长久以来萎靡不振的理性智慧。但我们的不幸的确在很大程度上，要归因于道德感的衰弱——良心上不能同意的可耻的顺从。尽管服从或许是建筑师不得不在这场必须的改革中经受的部分，他也应该想办法做得更好；如果我们中所有对国家还心存热爱的人，不计较佣金带来的利益——保持着 2–249 品质中的某种庄严，理解我们职业中义不容辞的责任，或许他们将会失去一些变化莫测的客户，但他们将会巩固我们应该有的立场，并能避免遭受鄙视，这鄙视早晚会压垮小丑和寄生虫们。

在过去二十年，法国建造了很多国家、市级机构和私人的建筑。这些成果准确地反映了我们的社会状况吗？不思考的人将不能立刻否定这一问题。但如果我们仔细检查这一社会状况或它的外在表现，我们将很快注意到，在我们的公共建筑和私人建筑中出现的，对虚伪的爱好、粗俗的奢华以及自负的不知羞耻的显露，是与近来最强烈的趋势之一相一致的。确实，抵制这一趋势，抓住不管通过任何途径获得的成功，精力充沛的气质和特别坚定的性格是必需的。“出头露面”已经成为今天的关注焦点；因为外表很容易被认为是真实的事物，如今裁缝或许比任何时候更能成就一个人。问题已经成为谁最会表现。如果一些人满足于在虚假的壮丽中保持低调，许多更精通世事的人，或者没有那么一丝不苟的人，则满足于这一辉煌的外表。崩溃发生于光鲜的社会中，比任何时候都突然，它暴露了这一社会状态的缺陷；巴黎展现出史无前例的可笑景象，一座身处辉煌之中但却一片废墟的城市，在新的公共建筑、公寓和普通住宅的残骸中（并未被野蛮人触动，野蛮人的使命是让我们回到现实），但它存在的理由已不复存在。

历史上有许多逐渐被忘却的富有且繁华的城市——城市的生活似乎慢慢地抛弃了它们；例如威尼斯，它们在旅游者眼中呈现为空荡荒废的宫殿，随着时间慢慢被侵蚀，但旅游者被其他思考分散了注意力，因而并不关心其中的人。它们目前的外观是悲伤的；但这些如今像是空荡的坟墓的宫殿，一度充满了年轻且充满朝气的生命：他们唤醒一个辉煌的过去——一种确实的壮丽；尽管身处那样的荒凉，我们还是会自然地被引导着冥想人生的短暂，在我们的脑中仍然会保持着这样的确信，我们所见到的一切都是有理性根据的存在——它们曾经真实地存在着。在我们面前呈现出一本破旧的尘封的书本，因朽烂而褪色，但我们仍然可以阅读并从中收益。但我们的可怜的巴黎为哲学家的眼睛呈现出的只是令人沮丧的愚蠢景象。在它因纵火被熏黑的废墟中，呈现出来的公共或私人建筑，其外表的壮丽看起来只是时代的错误。我们开始问自己，这样的奢华是为谁又是为什么而展现。它是为了那些城墙之内还在为没能摧毁整座城市而惋惜的野蛮人吗？或者是为了某个灭绝的种族——被取缔了的贵族阶层？这一辉煌与废墟并存的意义会是什么呢？它为何要被炫耀？这些宅第是空着的，这些公共建筑没有明确界定的用途；这些豪华的住宅只遮蔽少数几个稀稀拉拉的房客，他们似乎也羞于居住于其中。壮丽的入口是关闭的。寂静笼罩着这些新建的宅第，它们没有由来已久的社交活动，但唤起我们对沉寂荒芜的魔幻宫殿的回忆，看不见的魔仆维持着宫殿的状况。必须承认的是，这种奢华是恶劣的品质：它不符合我们的社会条件的现实，它是腐坏表面的面纱。

2–250

我们应当认为这是毋庸置疑的，并将它视为对我们的警告，警告我们不应再创造不合时宜的石头建筑。

如果我们调查过去的历史，我们将会发现无论一个时代有多么恶劣，没有一座私人住宅会不表现文明的要求，在其中它得以建造。在古代世界，在中世纪时期的亚洲和西方，居住建筑可谓是它们的主人的风俗、习俗和生活方式的名副其实的外衣（garb）。直到我们这一时代，文化的各个门类都面目混乱，我们在人们的日常工作和需求以及他们的居住习惯之间才发现了明显的并总是无法解释的分裂。我不打算深究让我们陷入目前境地的错误观点：证明我们所建造的 90% 的住宅都与我们的需求、习俗或收入不相一致这一事实已经足够了。要证明这一点非常容易。

我们必须首先根据不同的种类，将这一时代的居住建筑分类。

在城市中，首先是公馆（mansion），即一户家庭居住的房子，属于富有阶层；其次，是次等（less pretension）的住宅但同样也是为中等收入的单个家庭准备的；第三种是一个以上的房客居住的房子，它们构成了巴黎私人住宅的大多数。城郊的住宅包括，第一，别墅，第二，乡村住宅。城堡我们不需要再谈，因为我们早已详细地讨论过它们。　2–251

很容易发现，这些不同类型的居住建筑的布置是完全不同的，因此，它们的外观也应该不同。

让我们来考察早前时代的民用建筑，但不包括我们在讲义中已经足够关注的其特征与我们的关联度较小的古典时代，因为——尽管这些我们有诸如庞贝这样的地方城镇住宅的确定数据，且我们知道罗马有内含可以出租给多个房客的套房的多层住宅——但对于这一时代我们仍然仅仅拥有非常模糊的资料。

拥有多个套房的大型住宅并不是始于远古时代；直到 16 世纪，法国的每栋住宅都是单个家庭居住的。没有自己住房的人们习惯于寄宿于旅馆或属于封建领主、教堂或是修道院的房子中，它们可以出租配备了家具的附属房屋。事实上，出租房没有特定的设置方式。为这一目的建造的习惯不早于 17 世纪。这类建筑的需求的满足程度令人满意了吗？当然没有；在这一方面，就需要的满足程度而言，我们现代住宅的设置比路易十三时代更为合理。可以认为它们完全提供了所有需要的东西吗？当然不行。问题能够解决吗？确实：但如果我们要解决问题，我们必须抛弃在这里没有地位的陈规和审美传统。但让我们按照前面谈到的次序，并从我们命名的公馆开始。

公馆一般来说是独立的，也就是说，与邻近的建筑是不直接连接在一起的；或者至少连接点是无关紧要的。它们有自己的道路，并常常拥有花园。16 世纪、17 世纪和 18 世纪建造了大量的公馆，这些公馆完全满足了住户的需要；我们仍然可以见到它们，但可以确定时代最早的是设计最好的——它们建造于对称的癖好还没有占领宫廷和城市的时代。

公馆建造于庭院和花园之间，室内所有的窗口都有光线射入，只有它的入口和一些附属建筑在当时通常比较狭窄的公共道路上。建筑很少超过一个房间的深度，所以主要的房间朝向庭院和花园开敞。私人生活不比现在的上层人士的生活更隔绝，并不需要为了私密性进行那些复杂的设计，私密性现在成为我们的需求，但与建筑有时甚为做作的纪念性外观是不协调的。这些公馆的平面布置非常简单：当中设置主要楼梯的门厅，房主的朋友们可以在其中聚会的大厅，通往卧室及其更衣室和衣柜的前厅。古代封建领主住宅的布置仍然保持了下来，它们通常清楚地分为两个部分：一个部分向公众开放，另外一个部分保留作为家庭居住。这一习惯甚至可以追溯到古典时期。两翼是储藏室，厨房，佣人宿舍，管家房等。厨房尽量远离家人的房间，且要有良好的通风。佣人的楼梯有多部，并总是设置得方便他们容易到达上层的各个房间。勒沃克斯（Le Vaux）建造的位于 the *Rue des Petits Champs* 的 the *Hôotel de Lionne*，就是 17 世纪典型的这一秩序的居住模式。这座公寓的平面见 *grand Marot*。[1]

2-252

这一平面为我们提供了居住在这类住宅中的人的生活方式和习惯的生动样本。我们发现因为场地宽敞，所以需要大量的家庭居住者（domestics）。我们看到对将私人套房与外部喧闹的街道和内部佣人产生的噪声隔离开的关注，并且通过私密的楼梯，这些套房之间可以很容易地联系。马厩和马车房院子是完全分开的，有通往街道的出入口和通往大庭院的车道。

公馆的前面是精心设计的，可以俯瞰花园，侧翼可以提供不同的视角，并最大限度地利用阳光。Square returns，也要精心设置，以为每个套房提供所需的阳光，隔断墙的巧妙安排可以避免过大的承载力。至于立面，装饰是严肃的，线条是悦目的。

今天，我们建造的公馆，规模和重要性都与我们从上百栋类似的建筑中选出的公共大厦（hôtel）相当。现在，这些新的建筑物能够给我们的后辈提供我们的上层阶级居住习惯的准确的观念吗？我恐怕不能。在它们中，我们看到对过去的回忆：有奢华的夸张矫情，但工艺却非常普通；隐藏了纪念物的外观的资产阶级生活，这虽无可厚非，但不应伪装；很舒适，但没有非常庄严的形式，安于简单的壮丽外观，但与今天的社会最为渴望的豪华舒适的私密性毫无关联。我们发现其中没有我们生活方式和习俗的真实的表达，也没有任何创新。一个简单的例子就能展示这一论断的实情。

2-253

大约直到最近一个世纪的中期之前，上层社会仍然时兴坐轿子旅行游览。马车只是在乡村的旅途或穿越城市时使用。如果要进行恭维性质的观光或者接受了邀请，轿子是男人和女人常用的交通工具。轿子可以直接被抬进门厅，在那里观光者或客人可以不用害怕盛装被压皱并免受雨水的侵扰；那一时代，

1 《法国建筑》（*Architecture francaise*）. 巴黎，1727.

不需要防止恶劣天气影响的雨棚，立面展示着它们相对于庭院的宏伟比例。

当轿子因马车的使用被抛弃时，由于后者不能进入门厅，入口大厅的设置就不得不改变；门厅外不得不安装突出的雨棚保护来访者不受雨和风的侵袭；不得不如此。这些雨棚被称作“侯爵夫人”(*marquises*)。宏伟的立面因这一变化而变得糟糕，但对假发和昂贵盛装的热爱不得不纳入考虑范围，建筑学的要求在此必须向这些必要性让步。紧接着而来的是 1792 年大革命，这时被摧毁并抢掠的公馆远多于新建的公馆。但当正常的秩序恢复以后——当痛苦上的平等被财富上的不平等取代之后——当一些人处于悲惨的贫困而另外一些人却变得非常富有时，公馆又重新开始为后者建造。这已接近了五人执政团执政（Directory）的末期。这为艺术带来了一股动力，当时的艺术尽管不是非常强盛，但至少已经朝新的尝试开始努力，尤其是坚持不模仿大革命之前的风格。但建筑师却赞成引进过多的帕埃斯图姆柱式，舒适性亦为之让步。在善意的真诚的帮助下，进行了一些颇为成功的尝试。作为“侯爵夫人”的替代品——消除安装雨棚的必要性，并因而避免对柱廊的损坏——他们在庭院大门通道下方开辟朝向门厅的入口，这保证了对雨水的足够的防护，但不能阻止空气的流通。肺炎因此流行。逐渐地，复辟期间（at the Restoration），但尤其是紧接之后，流行的观念是，任何与 the Faubourg St. Germain 不相似的建筑都不值得这一声名。建筑师重新开始抄袭古代的住宅。但“侯爵夫人”被如何对待呢？建筑师们在公馆的建造中延续着它们，但它们不是被以预先计划好的方式安放的。它们是被后添加到建筑上的。很少有建筑师花费力气将这些附属物作为迫切的日常必需品列入他们原初的设计中。

2-254

我设想，如果路易十四时代建造了如此堂皇的公馆的伟大的建筑师们，被要求在他们的设计中考虑“侯爵夫人”，相较于那些与石建筑生硬地结合在一起的玻璃和铁框架，他们应该能创造出更好的东西。我坦率地承认，这只是一个细节；但这一细节本身说明了我们的创造能力多么差劲，获取建筑师的头衔又是如此容易；因为，要获得这一头衔，模仿习俗相异的时代的形式，并寻求这些形式背后的布置与划分就足够了，而这些东西任何人都可以按照自己对事物的独特看法用树枝在地面上画出来。

大概每位建筑师都碰到过这样的业主，他们拿出一个方案，并这样对建筑师说：“先生，这是夫人和我自己设计的一座公馆的方案：它非常符合我们的愿望。建筑每一部分的位置都符合我们生活习惯的要求；因此请按照这样为我们建造：此外，我们还希望建筑应该采用路易十六风格，室内应该是文艺复兴风格。”小心千万别跟这样的客户说他的方案是完全荒谬的，壁炉无法连接烟道，楼梯是无法通行的，文艺复兴和路易十六之间没有任何联系。或者如果你对给了他以上忠告，你要相信你的客户一定会找另外一位更恭顺或更谨慎于批评的建筑师。

确实不是所有的业主都是这种类型的，许多业主（提供了他们要求的计划）让建筑师尽力做到最好。在这样的状况下，努力让建筑符合业主的计划并不再坚决要求仿照路易十四、路易十五或者甚至路易十六时代的公馆，是建筑师的任务。

2–255

我们可以列出一长串由这种模仿的癖好引发的错误——让新的设计服从于已没有足够理由继续存在的外表。比我们少一些自负且更具实践精神的英国人，尽管天生品味一般，但比我们更加懂得如何充分运用他们的日常习惯设置的条件。至少，他们很少在外表上伪装与我们现代的生活习惯完全不协调的纪念物的宏伟。

伦敦的公馆装修奢华布置精巧，符合主人的需要，立面又如此简洁，没有任何建筑上的自负和炫耀，从它门前路过十次，也不会怀疑它们的立面，属于那些布局和装饰令人称赞的建筑，居住于其中生活非常便利。

每个民族都有其独特的品味，我们不认为我们公馆的外观应该伪装以清教徒式的朴素，这违背我们的本性；但我们至少应避免在我们的居住建筑中绝对地排斥常识，即使它们壮丽辉煌，我们应尽力让它们的外观——既然我们重视外观——与内部的布置相一致。与我们同样喜好外表上的壮丽并表现自己的品味，也许同时表现他们的虚荣的民族，在这种一致性上就很成功。我们并非总是否定理性和常识；我们已经能够显示出创造力，并让建筑艺术明智地适合于我们的需求和习惯。如果我们去威尼斯大运河（Grand Canal in Venice），我们会注意到，同一时期建造的宫殿呈现出显著的相似性。

不需要进入这些住宅就能立刻猜到其内部的安排，知道使用者如何在其中生活，以及他们的日常习惯如何。需求从未如此忠实地被尊重。众所周知，威尼斯公寓或宫殿一边是河道，一边是街道（calle）或步行道路。一个长长的前厅横贯建筑，连接两侧的一座或两座水上入口和一座地面入口。左右是附属建筑：门童的宿舍、佣人的住所、厨房、食品储藏室、储藏室等。另外一侧，有时甚至位于前厅的远端，是宏伟的楼梯，与前厅相符合，作为首层大厅的结束。大厅左右是公寓套房的开口。这一安排在其他楼层重复着。

2–257

图 17–1 中的平面，简明地表示了条件是如何坦率简洁地被满足。[1] 这座宫殿的主要立面面对着宽阔的运河，背立面则俯瞰着街道，它的某一侧则是一条狭窄的运河。这是一种经常被采用的布局。A 处是上下船（embarkation）的门廊。巨大的前厅 B 紧接其后，直接通向宏伟的楼梯。C 处是朝向街道的后入口；P 处是狭窄运河上的后门，船只运来的食物可以从此门进入。F 是一个有储水池的小型庭院，可以存储屋顶上落下来的雨水。E 是食品储藏室，D

1 这一平面是 15 世纪早期一大批这类住宅的一个概括，如果可以这样定义它的话，它们尽管尺度不同，但类型相同。

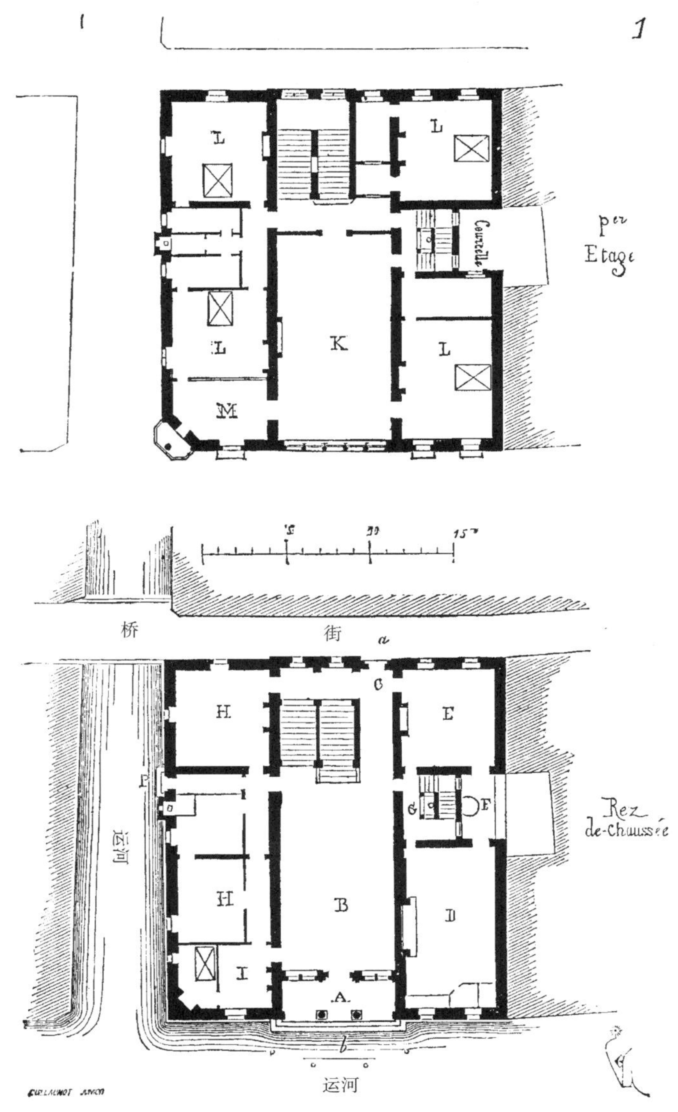

图 17–1 一座威尼斯宫殿的地面层与首层平面

是厨房。门童宿舍在 I 处。H 处是办公室、粮食库、酒窖等。后楼梯设置在 G 处。

一层平面 K 处是大厅，M 处是书房或接待室，L 处是带有衣帽间的卧室。

这一如此简单的平面——如此清晰易懂——与威尼斯贵族家庭的需求完美协调；这座美丽城市中上层阶级的家庭习惯自这一时代以来虽有改变，但变化不大。我们可以看到大厅——与家人会面的场所，陌生人也可进入；接着是私密性更高的套房，与主要大厅截然分开。依照古代中世纪的习俗，进餐被安排在大厅之中。进餐后迅速清理，同一张餐桌在冬夜又成为家庭成员围聚的场所。夏季，家庭成员在他们的刚朵拉（gondola）中享受夜间的清凉。大厅四周排列着盛放餐盘的餐具柜；墙壁上挂着家族的肖像、名誉的纪念物以及与这座住宅相关的殊荣。建筑的立面非常清晰地表现着内部的布置；大厅的端头宽阔的拱廊开敞地引入光线。至于次一层级的公寓，则通过与其尺寸成比例的窗洞采光。

为了更清晰地表现建筑秩序的总体样貌，我们绘出了一张从 ab 剖断线切开的剖视图，图版三十三，这张图表达了建筑的外观如何坦率地与内部布置相一致。

在威尼斯，节约每一英尺的土地是一件非常重要的事情。在这样一座每块土地都必须通过与海滩的竞争才能得来的城市，庭院或者花园很少被考虑。

2–258

建筑在平面上总是聚集成团的体量——我们称之为亭阁（pavillon）。室内宽敞容纳新鲜空气，一端有宽大的采光口，夏凉冬暖，有着庭院无法带来的优点；并且在土地如此珍贵的地方，如此的利用非常重要。到 16 世纪末，威尼斯人大体上仍未脱离这一平面布置方式，根据当时的流行，他们决定建造连续柱廊的对称立面。

于是，正是由于这种对“秩序”的嗜好，他们将平面也带入歧途。尺寸相同、形式类似的窗子，照亮中央大厅和两侧的套房，这是荒唐的；但要批评这一矛盾的并不是我们，因为我们自己也常常干同样的事情。

在意大利，家庭关系仍然是从前的并仍然非常强大。这一典型特征的印记在那些技巧熟练的项目中非常显著。我们注意到有为所有人的聚会而设的场所，像我们自己的中世纪城堡和更遥远的罗马住宅中一样；尽管有着这样的差异——在富裕的罗马人中，妻子和儿童居住在住宅中相对独立的部分，而在这里，所有的家庭成员围聚在公共壁炉边。然而，我们注意到，在这些意大利宫殿中，每个人都有完全的自由。隐居的方式很多而且非常便利，地面和水上出入的方式使得住户可以在无人注意的情况下自由出入。

15 世纪的罗马宫殿是完全不同的平面布置。罗马并不缺少场地，古代传统仍然有着强大的气场。罗马宫殿常常采用这样的内部庭院，周围环绕着柱廊和一个房间进深的套房，套房的入口开在柱廊上，每一层都是这样设置。事实上，这是与古典时期住宅中的方形蓄水池一致的布局方式。这里，我们同样可以见到一个大厅，但采用的是长廊的形式，它的功能也与威尼斯的大厅不同。这座长廊是用来炫富的场所。礼仪性的会见和宴请常常在这里举行。它不是一个家庭聚会的场所；长廊不是位于中心的地位，相反，它尽可能地与私人的套房隔离。我们还可以看到壮丽的楼梯，占据着相对于整座建筑来说非常可观的空间，以及没有突起的对称的立面，它们的枯燥乏味使人反感。

2–259

在佛罗伦萨和南意大利的大部分城市，我们都可以发现同样的布置。没有赏心悦目的外表，只有炫耀壮丽的明确意图；事实上，所有这样的住宅都在模仿着壮观。应对它们加以责难的是，它们没有展现出居住在其中的人的生活习惯的印记。人们可以在几个小时之内就熟悉庞贝市民的日常习惯和风

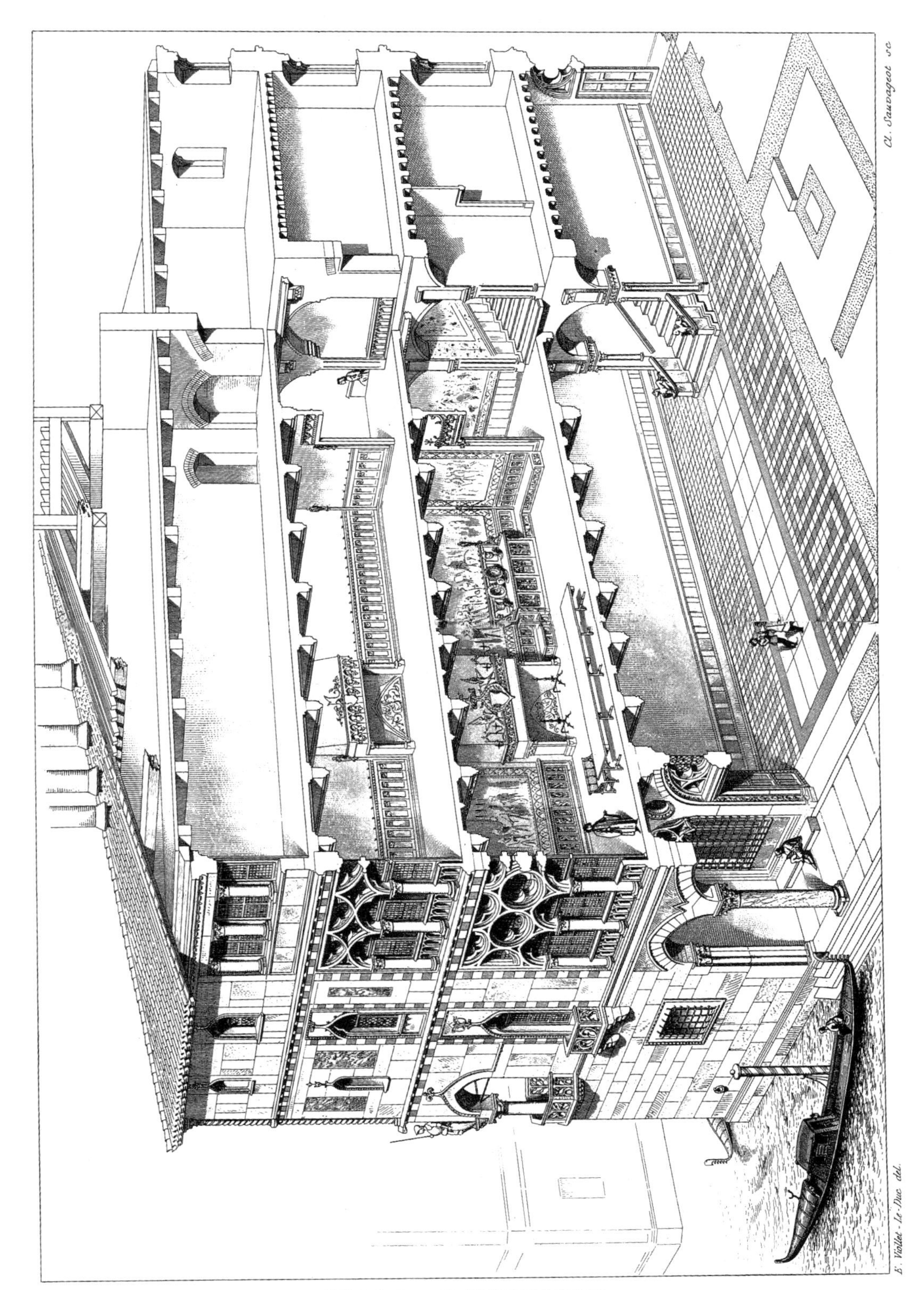

图版三十三　一座威尼斯宫殿的剖透视

俗，似乎真实地与他们生活在一起一样，而现代罗马的这些宫殿似乎不是从居住在其中的角度出发而建造的。它们是巨大的，有时甚至是壮丽的建筑物；但它们似乎在等待一代永远不会出现的人类，来赋予它们的墙壁活着的人性的印记，没有这样的人性，所有的建筑在观众的眼中都是冷酷且淡漠的。正是这样的印记赋予我们古代法国住宅如此真实的魅力。在马莱的老庄园里，我们发现自己回到了一个真实存在过的社会中，在每个角落都留下了它的习惯、激情和努力的痕迹。

不能否认的是，古老时代的艺术最大的吸引力之一是它们能够使观众回到创造了它们的文明中。许多艺术作品深深地吸引并感动了我们，只是因为它们唤起了赋予它们生命的环境，并且因为在观察它们的过程中，我们看到很久以前以好奇的眼神检视过它们的人们在我们眼前经过。假设这一魅力消失了——这是可能的——这一作品，尽管美丽，将会失去其吸引力。由于这个原因，纯粹的仿制品，尽管它们看起来非常不可思议，但从未能在人们心中留下更多的印象，也不会比杜撰的回忆录更能打动心灵。同样由于这一原因，没有决心和能量根据它的习俗塑造其建筑的时代，也只能在艺术史上留下短暂的痕迹。尽管，它让它的知识分子们绞尽脑汁地复制一大批最好的古代艺术作品，它的建筑在未来的评判中，也不会比老城中朴实的木住宅更有价值；判决将会是公允的。我们不会对一位缺乏想象力的作者表示感谢，尽管他可以从兄弟作家那里借来一些华美辞章装饰他的文字：但如果他是真实的，且只讲述他的所见所知，我们应该感谢他。

2-260

在我看来，直到 17 世纪我们法国建筑师的民用建筑最重要的魅力，归功于他们从未迷失他们的道路这一事实。他们以最简单的方式坦率地满足他们时代的需求。但要在艺术上坦率且简单，强大是非常必要的；事实上，我们时代引以为豪的所有借来的辉煌——折中的修饰改良——都暗藏着至少是无可救药的弱小，并常常隐藏着更深层的无知。

关于这一问题可以研究的最有趣作品是皮埃尔·勒米埃（Pierre le Muet）的著作。[1] 这位建筑师从展示正面只有一扇窗户的穷人住宅开始；接着推进到越来越自命不凡的住宅，他开始留心小型的公馆，接着大型的公馆，例如他所建造的 Rue Sainte-Avoye 的达沃大厦(Hôtel Davaux)。这些住宅，无论是要满足最有限的或是最慷慨的收入，在其中我们都能够发现那一时代生活方式的忠实的印记。整个社会从最低阶层到最高阶层，在这些设计精巧的建筑中都被生动地刻画。他们之间存在着一种联系；每个阶层都拥有它应该拥有的场所，并承担着与它相匹配的重要性。建筑一般都只是一个房间的进深；它们简单而庄严的布置或许不适合于我们的习惯，但与那一时代的需

1 《为不同阶层的人建造建筑的方法》（*Manière de bâtir pour toutes sortes de personnes*）皮埃尔·勒米埃（Pierre le Muet），皇家常任建筑师（architecte-ordinaire du roi），在他的领导下为陛下绘制了防御工事的图纸；巴黎，1681 年。分成两部分的对开版。(In-folioen deux parties)

求是十分匹配的。

所有人都知道，那一时代巴黎最宽的街道只有 30 英尺宽。因此可以推断那时的住宅是狭窄的，缺少空气流通的，并因而是不健康的。在这一点上，与在其他许多事情上一样，我们作如此判断是相当轻率的。

大街上缺少的场所被住宅加以利用。许多这样的公馆，甚至排列在不足以让两辆马车并列通行的街道两侧的小住宅，都拥有庭院和花园。

现代城市中街道两侧布满唯一的采光来自于这些狭窄街道的肮脏公寓，当我们现代的市政当局从中拓宽出那些宽大的街道时（它们的功用和可取之处我们从未争议过），人们会在这些被摧毁的街区建筑背后，惊讶地看到只为这些住宅的住户所知的花园或丰富的空间。甚至在最拥挤的区域，邻近建筑的屋顶上——例如圣雅克塔楼（Tower of St. Jacques）——可以看到不为路过这条恶臭且狭窄的街道的行人所注意的树木的存在。从热气球上俯瞰老巴黎，四面八方都是数不清的绿色——这座城市中古代住宅布置方式的遗迹。 2–261

巴黎当然应该通过现在流经它人口最稠密区域的空气的畅通，尤其是改良住宅的布置和街道的排水系统来使其更有益健康；但我们可以设想的大而高的建筑物，一般不设置庭院，或只在界墙之间设有通风井，在建筑物的材料因时间的影响而产生分裂时仍能保持健康卫生的条件吗？我听到过对卫生问题进行专业研究的人士对此的疑问——我自己也有同样的疑问。考虑所有的状况，在我们伟大的现代都市，尤其是在巴黎，住宅的区块过于密集且过于均匀一致，以至于这样的建筑体块不能有足够的自由的空气流通。危害居民健康的乌烟瘴气，由于不同材料经长时间的发酵，产生于这些建筑体量中。

同样的思考表明，直到 17 世纪末我们的公馆中一直采用的一个房间进深的建筑，有着易于通风的优点。所采用的平面在内部安排上有一些困难；但不能否认的是我们的古代建筑师在克服这些困难方面显示出了他们的技巧，并且没有丢弃我们现在不得不以不能通风且令人不快的昏暗通道和交通为代价换来的空间。

在研究这些古代的平面时，我们注意到它们如此准确地提供了上层阶级的习惯所要求的方案。当在 17 世纪初，对对称开口和轴线式布置成为我们的建筑师的追求时，得益于平面的简单性，他们能够服从于新的要求。一个房间进深的建筑当然能够适应于那些对称的布置；尽管建筑师常常用诡计迎合艺术的急切需要，他们也没有到将平面引入歧途并打乱内部安排的程度。

在 16 世纪和 17 世纪，这些布置方式只有些许的更改；我们在始于 15 世纪末的克吕尼大厦（Hôtel de Cluny）和特雷穆耶大厦（Hôtel de la Trémouille）中以及在路易十五统治时期的公馆中可以看到它们。 2–262

图 17–2 中的平面，是法国北部公馆的布置类型。主要的建筑位于庭院和花园之间。次一级的庭院布置在侧面，并且与大庭院（*cour d'honneur*）有着

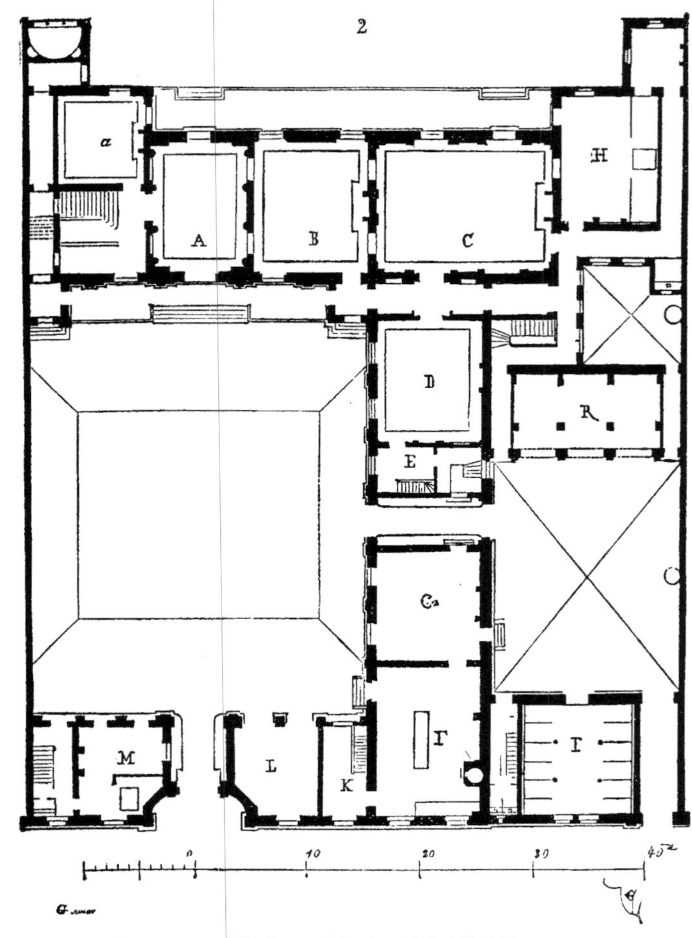

图 17–2 16 世纪与 17 世纪法国城镇公馆的地面层平面

直接的联系。一个宽广的门厅 A，在庭院轴线前打开。轿子可以一直抬到门厅的室内。门厅一侧布置着主要的楼梯和房间 a，生意上往来的客人在此被接待。在另一侧，B 处被称为前厅（antechamber），也就是套房前的等候室。B 的隔壁 C 是作为私人客厅的房间。D 是带有食品间 E 的餐厅。厨房在 F 处，G 处是与现代的佣人大厅相一致的 *salle de commun*。H 是附带有大私密套间(alcove)、化妆室和衣橱的卧室。

2–263

马车房 R，和马厩 I，朝向后庭院。厨房附近 K 处是食品储藏间，L 是等候客人离开的四轮马车或是轿子所用的马车房；M 是门童的宿舍。

地面层平面因此是被家庭用房占据的。没有大的接待大厅；餐厅很小，因为在那一时期——除非某些非常特殊的场合——只有亲密的朋友才会被邀请到家里用餐。

接待室安排在首层平面上。它们由大厅 A，前厅 B，长廊 G 和礼拜室 C 组成，如图 17–3 所示，前厅 B 事实上是作为一般的客厅使用，常常是为了

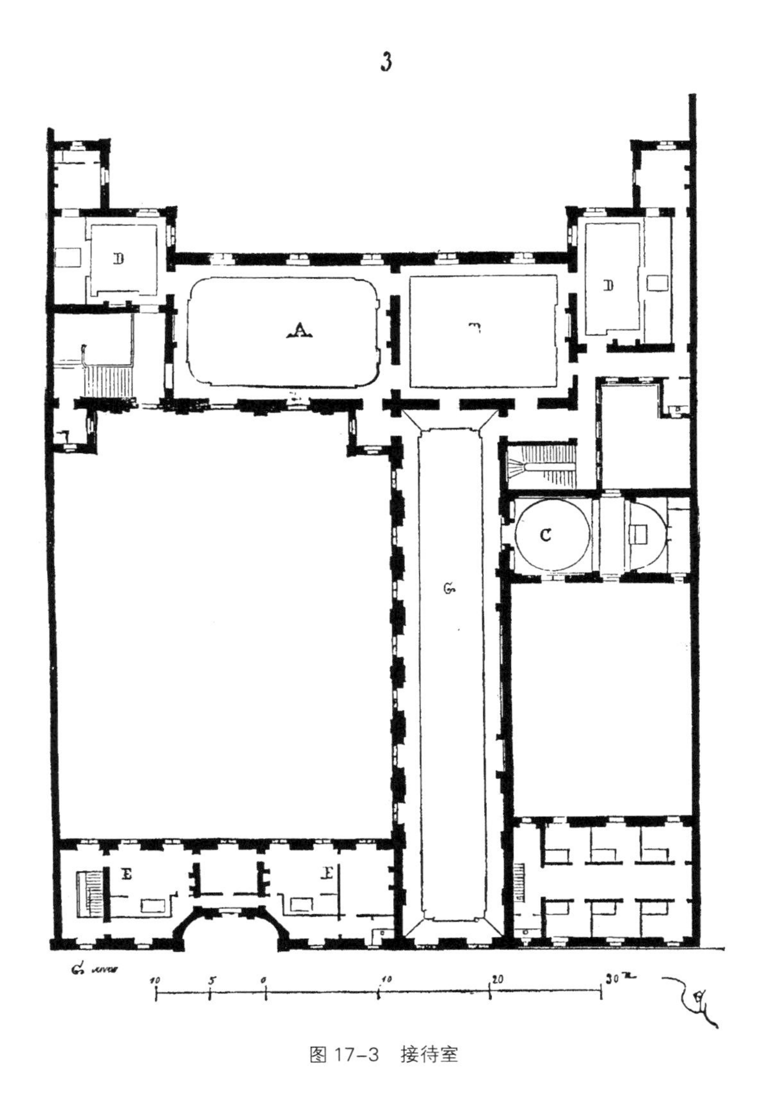

图 17-3　接待室

节日的大型会见设置的。两间套房 D，是家庭使用的，与这些接待室连接在一起，并有它们各自独立的服务设施。其他套房设置在入口建筑上方的 E 处，是提供给友人使用的。佣人居住在阁楼上，马夫居住在马厩中。

我们发现这样的布置被广泛地运用于 17 世纪的大部分公馆中，之间只有轻微的差别。在与外部世界联系紧密的套房和保留家庭私密性的套房之间，存在着显著的差别。所有的套房都有专门的楼梯，一层巨大的接待室作为这些私人套房的联系方式。沿着公共道路的是外屋（outbuilding）或者次要的套房。家庭成员的房间和作为接待用途的大厅，只朝向花园和大庭院（*cour d'honneur*）。所有这些都被坦率且清晰地表现出来，17 世纪对称式建筑的宏大的布置方式与这一布置上的简单性是相一致的。

今天的需求毫无疑问更加复杂；它们需要更专业的布置和更多的私人交

通以及更少的附属部分：它们因此需要在宏大上有所削减，但在布置的简洁性方面更加复杂的建筑风格，且不能适应于对称的布置方式。

2-264

勒米埃（Le Muet）和德麦罗（De Marot）的作品是所有建筑师藏书中的必备；因此，不必详述17世纪大公馆的建筑布置，就很容易能理解居住建筑所采用的夸张的风格。

为了适应当代的需求，我们刚才所介绍的平面必须经过重要的调整。我们不能将车道作为厨房和餐厅之间的通道。在地面层我们至少需要两个客厅，每个卧室都必须配备化妆室和衣橱，还有其他诸多细节上的安排这里省略不谈。作为早前时代上层阶级生活特征的宏大的连续性，可以说已经分裂为许多微小的空间划分，以及随之而来的迫切需求，满足这些要求是与那些强调庄严的布局不适合的，庄严布局的单调性让它们一眼看过去就能被理解。

2-265

贵族政治的社会状况中，上下阶层之间的关系是紧密的，甚至可谓放肆的，这种关系在民主社会中已经消失。家居建筑承载着这一方式转变的印记。当社会阶层被无法穿越的距离隔断时，确信个人的功勋、阴谋，或是暴力都不能夺走他们的盛名的上层阶级，并未在他们自己和下层阶级之间树立起无用的屏障；相反，情感关系的需要很快导致了从最底层到最高层阶级的紧密联系。

在城堡与公馆中，贵族的生活都是隐退式的；对于住宅中的同住者，甚至下层阶级的同住者，出入于建筑的各个部分并不会被认为是奇怪的或是应受谴责的。一起生活没有任何不便之处，因为没有理由害怕下层人士会忘记将他们与上层阶级分隔开的社会距离。

在民主国家的社会中并非如此：上层阶级需要物质的屏障保护他们不受下层阶级的放肆和侵犯的干扰。这些社会习惯的重要改变在家居建筑的一些警示性的细节中反映出来，这些细节是以保护屋主的独立性和保护他的家庭隐私不受下层阶级（subordinates）的好奇心的干扰为出发点而设计的，下层阶级与这一家庭没有任何道德上的联系，如果他们不是满怀敌意或者嫉妒的话，也是不关心这一家庭的利益的。

我们从以上所述中可以推断，民用建筑在贵族国家的社会中在其布置方式上可以宽容与简单，这在民主的社会条件下是不可容忍的，相对于存在于主人和仆人之间的法律面前的平等性而言，住宅中的每个部分都必须是分离且明确的。在古代，奴隶被认为是属于这一家族的，主人可以随意地与之亲近，因为法律不能为他提供任何保护。尽管奴隶制度在法国早先的社会生活中不是合法的存在，但仆人事实上也是绝对依赖他们的主人的——他们其实是他的财产——主人很快将依附于他的住宅的仆人视作家庭的组成部分——也就是说，关注于对16世纪称为“家庭”（household）的保护。

2-266

城市或乡村的公馆除了防御外部世界之外，都没有采取预防措施的必要。在内部，任何东西都可以说是共有的。

在仆人作为陌生人按周雇佣，且他除了工资要依靠与他生活在一起的家庭之外没有任何其他财产权的社会条件下，这样的状态是不可能的。所以，不但住宅要紧紧地用墙围住，而且家庭成员的生活也必须保持隐私，以免受这些雇佣来的陌生人的好奇心的干扰。在早前几个世纪的宅邸（hôtel）中，隔门听到前厅或庭院内男仆们的谈话似乎并不比听到隔壁公寓里玩耍的儿童的咿呀显得更不得体。但是现在，这是不能容忍的。因此，无论做什么来防止这一点，在社会条件下我们在一边得到的东西就会在另外一边丢失。肤浅地判断，古代的宅邸，似乎是可以适应于民主习惯的，今天的公馆是适应于过度夸张的贵族习惯的，我们要求每个套房必须是独立的庇护所，可以躲避窥探。因此，以在公民之间建立平等去除阶级间的差别为目的的民主制度，在许多问题上却产生了完全相对立的效果，尤其是在那些被命运垂青的人的住宅上。如果我们不再有理由担心仆人的战争，我们或许不得不考虑因服务而被给予报酬的人对付报酬给他们的人的敌意。当然，古代许多主人都依赖他们家族的奴隶的献身，奴隶们从幼年时期就被家族奴役，几乎所有的主人或劳工的雇主，在他们付给报酬的仆人或工匠中，都有反对者，或至少是对主人的利益毫不关心的人。

结论是——因为我不愿意对棘手的社会问题展开讨论——我们必须采取一种与现在的风俗状态一致的家居建筑的风格——这些复杂的并常常有点无关紧要地表现出多余的怀疑的考虑和需求；竭力地去将古代公馆的宏大与现代家庭对舒适的过分挑剔结合，是不符合理性的。对称性与16世纪和17世纪公馆的平面中表现出来的庄严的布置是有结合的可能的；但在我们现代的建筑中，它成为极度尴尬的源头，因为它迫使我们扭曲平面，并采用不方便的虚伪的布置方式，且让我们失去了很多有用的空间。当尺寸几乎相等的套房沿着立面布置时，用相同尺寸的窗洞采光是自然不过的事情；但当公馆居住者的需求是大、小套房必须互相邻近时，赋予所有房间同样尺寸的窗洞和同样高度的天花，不但没有品味而且非常不舒适。重要性和价值不容争议的忠实的原则，被坦诚地运用至16世纪，在当时建筑各个部分的布置中，有巨大的大厅和邻近它们的小尺度的房间。以一种怎么表扬都不为过的自由，他们不拘一格地使用支柱和突起以获得不同的景象和宜人的方位，开敞或封闭的凉廊，外观上看非常明显的夹层，房间内的开口，不是为了对称性而是为了创造舒适的交通和自由的景观。这样的自由将大大简化被任命建造公馆的建筑师的任务，如果他们能利用这一自由，且如果他们的业主不坚持首先要在外观上展示傲慢的对称的话。我还要加一句，这样的建筑将比那些以不理性的原则建造的建筑更好且花费更少。

2–267

我明白许多好心人将对我们称之为对称法则的蔑视看作一种不敬，一种对古代和良好传统的漠视：似乎最古老的传统，以及那些因此应被传统的信徒极度尊敬的东西，与那些假设出来的法则是完全一致的，但这些法则事实上是非常晚近的东西。某些陈规和观念，在一些人内心的判断和不被重视的思考中，被认为是荒谬和错误的，但他们不敢违反。每个人都在等待别人展现出所需要的道义勇气。所有人都欣然跟随着运动潮流，但他们都小心翼翼地避免做激发起运动的人。对称就是这些让人不愉快的观念之一，就居所而言，2–268 我们为之牺牲了我们的幸福，牺牲了我们的常识以及大量的金钱。

当遇到观念合理且理性的业主时，知名建筑师应该利用时机开始改革，这是很好的。范例很快会被追随，因为放弃他们那些狂妄的愚蠢所带来的好处很快就会显露出来。许多人在乡村建造住宅的时候，敢于无视对称法则，但似乎在城里建造公馆的时候，要放弃对称法则就会有诸多困难。事实上，这是关于流行的问题。人们认为他们在城市中的住宅在对称性方面应该是无可挑剔的，这与他们将在大街上只能头戴寻常的帽子、身着惯常的衣服视作关乎良知是同样道理。我们最近所遭受的粗暴的震荡，会将我们带回更加正确的观念，并引导我们放弃幼稚的偏见吗？我为之祈祷。我们应该义不容辞地展示抛弃这些偏见所带来的益处，这些偏见浪费了我们的金钱，与艺术是完全不相容的。艺术的本质，就建筑而言，在于知晓如何赋予每一物体以适合于它的形式，而不在于制造一种华丽的包装，然后再考虑如何将需要的布置放入其中。

每个希望有一座为他而建造的公馆的人，都会列出一个需求的计划。如果他无法完成这件事情，就需要建筑师向他解释预测的需求，并亲自准备好这一计划，以补救他的无能或观念上的含糊。对于每位当得起建筑师这个称号的人来说，一个良好、清晰不易被错误解读的计划，是成功的一半；当然，他在每一点上都遵从于这一计划，他完全达到它的要求，他不会仅仅满足于接近它，也不会企图在建筑方案富有魅力的外表下隐藏他在满足某个要求上的失败。

许多客户都被这一诡计欺骗了，并在建筑完工后，就懊悔他们被取悦业主的自大的外表所引诱。

很少有业主准确地知道自己需要什么；与之相反，有他们称之为概念的却很多——有时概念仅仅是不可能实现的模糊的想法；或者也许（例如我们 2–269 所讨论的公馆）这一概念存在于想要一座外观像L先生或N先生家那样的住宅。这样的情况是否能够合适地囊括他们所需要的，是一个还未经过他们大脑的疑问。他们想要某某宅邸那样的柱子、檐口、和窗子，同时还有在前部的台阶，阁楼、烟囱、椭圆形的休息厅，和大楼梯间。"这不是你所希望的某某宅邸的复制，"建筑师回应说。"哦，不；这对于我来说太大了；而且，我只需要两层，但它有三层；它有一座花园，而我不能；此外，厨房在侧面，我希望我的办公室在地下；它的接待室在首层，我希望我的在地面层；

我还渴望有一个为仆人、孩子等准备的夹层。”“那么请给我您的需求计划。”——现在这一计划将不再会比适合于巴尔贝克神庙更适合于某某宅邸。如果建筑师没有判断力与良知，业主又非常顽固的话——这样的状况时有发生——他们很快就会分道扬镳。但使我们惊讶的是，这样的业主将会找到一个如我刚才所说的愿意做任何业主喜欢的东西的“建筑师”，他将会做出一个与某某宅邸类似的平面，有椭圆形的休息厅和柱子；他会聪明地设法做出所要求的夹层和地下厨房，以及所有要求的东西。建造出来的东西是不适合人居的；有一些基本的错误：业主一定会将这位顺从的建筑师诉诸法律，而且将会请求一位没有那么顺从的作为专家提出反对他的证据。但我们不要将我们的指责过于泛化；仍然有一些有智慧和判断力的客户，他们会邀请能够胜任的建筑师，并对他们完全信任，当他们决定了他们的计划时，会把这项事物完全托付给建筑师。正是和这样的客户一起，尝试一些理性的东西才是值得的。

一座现代的公馆，尽管它呈现出繁缛的细节——在一些布置上比古代公馆更加分散——但仍然有某些基本的相似。保留了接待来访者和与外部世界联系的部分，以及家庭隐私的部分。尽管有时候，它们是有联系的，但在一般生活状态下，它们是完全分开的。便利性和经济性都要求它们不应互相混杂在一起。在以往的公馆中，可以看到这一原则是占主导地位的——这一原则或许现在比过去更加必要。一座公馆是否需要分割成两个分离的部分，一个属于接待部分，一个属于家庭生活部分，或者一层划分给接待，另外的楼层划分给家庭生活，要视情况而定。但在结构上，要把相对小的布置相对复杂的房间放在大房间的上方，总是会有麻烦与困难。这或许是以前的公馆将接待室放在一层，而居住的房间放在地面层的原因之一。基于隔墙的数量，将相对轻的放在相对重的部分之上，是非常合理的。然而，地面层许多房间需要的烟道却无法容易地穿过上部较大的空间。除此之外，我们现代的生活习惯更适应于将居室放在一层，而不是地面层；因为很少有公馆有那些可以让生活在地面层显得非常惬意的宽大的庭院和花园。因此，向建筑师提出的计划中 90% 会要求接待室在地面层，居室在其他楼层。我们这一时代需要——我们的朋友圈子如此巨大——一般而言可以容纳大量人群的接待空间，宽敞且容易到达的居室，所以 16 世纪与 17 世纪非常流行的长廊不再适合于我们。由于客人的数量众多，我们需要自由的交流方式；每个部分都应可以不需要穿越房间而容易的到达。这些需求一开始就必然需要两个房间宽度的建筑；另外一方面，对于私人的居住来说，这些宽大的建筑非常不方便；它们使得房间或至少使通道是黑暗且不通风的，且它们必然使得朝向不利于健康，不理会那些在平面上被伪装成过道（*dégagements*）的黑暗的房间。

2–270

一旦你在平面上见到过道（*dégagements*）一词，一定要警惕！这一词语一般而言是指一个不能被有效使用的空间。在巴黎和其他城市的公馆中，被这些过道占据的外表下，数以百计的家庭都设置成一个寄宿处；无论如何，如果它们被聪明地利用，这些公馆将为它们的收容者提供更加舒适的住处。

简单的回顾表明，事实上，一座接待室在地面层，私人房间在上层的公馆的计划，并非没有困难，因为被支撑的部分与支撑它的部分，在布置上与结构上都没有任何相同之处。

2-271

只研究庞贝那些只有地面层的住宅，我们不能解决这一问题。复制近几个世纪的建筑，也不能解决这一问题，因为图 17-2 和图 17-3 的平面显然不能满足我们现在的需求。我们必须将这一问题的解决寄托于我们的判断力与理性所提供的才智，像我们的前辈那样前进：也就是说，采用新的布置，不需要纠缠于与我们要面对的状况完全不同的老建筑所采用的形式。

尽管我们可以列举巴黎和外省的许多公馆，这些公馆展现出了设计他们的建筑师的许多才华与专注，但完全适合于现代需求的公馆仍然有待发现；在最好的公馆中，我没有发现一座结构上表现出摆脱传统束缚的真正的解放，这些传统摆在今日是令人尴尬的，我们没有理由要被迫尊敬它，对传统的严格恪守夺走了私人住宅的个性，每个时代在这类建筑上都应比在公共建筑上留下更多的时代印记。

紧随着艺术的衰落，公共建筑曾多次失去自身的特征；但在那些特定的年代里，不服从于政府或学会的狭隘观念的民用建筑，仍然能够在其设计中留下自己的印记。

我们这个时代似乎要丢掉创造性的最后一丝痕迹。有才能的建筑师，如果不打算在学会谋求一张安乐椅，或者还没有打算为自己打开通向完全在特权团体控制之下的行政委员会（administrative boards）之门，应该努力工作并寻求今日民用建筑中存在的问题的解决办法。关于公馆，我们不久就能看到我们所说的适合于城市和乡村中的普通住宅，这些住宅的计划远远不能让人满意。这需要大量的研究和劳动，我们甚至可以断言清晰且实用的解决方案将会是阻止我们的公共建筑中出现的无耻歪曲（perversion）的最好途径。因此，我们应该塑造上层阶级的品味，他们已被充斥着我们的城市的公共建筑的建筑异想彻底腐化。

2-272

我们应寻找正确的途径，并参考到目前为止的讲义里所采用的平面，指出发现正确途径的方法。

讲求实际的英国人，没有与我们类似的我们已为之付出极大代价的传统的偏见，很多时候在他们的乡村住宅，甚至城市公馆中采用一种布置方式，这一方式可能有其优点。这一布置，由一座宏伟的顶部采光的中央大厅和其周围的家庭公寓、佣人住房组成。事实上，是将摩尔人住宅的平台加上了屋顶。

但英国人在某一程度上保持了我最近谈及的家庭共有生活的布置。英格兰的家庭生活，和每个贵族社会一样，仍然保持在严格来说是家庭的状态下，这是内部健康和心神稳定的保证。拥有长廊或上部阳台的中央大厅，与私人的套房连接，因而可以为乡村住宅或城市公馆内所有的佣人所见。这是所有人可以进入，并向所有人敞开的“大厅”或庭院。但这不适合于我们法国人的习惯；此外，顶部采光的如此巨大的大厅是昏暗的——让我们想到监狱——而我们作为好奇的民族，想要知道正在发生什么；当我们置身于在我们的视线高度没有向外界的开口的四面墙之中时，我们的第一冲动就是尽快逃离。因此，英国公馆的布置，尽管它们值得被研究，并可以提供一些可参考的细节，但不适合于我们的习惯。

我们法国人。不喜欢与家中的佣人这样直接的接触。我们每个人都希望得到独立；在个人主义（如果我可以使用这一词语的话）更强大的地方，是没有国家的。建筑师不是要着手改革我们令人不快的习惯和风俗或者将好的原则过度地运用，而是要让他们的建筑符合这些原则，或者拒绝它们，如果它们有悖于他们的理性与良知的话，这样的状况时有发生。

我们的现代需求是更多、更复杂，在某些方面甚至是不庄严的；但当我们邀请我们的朋友和熟人到我们的公馆时，我们自认为是很正式的，尽管一般而言他们只是一些陌生人，或是我们在社交场合只见过一两次而认识的人。

但，我要强调，建筑师不是要向他的客户抗议这一点，或反对这些古怪的习俗，而是要尽其所能合理地使他被委托设计的建筑适合于这些习俗。我承认这不是一个容易的任务。但我们努力地实现过它吗？ 2–273

我们可以在留意外观必要的表现的同时，以最低的代价满足日常生活的复杂需求。人们希望表现，而且希望舒适；但他们又希望这不会带来巨大的花费——另外一个难点。土地每平方码价格最低 £20，建造公馆的造价每平方码平均 £40，因此在建造和空间的使用上都必须节约。因此关键是，要设法不在外观上浪费，避免外观的壮丽，这一方面不能给建筑带来任何好处，另外一方面，很大程度上掏空了客户的钱包，而不能带来任何的舒适。这在平面非常简单、不复杂的布置也不会花费太多的古代公馆的建造中是可能实现的；此外，必须注意到，这些老公馆的外观，无一例外地，都不是非常豪华且过多装饰的。但今天，的确没有任何理由在建筑的正立面上展示壮丽，它们不能取悦任何人。但我必须强调这一最后的结论：它们确实有效地保持了不富有阶层针对财富与愚蠢地炫耀财富的人的沉重的仇恨。我不坚持我们应该像东方人那样，将宫殿内部的华丽掩藏在光秃秃的白粉墙背后；但在贫穷的虚伪外表与只在嫉妒者的脑海中留下印象的奢华展示之间，我想，一定能找到一条理性的中庸之道。

对于滥用应被谴责的对称性，也同样如此。绝对禁止对称并仅仅因为对不规则的爱好而设计不规则的平面，是更加荒谬的事情。当一个方案的进展将它向对称布置的方向引导时，不对其加以利用是幼稚的；对对称设置使得大脑和眼睛得到满足的这一事实，我们不能视而不见。但思维和眼球必须能够理解在公共和私人建筑中的这种对称：常常在住宅的室内，很少出现在室外，尤其是在住宅中，例如大型的宅邸，只能部分地看到，而非全部。不管这会如何，永远不要为了对称性牺牲绝对的需求和遵从这些需求的布置。不好的布置是常常能感觉到的讨厌的东西，而对称布置带来的愉快很快就会被忘记。

2-274

关于对称，我们应该遵循一种理性的方法；精通专业的有能力的人才能找到这一理性方法。无论如何都不能容忍的是，在内部空间布置迫使我们以楼层、隔墙和楼梯间分割的立面上，将窗对称排列。建筑师们可以作证，这些对于判断力和艺术最基本法则的虚伪和冒犯，是多么过分的纵容。

在我们的公馆建筑中，有另外一个重要的条件，不总是能够被遵从：方向，即朝向的方位。在我们的温带气候条件下，北或南的朝向带来了严重的不便。某些月份，南向总是有过度的热量，而其他月份里，北向则阴冷且完全没有阳光。但不得不在特定的场地上建造建筑的建筑师，并不能在一座城市中自由选择最适合他的建筑的朝向，因为城市中空间往往非常局限，且建筑的入口又必须在公共街道上。

有很多案例，我们必须以技巧性的慎重来处理，并尽力找出可以利用有利条件并避免各种朝向带来的不便的布置。如果一个场地从北延伸到南，很显然跨越场地的建筑，在庭院和花园之间，将会有一个朝向在一年中的九个月里没有阳光，而其他朝向则从 1 月 1 日一直到 12 月 31 日都暴露在阳光下。朝向前者开窗的房间在冬季会很难暖和起来，而且很不利健康，而朝向后者开窗的，在夏季将不适于居住。

最后一个关于符合我们需求的公馆建筑的注意点如下。当我们希望防止仆人（domestics）对日常生活的干扰，并希望仆人尽量少地与日常生活交叉时，另外一方面，我们也不能像早前时代的公馆那样，拥有如此众多的仆人。事实上，可以说，相较于那些时代，他们的数量现在已经减少到最低。因此，我们必须避免他们长距离穿越的必要性。当我们不再需要他们的服务时，他们的存在便不受欢迎；但当我们命令一个仆人时，我们希望可以立刻发号施令。这些习惯要求服务方便与迅速的集中，以及特别为之预留的交通。

2-275

如果不是完全实现这一计划的话——自称完成这一计划是十分可笑的——至少让我们尝试找出实现它可以采用的方法。要达到这一点，我们必须有明确的方案；这是排除含糊与模棱两可的表达形式。批判是容易的，但起初看似简单且秩序清晰的观念的实现是一件难度很大的任务。

今天，比过去更有必要，我们希望一座公馆的接待室应该与私密的部分截然分开，这只是因为我们要在其中接待许多只是稍微有点熟悉的人。公馆的地面层因而应该留作接待室，首层作为家庭私密的生活空间。但由于有时来访者们有时要被招待，用于接纳他们的房间必须安排得便于他们在其中走动，出入必须便利；如果在我们不得不邀请的人群中，有一些私下里是有亲密的联系的（而这也时常发生），这样的隔离应该是可能的。人们应该能够找到比门边的斜面墙（embrasures of doors）更适合于幽会的场所，如果他们希望讨论他们自己的兴趣或事务的话。如果我们举行宴会，举行宴会的大厅应该与留作晚间接待用途的房间完全分离：因为对于那些9：00或10：00来的人来说，没有什么比看到撤走巨大的餐桌更让人讨厌，哪怕只是从侧面的一瞥；但是餐厅必须与休息室邻近，以便于可以直接从餐厅进入休息室。还有很多其他的事情是必需的：我们希望有遮蔽四轮马车的雨棚；但那些步行来的人——在民主国家的社会里，和保留着他们的四轮马车的人一样，仍然有很多这样步行的人——必须也能够不从马鼻子底下经过而进入入口大厅；必须有一座可以存放大衣的封闭的前厅。在前厅和接待室之间，必须有女士们可以确认她们的妆容、宾客们可以准备好被引介的房间。这些前室必须容易地与不同功能的佣人房连接。接过大衣和披风、并在宾客们离开时要招呼马车夫的侍从们必须有一个等候室。女士们还需要一个更衣室，她们的衣服有时会有点弄乱。但这一前室不能被接待室内的视线直接看到，反过来也一样。宾客们不应被禁锢在公共大厅的某一区域，而是能够随意离开。必须注意的是，节日的声音和灯光不能引起街道上的注意。 2-276

至于我们设定应位于一层的私人套房，除了主楼梯之外，必须有足够数量的佣人楼梯，以保证厨房和佣人房与这些套房之间迅速且便利的交通。除了有衣橱的卧室和更衣室之外，还必须有为家庭和亲密的朋友准备的等候室、前室、餐厅以及休息室。每个部分都应该有阳光、空气和光线，以及尽可能好的朝向、便捷的出入口，以便于每个居住于其中的人都可以不被注意地进入。

关于佣人工作的房间，地下厨房应当避免，对于生活在其中的人不健康，且做饭的气味散布到整个住宅时非常让人讨厌。然而厨房也不应该离分派就餐的房间门太远。食品储藏室必须是大尺度的，且能与厨房餐厅直接相连。当然，必须有为马厩、马车房和厨房服务的后院；这样安排，清洗马车、梳理马毛或者清洗餐具的区域，永远不会从大庭院内看到。

这至少是到目前为止一座精心布置的公馆的必要条件。我不会假设，政府的共和政体形式（如果它建立在法国）会在任何程度上减少这一计划的范围；相反，共和政府只能在允许个人的差异发展并坚持的情况下才能维持其地位，因此，大量的财富得以积累，伴随着它们的是奢华的形式，上流社会的生活，宴会（fĕtes）以及大型聚会（grand receptions）一个共和国可以建立并维持市民在法律面前的平等，但它对智力和财富的水平，及因此而产生的个人影响却并无帮助；基于这一背景，我们必须认为我们并不适合于共和政体——至少，到现在为止还不适合。在我们许多公开声称自己为共和主义者的同胞看来，共和政体不是意味着在法律面前的平等——因为我们中每个人都竭力逃避法律的管束——而是暗指平凡人的平等；妒忌的心理毫无疑问会导致专制的产生；专制者以不赞同的眼光看待杰出的才能和在一个真正文明的国家中由这些才能带来的大量的自由资产；为了满足那些所谓的共和主义者，有能力的人，总是会被清理掉，就像塔昆（Tarquin）扫去高大罂粟花的顶部一样，而那些共和主义者迟早都会站到专制主义一边，从妒忌转向更高层次的本性。

2–277

建筑师和承包人不用担心真正共和体制政府的建立——即一个不限制智力价值的政府。在这样的政府管辖下——上帝保佑它在我们可怜的慌张失措的国家里建立！——将会建造比以往数量更多的公馆，不是为了继承了祖上传下的爵位和财富的公爵和女侯爵，而是出生卑微或高贵的市民，他们以智慧、勤奋和对公共事务的奉献，在国家中获得多数的影响力，在社会中赢得更高的地位，并同时获取财富。如果能够实现的话，共和国将获得除了酒鬼和懒汉之外的其他支持者，而且不需要被某些人管理，他们在共和国的建立中只看到如何得到君主制度或帝王制度中退出的地位，并连带着保留这些地位带来的恶习，而他们最近又正在以极大的悲痛抨击着这些恶习。

我们要思考一下我们刚才对其计划书的形式进行了简要描述的宅邸。

我认为在每座建筑中，都有一个主要部分——一个统治性的部分——和其他次要的部分或组成，以及供应所有部分的必要设施，通过一个交通系统联系在一起。每个部分都有自己的功能；但它又必须按照其需求关系与整体连接在一起。

图 17–4 的平面，是根据这些原则绘制的，是一座以巴黎的公馆作为标准的中等程度的公馆的地面层平面。

假设它所处的地块是大城市中常遇到的基地条件——正立面相对狭窄，越往后越宽。我们不需要坚持强调有处在庭院和花园之间远离街道噪音的这类建筑能带来的优点。但除非我们有可以任意使用的大面积土地，否则建造在庭院和花园之间的公寓会变成一个将它们分离开的屏障；结果是在庭院一侧，朝向是冰冷阴暗的，而在花园一侧，因孤立而显得景观和位置非常单调。此外，长排的套房或方形的回廊（returns）使得住宅的布置非常困难，加长了与某些位置的办公室的交通联系，带来了很多空间的浪费，如果我们需要有家人和佣人的自由的交通的话。

2–279

如果，为了避免由横跨场地的大型建筑引起的不便——建筑是两个房间的深度——我们采用了区块式（*block*）的布置的话，我们必须为中心处提供空气和光线；只有通过讨厌的英国式“大厅”才能获得这一效果，我相信我们法国人的习俗不能容忍这种布置。

上述考虑得到了图 17–4 的平面，它由直径 65 英尺的八边形组成，斜向

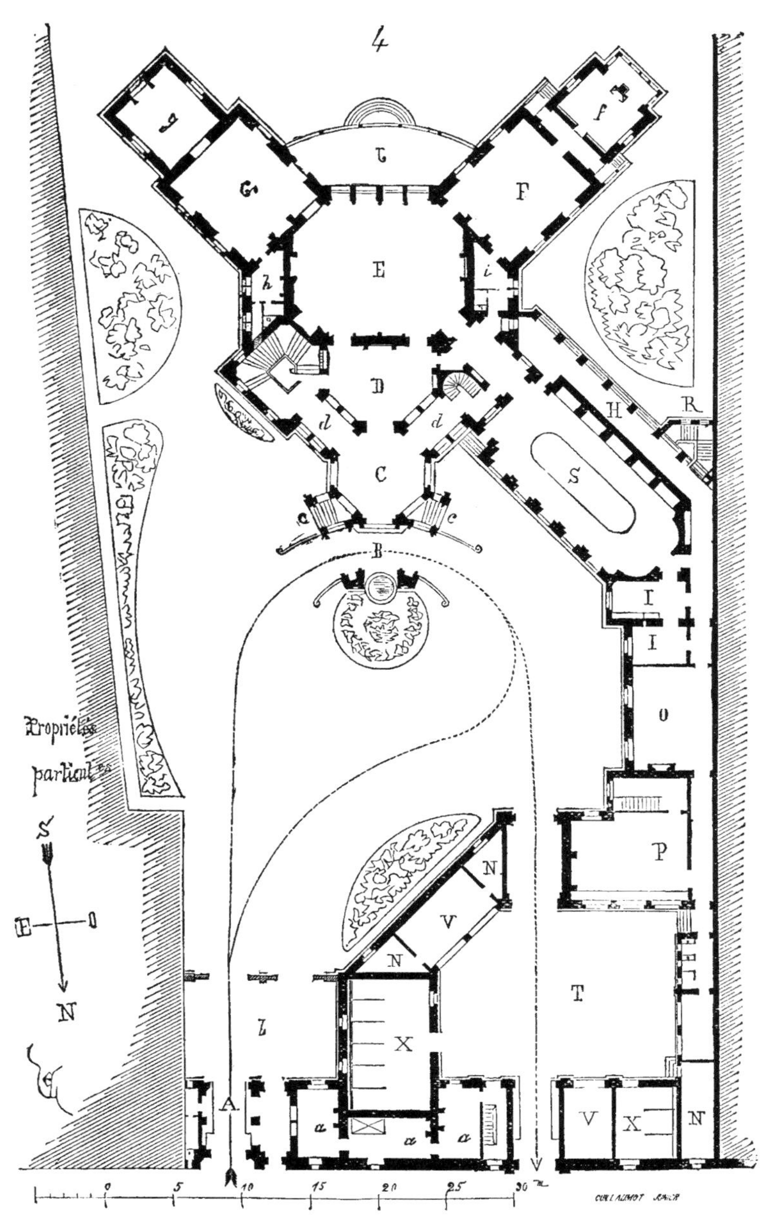

图 17-4　法国现代城镇公馆设计——地面层平面

的两翼在花园一侧，还有一个斜向的侧翼俯瞰着庭院。

无论场地的朝向如何，阳光都可以晒干并温暖至少四分之三的墙面；假设公馆的方位如图所示，那么只有一个方位没有阳光；每一面都将依次得到光线。

A 处是宏大的入口，*a* 是门童宿舍；*b* 处是栏杆围合的前庭；这是一种常常需要的布置，例如如果某一时刻之前家人不在场或宾客不能进入的话。

B 处是四轮马车可以进入的雨棚，前厅 C 是中央入口。另外两个有台阶的侧入口在 *c* 处。前厅 C 通向第一个大厅 D 和两个走廊 *d*；一个——左侧的那个——连接着主楼梯，另外一个连接着佣人楼梯、餐厅前室和通往食品储藏室的通道。在主楼梯下面的地下室内，是客人随从的房间。在第一个大厅（saloon）D 通向走廊的入口是玻璃门，走廊本身就是玻璃的，这样当招待会结束时，客人们可以很便利地在前厅 C 内散去，从前厅 C，他们可以从三个门出去，其中两个是为步行者准备的，这样他们可以避免与四轮马车遇到。第一个大厅通过中间的一扇正门向前厅打开，它同时也有两扇门通往中央大厅 E，两扇门的设置可以避免上述正门处的直视，也可以使客人不用从同一个入口同时进出。

住宅的男主人或女主人在中央大厅的入口处迎接邀请的宾客或来访者，是合乎习俗的；而且，常常只有很短的时间能够给这类客人，进来的时候刚向房子的男主人或女主人表达了我们的尊敬，几分钟之后离开时又再次经过他们面前是非常尴尬的事情。两条出门的通道使我们可以避免礼数不周或被困其中的不便。

2-280

中央大厅 E 朝向温室或冬季花园 J 打开，两翼为斜向的大厅 F 和 G，同样也对着温室打开。特别为女士们准备的大厅 G 以接待室 *g* 作为结束。大厅 F 在走廊上打开，并有两扇门通往花园和吸烟室 *f*，吸烟室的气味因此不会渗入其他房间。*h* 是女士们使用的有厕所的更衣室；*i* 是为男性准备的同样的布置。这些房间在身体抱恙（indisposition）的时候也可以作为静养处（retreat）使用，或通过主楼梯或佣人楼梯，直接到楼上。从大厅 E 或第一个大厅（saloon）D，我们会进入大餐厅 *s*，它可以通过一个通道通向厨房 H 和食品储藏室附近 I。佣人可以在其中用餐的大厅在 O 处，做饭的厨房和附属房间在 P 处。佣人走廊 H 是有夹层的；夹层和首层的走廊可以通过佣人楼梯 R 到达。但我们直接回到这一布置上。在佣人庭院 T 周围是马车房 V，马厩 X 和马具房 N。

2-281

让我们向上来到为家庭私密生活准备的第一层，如图 17-5。主楼梯从 A 处开始，引导向宽敞的平台，与走廊 B 在同一层，走廊 B 穿过建筑中心部位并通向另外一条连接办公室的走廊 C。在主楼梯佣人楼梯之间的 D 是供住宅的主人使用的大书房或业务室。这一房间朝向作为前厅和侧面走廊屋顶的平台 E 打开。F 是连接着一个小等候室 G、一个私人休息室 H 和餐厅 I 的前厅，餐厅的食品储藏室 J 与可以下到厨房的佣人楼梯 K 直接相连。走廊 B 因而将陌生人可以进入的房间与两个带有更衣室 M 的房间 L 以及两个配有前厅 O 和更衣室 P 的套房 N 分离开。上部的阁楼内，是儿童和佣人的房间，佣人们的职责使他们与这一家庭关系紧密。屋顶，如图 17-6 所示，以最简单的方式覆盖在这些建筑上，没有复杂的组合形式。侧翼 A 以山形墙作为结束，这一布

2-282

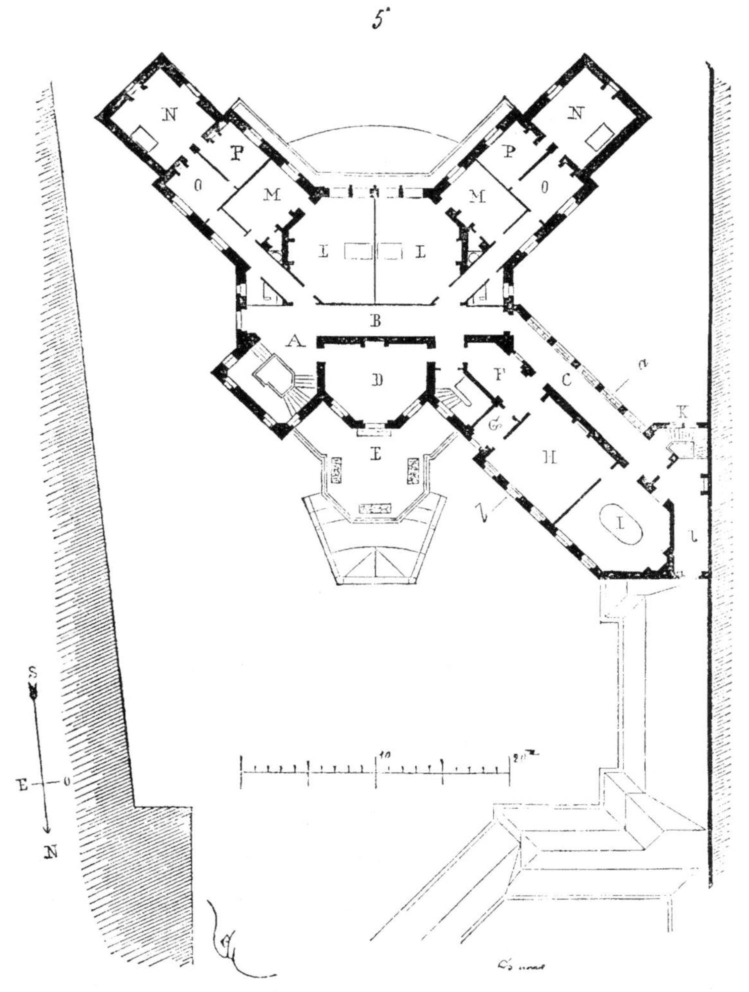

图 17–5　法国现代城镇公馆设计——首层平面

置可以让烟囱出现在山墙上，山墙直接开窗可以照亮阁楼，而不必在这些地方采用横向的屋顶天窗。

图版三十四是这一公馆从东北方向看的透视图。

逐一详说室内布置和所采用的结构系统是很有必要的。

图 17–7 是建筑的剖面，包括了餐厅和佣人通道（图 17–5 上的 *ab* 剖断线）。夹层走廊 A 作为家用纺织品室，并因而临近所有的交通空间。首层平面上的走廊 B，连接着家庭日常使用的套房。主楼梯，以及佣人楼梯一直通到阁楼，阁楼如前所述，是第二等级的房间。在外屋的屋顶下，是外仆（out–servants）——马夫、车夫和厨房侍者等的房间。

多亏了建筑主体的几个部分互相抵消并支撑，且相对于所覆盖的面积，外墙长度较短，主体建筑才不会需要很高的花费。尽管某些楼面宽度很大——

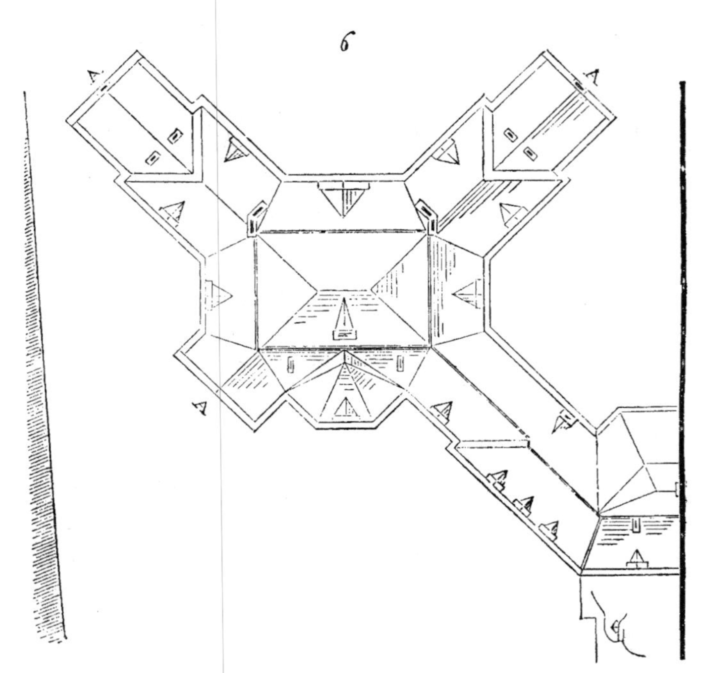

图 17–6 法国现代城镇公馆设计——屋顶平面

比如地面层的中央大厅——承托它们的墙体组合并交接在一起，以提供非常稳固的支持，而不需要非常巨大的砖石工程。

此外，在许多地方，由于采用了铁构件支撑的缘故（我们应该注意其与住宅建造有关的运用），我们节约了大量的经费，如果我们与这类建筑常用的做法比较的话——常用的做法稍微有点过时，且与我们的工业装备带来的资源不太和谐。对于我们建筑师来说，不满足于仅仅模仿以前几个世纪的建筑外观，同样复制它们的建造方法，但它们的建造方法并无长处，且与必须满足的复杂需求并不相适应。

2–283

或许我应该给出我所描述的建筑的一个简要的造价说明。

主体建筑的面积，包括只有地面层的前厅，是 1060 平方码（大概）。

以每平方码 £37 估算，因为建筑只有一地下层、一个地面层和一个首层，以及阁楼，我们应该超出了这一标准。

2–284

主体建筑因而总共需要大约 £39200。

外屋建筑有 800 平方码。这些建筑部分有地下室，有地面层屋顶层。它们平均每平方码最多 £14，总共大约 £11200。

排水沟、铺地、水、照明和凉篷大约 £10000。

建筑部分总共花费 £60400。

包括花园在内，场地总共 6570 平方码。以土地每平方码 £1616s 估算，我们大概要花费 £110000。

图版三十四　一座适合于现代需求的公馆的透视图

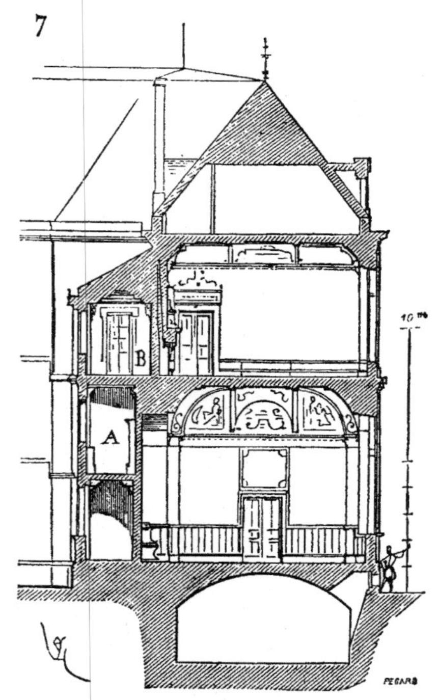

图 17–7　法国现代城镇公馆设计——餐厅处的剖面

以上所有，总计为 £170400。

图 17–2 和图 17–3 的公馆平面面积为 1925 平方码，外屋建筑 790 平方码。考虑到它们复杂的正立面，普通平面的城镇公馆主体建筑，哪怕不考虑花费最多的室内装饰部分，花费也不会少于建造那些我们讨论过其细节的建筑。

主体建筑的花费因而总计为 £70840。

外屋建筑，假设它们是以刚才所说的方式建造的，将会需要 £10560 的费用。

加上上述附属工程的花费 £10000。

总共为 £91400。

看起来围绕着一个中心的住宅不同部分的组团式布局，除了很大地方便了家庭的布置之外，还可以更好地利用场地，并实现真正的节约。仔细观察可以看出，串联的接待室很不方便使用，并让佣人职责的正常工作难以完成，并且不符合我们这个时代的接待大量人群的习俗。不同建筑的组团还方便了加热器（*caloriferes*）的供暖方式。

对于其偏爱的更多的争论是不必要的；对根据这一组团的模式所得出平面的检验将会展现出它在大大小小的公馆建筑中采用时所带来的优点。在这类建筑中，将斜向的或多边形的平面布局进行普遍运用似乎也是可能的；当我们有可以自由支配的一个空间时，不要只限于方形平面，方形平面中的某些位置会出现很难采光和布置的状况，除非放弃这些空间。

2–285

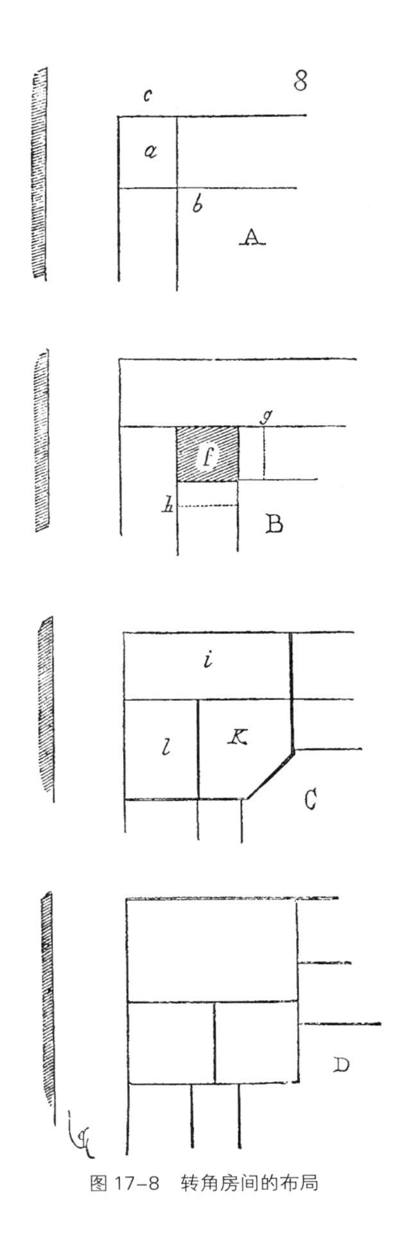

图 17–8　转角房间的布局

我不是要将前文举出的这一设计作为一个应该被遵循的范例——它们只是作为与现代需求相一致的体系的实践——很容易发现，这一方法让我们在各个朝向上得到更多的采光口，并且不会浪费空间。当所有的建筑只有一个房间进深的时候，直角的布置不会有任何不便，因为在一边开口照亮垂直角度的房间至少总是非常容易的；但如果我们有双倍进深的建筑，这一优势就不复存在了。几何草图（geometrical sketch）可以描述清楚这一困难。图 17–8，A 是一个房间进深的建筑。房间 *a* 不能在内转角 *b* 处开窗，它还可以

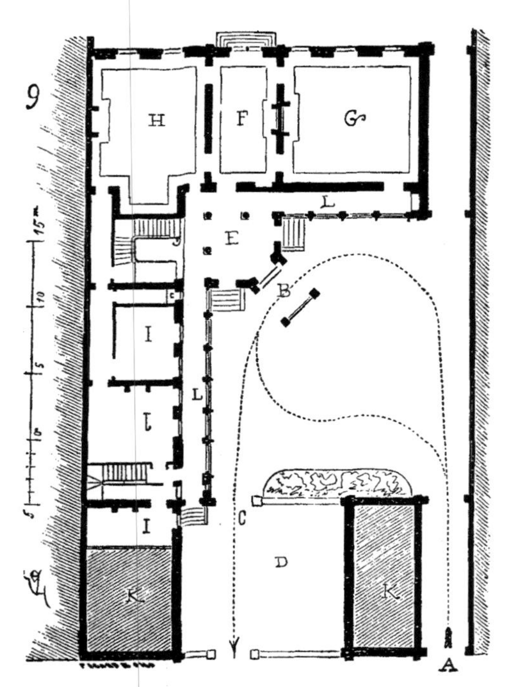

图 17-9 法国城镇小公馆的平面

从凸角的 *c* 处开窗照明；但如果是两个房间进深的建筑 B，有一个直角转角的话，*f* 的外表就很难采光。房间 *f* 为了能有窗户，因而必须要侵占内转角的外墙；也就是说，它的边界必须到 *g* 或 *h* 处。尽管如此，*f* 在通风和采光上仍然不够理想。但如果我们采用示意图 C 的平面，三个房间 *i*、*k*、*l* 都可以有很好的采光。带有斜边的多边形的平面因而在两个房间进深的建筑中是非常有用的，我们可以问问自己为什么它们不常被采用。转角的阁楼（*pavilions*）（如平面 D）同样可以采用，17 世纪的建筑师非常知道如何利用它们的优点。

这些阁楼（*pavilions*）在内转角形成一个凸角，同样能带来令人愉悦的建筑效果。它们非常便于设置楼梯、大厅或者附属房间。在建造中等尺度的城镇公馆时，我们一般很难有随意支配的场地；建筑师受到相对狭窄的空间的限制，被相邻的建筑封锁住场地。我们不得不紧邻着隔壁住宅的墙体建造，然而——如果我们计划有一个花园的话——我们必须留出从庭院到花园的必要的空间。在这种情况下，一个成角度的前厅和楼梯就能提供最有利的布置。

一个 80—100 英尺宽度的场地，对于一个公馆来说只是个狭窄的空间，设置中央入口或者进行对称式的宏大布局都是非常荒谬的我们将不得不紧挨着双方共有的界墙建造建筑。因此，最合适的布局是如图 17-9 所示的平面。独立于为家庭预留的主庭院的厨房院子是非常必要的，因此可以将四轮马车入口设置在其一侧的 A 处，以方便通往停车门廊 B 的车行通道。四轮马车的出口在通道 C 处，穿过佣人庭院 D。内转角 E 处的前厅可以通往大厅 R 和 G。

2-287

主楼梯朝向前厅打开。餐厅在H处，邻近食品储藏室I和厨房J。马车房、马厩和门童宿舍位于佣人庭院的一侧K。佣人从前厅沿着玻璃门廊或长廊 L可以很方便地到达各处。这些门廊并未占据地面层整层的高度，因为要为它们屋面以上这一侧的佣人房提供空气和直接的采光。建造这类私人住宅中为交通带来很大便利的低矮门廊的习惯已经失去了。我不知道为什么。也许，它们被认为不够有纪念性；因为我们喜欢为纪念性的宏大舍弃一切。但在公馆中，一直到17世纪中期，它们被认为是有用的，并且在需要的时候常常被建造。惯例在某些方面确实应该被尊重，但在许多方面与我们的习惯不和谐，在其影响下，在我们的家居建筑中，我们放弃了许多优点，这些优点我们的惯例可能并不认可，但我们自己的判断力却应该能赞同。每走一步，我们的公馆甚至在更质朴一点的住宅中都会遭遇到由于惯例与我们的日常需求无法一致而带来的困难。因此，我们常常求助于各种托词，建筑绝不是赢家，居住者因而失去了许多他们本应得到的便利。无论如何，对对称的痴迷以及唤起过去两个世纪建筑风格的希望，迫使我们扭曲了现代习惯所要求的布置方式。如果我们详细检视我们的现代住宅，我们可以清楚地察觉到建筑师为了使现代建筑的布置与绝非我们这一时代的需求、习俗或品味所要求的建筑形式一致所不得不采取的努力，而其结果往往是徒劳无益的。然而，现代需求的极端复杂性会在建筑上，尤其是专注于满足这些需求的建筑上，留下印记。赋予现代建筑的复杂有机体以源于满足相对简单的需要的建筑形式，是一个时代的错误，并且只会得到良好的感觉与品味所反对的结果。 2–288

考虑到美术学院给予我们的教育以及长久以来我们不进行理性思考的糟糕的习惯，但却做着前辈或邻居已经做过的事情，我们不会突然地接纳适合于现阶段文明的建筑；然而我们应当着手于这一点。当下这一时间点是非常合适的，因为旧的社会状态正被分解为无人问津的碎片，它们显得非常陈腐不堪。在这错综复杂的一团糟的局面中，建筑师难道最后一个找到摆脱困境的最好方法吗？如果他们不或不能履行这一任务，工程师——较少受传统束缚，并更渴望以理性思维进行推理——或建筑承包商，将会完成这一任务，建筑师将会退化为装修工的角色；我们当然不能停步于此！我们长久以来都处在这一即将到来的结果的影响下，而且状况让这一结果日趋临近。 2–289

在过去的时间里，建筑师不愿学习，不愿努力解决不断出现在建造者面前的细节的问题；当他们一直将纪念性的外观作为首要考虑的事情——哪怕在品味上判断特征都非常可疑的外观，但仍有半打人追捧，这些人们在学校里认可眼前的一切，且不愿意被教给任何他们不知道的东西；当他们继续对严肃的检查或批判表现出无法解释的轻蔑，但对经不起检验或者也是严肃批判的作品表现出同样无法解释的尊敬时——在这些建筑师的背后，已经形成了一个年轻工程师的团体，无论他们现在如何受制于惯例，他们都可以很容易地使公众甚至行政委员会（administrative board）认识到旧的方法的不足以及正在发生的艺术作品浪费公众钱财的抗议。那么建筑师就有很大的不再被称为实践艺术家的风险—— 一个科学的建造商一定会急于提高他所掌管的工程利润。

如果生意被别人接手的话，我应该期望这一名声的消失不会给公众带来任何不便；公众不会担心一个明智的依据充分的建筑体系——表现我们的需求与工业设施的进步——是由被称为工程师还是建筑师的人进行的，如果它正被某人实际进行着的话。但可能我们的一些同胞们不会漠然地看待这样的替换；他们不会花费空闲去抨击工程师的挑衅精神，而是给予他们的学生严肃的和实践的教导，并通过培养对所有影响艺术实践相关问题的推理习惯提高他们的判断力。

把时间花在改善建造堕落的或至少过时的东西的程序上，难道不值得吗？难道没有关于我们的住宅结构的每日亟待解决的困难问题吗？它们的解决远比偏好路易十四、路易十五还是路易十六时代的建筑风格更为重要。

为了满足现代的舒适性和越来越强硬的经济性的需要，居住建筑的建造方法，一定会经历重要的修改。大跨度的可以承托隔墙的铸铁楼面仍有待发明；目前使用的方法是简单而原始的。楼面无法忍受地吵闹，它们对墙体的支撑是笨拙而勉强的。宽度很大的纤弱隔墙与楼面一样原始。我们的采暖和通风系统的构想是不完善的，实施得更加差劲；它们只是事后添加进来的，在建筑建造的时候，完全没有考虑到有关这些系统的不可缺少的准备工作。关窗的方式也是有缺陷的，尤其是宽而高的窗子。室内的建筑装饰，像是一块挂毯，与建筑结构没有任何联系，它们隐藏了建筑而非适应于建筑。铁是一种有用的材料，它能提供稳定和安全，并使我们在材料和空间上都实现节约——但它成了仅仅是让我们蒙羞的一种用以逃避的遁词。它被隐藏或伪装；它被置于特性与之有用的方面完全相反的材料制成的外壳下。木建筑材料越来越罕见；不再能够采伐到成材，很快它就会完全衰退。建筑师关心这一事实吗？相反，他们比以前更加专心于采用浪费木材的木工活，好像木材还很富足似的——去模仿某一时代的木工，而那一时代的木工工艺绝对不是设计精妙的。但现在在许多状况下，可以用铁代替木材了。另一方面，还需要调查和研究；做一些不同于我们以往习惯做和其他人做的事情；必须展开一场针对我们的客户的狭隘和胆小，以及针对建造者的墨守成规的斗争。我们总是喜欢遵守老规矩。

2–290

然而，打破老规矩必然会引起不安。

在着手领导我们的国家、国家将所有权力交予其手中的人中盛行的无知及其引起的迷恋，使我们猛然摔入痛苦与羞耻，直到现在我们都不能预知它们何时会结束。我们高贵的法国艺术，有着如此良好的理性基础，真实且富有创造性，带有我们的风格习俗和天赋的清晰印记，它们也要在这些无能者的手中灭亡吗？在毁灭的时刻来临之前，我们没有反抗这些无能成规的专横统治的能力吗？我们必须看着我们的国家荣誉，我们在欧洲的影响力，我们的军事地位，我们在知识领域的优势，正寸寸消失，因为我们没有这样的判断力，可以让我们及时地避免陷入无动于衷的冷漠，而这种冷漠正是由于我们长久以来形成的不再追求理性并认为感觉或感情可以替代研究和观察的习惯。 2–291

我们有着感性的建筑学，正如我们有感性的公共政策和感性的战争……我们早该考虑将清醒的理性和实际的判断力赋予时代需求、工业技术带来的进步以及节约的布置和其所需要的卫生及健康的考虑中。

住宅取暖、供水和煤气照明的布置，大部分都是事后添加进来的——它们只是在住宅建造完成后才被仔细考虑。管道被引入，因为它们最适合穿过墙或地板。为加热器（*caloriferes*）产生热流的 *fumistes* 穿洞开槽，却不仔细考虑结构的稳定性。接着管子工和煤气安装工上场，他们也是按照自己的方法干活。在巴黎，我们并不关心公务大厅（state saloons）的通风问题，以至于在接待日里，我们在加热器（*caloriferes*）、灯光、氧气的消耗和碳酸氧的形成而产生的热空气的污染中都处于半窒息的状态。思考这些问题，远比在天花上绘制品味可疑的壁画和从玛丽·安托瓦内特的闺房中（Marie Antoinette's boudoirs）成功地抄袭壁炉架和嵌板更为重要。

由于我们的习惯是超过其容量的人群涌入客厅，对于我们来说，为他们提供充足的空气应该是主要考虑的问题。以前，房间是宽敞的，不紧闭的，且不是灯火辉煌的；用加热器取暖的方法还没有被采用，同时接待的人数也相对较少。我们的先人们不喜欢盛大的晚会（routs）；我们喜欢以这样的方式渡过我们的夜晚；建筑师并不能改变这样的风俗；相反，他们必须设计出适合这些风俗的布置方式。

到目前为止，接待室中唯一采用的通风方式是开窗或部分开窗（即旋转窗扉（swing–casements））通风——导致肺炎或至少感冒的首要原因。女士们的肩上和男士们的秃头上，都有冷空气灌下，而仅在两步之外，某人正身处 85° 的有毒蒸汽浴中。我知道对于这一导致了机体的伤害，以去海边或到矿泉疗养地的方式，能进行一些补偿或至少寻求了一些补偿；但彻底阻止这样的伤害难道不是更加自然更加合理的吗？ 2–292

时髦的生活，就是在冬季的3个月里为了带着夏季去解毒的满足毒害自己。当然，一个身体和精神上健全的种族不是这样能产生的。

公馆中接待室的通风因而是一个很重要的问题；并且由于对它已经有了相当多的思考，互相之间差别很大的系统也都被尝试过，建筑师应该对其比目前更加关注。如果，研究了这些必要的问题，他们仍有时间，他们可以将其用于再现取悦自己或他们的客户的这种或那种风格。

首要的条件是有供给呼吸的充足的空气；因为快要窒息的人们不会注意到最精美的壁板或绘制在天花上的透明的天空的魅力；几立方英码的新鲜空气将更合他们的口味。

和我们所讨论的公馆比起来，租住房则更胜于近几个世纪以来它们的前辈。更有益健康，布置得更合理，建造地更好，更适合现在的需求，它们是必要性的结果。利益是一个强有力的刺激因素；一座设计精良的住宅的所有者胜过拥有不舒适的住宅的人，他可以获得最大的舒适，即便它没有达到完美，也毫无疑问接近完美。但我们可以肯定没有其他事情要尝试或完成了吗？当然不是。在继续展开讨论之前，我们会给出一个事实的证据，至少对于巴黎来说，它是非常重要的，因为它影响了它繁荣的某一方面。

穿过在帝国统治下尺度巨大的首都新大道，极度地刺激了租住房的买卖。利用了最早的和最好的开张的投机者，例如里沃利街（*Rue de Rivoli*）和塞瓦斯托波尔大道（*Boulevard de Sébastopol*），实现了相当大的利润；但在穿越了人口稠密和商业繁华区域的中央大道上，投机商可以大胆地为这些地区的承租人建造住房，这些租户不可能到别处去，而且因为一定能通过生意获得利润，他们可以支付相对高的租金，且他们倾向于长期租用。在这些大道上，商业有时甚至能侵入最高的楼层；在像巴黎这样的城市中，商业由部分能付得起最高租金的团体代表，因为高租金是高利润的主要条件之一。例如，一个商人，每年付 £960 的租金，每个月获得 £200，而他付 £240 的租金的话，每个月只能得到 £40。这是位置的问题——城市中的分区——商业中心。但当新大街的开张延伸到城市中没有这些商业优势的区域——例如在西部新开辟林荫大道——投机者不得不面对的状况就完全不同了。土地并不便宜，建筑的造价至少也不会比人口稠密地区低。不能从地面层得到与占地面积相比数额较高的租金，他不得不依靠租出楼层较低的多套公寓。起初，这非常成功。这一地区是有吸引力的——邻近香榭丽舍大街，杜伊勒里宫以及布洛涅森林（the Bois de Boulogne）。这些豪华的公寓很快就能租出去并被占用。但按照巴黎居民的富裕程度，没有多少人可以负担得起一个套房一年 £960 的租金，而且当那些可以租得起的人住进去之后，就不再有投机者可以继续供应的租户了。此外，许多人认为拥有一座属于自己的包括场地在内造价约 £20000 小公馆，比付出这一数目的利息但不能拥有本金更为合适。正是从这时候起，在巴黎的外围地区开始建造大量的小公馆；原先没有建设的区域，沙约特、拉米埃特、讷伊、帕西、欧特伊等，被占用。拥有一座自己的公馆或别墅，从此渐渐为中等财富的阶级所习惯。拥有可以自由支配资金的所有人，将投资建造一座自己的住宅作为首选，而不是在租来的住宅的一套公寓的租金上花去利息。

因此，投机者建造的住宅越多（他们必须以高租金将其租出）——因为场地和建筑要花去他们至少每码平均 £50——他们能找到的有意向租住这些住宅的租户就越少；首先，因为能承担得起每年 £240—£960 租金的人早已有了住所；其次，因为考虑到租房所需要的金额，许多人更想自己成为房东——也就是说，将钱投入仍将属于他们自己，并可以在任何时候赚回他们所付出的住宅建造的花费。 2–294

我们国家尤其是巴黎的状况，自 1870—1871 年灾难性的战争以来，在贵族区出租房没有提高投机者的地位。从那以后，我们认为这类财产可能会相当大地贬值，我们很少能预知巴黎和我们的其他大城市中大量空置并最终出租给外国人的住宅最后结果会是如何。

这些考虑是中肯的，它们为我们带来了这样的结论——巴黎人关于住宅等级的习惯已经改变了，且或许随着时间的流逝这些习惯会改变地越来越多。

个人和家庭越来越希望独立。除了在商业区——在商业中心——大型出租房不再有需求，因为租客越来越少。习惯住在自己房子中的人，不需要在每个季度末付给租金，不用担心停租的通告或是租金的上涨，不用忍受讨厌的邻居，或坏脾气的门童（有时会这样），他们不会愿意重返租用的住宅。他宁愿超出巴黎的范围，住在近郊某个小镇上，尽管为了生意他每日都要进城。

因此，由于以让巴黎更加宜居、更加健康、更具吸引力为目的的大道的兴建而带来的恶习，将会因而改变巴黎人的习惯，并会导致城市中最近以很大代价建造的某些区域无人居住，或至少偶尔有人居住。因此，这些仍然有很多空置场地的区域所获得的虚假价值，将会显著下降；当它们的成本降低到中等财富阶级的能力范围内时，在那里建造的将不是五层楼高的石头住宅，而是足够一两户家庭居住的小型住宅。

我们预想的未来似乎并不遥远，除非这一伟大城市遭遇一次衰败。这是值得期待的圆满；我们的道德将因此而提高，巴黎人的生活将因此而更美好。一个范例——一个完美的社会状态将是，它的大部分成员是他们自己房屋的主人，热爱他们自己的家庭；这将会带来更温暖的家庭情感，妥善安排的工作，更加明智的朋友选择，以及对虚荣或有害健康的事情的鄙弃。 2–295

我们的新计划非常好，建筑师可能很快被要求实现它。这一方向的尝试早已展开；一些有着简单且适度外观的可爱的住宅，建造在巴黎西部偏僻的区域，为中产阶级所拥有——平静家庭成员，长久地告别了剧院和大型聚会，并忙于孩子的教育；在那里常规的工作维持着心神的稳定与良好的心情。但这一新的计划仍然有待发展。

这样的住宅不可能是小型的公馆；它们必须根据所涉及的习惯来塑造，这些习惯还没有完全形成，但应该很快就可以——至少这是我们的希望。我们的中产阶级作为现代社会的生命力，在法国社会中还没有他们自己的时尚或风俗，这是一个引人注意的事实。他们不是早前时代的中产阶级；他们尽其所能努力奋斗去模仿富有的贵族阶级的外表，并宁愿追求虚荣而不考虑他们家庭的舒适；在远离巴黎西部边界的区域，我们看到大量的小住宅，它们的平面是那些豪华公馆的缩小版。

这类事情不会在英格兰或者德国发生，由于收入的适度他们的习惯是不张扬的，因此他们的家庭的住宅是真正适合于主人的社会地位的。当然，当客户来到并要求建筑师建造一座他自己使用的住宅时，建筑师不能用对道德秩序的考虑影响他的设计；但在许多情况下，他们的判断和合理的陈述会对这样的业主产生一定的影响。不把自己预设为社会改革者（这是极其荒谬的事情），一位建筑师可以用有吸引力的方式介绍他对这种或那种布局的研究成果；但他必须在脑中储存一些这样的研究观察，他必须有足够的谨慎和智慧，将它们适时地表现出来，他不能把自己视作唯命是从的傀儡，随时准备屈服于客户的所有臆想，而是应该作为顾问或向导，防止他陷入不利于自己利益的错误之中。不幸的是，建筑师长久以来对他们应该扮演的角色都有着不同的观念；我们不应对此感到惊讶，因为性格独立和高贵的例子不会在上层社会中被找到——远非如此。这样的习惯已经根深蒂固，我们没有指望改变它们。奴役在人类的精神中留下了抹不掉的痕迹；因此，这些言论是对正在成长的一代——对我们的年轻人说的。为了他们，我们要恢复判断的准确和性格的坚定——建筑师的真正功能，是启发他的客户，而不是盲从他们的无聊臆想。

2-296

第十八讲　家居建筑（续）

大城市中，尤其是巴黎城中，由于昂贵的租金与越来越坚决的居住在属于自己的住宅内的趋向，而正在发生的习惯的改变，将刺激建筑师寻求满足这一趋向的最适当的途径。 2–297

建造方式的经济性毫无疑问是这一新计划的主要条件之一。在法国我们一般习惯于以过度昂贵的花费建造建筑。继承祖先的遗产和习俗的迅速转变之间的分歧，导致私人住宅的建造不要求建筑可以持续多个世纪。一百年已经是一个相对较长的持续时间了；因为在一个世纪之内，住宅建筑一定会更改所有人五或六次，最后其内部布置不经过重大的修改，肯定不能适应新的一代的要求，对其内部的修改往往相当于整体重建。

建筑师心中的目标是建造年租金在 £160—£480 之间资产相当于 £3200—£9600 的住宅。考虑到在大城市中土地的代价，这非常困难。因此这样的建筑不应被建造在人口稠密的商业区，而应该建造在大城市的外围。当巴黎不幸的城墙将被拆除时——我们希望这一天不会太遥远——将会有适合于这一目的的场地，因为它们必须以中等价钱出售。240 平方码就足以为一户人家盖起一座中等尺度的带有庭院或小花园的住宅；如果土地每码花费 £1，13s. 4d.，投资在购买场地上的钱就只有 £400。最多 £2400 或 £2800，一座适合于大家庭居住的住宅就可以建造完成。事实上，120 平方码，每平方码建筑花费 £20，总共要 £2400；以每平方码 £20 的价钱，建造一座有地下室、地面层和地上两层以及一个屋顶层的住宅，并不困难，如果我们限制在合理的花费之内，并且不贪慕虚荣的话。 2–298

很少有家庭一年能在租金上花费 £120—£160，或有 £2000 或 £3000 的资金用来建造建筑。资金都属于投机建造者，他们在足够大的场地上，建造可以分离的建筑，建筑的每一部分，从地面到屋顶，都可以分配给一个家庭，这一家庭可以单项付清或者定期的偿还方式（redemption）付款。在伦敦，采用的是长期租赁的原则；即，建筑所在的场地以整笔支付的方式或以地租补偿的方式被给予了 99 年的租期。我们还没有采用这样的方式，反而对其感到奇怪，因为法国是欧洲财富与制度最不可靠的国家。我们至少在理论上喜欢永恒，但事实上，我们根本不相信永恒。在法国，当一个家庭的父亲为其子辈与孙辈获得了一座为期 100 年的住宅时，他就可以安享天命。考虑到这一点，可以在沿着巴黎防御工事一线的那些我们可以任意处置的土地上，以及自外围地区被并入以来还没有被建筑蚕食的大量地区进行一些尝试。

聪明的观察者，煞有其事地说，建筑的外观会影响居住于其中的人的道德品行。如果这一观察是有根据的话，必须承认没有什么比那些大的租住房更会使人情绪低落，个性在其中完全丧失——在其中不可能有对家庭生活（hearth）和家的爱，因而不会有产生于这些爱的优点。这些外观和每一层都完全一样的住宅的每位承租人，只是其中暂时的访客，他们不会喜爱这些只会居住在里面几个月或者几年但却经历过在他之前并将经历在他之后的其他居住者的墙壁。一个人怎么会喜欢可以被任何人租用的墙壁——喜欢那些不能体现居住者品味的室内呢？相反，一座私人住宅，无论多么平庸，总是承载着其主人生活习惯的印记。在伦敦，尽管这样的住宅会呈现出统一的外观，它们的室内布置是根据个人品味和所有者及居住者的习惯而改变的。喜爱能表现出主人个性的物品，是人性的特征。人们总是对为自己制作的东西感觉到喜爱；这种喜爱，当与家庭生活和家相关时，就是有益的。因此，我认为我们不能太过热情地鼓励大众放弃租住公寓套房而追求私人住宅的倾向；在某种程度上，建筑师有机会通过研究最经济的建造方式以使得中等财富的阶层有能力住在属于他们自己的住宅中来帮助这一习惯上的改变。

2-299

法国相当多的制造商为他们雇用的工人建造住宅。这些分成份额的住宅可以通过偿还的形式成为工人自己的资产。结果是，规则、秩序和坦诚的习惯很快在这类地区普及；这些工业社区很少陷入在没有采用这一系统的工业区常常遇到的过量（excesses）问题。

这一工人阶级的系统真正值得称赞的东西，同样也是教育或财富或者地位角色更高的阶层值得拥有的。

对家庭生活和家的忠诚带来对勤奋工作、秩序、节约的喜爱。因此我们应该努力推动这一忠诚，尽可能地让其为多数人所接受，尽我们所能解决其发展中遇到的问题。对于建筑师来说，没有比这更光荣的努力了。在法国，这比在英国或德国要困难得多，因为我们长期以来已经习惯于炫耀虚伪的奢华，许多令人尊敬的人并不认为他们住得非常体面——居住拥挤不是他们要考虑的事情——除非在装饰地华而不实的石墙内，除非他们的小接待室贴满金箔。

我们套房式住宅不允许进行特别的布置，因为组成它们的房间必须适合所有人——也就是说，没有人是特别的。因此，它们所包括的房间总是包含前厅、客厅、餐厅、厨房和食品储藏室以及带或不带更衣室的卧室。学习室或工作室从来没有被考虑到。所有这些住宅似乎都是为了白天离开家在办公室整日忙碌的人准备的。如果一个生意人、大律师、医生、律师、银行家、建筑师、工程师或者匠师，得到了这样的套房，他就不得不将我们刚才提到的某个或几个房间改成他的职业所需要的带有附属设施的学习室、咨询室或工作室。平面布置中没有准备办公室，他们在为家庭准备的房间中发掘他们的空间。这样就产生了让家庭生活难以忍受的日常的烦恼和不便；于是家庭的主人将逃避这些不便与烦恼作为他的主要目标。如果这样的住宅是根据使用者的需求布置的，他们将会更愿意待在家里。但这样的专门布置只能安排在适合于这一目标的建筑里，如我们刚才所述，套房式的住宅不能进行任何这样的特别的布置。 2-300

如果一个完全不熟悉我们习惯的人，被领入这样的住宅，很自然他会打听家中的居住者在何处及在何时工作。事实上，这些住宅中没有满足工作的需求，尽管对于大多数人来说，它们是首要的考虑。

新大道的统一与整齐带来了住宅的整齐划一，并导致了内部布置上的一致；如果必须找到一座能设计学习室或办公室的住宅，那我们只能在老房子中才有机会得到我们所需要的。

最近，已为作为散布者和生意人角色的市民做了很多事情，但一座住宅对他们来说几乎是不可能的。在他们的居所中，他们不自在的挤在一起，不能专心于任何工作，他们开始厌烦家庭生活，在公司或咖啡馆中消磨他们生意之外的时间。

通过使得独立的住宅对于中产阶级成为可能，建筑师就能解决时代的必要性带来的问题之一，时代不断地提出对于爱思考的头脑来说严重性越来越明显的问题，但官方教学似乎以愈加的轻视袖手旁观。

尽管遵守了不能突出红线的市政条例（对此，我们还有更多的东西要说）——就私人住宅来说，是可能的，因为它可以建造在离大街后方一定距离的位置——建筑师可以利用有利于室内布置的形式，比如支柱结构、悬挑的屋面和突起（projection）。我知道这类布置方法一般被认为违背了严格的经济原则；但无论在这一观点中事实如何，它产生于广泛采用的建筑体系的过失——一个从其基本原则上说，过于浪费的体系，因为它建议赋予建筑与我们的习惯和我们所生活的社会条件不一致的耐久性。 2-301

铁材料的明智运用，浇铸和锻造，将会使我们能够非常经济地建造建筑，并可保证一段时间的稳定性——比如一百年，这已经相当足够了。上文我们谈到，在巴黎建造一座可以容纳人口众多家庭的住宅，包括地价在内，花费£3200或更少，是可能的。

现在我们来仔细检验这一数据。图18-1所示是一块80英尺深27英尺宽的场地，240平方码。住宅占据了100平方码的空间，还有容纳厨房的披屋，占据了大约18平方码。 2-302

住宅由地下室、地面层、一二层以及屋顶层组成。以我们将要展示的方法设计的这座建筑，在巴黎每平方英码将最多花费£16，16s.……£168000，厨房将花费6000，围墙、栅栏、前部的area wall、楼梯梯段、花园等，将花

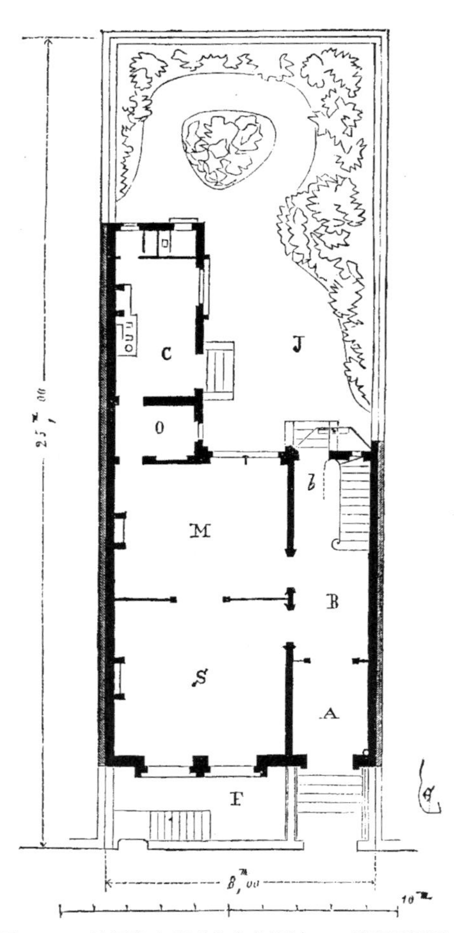

图 18–1 法国私人街道住宅的设计——地面层平面

费 £14000，总共花费 £228000，按照 5% 计算，租金为 £114。

在地面层上（图 18–1），这座建筑包括——门廊 A，前厅 B，其中有楼梯通往上面的楼层，通往小花园 J 的过道 b，以及厨房 C；客厅 S 和带有食品储藏室 O 的餐厅。在公共街道与住宅之间，有一块下沉的区域 F，通过台阶可以运入物品运出垃圾等。在首层平面上（图 18–2），有一间带有图书室 *t* 的办公室，以及一个带有更衣室 *g* 的大卧室 G。二层平面包括两个带有更衣室的大卧室。在屋顶层内，有两个家庭卧室，两个佣人房间，以及一个被服室。地下层，物品储藏室、取暖设备（*calorifère*），以及一个卧室，从全部的区域采光。下到储藏室的楼梯，不需要被注意到。入口侧的前部墙体是砖石建造的，如后文所示，并且支墩处只有 1 英尺 2 英寸厚。面对着花园的墙体也是砖石的，某些地方只有 9 英寸厚，图 18–2。一堵以铁为框架以砖材料填充的

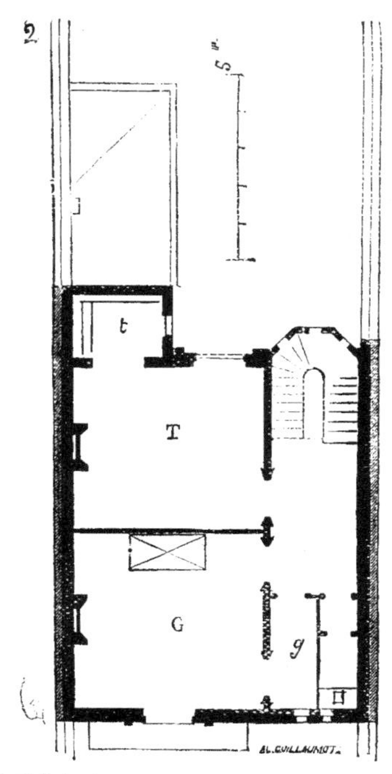

图 18–2　法国私人街道住宅（a French Private Street House）的设计——层平面

隔墙[1]将门廊与大房间分开，并承托着安放在界墙上的楼板。楼板的托梁是铁的，屋顶是木头的。　2–303

但我们会对建造的方式进行详细的阐释，尽管材料花费相对较高，但却可以让我们比常规的建造方法以较少的代价建造建筑。图版三十五是这一住宅朝向街道的立面和前部墙体的剖面；图版三十六是面对花园的立面与侧墙的剖面。我们可以注意到，坡度较低的屋顶悬挑在外墙之上，由一个木托架系统支撑，木托架形成突出的檐口并完美地保护着墙体。这一系统还可以在屋顶内形成面积与以下几层相当的方正的楼层空间。

我已经谈及了铁的屋顶和隔墙。在巴黎铁屋顶的价格现在与木屋顶基本相当；铁制造商与建筑师的细心研究将会带来的某些改良，将会进一步减低价格。在铁框架的隔墙方面，我们可以期待同样的造价降低；其花费将少于　2–304 用木肋骨[2]，因为楼板必须在整个表面上提供同样的强度以负担变化的荷载，木

1　行政管理的教条式规定对我们的影响最引人注目的例子，就是关于巴黎住宅外墙的厚度的规定。早先，当墙体普遍是由毛石砌体建造的时候，厚度固定在大约 20 英寸；原因是要以比 20 英寸更小的厚度建造坚固的毛石砌体是不可能的，如果毛石砌体不是以两排石材建造的话。要建造一堵坚固的墙体，这些石材必须在 8 英寸到 1 英尺左右，重叠搭接后，它们的厚度大约为 20 英寸。当决定要让乱石（free–stone）的墙体面对大街时，规定的是同样的数字 20 英寸，尽管 16 英寸厚的石墙至少与 20 英寸的毛石砌筑墙体同样坚固。但最荒谬的规定是对石材的要求，在砖材料上并不强调，当石材料的墙体被规定不得少于 20 英寸厚时，9 英寸的砖墙却是可以忍受的。在我们对街道建筑的规定中，还有更多更荒谬的异常规定可以列举。

2　关于这一主题，见建筑师利热先生（M.Liger）：*Dictionnaire historique et pratique de la voirie de la police municipale, da la construction et de la contiguié, "Pans de bois et pans de fer,"* 1867.

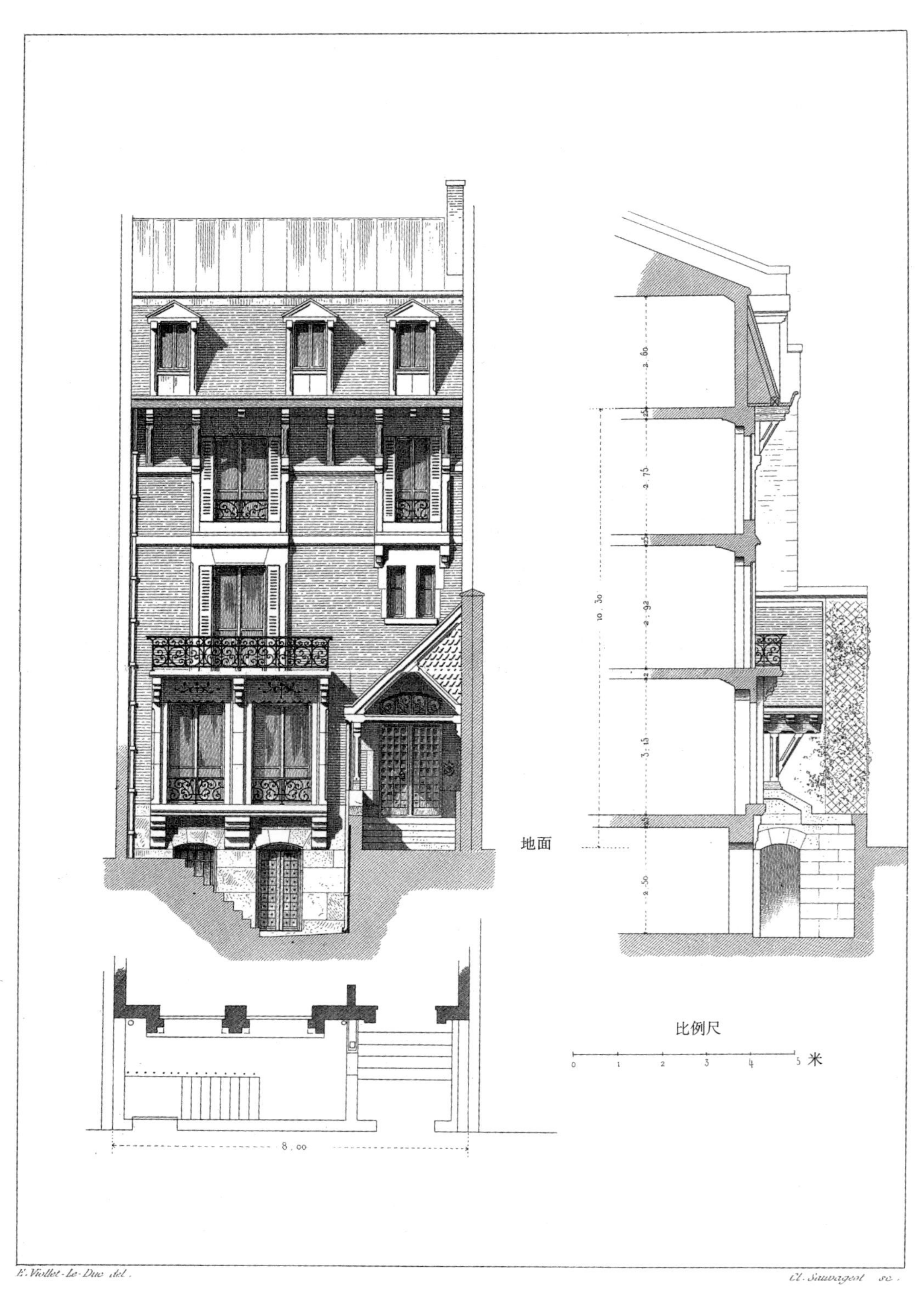

图版三十五 法国城镇小型住宅，朝向公共道路的一面

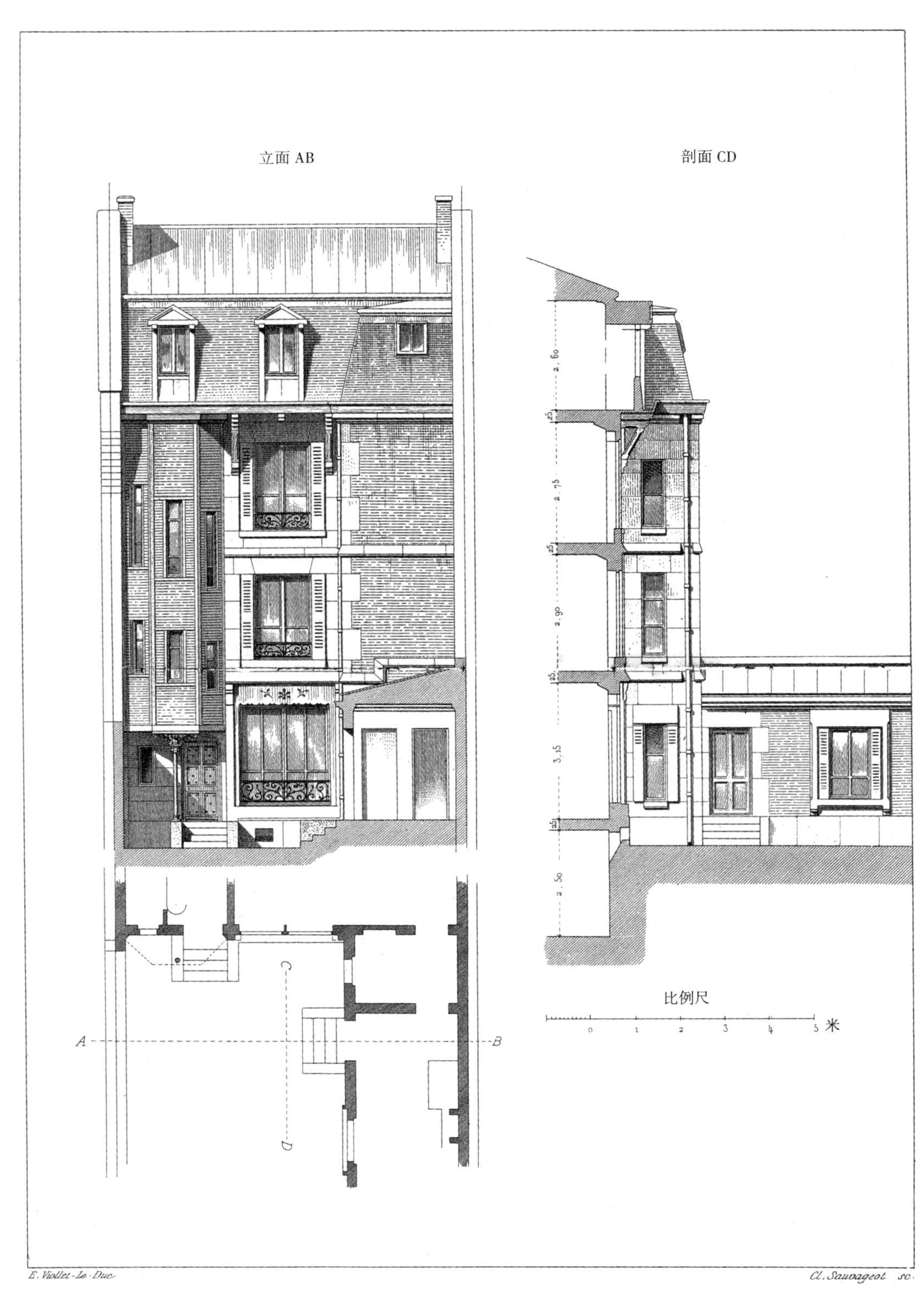

图版三十六　法国城镇小型住宅，朝向花园的一面

材与铁框架的隔墙就不同了；它们直接承托的重量是不变的，因此受力点是可以预先得到的，它们在建造的时候就要单独提高强度；其他部分仅作为填充物，并可以以最经济的方式完成。

关于住宅结构还有许多其他问题值得研究，如果建筑师能认真关注且不墨守成规的话。木楼梯同样注定会被铁楼梯代替，铁楼梯早就以最经济的方式制造，并且不易烧毁或因木材的干燥而产生的下陷问题，我们当代的楼梯因为采用未干燥的木材而经常发生这样的状况——现在已经买不到这种木材了。事实上，还有比锯齿状的圆形楼梯在原则上更加错误的吗？它们靠倾斜的螺栓和铁箍联结在一起，完全违背了木材的天然性能，因为螺栓让这些楼梯板（*crémaillères*）顺着纹理方向，这样很容易使木材劈裂。

外部的百叶窗设置值得特别关注，在单个家庭的住宅中，它们比在单元房（flats）中更加重要。木质地的百叶窗（*persiennes*），不方便且脆弱，需要经常修理，并在立面上造成难看的效果，已经被用滥了。很多年以来，叶片以窗侧框厚度对叠的铁皮百叶窗，一直被采用着；但除非墙体很厚，这些叶片占据的空间使我们不得不让窗框与墙的内表面齐平，这带来了诸多不便，窗帘没有地方安装；或者活动百叶窗可以有以铁皮叶片取代木质叶片的回归；但活动百叶窗不能形成坚固的遮蔽。但人类的创造力早就发明了通过一种非常简单的设置可以增加其刚度的活动百叶窗。[1] 它们的叶片卷在窗洞（window-bay）顶部的圆柱体上。建造的时候为什么不能为这样的卷轴留出空间呢？至于对于单一家庭住宅应该注重防卫的地面层的窗户，为什么不能采用与店面所使用的类似的关闭系统呢？这又是一个混杂布置的例子，在古代形式和与之已经不一致的习惯和风俗的协调上有很大的麻烦。在我们的立面上已经被用到让人腻味的罗马宫殿的永恒的窗户，并不比带有宽大壁炉（fireplace）和高大壁炉台（mantel）的大壁炉架（chimney-piece）相对于我们现在的取暖模式，更符合现代住宅窗子的要求。现代的窗应该是个完善的系统，包括玻璃以及提供安全或防止阳光，并且应该准确地符合外墙留出的接纳它的洞口的要求，就像我们现在设置壁炉架以容纳炉栅（firegrate）一样。当窗子的防卫被设计为它们应该的样子时，为了完成防卫的任务，开口就要相应地设置；但相反的流行样式是违背常识的；这让我们自己陷入了一个不能解决的问题。那么让我们通过一个适当的开启和遮蔽（screening）的设计，来着手考虑这一问题，不用去理会在窗框中能否为从 16 世纪罗马宫殿抄袭来的窗子留出合适的位置。

2-305

甚至到 17 世纪，窗子仍然是非常狭小的，或者如果比较宽大的话，它们也会被固定的窗棂划分开来。百叶窗在内部，每一间隔只有一个叶片；这是一个合理的设计；木质的窗扉只是一个安装在垂直柱上（uprights）挂住百叶窗沟槽（rebate）中的镶玻璃（glazed）框架。但在 16 世纪末期，建造者们

1　在 1867 的巴黎博览会上，英国参展者创造了这样的百叶窗，当放下时，它们有同类金属薄片的刚度。

开始在住宅和宫殿的正面墙体上引入没有固定窗棂的宽敞高大的窗户，他们采用了两叶片的窗扉（casements），百叶窗装在中间。然后，他们在内部独立于镶玻璃的框架运用百叶窗；接着，为了遮挡外部的阳光，从西班牙和意大利住宅中借鉴了活动百叶窗；最后，外部的遮光百叶窗突出于外墙上。所使用的窗套（window-case）与这一百叶窗系统一点也不匹配；但没有任何一位建筑师改变这一传统样式，使其适合于新的百叶窗系统。当砖石工程完成时，窗套上已经开好了悬挂遮光百叶的洞口，窗扉的框架通过五金件（stay-nails）安装到洞口。这是一种野蛮的方式，是一系列简单的尝试和权宜安排的结果；其中没有经过任何的研究和推理。窗洞应该在考虑遮光百叶系统的前提下建造。是时候我们应该尝试创造理性的方式，不再借助于那些权宜的安排。我们应当把条理和逻辑作为我们主要的努力目标，如果我们要开创适合于我们时代的建筑的话。我们必须努力从那些不能适应我们需求的传统形式中解放我们的思想。如果我们不能立刻找出看上去满意的形式的话，我们应当相信当实际的需求被满足时，一种令人愉悦的形式将会自然产生。 2-306

我说过地面层的窗，可以采用与店铺类似的金属片的百叶窗，以满足现在的需求，因为它们可以提供安全保护，而且我们不用打开窗户来关闭百叶窗。但要让这一系统完整，必须把玻璃和保护屏障包括进来，并且能够被整体安置在开口内，如果需要的话甚至在建造时就可以。我们的现代机械可以提供所有需要的铁艺工种，如果一些建筑师开始采用相对完整的系统，制造商很快就能以公道的价格供给承包商。

我们认为木窗，与外部的木百叶一样，已经过了它们的全盛时期，必须被取代；它们应当被铁代替，经过一些试验之后，就可以以与木材同样的代价生产[1]，在耐久性与强度上优于其对手，并能透入更多的光线。窗扉的框，同时可以作为百叶帘的框架，无论是单片或者多片，强度都足以承托窗洞的过梁或平拱，并可以满足铁对木材的替换，平拱或过梁下的木材在压力作用下常常会下弯；这些铸铁框架甚至可以构成连接杆件（ties），如果它们在墙体砌筑时被安装在其中的话；在轻型结构中，它们的刚度足以允许支墩厚度的减小；它们实际上构成了正面墙体的框架；正面的墙体的开洞因此可以互相邻近，如果需要的话。

于是窗套就可以恢复其功能——它在早期建筑中的功能；它可以比墙体的其他部分提供更大的强度，其他部分因此可以成为填充物。尽管与砖石工程结合在一起，铁将维持其独立的功能，且不会因为连接件的氧化而损害砖石工程。 2-308

我们来详细地考察图 18-1 和图 18-2 以及图版三十四和图版三十五中所

1 这早有尝试，铁窗已经由 1867 年世界博览会（Exposition Universelle）的参展者之一莫里先生（M. Maury）成功地制造，价格几乎没有超过木窗。

图 18–3 法国街道住宅 朝向花园的立面

绘的小建筑的各个部分。[1] 楼梯的多边形部分由一根铁柱子支撑，凸出在地面层平面之外，如透视图 18–3 所示。

在这根支撑多边形一条边的柱子上，或者说柱头上，设置了一个角铁的承托件，通过转角连接，保证了楼梯的转角支撑（同样是铸铁材料的），窗的

1 以一个非常谦逊的建筑作为一种类型似乎是非常讨喜的。在建筑问题上，从简单进展到复杂似乎是有益的，考虑经济因素，建造一座完美地适合于其功能的小住宅，比建造一座在其上可以耗费大量金钱以及各种或好或坏的奢侈的大型公共建筑更加困难。

图 18–4　法国街道住宅　窗的细部

支架（braces）和室内承托踏步的楼梯斜梁铁板被其拴紧。间隔处用砖填充。因此，楼梯的这一部分完全是由铸铁和砖建造的，且不超过几英寸厚。突出的屋面覆盖着它的顶部，如图版三十五和图 18–3 所示。

关于窗的防护的设置，在讨论这里为大家展示的特殊案例之前，我们先来看看在普通建筑中是怎么做的。

我们假设一座常规强度的外墙，例如 20 英尺厚的石墙或毛石墙（rubble work）。首先来看夜间应该安全地被关闭的地面层窗，图 18–4。侧板是石质的，形成两个外部的突起 A，承托着安放负责铁片的升起和关闭的机械设备（蜗杆或循环链）的铁盒，铁片卷起后藏在金属帷幔 B 的后面。在帷幔之后的是只有 7 英寸厚的石质过梁 C；它是一块竖向的厚板，压在与铸铁拉杆连接在一起的窗框的铸铁窗楣上面。剩下的 13 英尺空间被砖拱券 D 占据，它承托着楼面的托梁，如果托梁是由前墙承托的话。在立面上，这一拱券是用虚线表示的。侧板 A 的突起，在过梁的高度上，被承托石顶盖（stone capping）F 的托梁强化了，石顶盖 F 为金属帷幔和活动的铁片提供了全面的保护。但对于组成如上所述的百叶窗（shuttering）的整个系统来说，能结合在一起，并且窗框、窗侧以及机械设备与金属帷幔，应该是铸造的和铁皮的，以赋予建筑良好的稳固性，并允许窗洞之间的窗间墙可以凹进——从而为室内家具提供有用的空间，这才是适当的。图 18－5 是一座公寓开有两个窗子的外墙；强化的窗侧板的设置使我们可以在窗子之间留出非常宽敞的凹进，像窗子本身一样，它们可以是拱券形的。前部墙体的真正支撑其实就是窗侧板——一个理性的设计，墙体的强度不会受损，但所花费的材料减少，且因此重量更轻。我们假设，当然，墙体和侧板都保持在 20 英寸的厚度。这些窗间内凹的后壁就可以用砖建造，为 9 英寸厚。内凹因此就是 11 英尺深——一个非常有用的空间，每英尺都是有价值的。可能有人反对，认为这样在厚度变薄的窗间外墙不能提供足够的拉结力；但对此，我们可以回答，这些窗子，被拱券和栏杆（它们因而也是对结构有作用的）稳定地维持着，在窗扉过梁的高度上纵向很好地连接在一起，因推力和拉力同时发生作用并互相抵消而组成一个均衡的整体，它们可以为垂直墙面提供绝对的刚度；而这些重量减轻的外墙能够被以较少的经费建造，且在地基松软的情况下不需要如此昂贵的基础。

2-310

回到图 18－4，我们看到金属百叶窗如何被安装在外部，并在有突出的侧板 H 的情况下如何折叠进 L 处窗框外留出的空间里。窗子的平面见图 6 的断面图 A；图 B 为外部立面，D 为内部立面；图 E 为剖面。我们假设这些金属百叶窗不是挂在石质窗棂上，而是金属窗棂上，形成一个窗扉和百叶的框架。这样的窗子设计因而可以彻底地固定，窗扉的横楣可以与穿过窗间墙的连接

2-311

5

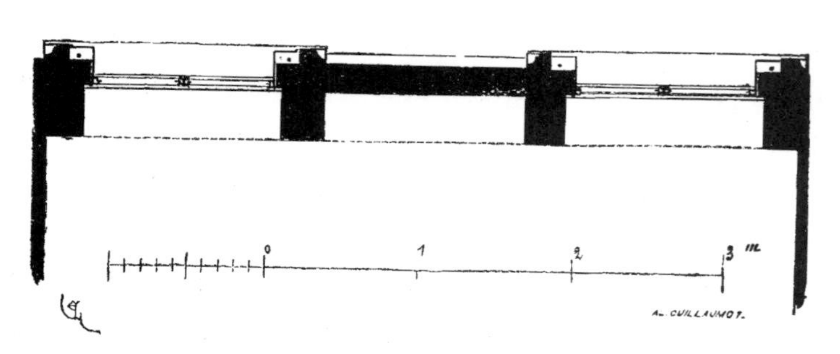

图 18－5 铁窗的平面

图 18-6　铁窗的细部

杆连在一起。连接杆的位置是非常适当的，它们被维持在拱券起拱点的高度上。石头的过梁不再被削弱，只是形成了一个表面。束带层将它们与内部的肋拱连接起来。楼面铸铁托梁的端头因而可以安全地放在这些缓解(relieving)拱券上。至于图 18-3 面对花园的地面层双扇窗的开口，由于它远远宽于以上楼层的窗洞，它被支撑两个缓解拱券并承托窗扉的铸铁直棂划分开来。竖向的直棂并未超出拱券的外部垂直面，因此还为金属百叶留出了空间。 2-312

然而，更详细地描述这一为我们提供了适用于大多数适度的私人住宅的细节的质朴建筑似乎并无必要。很显然，这类我们谈及的铸铁构成其中重要元素的混合结构，在大型冶金公司可以自由地以非常低的价格大量地为这样的建筑设备提供适合的铸铁工艺之前——我们希望这一状态早日实现，只能在大城镇以适度的价格建造完成。

至于大城市中公寓套房的住宅设计，并不需要非常重大的变化。铁对木材的替换，以及在窗子形式上更大的自由度，不会赋予这样的住宅以决定性的特征，因为它们的地点和我们的市政规定阻碍了建筑上所有的创造性表现。

然而，很显然，如果这些规则没有那么严格，大城市中尤其是巴黎的建筑师们就有可能在租住住宅中引入某些改进——某些现在还无法实现的方便的布置。比如，对于 40 英尺及以下宽度的大道，禁止向外突起、悬臂以及凉廊加顶可能是可取的，因为这样做可能阻挡空气和阳光，但这样的限制对于宽度超过 65 或 70 英尺的大道是不合理的。除了托梁支撑的突起这样的形式为租客带来的便利与愉悦之外，街道的外观也改进了；因为再无什么比我们的大道更加单调；无论我们建筑师费尽心思地用各式各样的壁柱和装饰物装饰它们的立面都是徒然：从远处看起来这些住宅一模一样，没有任何特别之处能吸引眼球。那些正立面在细节上经过仔细研究的住宅，也并未比缺乏常识的住宅的外墙装饰创造出了更好的效果。建筑体量本身、窗子的设置、楼层的高度以及突起（projection），所有建筑都完全相同，这些细节，无论好坏都会被忽略，无人会对之产生兴趣。因为市政规则，在没有充分理由的情况下，将乱石墙的厚度固定在大约 20 英寸厚（19.69），突出的凉廊和悬挑有充分的理由在宽度较大的街道上应该被允许，因为墙的厚度可以让这样的形式被建造地非常安全。并且这样的凸起可以缓解长长的街道两侧统一立面的单调无聊。

2-313

不指望我们国家的行政部门能听从劝说，在标准（measures）问题上折回他们的脚步，或许在他们采用这些标准的时代，它们是很好的，但随着条件的变化，它们已过时陈旧;但我们不应该，像格言所说的“赔了夫人又折兵”（throw the helve after the hatchet），以会被反对为借口拒绝寻求改良。这是法国我们身处一成不变的暴政下的结果，因为被认为推翻无望，这些成规长久存在。聪明者对其丧失了兴趣，愚昧者将他们的懒惰与无能隐藏于故作深沉的怀疑外表之下；冒险者和空想者仓促行动，很快他们的挥霍放纵就成为为墨守成规辩护的证据，而这些腐旧的成规，则拒绝调查研究和审慎批评，并充分享受着得来地毫不费力的成功。

建造者在我们的城市住宅中斗胆进行的改革并未广泛开展。过去一段时间，建筑师认为以圆形塔楼替代大道转角处的截顶圆锥体是正确的；这一模式迅速被推广，场地形成尖角的一百座住宅都是以圆形塔楼的形式结束的。这不是我们所想象的一种创新，而是一种布置上的复兴，在某些情况下有其益处，但也有不便之处。一个圆形的公寓并不适合安排家具。尽管这样的一种形式可能是适合闺房或者小型私人公寓的，但对于会客室来说极为不便；反之，在我们的现代住宅中，会客室（drawing-room）占据了特别的空间——也就是说，它是为了接待人数众多的团体准备的房间。圆形的会客室在某些小圈子中被作为时尚，正如一个不便使用的洗漱间，让全世界所有人不得不委身于其中。这就是时尚。

我能够理解为何地方政府对在哪怕非常宽阔的街道上建造突出物的许可上征收税费是正当的，就像它们在对建造阳台方面所做的一样。“你享受到了从公共街道上获取的空间：付钱。”这是公正的；但如果它不会为沿街的路人带来困扰，为什么要完全禁止呢？为什么管理方要让自己损失这一笔税收来源呢？　2–314

或许有人会质疑突出的建筑是危险的吗？很容易就可以证明这一担忧是没有根据的；此外，不是还有可以指出建筑的毛病的，并可以否决引起反对的建筑物市政巡查员吗？如今，拥有可以随意使用的器械，它们允许甚至激发了如此众多的创新，但我们仍继续以上个世纪的方式建造建筑，这难道不是奇怪的事情吗？我们继续砌筑铸铁楼面还没有流行的时代所采用的沉重的扶壁，继续堆叠石块组成住宅的正立面，而同样高度、支撑同样重量的面朝庭院的墙体，只要其一半不到的厚度且不会发生意外，这难道不奇怪吗？事实上，看起来似乎巴黎以及模仿巴黎建造的大城镇中的住宅，不是为居住在其中的人建造的，而是为了向路过者表现某种纪念性的外观，而这些路人根本就不会留意它们；先于其他方面的考虑，它们首先是为了表演而建造的。我们因此为自己和陌生人呈现出富丽堂皇的立面，其后隐藏着狭窄且不符合健康标准的寓所。外观辉煌，内部不舒适；这难道不是大部分出租房所采用的建造方案吗？这难道不是将我们引向衰亡的道德衰落的物质表现吗？真正价值的缺乏、无比的空虚、对炫耀的渴望，作为其结果，妒忌成为首要的动力的社会状况；即对成为比我们真实情况更伟大民族的无尽的过度的渴望，以及对所有超越我们能呈现出来的东西的内在的仇恨。

我们假设，我们的市政规则已经被修改，订正，并开始与我们的习惯、需求以及为住宅装配的新的设施协调一致；假设这些规则在某个程度上考虑了艺术的问题——适合一座大城市中居民品味的外观的多样性；假设它们放弃了尝试让我们的住宅成为空想的共产主义村庄，在其中每个成员都应该有同样的才能，同样的地位，同样的品味，同样的期望，同样数量的孩子，同样的收入，以及——同样的厌恶。我们假设我们的管理方反对为一切和关于一切（*à propos of everything*）制定规则的制度；假设它的标准倾向于保护个人的主动性，只要这种主动性不违反公共利益以及更深一层的精神独立。　2–315
我们假设它不再皱着眉，而是以微笑迎接每个创新、每一次放弃老一套的努力、每一次去除偏见和各种自称官方或管理方的法人团体的专制的尝试。

我们假设，其欣赏时间的价值，并认识到其付给财政部七个半便士，而让一个纳税人付出 16 先令一天的利润，这是对经济性的漠视，甚至事关它自己的利益——也就是国家的利益。我们假设，它认为它的责任是推动并简化而非束缚或阻碍；最后，我们假设它不再认为自己是一贯正确并不可改变的，它认识到在一个一切都飞速改变的年代，主动推进改革、不再等待公众年年呼吁，并最终不情愿地有所保留地服从的必要性。那么或许，我们将会被允许为立面敞向宽阔街道的住宅增添突出的部分。当事情的状态被意识到的那一天，我们将能够确实地告诉自己，这一国家进入了一个新的时代，法国人不再是一群绵羊——听话或狂热（*enragés*）——对骗子绝对服从，或如巴奴越（Panurge）的故事一样前赴后继地投身于大海[1]。

在某一个早晨，我们改变了我们的政府，并经过了一场革命。眨眼间，我们将君主政体换成了共和国政体，或者将共和国又改成了君主国。但要将市政规则转变或废除在新的时代显得莫名其妙的陈旧习俗却要花费更长的时间。

哪个管理者敢于承认为私人住宅的正立面建造接近20英寸厚的乱石墙体是毫无用处的事实？谁敢允许以减弱墙体真正所需的强度的方式降低建造的费用？或者，更进一步：谁能保证悬臂突出物的承受力？我不知道。不过，我们仍然要努力表现这样的宽容和事物状态的这些变化的中产生的益处。

首先，让我们检验我们的现代建筑，并注意它们的过失。30年前在巴黎，住宅仍然是以石头、毛石和木材建造的。在这种建造方式下，石头放置在木质的承重梁（brest–summers）上，是不利的，因为木材在墙体下面不可避免地会腐朽，无论其条件多么好，一段时间以后，加以支撑是必要的；这是一个常常有危险的且对于居住者来说非常讨厌的工作。所有的楼板都是木质的，加以托梁（trimmers）和搁栅（trimming joists），以及箍筋（stirrups）等等。这并不是一个很好的方案，但没有其他办法可以采用，厚墙对于承托厚重的托梁来说是必不可少的；此外，厚重的砖层（courses）也必须放置在木质的承重梁上，它们必须靠表面获得良好的支撑，宽度不会少于20英寸；为了确保更大的安全性，承重梁必须以两块结合起来，每块厚度为8英寸或10英寸是必要的。但当铁的承重梁代替木质的承重梁之后，不仅不需要这样的厚度，而且整个系统不需要使用过量的铁材料就可以很好地受力，连接在一起的承重梁可以只相距12—15英寸。20英寸厚的墙体，超出了承托它的承重梁的厚度，这是不利的且无用的。

2–316

至于铁结构楼面，因为不用担心火灾的影响，每根托梁承托边缘（bearing edgeways）只有$1^1/_2$—2英寸，它们放置的距离间隔28英寸，它们可以建造在墙体里面，而不用担心会削弱墙体的强度；因此，墙体就不再需要保持先前的厚度。但当建造的条件改变时，规则仍然不变，且不认可这些改变。建造者因而就不会让这些最初的尝试得出自然的结构。然而不久前，他们中的许多人得出这一简单的推断："既然铁质楼面已经代替了木质楼面，为什么铁不能代替木材成为隔墙框架的材料呢？"尽管这一建议是鲁莽的，它仍然有所结果，巴黎建造了一些铁框架隔墙。但胆怯的人们和木匠们宣称，这将带

1 巴奴越绵羊比喻盲从之众，典故来自法国小说《巨人传》，巴奴越被羊贩邓特诺侮辱，于是购买其一只绵羊并赶入大海，群羊见之均起而效尤，纷纷投海，羊贩邓特诺抢救时亦溺死海中。——中译者注

来严重的问题；尽管二者造价几乎相同，且在这一系统被广泛采用的情况下，使用铸铁的造价还可能会降低。延展这一推理看上去似乎是可能的："如果正立面墙体先前是木框架的，木材能胜任这一功能，除非它因在燃烧中大规模倒塌，有将火灾从街道一侧传递到另外一侧的危险，且如果由于这一原因，木框架被理所当然地禁止，而铁框架不能燃烧，那么就没有理由禁止其在外墙上的使用，因而它的使用应该是被允许的。除此之外，由于铁框架强度大于木框架，因此其建造技术可以获得提高，而使用木框架则不可能！"我们 2–317 看到两三个世纪之前的石质地面层的木质托梁，仍然挺立；为什么今天我们不能在地面层建造同样的铁托梁！因为，首先，市政规则不允许；其次，因为我们已经丢失了建造中仔细思考和推理的传统，只是在一个含糊的程度上重复着形式，它可能是古典的，但肯定与我们的需求不相一致，且一定是单调乏味的。

铁结构是昂贵的，它会被反对。但首先，这一推论就是可疑的。当人们不知道如何使用这一材料，过度浪费它的时候，铁建筑是昂贵的，我可以举出不止一座的已完成的公共建筑实例；它昂贵，是因为建筑师不屑于研究这一问题，关于它的使用方法，十人中不到一人熟悉铁的特性。这一类的事情，巴黎美术学院是不会教授的；或者，如果他们教了这个，学生也不能从中获得任何教益，因为他们专注于画出精美的图纸，在无数的竞赛中展示。甚至在目前情况下，在建筑中大量使用铁而不超出常规的花费仍是可能的。但如果它的使用逐渐普及，如果建筑师严肃地关注这一问题，并让自己置身于通过认真的研究解决这一问题的立场，我们的制造商很快就会做出安排，让我们可以得到在比现有的条件更好的条件下锻造的铁。供给是与需求成比例的，一定数量的铁可以普通价格购买到，而二十年前则花费巨大。对制造商的需求越大，价格公道的铁供给就越充足，铁形状的加工现在需要专业的机械和设备。并非制造商预感到善于创造和有科学精神的建造者会对铁有需求或预见到他们需要各种类型的铁工艺：而是那些研究这一问题，并指出什么对于他们的设计的实现是必要的人。如果每个人都等着其他人先开始；如果建造者，为了为自己不做任何新的尝试找借口，转而指责制造设备的不足，另一方面，如果制造商等接到订单时才开始生产，那么现在这种状况仍将长期存在。我们只能遗憾地承认，到目前为止，并不是建筑师引发了适合于建筑的铁工艺的生产，而是土木工程师，以及一些特定门类（special classes）的建筑商。从而，T 形铁、角铁、加肋铁（rib–irons）以及 U 形铁，大尺度以及厚度的 2–318 多层铁，被生产出来；尽管建筑师利用了这些产品，必须承认他们这么做的时候并没有任何的敏锐洞察力或经济性的考虑。

我们难道没有见过在公共建筑的窗上使用的刨平的铁，因而导致了与以轧制的方式加工并组合相比四倍的造价？像加工木材一样加工铁，特别是对于那些不得不承担这一过程中的花费的人来说，难道不显得古怪吗？但声称是他们的高贵艺术的顶梁柱的建筑师到现在为止并不认可铁：他们使用它，但掩饰它的使用——他们并不给它显示它真实属性的权力；这只是一种无诚意的结盟。是纳税人和雇主为这些建筑奇想付账。如果一位没有被允许进入这门艺术的砥柱性(great pillars)阶层的工程师或建筑师，发明了一个经济的、理性的并因而最适合用途和材料的建筑系统，别指望这一系统在托付给上述阶层成员的建筑中会被采用！在许多这样的拒绝的案例中，我可以举出一个关于铁质板条的案例。

我们开始用铁屋面构架代替木材支撑屋顶，是自然的事情。用铁建造屋顶结构，然后将木质的椽子和板条安装在铁框架上，拴住石板瓦，会有些许违背常识，这是对铁阻燃性能的忽视。关于这一点，在河畔杜伊勒里宫的侧翼和"花廊"(Pavilion de Flore)中，有一个让人悲哀的案例，全部的屋顶在大火中被烧毁，在铁框架上面，大火从板条传递到板条，从椽子烧到椽子，而如果用铁板条代替木材料，就不会发生这样的事情；早就应该这么做，因为在屋顶建造之前，这一方式已被发明并且被推荐给建筑师。但这一方法在一座不是由属于传统阶层的建筑师监管下建造的建筑中完全成功地采用，也有难以克服的障碍；这是为什么纳税人不得不为屋顶维修和它们的损毁所造成的结果付账的原因。我们还是回到铁屋面和它们所要求的屋顶体系的话题。

2–319 我们首先来看，铁框架如何在外墙中被运用，以及如何让托梁可以安装于其上，假如政府允许它在宽阔的大道上建造的话。

虽然商业经营的便利与柱廊的形式是不相适合的，在巴黎和其他大城镇，店主们也希望可以尽量紧邻街道，但对于雨棚，不能采用同样的敌对态度——证据之一是建造它们的许可是基于为顾客提供便利并防止货物被阳光暴晒的考虑向市政官方恳求得来的。此外，许多店主在租用地面层的同时一起租用夹层，作为附属的储藏室，或者作为居所。由于商人们希望拥有尽量宽敞的铺面，因此他们非常不喜欢那些占据了很大空间的粗壮的石质窗间墙；并因此在建筑平面上尽量缩减它们的数量。似乎，如果我们打算建造适当厚度的正立面外墙，无论是用砖、石甚至铁框架，那些巨大的石质窗间墙完全都可以去掉，除了转角和界墙。那些在界墙之间的窗间墙，可以被铁柱替换，现在这种例子已不鲜见。这些铁柱子必然将承托现在安放在石质窗间墙上的承重梁，目前这种方式非常不便，且会削弱窗间墙，而只安放在专门用来承托它们的柱头上，则会更加稳固安全。如果这些承重梁承托着首层平面的托梁，托梁将会突出于承重梁的外表面，在其端头的托架上承托着正立面的铁框架，就像古代住宅中的木质托梁承托着突出的木框架墙体一样。但这些古老的木住宅一般来说高度不大。它们的木框架立面因此重量也不大。但我们宽阔大街上的铁框架正立面墙就不是如此，它们有五层高，从人行道水平面到檐口有 65 英尺高。

在这样的情况下，我们必须让托架的强度非常高。否则的话，如果，举例来说，我们没有在 65 英尺高的正立面上建造一堵石质窗间墙，如果在界墙之间，我们只安放了作为支撑的铸铁柱或铁管，这些柱子的垂直性必须被保证；它们一定不能向内或向外倾斜。托架可以让我们避免这一危险，避免这一点的同时，它可以提供正立面上突起所需的所有强度，因为往外悬挑的雨棚必须安装在其上。

没有什么比那些店铺立面的设计，更能清晰地表达建筑的现代方式的经验主义特征，它们的设计都是马后炮的方式完成的，没有考虑空隙处的石支墩和铸铁支柱。没有什么比两种结构并置而不尝试着去结合或统一它们更清楚地证明了规则对我们的影响。为什么不使用这些让我们所讨论的店铺立面垂直所必要的铸铁柱支撑呢？为什么这些店铺立面是附加的设计，而不能对地面层的稳定性产生作用？市政官方要求正立面应该是 20 英寸厚，因此地面层的窗间墙应该是同样的尺寸，但这并未禁止这些店铺立面成为建筑的重要组成部分，或与支撑柱组合，而非不合时宜或难看地独自站立。幸好铸造工厂可以浇铸出方形和圆形断面的柱子。没有人禁止用这些柱子承托店铺立面上铁或木材框架所必需的凹槽（grooves）和肩角（shoulders）。但出于这一目的，它们必须与外表的垂直面水平，对于 20 英寸厚的墙体这几乎是不可能的。因此，让我们抛弃这些传统，它们并非基于任何结构的原则而产生，而是在不肯积极寻求与新的需求一致的自然简洁的解决方法的情况下逐渐被采用的一连串的发明。让我们假设，我又一次这么讲，我们的市政官方已经清除了累积的规则，这些规则没有考虑当代的需求和现代工业设施。我们假设，鼓励私人企业建造商和雇佣商。一些考验很快让我们相信作为支撑的铁，当不得不与层压铁（laminated iron）结合在一起时，会带来不便和困难，而且巧妙运用的厚铁板（plate-iron）更加可靠，并能承受更强的结合。要采取的第一步是，我们要检验，刚刚提出的需求计划如何以这种材料展开。 2-320

在我们的大多数大城市住宅中，需要的是尽可能独立于实体、窗间墙或墙体的地面层平面：这是商业的需求。我们时代所需要的店铺，要完全自由的表面，只以允许尽可能多的光线进入的玻璃隔断与街道分离。这样的计划可以被满意地进行到合适的程度，不能只是通过权宜之计，因为必须建造窗间墙以支撑正立面墙体，它们也必定要用来支撑隔断墙。这些隔断墙出于承托上层楼板和壁炉的目的，是必要的，众所周知如今上层的建筑被划分为许多小公寓。因此，要遵守的原则是，地面层不需要划分，而上层则划分为若干间。 2-321

另一方面，很难迫使店主用墙体覆盖大部分的表面，这些空间必然会占用花钱购得的场地——当价格是诸如每平方英尺 £4 的时候；因为，必须注意我们的隔断墙厚度接近 20 英寸。因而，平均进深为 40 英尺的建筑，墙体 2-322

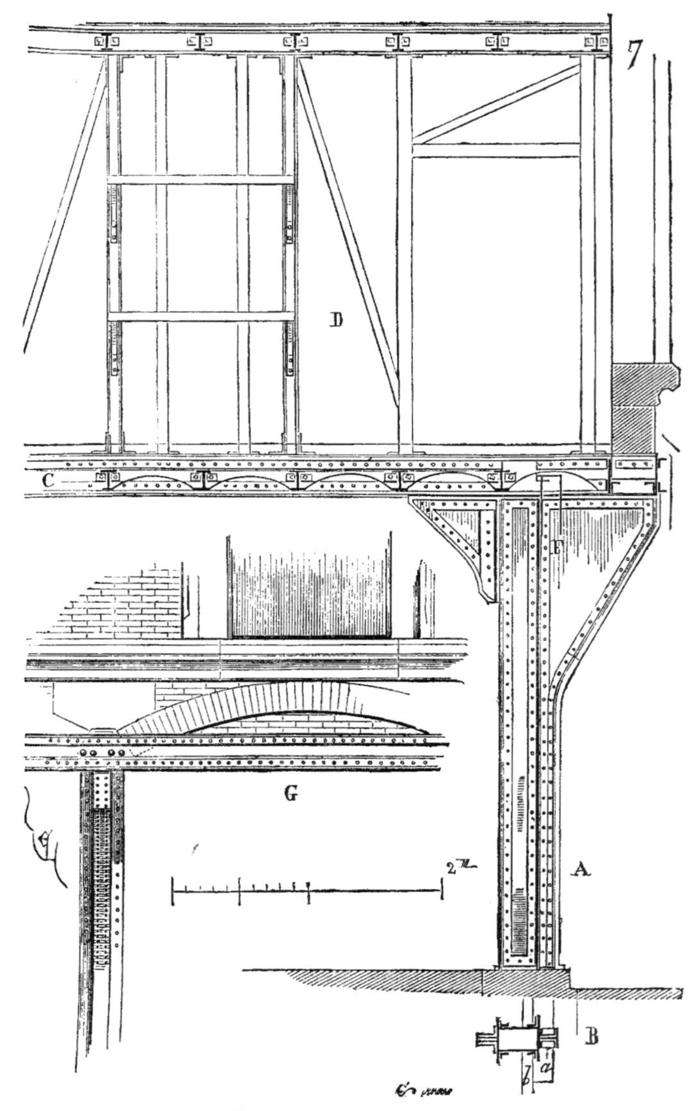

图 18–7 铁框架街道住宅的案例——建筑的细部

占据了接近 65 平方英尺，而只需要 $4^3/_4$ 英尺厚的铁框架隔墙，只需要占据 $15^1/_2$ 平方英尺的空间。但烟道如何容纳于这些薄薄的铁框架隔墙中呢？我们将直接验证这一点，并证明每一层这些烟道只需要不到 $3^1/_2$ 英尺的厚度。

我们首先从地面层开始，地面层应从内部厚重的支撑摆脱出来，并尽可能向大街开敞。

图 18–7 显示的是在住宅正立面的界墙之间以大约 10 英尺间隔重复的支撑。A 是由方形铁管构成的这一支撑的侧面；B 是托架支撑（corbel bracket）下的水平断面。铁管承托着由支撑着楼面双 T 型铁托梁的铁板和角铁构成的大梁 C。

这些大梁，通过铸铁柱减轻它们在一段立面墙体到另一段立面墙体之间的荷载，同时又承托着铁框架隔墙 D。托架支撑的凸起承托着 brest–summers，在 brest–summers 之上可以设置 14 英寸厚的砖质甚至石质立面墙体，或者较为轻质的铁框架墙体。

如果这些正立面墙体是砖或石材料的，它们是搁在两 plates of brest–summer 之间的砖拱券上的，如图中正立面 G 中的部分。店面固定在 *b* 处（见断面 B)，百叶窗设备的盒子在 *a* 处。接住百叶窗叶片的短帷幔(valance)在 F 处。

这是这一方式的总体外貌；但这类精致建筑中细部的研究——铁构件的扣接方法——是问题的关键。因此，我们来检验这一系统的不同部分的建造，图 18–8。

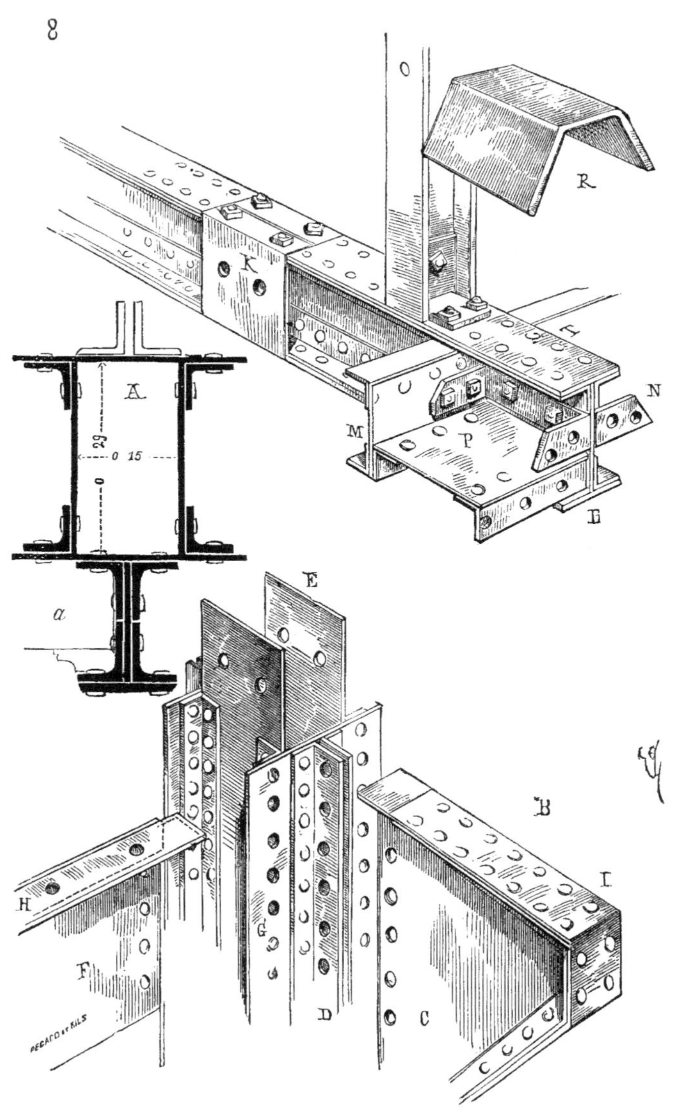

图 18–8 铁框架街道住宅的案例——建筑的细部

A 绘制的是托架下部支撑的水平断面，*a* 是安装百叶窗设备盒子的空间。B 图中，我们可以看到托架 C 如何扣在角铁 D 之间，以及安装百叶遮篷(shutter awnings)后部的铁板 F 如何与角铁 G 连接在一起。短帷幔的前部固定在 H 处，并让整个系统更加稳定——防止与正立面墙体平行的铁管不垂直。两侧铁板 E 拉长到铁管的上部边缘以上，扣住大梁的夹铁（clips）K，大梁的前端 L 安装在托梁的末端 I 上。N 处可见前面板的转角连接，前面板与另一块后面板 M 以及下表面（soffit）P 一起构成 brest-summer。在承托于大梁 T 端头以及下表面 P 之上的拱脚石（springer）R，承担着砖拱券起拱石的作用，如图 18-7 中 G 处。铸铁框架隔墙的垂直面在 O 处。我们已经谈及壁炉的烟道需要穿过这些铸铁框架隔墙，在理解在这种结构的建筑中厚重的砖石隔墙可以被摒弃的前提下。我们认为为每个壁炉安排烟道，以及它们各自专门的通风管，是过时且原始的方式：只要一个通风设备就可以为所有的壁炉服务，壁炉们背靠背及上下叠放设置，从下部获得空气，这是最好的方式。同样，一个烟道就可以服务于无数的背靠背及叠放的烟筒，只要烟道断面足够大以满足壁炉的数量。

2-323 2-324

仔细采用的穆斯龙（Mousseron）系统，准确计算了烟道的断面，已经解决了这一问题。试验的结果是令人满意的。

平均尺寸的壁炉，6 英寸见方，也就是 36 平方英寸断面的烟道，就已足够了。假设一共有 10 个烟道，两个背靠背设置的壁炉，共五层，我们将需要 360 平方英寸的断面，占据大约 2 英尺 6 英寸的平行四边形 1 英尺的空间。空气的供给需要同样的面积。

因此，背靠铁框架隔墙，壁炉应该如图 18-9 所绘的那样。一个管道用来采集所有壁炉产生的烟，另外一个管道用来为所有壁炉提供空气。如果我们打算分开烟道——也就是说，只为上下叠放的而非背靠背的烟筒提供烟雾和通风的必要通道——那么一半的断面面积就已经足够了，这很容易理解。图 18-10 表现了铁箍(bands)A 以角板连接，由支杆支撑连接到垂直铁杆件 B 上，烟道在它们的辅助下，如何倚靠铁框架隔墙支撑起来。[1]

我们已经展示了石或砖的正立面墙体可以承托在托架支撑的悬挑上。但

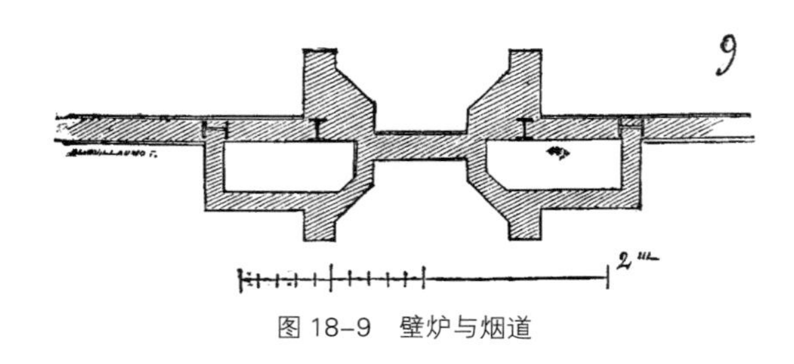

图 18-9 壁炉与烟道

1 铁箍整体的布置方式见图 18-7，D。

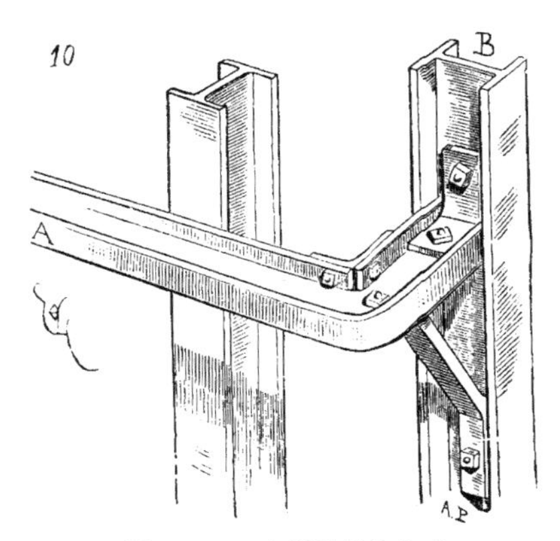

图 18-10　支撑壁炉的方式

没有理由不将原则贯彻到最终，并且对于这类建筑，外墙也采用铁框架似乎更合乎逻辑。这一铁框架不会厚于 7 英寸，一堵 7 英寸的墙体不能提供冷或热的防护。[1] 1 英尺的厚度对于健康居住是必要的。墙体的铁框架也必须与窗套有关联，窗套在这样的状况下也必须是铁材料的。因此，这就是解决问题的方法。我们可以想象根据建造者的品味上釉或铸模的赤陶（terra-cotta）的外表，它大约有 2 英寸厚。在这一表面之后的砖墙，是 9 英寸厚；再加上 3/4 英寸厚的接头和室内抹灰，总共约为 $11^3/_4$ 英寸。铁框架，图 18-11，不超过 2 英寸的饰面加上 $4^1/_2$ 英寸的一砖厚度，即铁的凸缘之间为 $6^1/_2$ 英寸厚，总共不超过 7 英寸厚。因此，在铁的凸缘之间，有饰面层 A 和一砖的厚度，另外还有一砖的厚度作为内饰面。这一结构当然可以用交叉设置的砖结合而成。现在，让我们来检验可以运用于这一体系的窗框系统，图 18-12。X 是户外。A 处所绘的是这些窗子两个侧板之一的水平断面；一对 L 形铁组成了铁框架的垂直面之一。窗套凸出于外部，并形成一个金属窗侧板（reveal），窗扉的框架附着于其上。

2-325

2-326

窗台的断面如 C 处所示，过梁的断面如 B 所示。G 是一个拱券，它轻微的起拱是通过依靠金属窗侧板自身固定在垂直构件 *a* 上的一对 L 形铁的凸缘完成的。这类似角板的功能，应与垂直构件、窗台和窗框的过梁同时安装。

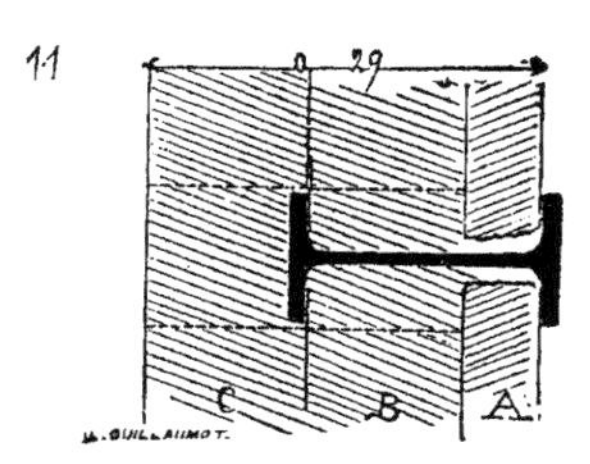

图 18-11　铁框架住宅的外墙

1　这是古代木框架墙体的常见厚度。

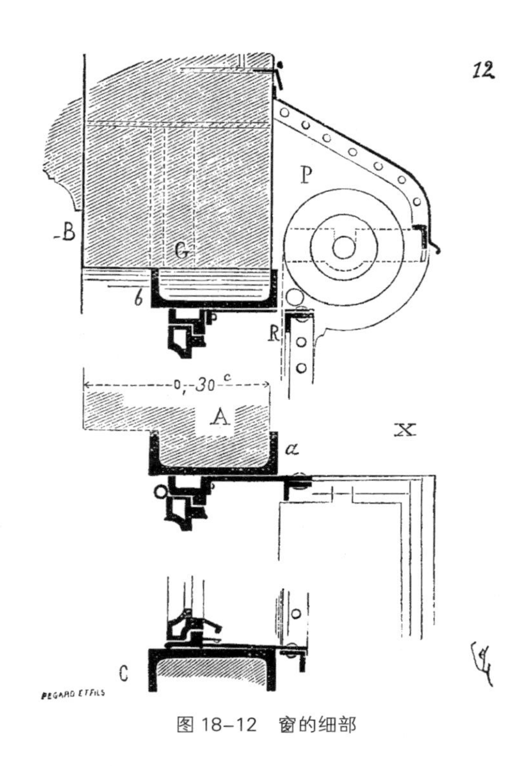

图 18–12 窗的细部

用来容纳金属百叶卷的遮棚P，通过小的角铁，拴在窗侧垂直的板片上，百叶可从沟槽R中落下。所有一切结合在一起；每个部分都为这一铁框架系统的整体稳定性作出贡献，窗套也分担了结构功能。图版三十七表现了这一类结构的外观。阳台由依附于窗户遮棚的铁板支撑，并以角铁固定在金属框架的垂直面上。

2–327

薄的砖墙或石墙带来的问题主要在于它们很快就会将外界温度的冷热传递到室内。铁垂直构件，如果内外穿透的话，内外温度相同。因此，铁框架的外墙，如果内部没有衬里，在严冬季节，沿着每个构件的表面将会有冷凝水形成，冷凝水甚至会透过石膏产生无法忍受的沉淀，并且会在房间内的墙纸或绘画上洇出铁框架的痕迹。这里谈及的外墙，衬里因此是必要的，如图18–11所示。而且，经验已经证明防潮、抛光、甚至涂漆的外表面，可以防止冷或热传入后面的墙体材料。这是铁框架的填充物的外表面贴上瓷砖显得更为合理的原因。

关于这些请允许我谈一点题外话。过去10年，意识到在建筑中使用赤陶的好处，英格兰大大地扩展了这一材料形式的建造。德国建立了大规模的为建造商提供赤陶的制造厂。在这些国家中，建造商努力探索有利于这一材料应用的条件，并都已取得了非常重要的成果。在最近的博览会中，清楚地展现了德国和英国已将赤陶和铸模釉面砖发展到如何完美的程度。我们法国的制造商也在努力将这一系列产品提升到我们的邻居的水准。他们做出了巨大的努力和牺牲；许多人获得了令人满意的成果；但在这种情况下，法国的事情往往如此，坚忍的努力和牺牲遭遇到不可阻挡的旧规的限制，并且我们的建造商反对并忽略他们，很少采用提供给他们的产品。[1]石材仍然可以容易地获得；他们昨天以乱石建造，这是他们的建筑明天仍然使用乱石的充分理由。巨大的石块堆砌起来，其中至少四分之一损耗在修整中；建造一座不符合要求的住所，寿命只能持续一个世纪；使用供应有限的贵重材料，而只获得这种各方面都毫无价值的成果，这太浪费了，这样的住所只满足了我们研究“柱式”，并将之用于装饰地面层商店立面空白处的爱好。 2–328

面对着对石材的狂热，我们的法国制造商，有勇气相信建筑师和他们雇主的良好判断力，相信他们的努力和投入会交付给建筑商有用的、合适的且容易使用的材料——这些制造商，我认为，多半在保持他们的运作方面有一定的困难，他们所供应的与他们所期望的相比只是无价值的小东西。我们只能相信国际博览会将会为我们的与建筑相关的制造商打开出路。然而事实根本不是这么一回事——这是真正发生的。为了博览会，一些法国制造商做出了很大的努力，且花费巨资提供适合实用目的的新产品。博览会官员授予他们一面奖牌。外国人研究这些产品并使用它们。至于我们自己，有人会认为这些产品自博览会闭幕那天起有被再度想到过，或者有任何利用它们的有关尝试吗？绝不可能。我们回到在博览会出现之前盛行的陈规的话题。外国人通过我们的努力获得利润，研究并改进它们，然后我们再从他们那里购回我们在家里无法取得共识的产品。1867 年的世界博览会，有数以百计的这样的例子。所有人都从这次法国的制造业天才崭露头角的不幸的博览会上得到了利益，除了我们自己。所有人都在那里找到了发明，并立即运用了它们。而在我们之中，陈规仍然像以前一样占有统治性地位。满足于暂时的出名，我们没有着力继续已经开始的努力。但我错了：这次重要的博览会并非毫无成效：在我们嫉妒的、贪婪的、学究式的邻居面前，我们展示了我们的财富、我们的资源以及我们的创造性天赋；3 年后，这些邻居们索取这些财富并将其夺走，竭力击溃我们的智慧，它比我们的财富更能激发起他们的嫉妒并掩饰他们的怨恨。

我们不能阻止我们的邻居放纵他们由于长期的仇恨而产生的情绪；但如果我们像先前一样固执地不率先贯彻我们自己的创造天赋和才华所开创的努力的话，我们就丧失了判断力，并且应受那些对我们的侮辱。 2–329

制止将这些努力变成我们自己的收益，这是荒谬的，此外，我们还因此摧毁了我们的财富源泉。我能举出可以富国的诸多产业分支，如果我们愿意耐心地了解它们的话——了解产品的性质；在国内由于缺乏鼓励我们已经失

1　由建筑师索尼耶先生（M. Saulnier）在曼恩地区（Maine）建造的铁框架釉面砖厂房应该被特别关注。这一《建筑百科全书》（*Encyclopedic d'Architecture*）将加以介绍的引人注目的建筑表明，尽管在法国我们还没有将自己从陈规中解放出来，至少我们一旦迈开脚步，我们很快就可以追赶上我们的对手。

图版三十七 法国城镇住宅的沿街立面（铁和釉面赤陶）

去了它们，而我们的英国与德国邻邦却利用它们并让我们花钱购买它们的产品！为数众多的发明归功于法国的机械制造，我们却因而成为进贡国；因此在这一方面，建造者，国家本身和我们建筑师该为之负责；因为他们阻碍制造商并给国家造成了巨大的财富损失。

现在让我们回到我们那不装腔作势的住宅设计上。图版三十六表现了其一部分的住宅，地面层就是根据前面的建议建造的。

外表上，铁框架的轮廓是清晰可见的。填充砖的表面覆以上釉的赤陶瓷砖，水平砖线脚辅助铸铁凸缘将瓷砖贴在建筑表面上。承托于托梁上的出挑楼层，为界墙间占据整幅立面宽度的乱石店面提供遮蔽。

我不是要将这一片段当作今后建造租住房的范式——像《未来的建筑》（*architecture of the future*）一书那样，而只是毫无眷恋地转向一种现代的制造商为我们带来的满足时代需求的建筑装置的研究。我非常明白它与罗马或佛罗伦萨的宫殿或是一座文艺复兴或路易十六时期的公馆全无相似之处。但应该承认的是，无论如何在这里铁的运用没有被掩饰——它被坦率地显露出来。

如果每个人都这样尝试他的技能，我们很快就能成功地找到最合适且最令人愉快的形式。上了釉的赤陶表面，除去上述的优点之外，只要简单擦拭就可以长久地保持良好的状态，不需要过去 10 年流行的，为了清洗立面，在住宅前面搭上脚手架猛烈地刮擦或用蒸汽熏，给路过者和店主带来烦恼。

很明显这类建筑在竖起来之前需要在工作室中设计并完整实现——非常重要的考虑。目前，当一座住宅被建造的时候，至少一整个季节大街都被运货马车和脚手架阻碍。巨大的体积不得不被费力费钱地吊起；当石材被运来的时候——几乎是未加工的——一大群工匠和装饰匠扑上来，他们在整个邻近的地区扬播尘土、石屑和灰泥。对于邻居们来说，一幢住宅的建造是一种不幸；对于附近的商人来说，是一场灾难；对于路过者来说，它至少是一种打扰和一种妨碍，并常常导致严重的事故。

2–330

尽管有时有人宣称，我们是世界上最难统治的人民，我没听说过任何文明的民族比我们更倾向于以哲学式的平静接受长久以来的暴政。在法国，人们宁愿冒着被运石马车或旧灰泥的轧到或砸到的危险，也不愿寻求避免此类烦恼的方法。这是到目前为止的状况，因此我们也理应认为将来也会如此。

我们建造者因而发现占据一部分道路 8 个月或一年，打扰整个邻近区域是很容易的事情，在大街上堆满垃圾和建筑材料，所有路过者身上都被撒上石屑；这一方法是令人满意的。但要在工作室、木场和工厂中建造一座住宅，并让其像一件家具一样是现成的只需要将其竖起来——这需要事先配备好一切，预见到一切，根据相对于地点和时间的位置安排好一切——这需要思考、研究和先见，采用想到什么做什么（hand–to–mouth）的方案就简单地多，竖起未加工的住宅立面，现场切割石材竖起外壳，然后花两三个月时间在外表面上各个方向开口——为窗、门、加热器管道、气和水、店面、路标和铸铁阳台等等准备的洞口。

我们的行政委员会难道不是为我们树立了这一方法的范例？大街被开辟、被铺砌；人们沿着它往前走，并认定它已经完工了；但是没有，他们挖开路面安装排水管道；接着他们再次铺好路面，他们再次挖开它安装污水支管或水管。有时有人投诉这一施工方法，但对于这些投诉，行政官员这样回答："道路管理的各种支管属于不同的部门；它们各自要根据它们的方便或者它们的方式进行。"所有人都满足于这一无可辩驳的理由。我们的住宅建筑被规定为同样的样式。我们不停地重复工作，因为砖瓦匠和烟道设置工匠、锁匠和细木工匠，轮流来施工，且互相之间并不关心其他人的要求。引入秩序结合不同目标是建筑师的责任；但建筑师自己也有着要遵循的程序，并且在安排建筑相关附属物之前，要将他的建筑先建造起来。

2-331

按照类似这里我们作为单纯研究的案例所设计的结构，就会有这些优势；在建造之前，它们在建造商的院子、工厂和工作室中已经基本完成，因此，它们的建造会相当迅速，不会有意外、阻碍或对邻居有大的影响。但，我再说一次，所有一切都必须事先准备好，而我们建筑师并不习惯于此。

在克服困难上，我们倾向于过度依赖我们的能力。最好谨记，这已经让我们付出了代价，并仍在让我们付出非常昂贵的代价。

在对这些关于我们伟大城市住宅建筑的激进创新建议的严肃反对中（我不介意谈谈其他的），或许就有花费的问题。这类结构是昂贵的，有人会这样声称。我同意这一点，在目前情况下，它们的代价是相当大的，因为我们没有被供给必要的机械，因为新类型的事物需要我们还不习惯的程序；因为方法和先见的精神还不存在；因为彼此都在等待邻居们率先出来倡导；因为我们的大制造厂在供应涉及构筑物的新状况的产品之前，还在等待订单，而我们建筑师却在等待这些新产品以运用它们；因为我们的工匠已经丢失了优良工艺的传统，而他们的要求与他们不称职却成正比；因为我们喜欢折中，并只在空谈中从不在行动中接受改革，除了破除一切却不重新建立这一方面；因为每个人都在指责，毁谤，但没有人有不畏艰险的勇气；因为我们没有恒心和韧性，整个社会从底层到上层，都不喜欢耐心研究。

尽管如此，毋庸置疑，完全预先设计、所有部分都在工作室或铸造厂预制好、只要装配到一起的构筑物，纵使所采用的材料非常昂贵——毋庸置疑，我认为，这样的构筑物可以以相对低廉的造价建起。

2-332

我们不是已经估算了在住宅建造中无用徒劳的花费数量了吗？在巴黎花费达到了顶峰，每米花费 £30—£40。我们知道多少钱浪费在这些石头堆上吗？损耗要占掉四分之一，由于加工和表面装饰，不停纠正错误，以及工匠的不同要求，不断地重新改造工程，工匠之间的前后接续却并没有基于一种共同的理解。我想我说以这样的方式，所投入的五分之一没有任何产出并不夸张。各个部分事先设计好的建筑物，每个部分都可以在合适的时间被放在对的位置，而不必要修改已经完成的任何东西，只从这一点考虑，就可以弥补这五分之一，否则就损失了。事实上，如果我们获得相较于实体更多的空间，这是值得的。但假如这样设计和准备的最初的建筑物在安置到该有的地点之前就已经花费巨大，那么金属、赤陶工厂等，很快会以与需求程度成比例的越来越低的造价生产出产品，这难道不是毫无疑问的事情吗？

1840 年，木匠们忽然想到要罢工：这是一场可怕的罢工。雇请不到任何一个木匠。在那之前，铁框架楼面只在某些公共建筑中使用，它们是以非常高的造价经由非常复杂的铁工艺完成，由于制造业的天性。没有木匠参与的施工，迫使建造商们在楼面上以铁替代木材；他们在工作中倾注了智慧；他们首先在边缘铺上带有剪刀撑（bridging）的铁板，填入灰泥，或灰泥加陶土。接着一些工厂生产出了工字钢(double T-iron),铁楼面的问题立刻就解决了。起先比木楼面昂贵，但通过在砖石工程某些部分的节约以及铺砌的迅速，在巴黎铁楼面很快就降到了与木楼面同样的价格；因为工期当然也被考虑在造价之内。现在,巴黎所有的楼面都是铁的。这一事件中,首倡的功劳归于木匠。可以期待，同样强制性的需要迫使我们宣布放弃现在所遵循的大部分建筑工序。木材在我们的公共和私人建筑中仍然占据着过于重要的地位；横梁和木装修的木材将会在广布于地球表面的铁矿石被耗尽之前就早早短缺。每个国家文明的必然结果之一就是森林这一用途广泛的材料储备的消失。所有已被文明久远且独特的人类所占据的国家，都已经失去了它们的森林。小亚细亚、希腊、意大利以及高卢的南部，不再拥有适合于建造的木材。法国北部也正在眼睁睁看着它的森林一天天地消失；下个世纪，我们国家将不再拥有橡树林；这不可避免的结局必须被预见到,我们不应浪费如此珍贵的材料。大约30年前，香槟地区生产我们大多数的木工木材；现在已经停产了，我们不得不从外国购买这一材料。假设即使有严苛持久的法律和智慧的远见可以保护我们的橡树林遗存，即使农村人口真正地体会到保护它们的必要性；环境的影响力也会不可避免地导致这些大地产品的减少；另外，我们可以看到，森林无法被恢复：要让它们繁茂，国家的原始状态是必要条件，如果我可以这样定义的话；一个高度的文明国家如果不放弃原始状态下的好处，就无法回归原始状态。当沼泽被改造成了有益健康卫生的场所，河流限制在正常的河道，一个地区的地层已被抽干——先进文明的成熟的文化下不可避免的结果的状态——森林繁茂的必要条件已经相应地消失；当这些条件被压制之后，重建它们超越了人类的能力范围，因为长期的灾难中摧毁了文明引入的土地改良的混乱和忽略,不会修复自然的状态。对于那些曾在法国南部旅行不从大路走的人来说，这一让人心痛的现象是显而易见的。先前被森林所覆盖的地区，森林已被居

2–333

民的无远见摧毁，长期以来被忽略的地区，看不到它们古代的树木苍翠的样子再现。丛林与野草永远地替代了那些森林；让人痛心的是自然不能恢复人类的短视所毁坏的东西。

塞文山脉、努瓦尔山、卡尔卡松地区和鲁西永及阿尔代什地区的一部分，在不甚遥远的古代仍然为橡树林所覆盖。这一树种，在 13 世纪与 14 世纪遭受毁灭，几乎已完全从这些地区消失，那些古代森林的少量遗存只是成束的矮小植物和荆棘，只适合作为柴火。

因此，我们应该节约我们仅存的橡树林作必需之用，只在这一材料绝对必需的时候小心地使用它们——为海军和制造业所用。无论我们的机会多么渺茫，无论我们多么不在意我们国家的未来繁荣，我们都不能遗憾地看到木材被无目的或为了微不足道的目的而使用，因为一旦失去，人类的能力或财富都无法恢复它们。

2–334

同样的结果不会出现在铁身上：铁矿是取之不尽的；只要它们存在于地球上，无论如何它们都能为人类提供材料。此外，森林的毁灭能断送一个国家，而铁的制造业可以富裕一个国家，因为它需要工业的发展和与财富等量的劳动数量。当一棵树被砍倒时，带来的是绝对的损失，因为它永远不能被同样的一棵取代。但一根条形铁的生产不会带来土地的损失，且除了生产所必需的劳动之外它没有任何价值。出售的是劳动产品，也就是说，它代表了国家的一部分财富。条形铁的数量需求越大，供应它们的国家就越繁荣。森林中越多的树木被砍伐，我们就要承担越大毁灭一种财富的风险，这种财富除非绝对必要我们不应耗尽它；因为再要恢复它并不是人类能力范围之内的事情。无论我们用哪种方法考虑，今后铁在建筑中的使用都是必然的。这是出于保护我们的橡树林的必要性的要求，越来越紧迫的必要性，以及现实的经济问题的考虑，如果我们认真地研究了铁在坚固性、耐久性和阻燃性方面的优点的话。

我们不能幻想所有与之相关的问题都已经得到解决，我们已经展示了铁在私人建筑中如何被越来越频繁且理性地使用。我们接着完成我们的评论。今日，在法国大城市，尤其是巴黎，尽管铁楼面被建造，但这一材料在楼面中仍未被广泛采用。由于工字铁的出现，架设铁楼面非常容易。屋顶的建造需要一点关注和研究。这是铁屋面相对少见的原因吗？我认为如此。我们还没有找到；像在楼面中那样，一个方便简单的程式——可以被运用于所有状况的实用的装置。已经进行过多次试验并尝试过各种方法；只要在私人住宅甚至公共建筑的屋面中，木材常常用来与铁结合作为椽。我在前面提到一个优秀的、实用的且经济的方案——使用适合于以挂钩拴住瓦片或石板瓦的铁板条的方案，大约 8 年前就已经被采用了，但没有被精心考虑，这一系统还没有在那时起建造的公共建筑中采用，某些官方建筑师反对使用工匠同胞们（在他们的看来不够官方）发明或使用的器具的奇怪偏见，导致了塞纳河码头

2–335

一侧卢浮宫侧翼的一部分的毁坏。可以推测这种偏见依然存在，且同样的建筑师将会像从前一样以木椽和木板条与铁主体框架混用的方式重建其屋面；他们宁愿冒着火灾时大火经由这种易燃材料而在建筑间蔓延的危险，其实这一材料可以非常容易地摈弃掉。但他们认为“宁愿任巴黎所有的公共建筑以及其中的珍宝凋零破败，也不认可在这一伟大艺术真正卫道者心中的圣地之外所发明或采用的建造方式的价值”这一教条是正确的。

不仅铁板条[1]终将替代木椽和木板条是非常可能的，而且这将会在铸铁结构框架中引入新的组合方式。事实上，这一系统有着这样的优点，能提供完美的刚度和与屋面的连接，并因而有利于稳定性。由于这种板条的采用，主体部分的重量将可以减轻；尽管它比普通板条造价要高，但如果巧妙地运用的话，由于主体重量的减轻，也可以带来一定的补偿。在现在所采用的无论是木结构体系或木铁混合结构体系中，椽是固定荷载，它对于整体的稳定性毫无贡献，事实上它只是为了承担覆盖在其上的金属、石板瓦或瓦片以及屋面以下楼层的板条抹灰顶棚的重量。木材被包入抹灰中，并受到阳光的热量和空气潮湿的影响，很快就会腐烂，它只能是一种不稳固的围合，因此在这样的屋面下，人会受到夏季的炎热和冬季严寒的困扰。铁与木材混合结构的屋面，常常需要一个复杂的连接构造系统，它必须在很大程度上现场制作，因此需要较长的时间。在铁匠的工作完成之后，是木匠和铺瓦工（slater）的工作。要将木椽拴在铁框架上，常常会采用一些不完善的权宜之计，因此小事故也是在所难免的。

相反，如果我们采用一种预先研究过的系统，适合于各种情况，完全可以在作坊中准备好，就可以保证更正规的工艺，并可以大量节省在建筑现场所需要的时间。下面的设计范例就可以作为例证：图 18–13 是屋面 AB 的一部分，一个 40 英尺宽的建筑上 45° 的屋面。前墙已经建造好，打算用来承托屋顶的隔墙或铁框架和壁炉，根据巴黎的传统习惯，间隔 20 英尺。AB 的长度可以预先准确确定，屋脊的长度也同样可以。只需要在隔墙上将金属脊板和角铁（见细部 D）安装到位，就可以了。在作坊里，备好 6.5 英尺长的框架，每个宽度在 5 英尺 10 英寸和 6.5 英尺之间。这些框架承托它们各自的板条。它们的边缘是 7—8 英寸宽、1/4 英寸厚的铁板构成的，里侧上边为 L 型铁件。（见细部 E）这些部件通过下部伸出的角板连接在一起，如 G 处；它们的功能我们将在下文解释。我们所说的框架在安装到建筑上时，是沿着屋面斜坡的长度用四个一组的螺栓连接的，这些框架提供了一个刚性表面，用一幅大剪刀（shear）就可以安装。第一排框架固定之后，第二排再用螺栓连接到第一排上（见图 F 处）。每一框架的中心都有一椽子 H，它是一根 T 形铁，凸缘朝上。板条 I 固定在 T 形铁的凸缘以及框架的 L 形铁上。这样四个框架共同

2–336

2–337

1　这种板条的专利——其中一个非常引人注目被授予了奖章的范例，1867 年被展示出来——属于拉尚布尔先生（M. Lachambre），铁匠工的承包商。

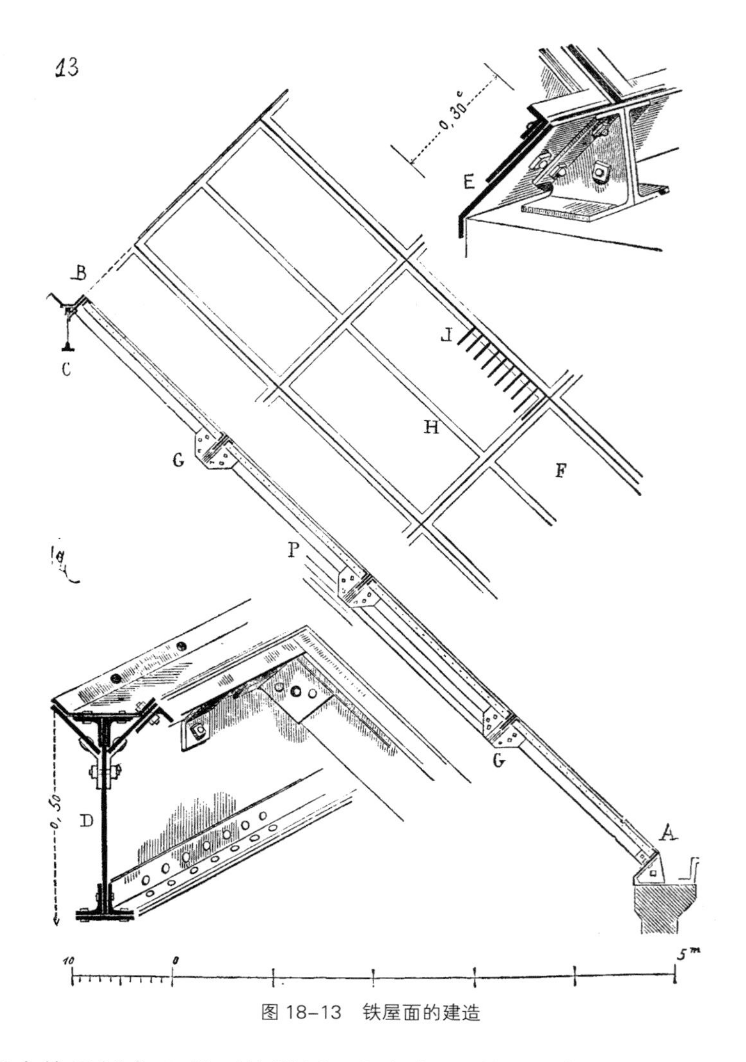

图 18-13　铁屋面的建造

构成的组合体承托在 A 处天沟附近，如细部 E 所示，在 B 处屋脊附近，以螺栓连接，如细部 D 所示。两个部分互相支持，它们严格来说，可以在没有屋脊支持的情况下保持稳定，屋脊只是为了使得屋面铺设（laying）更为便利，且避免散开以及由此引起的两堵隔墙间推开的趋势。

让我们检查这一框架结合起来的方法，这一方法使得它们互相之间完全地连接在了一起，并让屋顶的一部分在各个方向上保持很强的刚度，我们可以将其视为一个整体。

图 18-14 中 A 是框架角部扣接的立面，B 是中间的椽子以及框架横向分隔金属板的扣接立面。角板 C 由 3/8 英寸厚铁片组成，弯折如透视详图 G 所示，图中将应由这些角板连接在一起的四组框架拉开绘制。如果整个体系的稳定所依赖的锁接方式是完美的，相互铆接的铆钉的端头也不能成为节点处理的瑕疵。因而节点的连接应是分离的，如 a 处所示，中间的缝隙在长度方

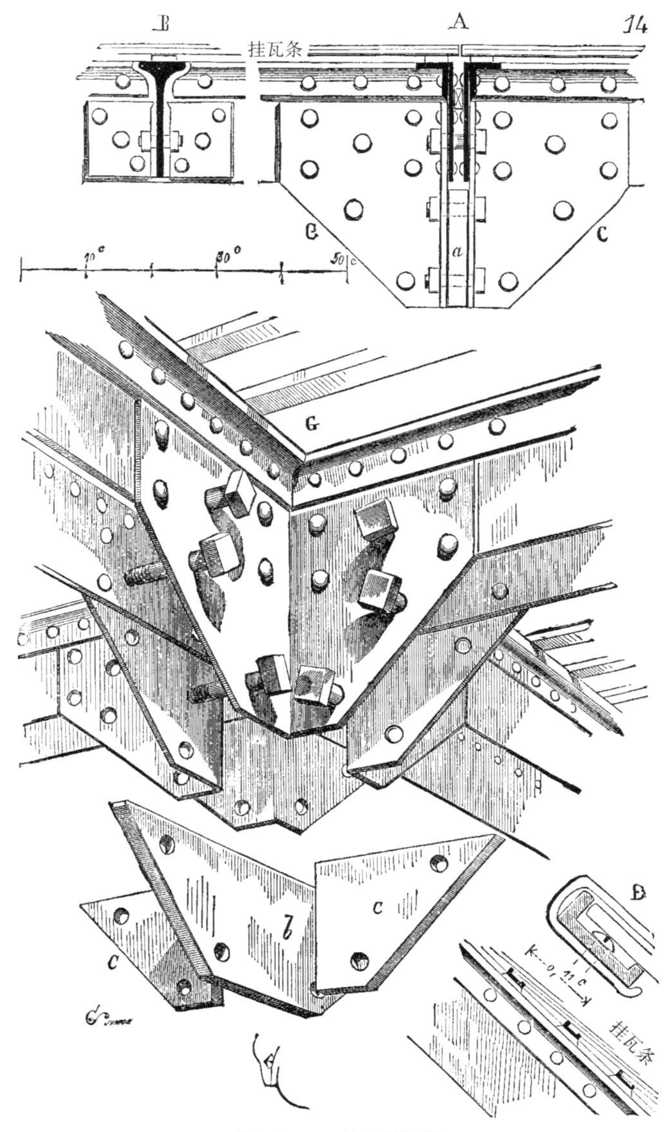

图 18–14　铁屋顶细部

向上安装有薄板或垫片 b，横向方向上安装了两个垫片 c。此外，在 L 形铁下方，设置了小的楔形板，如图 A 中所示，以保证上部的紧密连接。如果连接可以是绝对紧密的，尤其是在角板的端头，在垫板的外面包上涂了白色或红色铅灰的粗质纸（coarse paper）是适合的。事实上，整个系统的刚度取决于框架转角处螺栓完全的连接。一些螺栓（两个在边上，两个在椽子的角铁处）同样有助于框架的坚固性。在作坊中完成的屋顶的一部分，因此可以非常快地安装到位，铺瓦工可以紧接在铁匠后面开工；因为框架承托着板条，且在同一块屋面上框架是同样的大小，板条可以毫不费力地首尾相连地安装到一　2–339

起。E 处所绘的是这些铁板条的断面一半的尺寸；它们间隔 4 英寸（铺瓦搭接（slating lap）的长度）排开；它们有两个凸缘，上方的比另外一个高 1/8 英寸，以安放石板瓦的端部，石板瓦靠铜钩固定在相应的位置上。这一已经尝试了 15 年的石板瓦系统，被证实非常令人满意：如此安装的石板瓦可以抵抗最猛烈的强风；它们局部或整体的安装和拆卸方法可以非常容易且快速地完成，要置换一块或多块破损的石板瓦，甚至不需要钉子或新的铜钩，任何匠人都可以立刻进行修理。3 英尺或 3 英尺 3 英寸的板条，甚至在一个人的重量下都不会弯曲，可以作为石板瓦的挂瓦条（ladder–round）。这些板条用螺丝钉拴在 L 形铁和中间的椽子上：螺丝钉的端部，由于下凸缘凸起的缘故，恰好藏在石板瓦的下面。需要理解的是 3/16 英寸厚的楔形板将板条与 L 形铁和椽子隔离开，为铜钩留出空间。如果我们希望在内部安装天花板，它也能满足为装天花的屋面的所有部分安放扁铁条来代替纵向的衬垫的需要，如图 18–13 的 P 处所标示的；将这些铁条（bars）用铁钳和铁夹（iron braces and cramps）连接起来，并用灰泥将其在框架下填满。

如果说这一框架系统可以被运用于平屋面，那么它更适合用于多边形屋面，因为如此框架可以形成一个类似拱券的结构，图 18–15。图 18–15 的 A

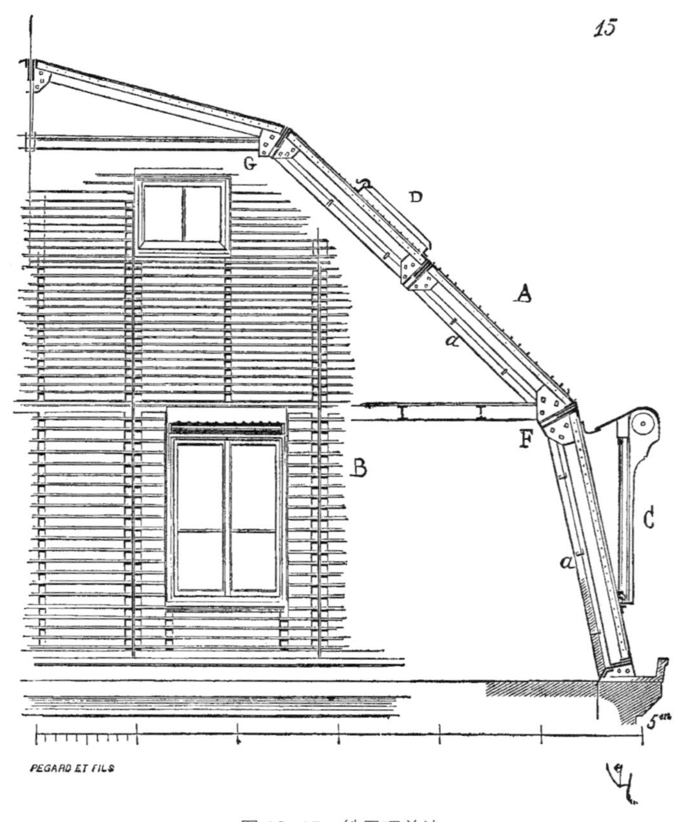

图 18–15　铁屋顶盖法

处是一半多边形屋面的剖面，其下的建筑有 40 英尺宽；B 图是开着老虎窗(dormer windows)、天窗并覆以板条的外立面。很容易理解这些薄铁皮的老虎窗 C 如何被拴在屋顶框架上，不需要花费任何额外的劳动或时间将它们安装到位。天窗 D 也是同样。板 F 和 G 的连接如果可以的话，可以夹在楼板格栅上，这样就会形成拉杆（tie-beams）。但对于 F 处的楼板来说，显然将楼板格栅放在墙里或者铁框架的交叉隔墙上更方便。继续坚持这一屋顶盖法，似乎是没有必要的，尽管我们发现它非常便利；尽管它在作坊中的准备工作需要万分的小心和大量的时间，但这项工作是简单的，所有的部分都非常相似；并且在建造的时候可以节省大量的劳动力，因为整个建筑可以迅速地竖立起来，不需要额外的装配或修正许多细小的部分，而这是现在的方法所需要做的。在 *a* 处，可以看到天花下的断面，它与屋顶是没有关联的。　2-340

对于我们建筑师来说，让自己很快地熟悉由于制造业的进展而变得更加简单的建造方法是非常必要的，但不容忽视的另外一方面是：这些设施在气候和地方习俗影响下的明智运用。

从巴黎的建筑开始呈现出某种程度上的人造的繁荣的那一刻起——完全重建的观念开始为人民所接受——巴黎地区所有主要的城市认为自己必须遵从这一范例。在我们所有的大城市中，最近 15 年没有进行过任何思考，但却建造了新道路和大街，且建造者们（以巴黎大型租住房为榜样）开始在北部和南部建造那些和我们在我们巴黎的大街旁边见到一样的建筑。在马赛(Marseilles) 拉若列特（La Joliette）港口隔壁，投机商建造起巴黎住宅，这些住宅是不适合居住的，而且实际上也是无人居住的。适合于我们的气候的建筑当然不适合其他地方。在巴黎，一年中四分之三的时间，是有雾且温度适中的。很少有大风，也很少高温炎热。在这样的气候条件下，需要数量多且大的窗，墙体需要能抵挡潮气和中度的大气干扰。而在马赛、土伦（Toulon）和我们大部分南部城市，却并不如此。这些地方常有大风，且风力很可怕；阳光如此猛烈以至于需要特别的防护措施抵挡；纯净明艳的光线如此强烈，以至于照亮一个房间只需要非常小的开口。有效的遮蔽，相对狭窄的街道，有效的通风，防止干燥寒冷的北风而设置的密封良好的窗，阳光和海风的湿气都无法穿透的墙体，阴凉而宁静的空气，是最迫切需要的。很明显一幢巴黎住宅绝对无法满足这些要求。但甚至在阿尔及尔，建筑都与我们里沃利大街（Rue de Rivoli）的类似。对不顾气候条件的模仿的偏执已经达到了极为荒谬的程度。最贫穷的阿尔及尔人住宅，反倒比巴黎引入的没有有效的防风、防阳光以及防灰尘和湿气措施的进口货更适合作为当地人的住宅，在非洲的北海岸，风、阳光、灰尘和湿气有时非常严重。　2-341

但是谁在乎引导我们的青年建筑师关注这一类的问题呢？

法国不是唯一放弃考虑地方性设计方法的欧洲国家。意大利、西班牙、

2-342

图 18-16 日内瓦老住宅的前部遮蔽

甚至德国——德国自以为比其他国家更为理性；且像古代以色列人一样，有自己的觉悟与神性——以及瑞士，多次放弃长期以来对气候条件的观察形成的传统，而采用在任何条件下都让人不舒服的以及设计原则错误的建筑样式，尽管它们是所谓古典的。或许只有英国逃脱了在家居建筑上对庸俗的古典形式的这种迷恋。英国人是并且永远是非常注重实际的民族；他们不像德国人那样自以为具有艺术的理性，他们在实践的指导和正确的方法下本能地思考。他们有着良好的判断力，完全没有德国人的迂腐。伦敦住宅并不总是端庄的，但它们的直白没有丝毫的矫饰。它们的内部是便利的，且考虑使用者的要求和气候条件设计得非常完美。柏林的住宅就不是这样；甚至在德国首都的私人住宅中，我们都能看到对虚伪的古典口味的妥协，这既不能满足艺术的需求，不能满足当地使用的要求，也不能满足严酷气候的需求。德国的建筑就是这样地虚伪，无论公共建筑或私人建筑，这种虚伪存在于北方日耳曼民族的一切之中，存在于他们备受好评，且目前无人可以怀疑的优良品德中。 2-343

有120万人和与之成比例的炮兵部队以及城市和乡村中的战争之火（conflagration）作后盾的优势，不容争议，除非挑战它们的人有125万的人口来保障这一战争。

日内瓦城一度拥有非常适合于这一国家的气候的住宅。日内瓦极端的气温极为突出：一年中的几个月严寒刺骨；夏季通常酷热；暴风频繁且剧烈；城市中狂风带来的雪有时超过一码深。

我所谈及的只有两三处遗存的古代住宅——如果它们没有被最近一次的大火烧毁的话——在砖石墙前面常常立有木质的棚架。

图18-16中的棚架，形成一个和它所支持的屋面一样高的门廊。商店和各种高度的住宅因而可以完全摆脱狂风和阳光的困扰，正立面也可以保持干燥，雨雪不会砸在窗玻璃上。大街不会拥堵，且由于门廊的高度，空气和光线从不会缺乏。卓越的结构形式延续了山区住宅的传统，以外表的木结构承托其每层的走廊且形成遮蔽。但这样的设计必须只能局限于一个盛产冷杉木的国家。如今，日内瓦建造的住宅和里昂的没什么区别，而里昂的跟巴黎的住宅一模一样。从17世纪以来，这些原本在法国和欧洲的大部分城市都广泛采用的与气候和地方习惯一致的原始的设计，已经逐渐地消失了。

在这一单调的一致中，艺术得到了什么吗？或者在一个常常宣扬“独特民族性”和“自治”的时代，每个国家不正是应该采用适合于其习俗和气候的建筑形式吗？对建筑师来说，这不也正是暂时抛弃维尼奥拉、帕拉第奥或者大部分时间几乎从未有人居住甚至不可居住的罗马宫殿，去研究地方独特性，使自己的方案适合于它的时候吗；对于古代艺术，无论是讨论公共建筑或者私人建筑，难道不应该把注意力放在指导建造者的良好判断力上，而非放在外部形式上吗？对于这些问题，我知道不会有什么结果：我们的建筑师满足于援引“高级艺术”和“美学”来自我满足；但我们不能因此得到更好更健康的居住环境，除非公众在这一点上，像他们在许多其他事情上所做的那样，接管这一事情，并关心它真正感兴趣的问题。 2-344

第十九讲　家居建筑——乡间住宅

2-345　尽管金字塔式的原则可能适合于某一类型的建筑，但对平常的住宅来说是不适宜的，同样不适宜的是各种各样的公共建筑，例如市场、礼堂等。

对于一处住宅来说，最必要的是以最有效且简易的方式建造出有足够防护的空间。

北方气候条件下，住宅的建造原则可以用图 19-1 的形式来表示——四堵墙和一个双坡屋顶。

最近半个世纪中，在大城市中所采取的设计方式，是最顶层比正立面墙的轴线稍微退后一点点，图 19-2，这样做的必要性或许在于让相对狭窄的街道上的阳光和空气达到地面；但很显然这退后的一层让屋面不能够遮蔽正立

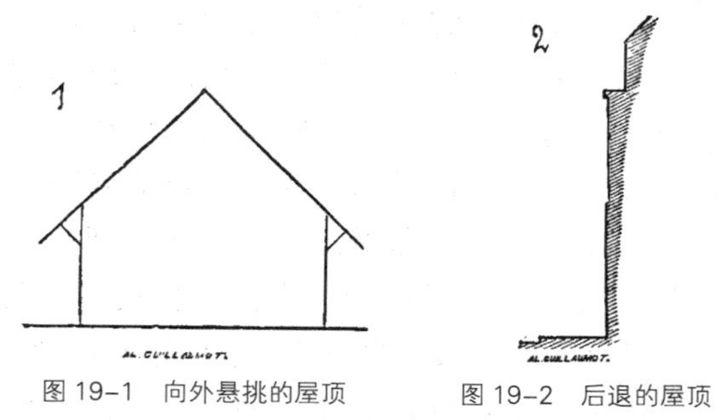

图 19-1　向外悬挑的屋顶　　图 19-2　后退的屋顶

面外墙，也导致下面几层受到雨雪的侵蚀；对于宽阔的大街，很明显图 19-3 中所表现的形式是更合适的。

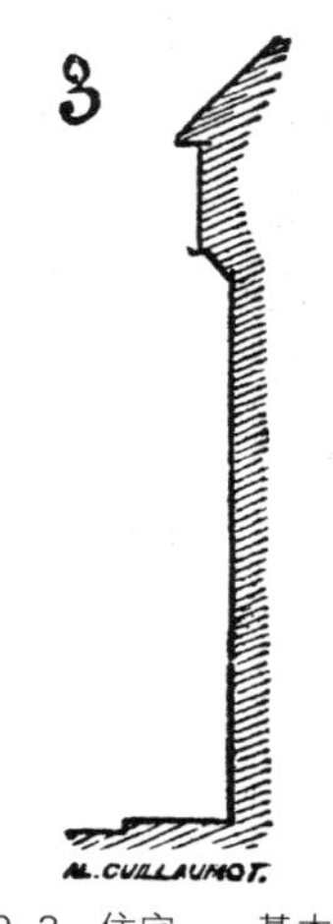

图 19-3　住宅——基本原则

在前一讲中，我们谈过了在紧邻大街的住宅中采用悬挑雨棚（corbelled projections）的好处，这里就不再赘述。 2–346

但这些即便对于城市住宅来说也很明显的优点，却不一定适合所有的情况，尤其是在街道的宽度比住宅高度小的地方，考虑空气和阳光的进入，没有什么可以阻止我们在乡村住宅中充分地利用空气与阳光。

没有人可以质疑图 19–4 中如 A 图轮廓的住宅，与 B 图相比，会更有效地阻止外界干扰和庇护住宅中的住客。

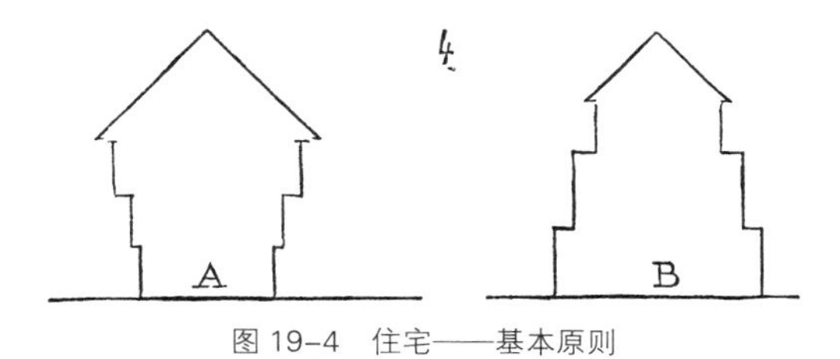

图 19–4　住宅——基本原则

气候条件与住宅要求的舒适相反，所以人们不得不采取专门的方法来防御气候。因此，例如在阿尔卑斯的高海拔山谷，那里一年中的四五个月降雪超过一码深，居民们不得不采取特殊的预防措施保护他们和他们的家庭储备抵御雪的侵袭。因此我们会看到建造在至少一码高的四块大石上的山地农舍，这样门前的台阶会抬高到雪线以上，雪融化不会渗入住宅；或者用结实的石砌体（solid masonry）组成底层，上面建造用于居住的楼层，突出于底层之外，是木结构，更确切地说是树木的枝干层层交叠，在转角处用楔形榫头连接在一起。很多个世纪过去了，但这些建筑的样式没有任何变化，因为在上述地区，气候的要求比学派的偏见更为专横。我们可以合理地假设在经过阿尔卑斯山口时，汉尼拔看到的山地农舍与今天这些山区仍在建造的类似。至少，巴黎的城郊住宅或者英国郊区农舍永远不会出现在那里，但尽管与当地的状况相违背，它们仍成功地出现在没有那么严寒的很多地区。我们不是在戛纳见到过“郊区农舍”，在马赛附近的乡村见到过带有石板瓦屋面的角楼的公馆，在巴黎郊区见过木造农舍（用厚木板贴在碎石墙上建造而成）吗？住在这些“蠢物”中的上等人，只是冷漠地租住在那里；夏天遭受炙烤秋天遭受冷冻，每年春季还不得不支付高昂的维修金，而除了享受把一座房子从塞纳河边运到马赛，从伦敦郊区运到戛纳，或从瑞士到巴黎的娱乐之外，他们没有得到任何其他的补偿。出于礼貌，我们只能假设这种满足感真的能补偿一座有益健康的舒适住宅的缺失。 2–347

城市中有需要考虑的气候条件，但考虑这样的条件在孤立的建筑完全暴露在恶劣气候下的乡村中更为必要；在乡村中，维修相对困难，或者至少相对拖延，且如果一处居所变得不适于居住，最后的求助对象——配有家具的出租宿舍——是根本没有的。但最近这些年间，似乎一个乡村居所必不可少的东西很多时候被忽略了。

见到某些这样的住宅之后，人们可以设想它们的唯一目的是点缀风景，取悦游客，就像叶卡捷琳娜女皇的使臣们在她去往俄罗斯沙漠草原的路途上建造的纸板村庄一样。当太阳升起但并不闷热的时候，当夜晚温和且平静的时候，当没有风雨的时候，这些海峡岸边的木板农舍，地中海岸边的纸板城堡，以及阿卡松的“村舍”，是相当适合居住的居所；但当炎热、暴风雨、密史脱拉风（寒冷西北风 mistral）或者大雾气候发生时，我们就会希望退回邻镇的小旅馆中，尽管那里没有豪华的宫殿。

必须说明的是，这里我所谈论的只是乡村中的普通住宅，不包括住户在其中惬意地居住的漂亮的大型庄园或者城堡。我特别提出普通乡村住宅，是因为这些住宅为数众多，对这类建筑的爱好在上半个世纪非常普遍。但这是流行在建筑领域中的一种混乱，这是建造者古怪且愚蠢的癖好，只有少数建筑完全能满足一座中等尺度乡村住宅的需求。

2-348

有两种不同的办法达到这些要求，一种我称之为英国式，一种称为法国式。

英国式是将包含两到三个房间的小建筑体块根据业主的品味或者习惯组合起来——常常只有地面层，不考虑对称性；这些体块采用适合于所包含的房间的高度，根据朝向开窗，多少照顾到交通。在这样的一个作为乡村居住建筑的方案中，我们看到英国人标志性的痕迹，注重实用，且感觉良好。

法国式则是建造一座馆阁式建筑，一个实体的对称体块，其中不同的设施，与英国式平面的分散设置不同，以在同一个屋顶下的一系列楼层的方式组合到一起。这是法国的老传统，有其优势。真正的法国乡村住宅是 16 世纪法国用于消遣的城堡（*château de plaisance*）的微缩，而英国的“农舍”是中世纪英国庄园的微缩，建筑体块根据居住者的习惯不同而安置。一些法国业主甚至努力引进英国的样式，但我不认为英国式的脱离的布局方式适合我们的习惯，除非做一些改变，但这几乎不可能。英国式甚至在最紧密的联系中都保持着一种独立性——在我们中很难发现的个人独立性。当法国人在彼此身上找到亲密友情，或者自以为如此的时候，他们似乎想分享一切，并完全舍弃他们的个性；但当仓促形成的过分亲密导致分歧时，所引起的争吵非常剧烈。然而这不是我们最糟糕的错误，它有它好的一面。但当一个家庭，或者真正的朋友，居住在一起，他们共同的生活似乎希望尽可能地集中。越严格遵守，居住者的关系越好。对于法国人来说，一座乡村住宅就是一顶共用的帐篷（common tent），其中的所有居住者都遵守相同的日常习惯。在我们之中，只有在彼此的声音都能被听到，房间紧靠在一起且声音可以穿过隔墙和楼板进行谈话的时候，乡村住宅中的生活才被视作活泼且惬意的。要说服法国人享受乡村隐居生活是非常困难的，以至于相互之间保持友好的理解的最好方式只能是避免这种无时无刻都存在的强制性的接触，并保持一定的独立

2-349

性。当然，我所说的并不包括例外的情况。至少，到目前为止，适度的法国乡村住宅的类型一直是且将继续是所谓的“馆”，这是我们生活习惯导致的结果。对于建筑师来说，要遵守这一已经确立的习惯，并在这一条件下尽其所能，而不是陷入庸俗的卑躬屈膝，同时仔细地研究一个项目的真实条件，以及与健康有关的问题，并研究维持这座住宅的周到且容易实现的途径。

乡村住宅的地面层鲜有例外都会受到土壤湿气的影响；必须采取最严格的预防措施来避免这一麻烦。关于这一问题，还有另外与健康有关的事项，我要引起大家的注意。

我们观察农夫们居住的农舍和住宅，地面层与室外地面相同甚至低于室外地面，且没有地下室，但农夫们世世代代居住于其中，甚至没有受到风湿病的困扰。但如果一个城镇人居住并睡在其中一个星期，他的每个关节都会受到风湿病的影响。在这一潮湿环境下土生土长的当地人当然感觉不到这一不便；但对于那些已经习惯了非常干爽的大城市公寓中的人以及暂时居于这一气候中的人来说，就完全不是这样了。现在，对于那些出生在乡村但一半时间在大城市中度过的人来说，由于乡村住宅只在一年中的部分时间被居住，他们不必经受这一危险的转变。在乡村中寻找比城市中更纯净的空气的同时，他们不一定会遇到不习惯的潮湿气候。毋庸置疑的是城市中许多居民的风湿病感染相当多一部分是由他们夏季旅居于乡村住宅中的有害环境引起的。尽管卧室一般而言不在地面层，但接待室——日间，尤其是傍晚居于其中的房间——很少抬高到比室外地面高的高度。这些房间的墙壁析出的硝酸钠，常常到达地面以上一码的高度，壁画不得不在每年春天重绘。谁没有注意到过真菌一夜之间在某个角落迅速繁殖的地面层？此外，粗制滥造的薄薄的墙壁，很少或几乎没有任何防风雨的措施，这些墙壁常年充满了湿气，湿气在温暖季节之后的夜间向室内散发出来。事实上，我们居住在帐篷中，反而可能更合适。

2–350

为了避免这些问题乃至危险的意外，某些北部乡村暴露于风雨中的外墙覆满了卵石（shingles）或石板。但最好的防护——需要的维修最少——是屋面向外足够伸出以防止雨水冲刷外墙，防止阳光过于强烈地照射在整个外墙表面上；如果一场暴雨接着来临，被太阳晒得滚烫的 16 英寸或 20 英寸厚的乱石墙体，很快就会被雨水浸入。潮湿的石头表层很快蒸发，但到达墙体中部的湿气进入室内。暴雨之后三四天，我常会见到外部已经完全干燥且布满灰尘，而内侧却潮地洇湿墙纸。

我们必须同时考虑所采用的材料的特性。在使用石材的情况下，纹理粗糙的石灰石（limestone）总是最好的；由于它们的多孔性，可以从里到外都迅速干燥。砂石（sandstone）恰恰相反，哪怕墙体很厚，它也会含有大量的水分，并不时地渗入室内。非常密实的材料，例如被称作“冷石”（*froides*）的这类石灰石，也有着严重的缺点；这类石材内部越冷越潮湿，外表温度反而越热。事实上，砖反而是可以采用的最好的材料之一，尤其是当墙体足够厚以至于砖在任何一点都不用穿越整个墙体的时候。至于涂料，砂浆抵御气候的能力比灰泥强很多，但它们传导湿气却非常迅速。砂浆涂料应该有很好地遮蔽；只有在这样的情况下，它们才能很好地保持，如果经过适当处理，它们可以维持很久。

乡村中，厚橡木板，乃至松木（deal）框架和表面（framing and showing），当适当地遮蔽并以砖填充时，形成了一个极好的可以抵抗寒冷、湿气和炎热的防护，尤其是如果注意了以卵石或石板，甚至叠压放置的板条，覆盖外表面特别是水平片状的外表面的话；因为只有水平片才能保持住纤维组织释放出来的湿气。

2-351

对于屋面覆盖层来说，瓦相对于石板来说更为适合，除非石板做得非常厚。更不用说锌板了，在乡村中这是最糟糕的覆盖材料，因为它容易被风损坏，很难修理，且不能抵抗寒冷或炎热对屋面带来的影响。

上述讨论的结果是，要在乡间建造一所在健康和耐久性方面最好的住宅，保证干燥和均衡的温度是非常必要的，不管外部的气候状态如何。要达到这一效果，必要的是尽可能地将住宅与外部的土壤隔离开来；其次，尽量地在墙体上采取防护措施，如赋予墙体足够的厚度以及根据气候和朝向选择建造材料。

关于窗户，城市和乡村中要注意的条件是不同的。在城市中，我们很少能直接获得水平光线；住宅面对着大街对面的其他住宅；因而开口都以平均45° 的角度接收光线；因此相对于房间尺度来说窗户尽量大是必要的，并且它的窗框（sash）应该尽可能地不遮挡光线。

除此之外，风很少在密集处带来很大的影响；住宅互为屏障；空气也不像乡村呼吸到的那样尖利。因此城市住宅窗子的窗格尺寸可以较大。如果它们被损坏，很快就可以被修复。乡村中恰好相反：缺少技术娴熟且可以立即到达的工匠；宽大的玻璃表面因而是不适合的；根据环境的需要，小一些而数量多些会更加合适。英国人非常理解他们郊区住宅的这一必要性，它们的窗子设置地非常合理。甚至住宅前的玻璃雨棚（projection），他们坚持使用很多框架，以能够分别打开它们，或者如果需要的话一起打开。下至17世纪，法国住宅中有很多相同的设置；但在那一时期，对浮夸的狂热导致窗框只有两道金属薄片，非常不方便开关窗；且如果尺度稍大，在热和水气的作用下很容易产生变形，发生故障。当风和热盛行的季节，如果要开窗获取新鲜空气，人几乎不能待在室内，如果关上窗子，人可能会觉得几乎要窒息。乡村住宅中，小的窗框是必要的。它们每个在室内都有一扇百叶抵御严酷的天气，在室外则有对抗阳光和防止狂风将冰雹或雨雪打在窗玻璃上的防护措施（窗檐）。

2-352

取暖设施（*calorifères*）在乡村住宅中也是必需的，以保证冬季室内的干爽，防止冰雪融化带来的蒸发；但这也是它们唯一的用途。所有房间都应提供好的壁炉，因为即便是夏季，火也是非常必要的，在田地劳作之后，它是非常有益健康的，可以避免过多出汗可能带来的健康危害。壁炉应该宽阔、高大，且应该可以很快地得到明亮的火焰。它们应该装配有壁炉遮板，这样冬季空气中的潮气不会通过烟道进入房间。

乡村比城市中更应该避免楼板的噪声。城市中大街上持续不断的噪声让人不会在意住宅内部的声响：而乡村就不同了，那里非常安静，最细微的声音也能听得到。如果楼面是架在铁托梁上的，在填缝材料和木板覆盖的地面之间，需要留出空隙使二者相互脱离。如果楼面是木质的，除了托梁之间的空间之外，还需要依靠次级的托梁的方式，留出一个空隙，以在石膏水（plaster-water）中浸泡过有阻燃性能的海草（seaweed）或灯芯草（rushes）填充。但有一种方法，足以完全抑制地板的响声。只要用粗毛毯条——它们一般用于覆盖临时建筑，且售价非常低廉——在钉上地板之前将其紧紧地黏在托梁上。在人字图案的铺地材料中确实很少这么做，但以英国式的方法放置没有任何困难；即用长向的木板条。但我认为给出在乡村住宅中地面做法的细节是必要的。除了金属制品领域，目前为止铁楼面在乡村地区一直很贵；此外，在那里也不可能找到能将其安装好的技术工人；非得从巴黎或者其他大城市寻找工人：因为这一特殊目的，必须建造一个锻造车间；而且所有这些都需要钱。如果缺少其中某一件，就会有延误。法国没有一个地区出产适合做楼面的橡木。在南部和西部省份，以及中间的部分地区，只出产松木。 2-353 而且这种木材是非常令人满意的，如果木材外表不被灰泥涂料或者砂浆封闭，且不开影响安全的榫眼的话。我曾见过使用达 3—4 个世纪之久的厚松木板，现在仍处于良好的状态；但木材是裸露的。松木楼面通过设计，可以做到非常耐久，这些设计方法值得详究，且其价值也已被实践证明了。大块松木容易产生很深的裂纹，这往往是非常危险的。因此，将其切割成薄片的方式使用是合理的。用 2 英寸厚甚至 1.75 英寸厚的这种木材，可以做出最坚固的楼面。如图 19-5 所示，要达到这一结果，我们只需要在每一托梁的一侧钉牢长条铁皮（1 英寸厚最多 1.25 英寸），小心地将这些铁皮在托梁上边缘叠入 1 英寸宽，如 A 处所绘的透视所示。这些长条距托梁下边缘不超过 1.5 英寸。锥钻很容易就能穿透将它们钉在托梁上。钉子应该是 2.75 英寸长，留出 0.75 英寸在 2-354 另外一侧咬紧，如图中 a 处所示。因为铁皮不会总是与支座一样长，因此必须将它们钉在一起，中间有 4 英寸的交叠。安装起来的托梁总是用螺栓并列连接起来，铁皮在接触面的内侧（见按比例绘制的剖面 B）。侧面再钉上长木条，底面钉上另外一根木条 *d*。这些托梁，之间有 16 英寸的空隙，和大约 24 英尺的支座一起，能够承托住宅楼面可能需要的最重的荷载。在侧面上安装 1.5—2 英寸有粉刷的厚板 D，或者陶甚至夯打过的黏土，如果手头没有可供使用的其他材料的话。这些厚板是用灰泥连接的嵌条（fillet）*e* 和 *f*。托梁上用锻

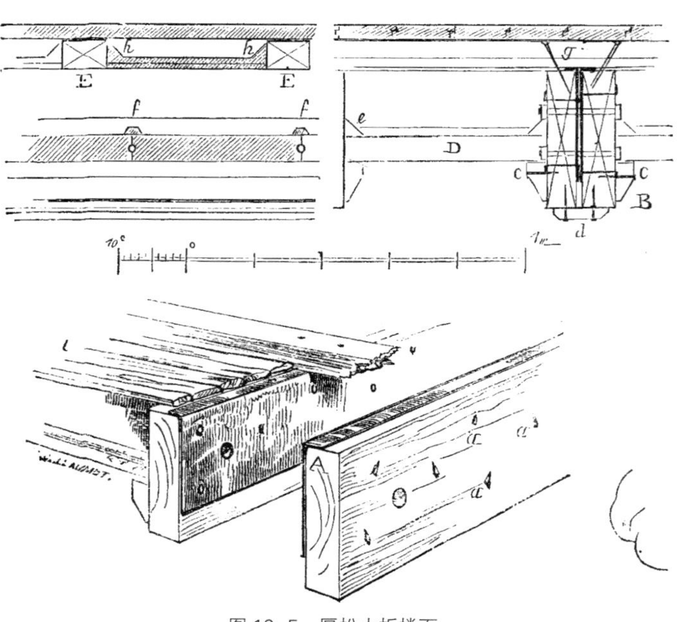

图 19–5 厚松木板楼面

钉安置着较薄的次级托梁 E，如 *g* 处所示。此外，在托梁 L 到另外一根之间，安装上面抹有灰泥或黏土的薄板 *i* 或者芦苇（reeds），两侧有通长的嵌条 *h*。再接着，木地板被钉在这些次级的托梁上，上面提到的预防措施就被用于防止楼板的噪声。[1] 但对于房间内的地板来说，必须要为烟囱通道和穿越窗之间的空间留出洞口。在这些情况下，当采用松木时，榫与卯的使用就应当避免，一个非常简单且坚固的马镫形支架系统可以替代，图 19–6。马镫支架由 1/3 英寸厚约两英寸宽的铁条组成。由于托梁的尺寸，每根铁条都要有 3.5 英尺长（见 A）。它们会被按照 *a* 处所绘的折痕折叠起来，以便于形成透视 B 和立面 C 中的形式。每根托梁上的槽口（notch）*e* 承托着马镫支架的底部。上部和侧面钉入钉子（见 B）。小三角形 *g*（见 A）形成铁搭（cramp）。当木条 *l* 被钉到下部之后，在 *e* 处钉入一个小三角片封闭这一空隙。这类制作容易的马镫形支架，是由非常薄的铁片制成的，且比榫卯坚固得多，因为它们以全部的高度紧紧地抓牢木头，使它在截掉的位置能自承重。这一方案也可以用来代替在沿墙的结构支撑上开槽，除非它们被放置在托梁端头的下部，这总是更好的。

我们注意到，图 19–5，建成后的天花使木材从下部是可见的。这可以使木材免于干朽。形成交叉托梁的灰泥方块可以用模子浇铸，黏土瓦可以上釉，如果要获得非常辉煌且富丽堂皇的效果的话。

2–355

1 1 英寸半厚的松木板包以铁皮、板条，以 15 英寸的距离钉在内侧，楼板 1 英寸半厚，26 英尺的支座（bearing），这样便能承载重量极大，且分布不均的谷物。

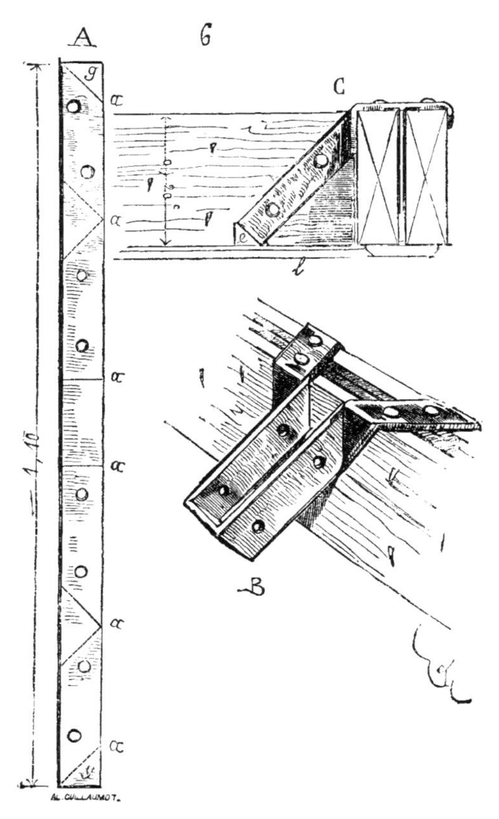

图 19-6 截断处的节点处理

内墙面抵制潮气的最有效的措施是使用壁板。这当然需要额外的花费，但可以使用非常简单且（在盛产木材的地方）非常便宜的壁板。在没有使用壁板的情况下，绷在框架上的画布，外表用刷子涂上了刷了清漆的灰泥（clear plaster），是良好的防潮措施。这些画布可以着色或者贴上墙纸。

如果地板是木质的，不需要在防止墙内托梁支座（bearings）的腐烂上投入过多的关注。最有效的方法是避免将这些支座（bearings）安装到外墙上，除非外墙是木框架的。但如果这是无法避免的话，可以将每一托梁的端头覆盖上铅或锌的薄片，往回折叠，像半个盒子，特别注意在这样的托梁端头和砖石砌体间要留出空隙；让这一空挡和主托梁及次级托梁间的空隙可以产生空气流通。可以确定的是，穿过牢固的墙体并暴露在室外空气中的托梁支座（bearing），会比封闭的托梁腐烂速度慢很多；因此最重要的是，允许空气与它们的自由接触。[1]

2-356

在乡村的住宅中，烟囱和烟道常常不被仔细考虑。似乎它们被当作了次要的物件，没有建筑师全面地研究它们。高烟囱的娴熟的设计，雨水不应被

1 我常看到，在至少有 1 个世纪那么古老的农民住宅中，支座（bearing）都暴露在外墙表面，而且都没有腐烂，然而，20 年前的托梁，支座放在墙内的，却都彻底腐烂了。

它阻挡，烟囱的出口也不应暴露在风口上，这样烟不会因为屋顶上空气的回旋而返冒到室内，保证烟道有相对于壁炉的足够大的断面，它们的设置应保证住宅不会发生火灾：这些，以及同样的思考，都要有严肃的态度。

2–357

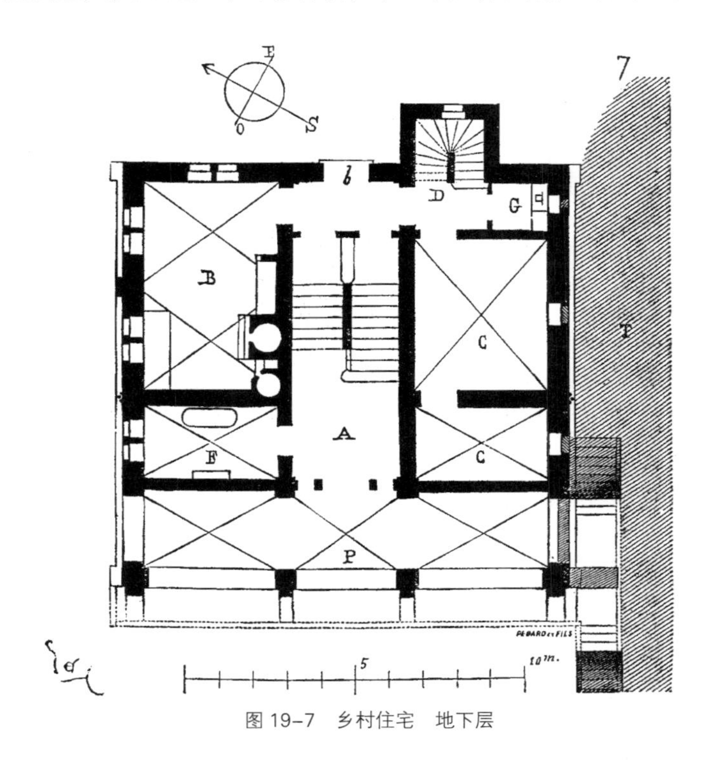

图 19–7　乡村住宅　地下层

或许有人认为我过分陷入了如何在乡村建造住宅的细节之中，但我要夸大处理这些问题的理由是，这类建筑的大多数，在如今的建造中，在这些细节上比在它们的总体设计上出的错要多得多，总体设计往往反映的是业主的品味与需求。建筑师不能总是因完成一个他的业主早已指定的方案而被责难，业主往往不允许讨论所指定方案的合理性；毕竟所有者要依照自己的想法安排他的居所，这无可厚非。但在执行这一方案的某些部分的时候，建筑师是，或者应该是，可以自由行动的；例如，如果烟道设置不合理，导致壁炉附近的地板有可能发生火灾，他就不可原谅。在这种情况下，他必须提出反对或者宣布放弃他的工作，因为如果住宅发生火灾，这些导致事故的建造上的错误，他将会被指控。

依照我们上文所说，似乎一所中等尺度（不到庄园规模）的乡村住宅的条件，可以概括如下：地面层，一般包括家庭聚集的房间，应该防止地面的潮气；墙壁应该全部有屋顶遮蔽；房间应该满足一小群仆人的使用；应该选择最有益健康且令人愉快的朝向；复杂的结构应该避免，尤其是屋顶，应尽可能简洁，避免有阴沟和交叉（valleys and intersections）以及复杂的排水系统；外部应采用最简洁设计，这样最容易维修，例如，烟囱的设计。以下的平面是根据上述总结绘制的。图 19–7 是地面层平面，事实上它只是拱形结构下层高只有 9 英尺的地下层。P 处是通向大厅 A 的下层门廊，A 的端头是主楼梯。B 是厨房，开有后门 b。酒窖和储藏室在 C 处；F 是浴室。仆人楼梯在 D 处。所有的房间都是用轻质材料起拱的，如砖或石灰华（brick or tufa)。我们假设地面在 T 处以上，这样 C 和仆人厕所就是半地下的。第一层(其实只是在室外地面以上 9 英尺 10 英寸高的地面层，图 19–8）由一个会客室 A、餐厅 C 和储藏室 D；弹子房（billiard–room）B 和一个吸烟室或研究室 F。阳台 *b* 沿着会客室和弹子房的前墙展开，到通往附近室外地面抬高部分的两跑楼梯结束。所有的地下室是石砌的：楼层的侧墙，图 19–8，是木框架的，突出地下室相应厚度的 2/3。第二层包括家庭的卧室，仆人住的阁楼层，被服室，上层的烘干室，中间留出开口照亮楼梯，并作为建筑的通风口，图 19–8 上 VX 一线的剖面，如图 19–9 中的图 A。另外一半图 B 表现了建筑正立面上的山形墙，图 19–10 侧立面。可以看出，烟囱筒身在楼梯的上部组合，形成了一个烘干室和干燥空气的储存库。屋面的坡是连续的，没有阴沟和交叉；设置在 C 处的天沟（见图 19–9）收集了坡屋面上的雨水，并通过两根侧面的落水管流下。　2–358　2–359

我们可以肯定一座这样建造起来的乡间住宅不需要什么修理，因为建筑的所有部分都被以最简单的方式建筑起来的屋面遮蔽着；这是非常健康的，

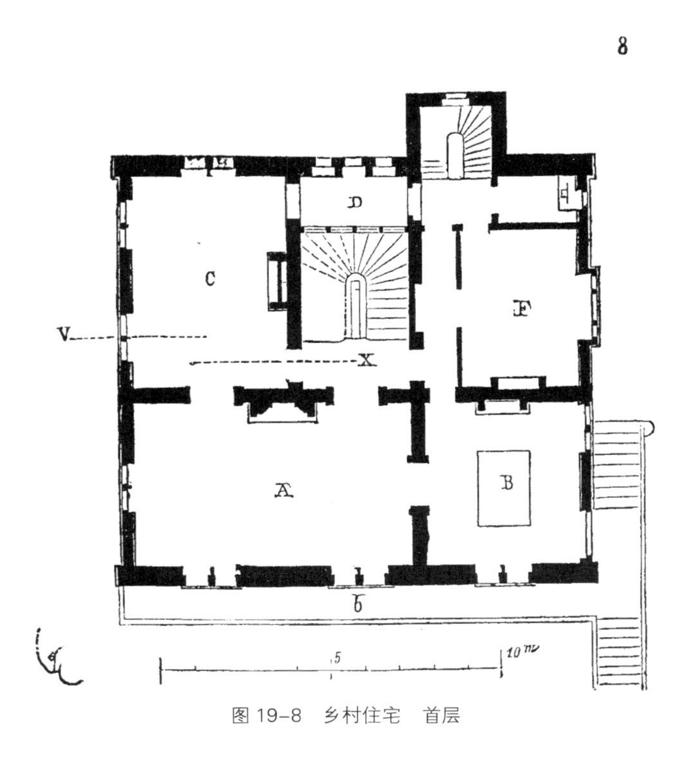

图 19–8　乡村住宅　首层

图 19-9　乡村住宅　立面和剖面

因为家庭成员的所有房间都避免了泥土和空气的潮湿；仆人的工作因平面布置而便捷，因为这些房间被组织在楼梯的中间跑周围；建造一座这样的住宅不需要特殊的昂贵设施，或者在远离大城市地方很难实施的什么器械。尺度合适的住宅只是适合一个家庭在乡村消夏的别墅。有一类乡村住宅建筑师很少被要求建造，但仍值得研究。我指的是适合那些在室外的时间比较长的人们需求的住宅，因为他们的品味和嗜好有乡村的风格，或者因为他们在农村有需要他们监管的相关产业，或者要指挥农场工人。

2-360

在朗格多克（Languedoc）和阿让（Agen）周边地区的丰饶土地上，有许多值得建筑师关注的此类住宅，它们是完全与功能需求相一致的，尽管它们的外观非常低调，内部的一切也都让位于这些需求的满足。这些地区保留了未经改变的某些地方传统，而在法国其他许多省份由于对庸俗奢华的热情以及对炫耀的热衷，传统已经发生了改变。但当那些对建筑细部好奇的人在这些乡村住宅中找不到任何有兴趣的关注点时，必须满足业主的需求这一情况就会创造出自己的风格特征，或者可以称为这是适合他们的一种风格，并且这一风格特征会与房子周边的自然风貌完美地协调。

2-361

如果说大型的公寓和城堡，拥有布满老虎窗的复杂屋顶与尖耸的角楼，

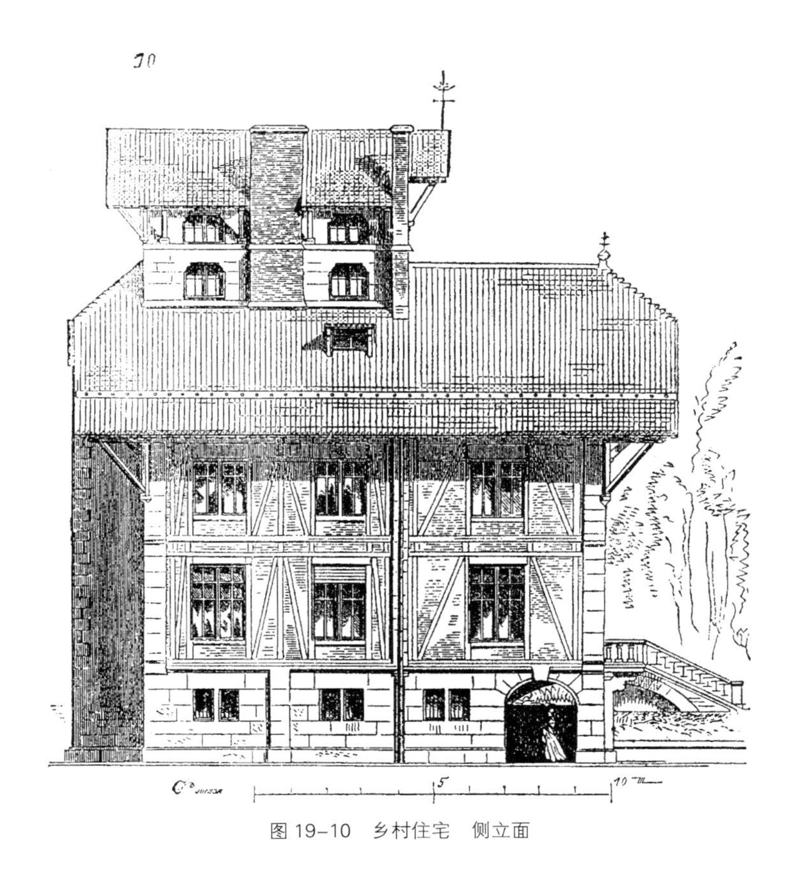

图 19-10　乡村住宅　侧立面

增强了庄严的自然环境和以庄重的树木点缀的美丽公园的效果的话，对其微缩的模仿，环绕以贫瘠的小花园，则只会引起嘲笑，并让我们想起青蛙和牛的寓言。但是看看我们的乡村地区，建造了多少这样的微缩城堡，它们看上去像个玩具，有只能为狗提供居所的角楼，有供猫在其上爬行的城垛，以及灰泥或者陶土的建筑装饰和锌制的风向标和顶部装饰。愚蠢、不适合居住、自命不凡的住宅，唯一的长处是寿命短暂，它们只会让有辨识力的人们更加尊敬那些简洁而真诚的形式。

南部地区的乡村住宅，既是别墅也是农舍，就是真诚住宅的案例，生活于其中的居住者，(真正的乡下人）按照他们的生活方式对设计提出要求，这些住宅外观上以舒适、便利以及稳固为特征，与我们的郊区住宅贫乏且庸俗的外观形成对比。设计方案是简单的，与所有的老式住宅一样。主要的目标是抵抗寒冷与炎热；朝向一般而言都是精心选择的。我们所讨论的地区西北风是最让人畏惧的，因为它带来雨水和严寒；因此，这一地区的这一季节，朝向是最重要的，而非立面。一年中半年的时间，正南向是非常不受欢迎的；最令人愉快的朝向是北向、东向和东南向。与英格兰及德国北部的习惯相反，将住宅的所有房间组织在一个屋顶下，建造很厚的墙体，但傍晚时分所有房间的通过中央气流通风都很容易，这种布局在这一地区是非常受欢迎的。一个开敞的门廊或者前厅是必要的；它应当低矮且大进深，第二个前厅应该与之并列。在这类住宅中，厨房必须非常宽敞。接待隔壁的农夫正是在厨房或者紧邻厨房的房间里。必须有大量的储藏室形式（pantry and store-rooms）的附属房间。餐厅应当与之邻近，但不能让做饭的气味飘进餐厅。接待室，或称为大厅，是离入口有一定距离，2-362 并通向餐厅的一个房间。最后一点，必须在住宅建筑附近提供一个非常宽敞的棚库，以容纳马厩、马车房、烘焙房、木料，以及停放四轮马车、存放洗衣和烘干设备的空间，等等。

第一层，除了起居室以外，楼梯附近的房间也应该供住宅的主人使用：用作接待室或者工作室，以处理生意上的事务。这类住宅很像一座小型的高2-363 卢－罗马别墅，我们可以合理地假设它延续了后者的传统。图卢兹与阿让的

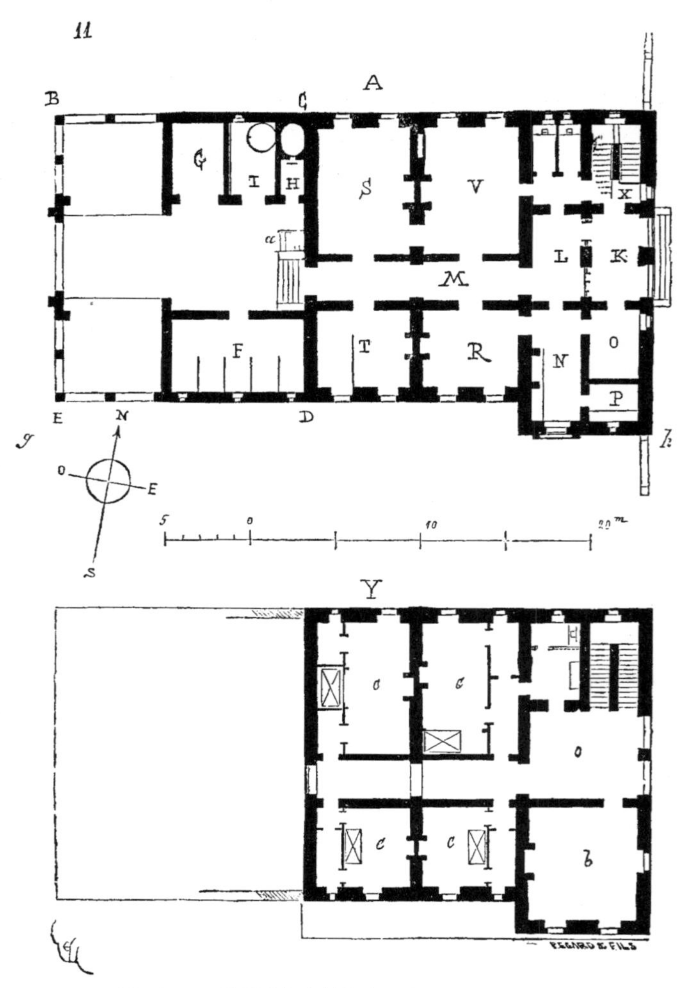

图 19-11 法国南部乡村住宅 地面层与首层平面

平原地区许多这样的乡村住宅，如此完整地实现了乡村住宅的方案，以至于我们认为可以得出一种类型或者概括，如图 19–11；尤其是当我们所说的这一类型本身就是对那些近年来被我们视作乡村住宅典型的毫无意义的建筑玩具的显著批判的时候。

A 是地面层的平面，部分是较矮的地下室，踏步 *a* 可以下到地下室。BCDE 的整个空间是一个非常宽敞的雨棚（penthouse），包括 F 处的马厩，G 处的马车房，H 处的烘焙房，以及 I 处的洗衣房。与雨棚（penthouse）接着的住宅部分，由门廊 K（只在晚上用护栅或者木围栏门关闭）；前厅 L（通往贯穿整座建筑的走廊 M）；厨房 N（位于入口附近，一旁有接纳室 O，用于放置食品原料）；盥洗室 P，以及仆人的储藏室 R。标记为 T 的房间可作多种用途；盥洗室，或者熨烫房，或者被服室。S 是大厅，V 是餐厅。楼梯 X 通往一层的房间 *o*（见图 Y）。*b* 是主人的房间，*c* 是家庭成员的房间以及它们的衣橱。一层平面包括了一个或者两个卧室，以及佣人的卧室。这类住宅一般来说上部是用土坯砖建造，地面层用砖砌筑；木材用的是冷杉（fir）。装有挑出的椽子的热那亚檐口（Genoese cornices）完全地遮住了厚厚的墙体。当厚度足够的时候，土坯砖（unburnt brick）墙体——真正的黏土做成的（the genuine pise）——在室内的保温隔热性上有其优势；工艺精良的话，它们可以保持几个世纪之久。重点往往在用烧制的砖砌筑转角和窗子的侧板上。

图 19–12 是住宅 gh 一侧的侧立面，高耸的榆树可以为这些小别墅遮挡猛烈的阳关；它们附近有开垦过的田地、菜园和果园。

图 19–13 是沿着小路或者大路的入口立面，几乎没有窗子。主人只能从凉廊才能看到来访者为何人。这是另外一个传统特征，它赋予了住宅入口立面典型的外观。

在古代的朗格多克（Languedoc）庄园中，我们同样可以找到这一中部走廊贯穿整个建筑通达各个房间的典型布局。在卡斯泰尔诺达里（Castelnaudary）附近，仍然保存着这样一座 17 世纪初的庄园，这是那一时代最为有趣的庄园住宅类型的实例之一，并且它的设计完全符合那一时代那

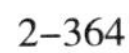

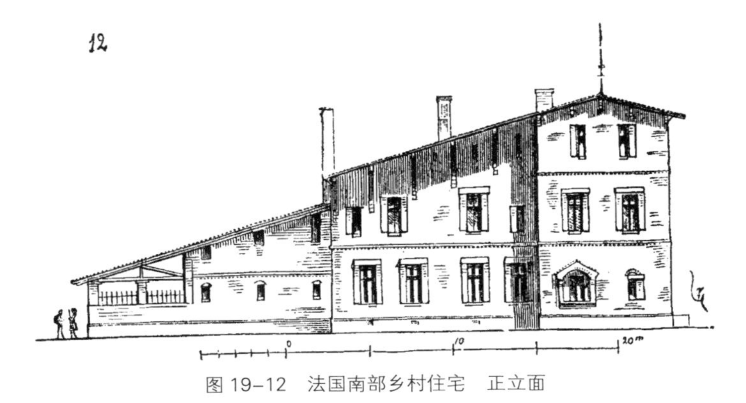

图 19–12　法国南部乡村住宅　正立面

图 19–13 法国南部乡村住宅 侧立面

一地区的习俗所带来的需求。这个实例就是费拉城堡（chateau de Ferrals），一个贵族乡村地主，军队上尉的住宅；它既表现出城堡的特征，也像是一座乡村别墅。那一时代朗格多克的贵族阶层，多半是新教徒，正竭力保护他们的地位不受天主教（Catholic）皇权势力的影响，这座住宅的建造在路易十三夺取了蒙托邦之后，一定受到了影响。事实上，屋顶仍没有被建完，临时的顶盖从那时一直用到现在。图 19–14 是整个庄园的平面图，包括弓形的 A；前庭 B 和主体建筑 C。这一主体建筑，如平面所示，由贯穿整个建筑大厅和大厅连接的各个套房组成，套房与四角堡垒形式的角楼内的房间联通，这些角楼除了开窗之外，还开了用于射击的炮口。一条宽阔的壕沟，把整个城堡包围在内，只在 D 处有一座吊桥，连接花园。地下层通过开在壕沟内的窗采光，在地面层以上还有第二层。在二层以上，或许还曾有可以走通的围护墙，现在只能看到遗迹；在墙背后，起拱的屋顶罩住整座建筑。两座角楼（前庭的堡垒）通过高耸的围墙与主体建筑连接，有顶的过道靠着围墙而建。毛石和大块角石的石工工程，外观看上去粗壮有力，与它周边和比利牛斯山脉之间乡村旷野的如画特征完美和谐。

2-366

尽管这座巨大的建筑今天看起来显得非常与众不同，但它只不过是法国南部乡村住宅最真实的代表之一；而且如果能够居住的话，它一定会是既健康又符合乡村生活习惯的住宅。只在两端开口的巨大大厅，在那一地区充足的光照下有着很好的采光。这是家庭聚会的场所，但私下里的谈话也是有相应的场所的，尽管所有人都身处同一个房间里。角楼里的房间可以通过中心的套房和大厅到达；但这一布局，甚至在我们现在乡村中也是很便利的，乡村住宅中居民的交流比在城市中更为自由，在南方住宅中是非常惯常的做法，且在这一案例中也不会令人反感，因为在费拉城堡（chateau de Ferrals）中，私密楼梯的设置使得这些房间可以与楼下的房间连通，佣人可以不经过大厅而到达它们。二层是类似的布局，除了位于大厅侧面的套房作为卧室使用，且与角楼的交通是通过在大厅两端开口的私密通道。

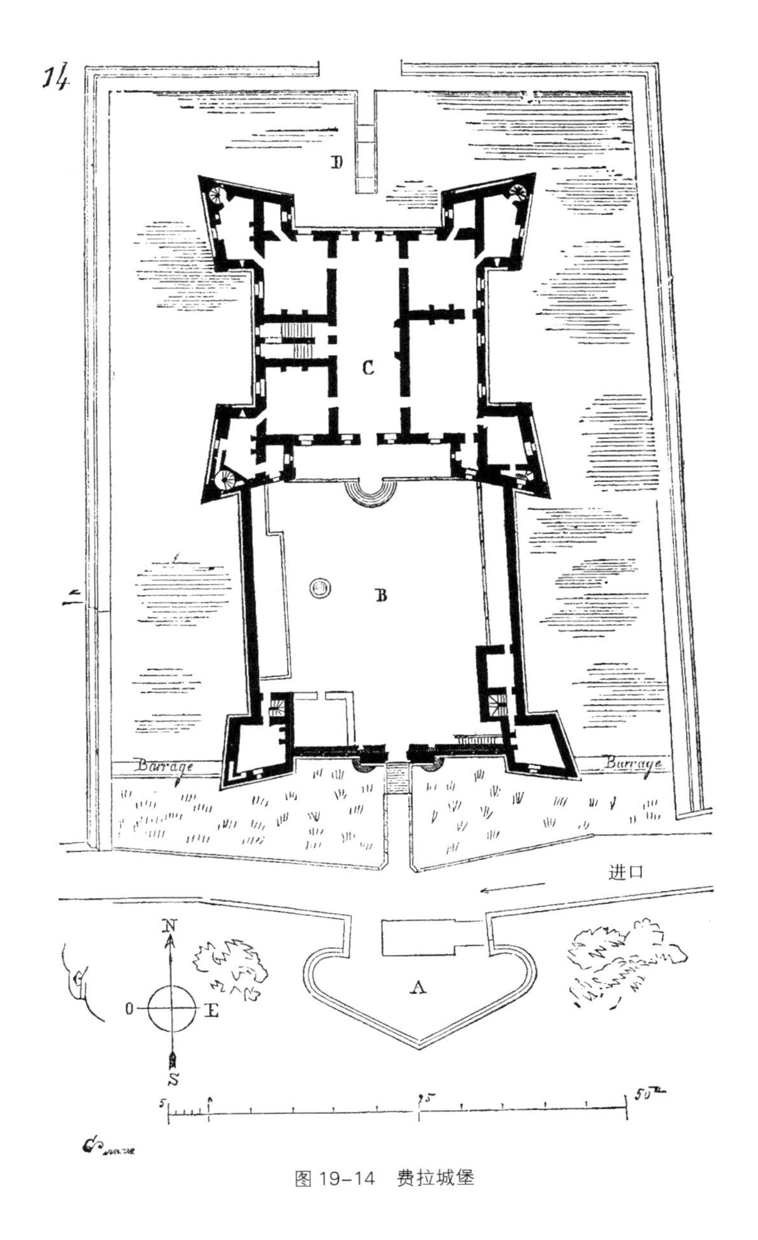

图 19–14　费拉城堡

这样的一个建筑组合在同一屋顶下，是最好的隔热和抵抗法国南部讨厌的北风的方式；因而，这一布局在这一地区乡村住宅的设计中应该得到保留。分散式的建筑例如我们在英格兰看到的乡村住宅，在南方的气候下是无法忍受的，它们不能抵挡南方的炎热、北风和地中海来的湿气；它们也无法抵挡灰尘和让各种昆虫都躲进室内的过度的光照。因此，建筑师应该更加关注气候条件，而非巴黎或是伦敦的建筑特征，以及从英吉利海峡传播到比利牛斯山脉（Pyrenees），或者从大西洋传播到莱茵河流域的时尚。但我要问，巴黎附近的郊区住宅，适当地考虑了气候和居住者的需求了吗？这是很值得怀疑 2–367

的，上文提到的卡片式的城堡（castles of cards）即使我们不加以任何评论，那些朝向四面八方的角楼，那些檐部悬挑的屋面，那些狭小的套房，尽管需要采光的房间不同但外观上大小相同的所有窗子，这些难道能够构成适合其使用功能的乡村住宅吗？这样的布局难道是研究功能需求的结果吗？它们看起来非常不理性且有着在公众根深蒂固的习惯影响下的某种秩序。在巴黎的郊区住宅中，朝向和景观的变化很少被考虑到；主要的目标是正立面的豪华外表而非满足居住者的日常需求。

从这一点来说，英国的乡村住宅更符合它们的功能需求。那它们应该被原样照搬到法国吗？当然不能；我们早就提到，英格兰的气候和习俗与我们不同。此外，甚至在英格兰，也不是总采用不规则组合的建筑平面。英格兰某些庄园住宅采用的是对称的组合方式。其他的，例如诺森伯兰郡的沃克沃斯城堡，它的平面是一个有斜角的四边形，每一边的中心都有一个多边形的突起。这样，每一层都包含着围绕在中心核周边的八个套房，中心核拱顶上是一座瞭望塔。

必须认识到，英国的乡村住宅与我们的相比有着一个显著的优点；它们的建筑设计无疑是适合居住的，居住者的舒适是要考虑的第一要素。英国人有着维持中世纪传统的良好意识，在中世纪的传统中，不规则的平面是被提倡的——为了满足特定的需求而采用细节的设计。在法国，当业主打算建造一座他想象中的中世纪“样式”的住宅时，他的建筑师马上开始在正立面上贴上从15世纪某座庄园上借来的装饰——可能属于其他风格——在前窗上对称地引入“哥特式”风格——装上尖锐的山形墙，到处采用哥特式尖券（pointed arches）。这往往会创造出非常不便于使用且荒谬可笑的设计。构成中世纪住宅的并非某种形式的窗、装饰线条、甚至尖锐的山形墙，而是平面的完全自由，以及使住宅与居住者的生活习惯协调一致的精巧的设计。可以从中世纪留给我们的模范中得到的唯一有用的应该是，我们可以赋予建筑设计中的每一需求以一种艺术形式，永远不要将某种惯常的形式和与之全然不同的需求生硬地结合在一起。

2-368

当采用所谓古典建筑样式（部分可以说是意大利艺术的后代，但事实上并非不适合于非常大型的住宅）这一不幸的观点占据了村民的脑袋时，当他们在所有不动脑筋的模仿中，将这一形式运用于等级较低的居住建筑时，作为延续的当地艺术的传统就被丢弃了。由习俗与长久以来的实践确立的真实且简单的形式，让位于与功能要求不符的表面的装饰。例如，绝对对称的布局被强加于平面的某一部分，而这部分在尺度和套房布局上，在光照、最经济的交通，以及保温隔热设计上，都需要灵活多变。

建造了乡村住宅的人和建筑师自己，很少能领会中世纪建筑的真正精髓。对于大部分人来说，中世纪的民用建筑似乎仅仅是关于口味的事情—— 一种奇特的装饰风格——类似于穿一件过时的服装。在这样的情况下，我们很容易理解那些希望走折中路线（聪明的人们对其感兴趣）的人——那些事实上不希望凸显自我的人——如何避免在公众场合穿上那样过时的、狂妄且不方便的衣服。如果我们习惯于严肃地研究这些问题的话——我希望我们能够形成这一习惯——我们的建筑师很快就能发现，民用建筑上的中世纪艺术，和其他所有类别的建筑一样，并非仅仅是装饰的事情或者仅仅是文物收藏所关注的形式，它首先是设计上的自由原则，这可以使它既适应于 14 世纪也能适应于 19 世纪的人类需求。关于建筑如同关于政治一样，尽管我们总是谈论自由，并将自由二字铭刻在公共建筑上，但我们却从未真正理解它的意义。例如，许多建筑师，因为不愿意被认为同情“教权党派（parti clerical）”，所以不采用哥特式的设计。对于他们来说，“哥特”、“主教堂（dominant church）”、“封建主义”、“教会附属地”、“什一税（tithes）”以及“农奴身份”，都被包括在同一范畴内，所以如果这些词语其中之一被涉及的话，其他也必然会跟着出现。告诉他们中世纪艺术的原则、过程方法以及表达都是自由的，它与中世纪的主教、封建领主、修道士、男爵或者“宗教裁判所（Holy Inquisiton）”毫无关联，根本一点用处也没有；他们会假装听不到，且冒着招惹亡魂的危险，成为比任何中世纪艺术流派更为专制狭隘的学术教条的奴隶，中世纪艺术却始终独立于与它们的发展无关的所有影响。

2–369

然而比我们更具实践精神的英国人，却保持了他们今日仍然可见的古代民间住宅建筑的要素：即，自由和个性化的精神。但他们并不依赖于教士（*clericaux*）的祈祷。他们认为利用被认为是好的且长久以来被神圣化的设施是可取的；尽管他们为自己保留了改善它们的自由，而非匆忙地将它们丢到一边采用完全不适合于他们的习惯和气候的形式，让自己和家人委屈地住在样式被一个小团体称为正统的房子里。他们已经发现在住宅上坚决地采用对称形式，会带来无谓的约束或者麻烦，并且他们已经拒绝了对称。他们相信，良好的朝向的选择，为了需求和健康考虑而开的引入阳光和空气的洞口，比窗子大小完全相同（有时是封住不能开启的）间距相等的统一的正立面更为重要，而我们的乡村住宅同城市的一样，都是这样开窗的；他们在排列内部的不同套房和设计它们的采光时，仍然考虑到朝向与需求。他们也认为，他们的祖先在乡村所采用的建造模式是简单、容易且明白易行的，且有着适应于一座住宅所有需求的多样的外观；他们继续采用这样的方法，从不会怀疑公民自由会因他们尊重这一长久的积累得到的优势，而受到影响。这就是我们在多佛（Dover）海峡对岸的邻居们对自由的理解。我们则用不同的视角看待问题。如果我们在专制君主的餐桌上喝醉，他一旦被废黜，我们就打碎酒杯，但不管我们是否更优越，这并不能阻止另一个暴君的到来，他将会要我们为我们打碎的酒杯付出代价。

2–370

沃克沃斯城堡是大尺度乡村住宅优秀的平面布置的范例。这一设计同样适合于法国与英格兰。下面，我们将分析它所示范的原则是如何实现的。

图 19－15 是地面层平面：A 处是前厅，它可以从覆盖在台阶上的门廊进入。从前厅我们可以到达主楼梯 B，它也作为大厅使用从那里我们可以进入第一个大厅 C 和客厅 D。餐厅在 E 处，餐厅的储藏室是 F。G 处是台球室，与大客厅与前厅 A 直接连通。H 是佣人楼梯，向下可以通往厨房，向上通往阁楼。C 厅里有一个直接下到花园的台阶 P，台阶 P 构成了一座阳台，并且是室外通向沙龙大厅 C，以及餐厅和大客厅 D。在建筑的轴线上突出的纵深的隔间，构成了餐厅 E 和客厅 D 的附属空间。附属空间离餐具储藏室很近，极大地方便了餐厅内的服务，并提供了大客厅内的视线到达不了的很方便的隐蔽空间；壁炉架以抹角的方式，设置在窗前 a 处。

2-371

15

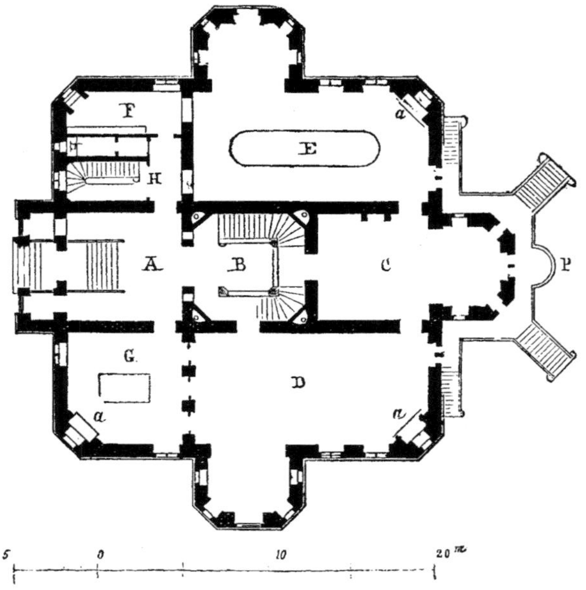

图 19－15 沃克沃斯城堡 地面层平面

主楼梯只能上到首层，图 19－16。楼梯周围有一圈回廊，可以通往 7 个套房，每个套房都由卧室、小起居室和更衣室组成。

主楼梯（见 *bc* 剖面，图 19－17A）构成一个中心塔楼，像灯笼一样四面采光。在塔楼周围，布置了宽阔的天沟，用四根便于检修的落水管排屋面的雨水，落水管设计在楼梯间的四角内（见平面图）。四根落水管与排水沟连接。冬季它们可以借由中心加热器而保持温度，避免因管口的冻结带来的不便；此外，当它们通过连接套房的回廊时，它们可以采集更衣室排出的污水，安置它们的漂亮宽敞的管道井内还有供水管道。另外值得注意的是，这些管道井足够

2-372

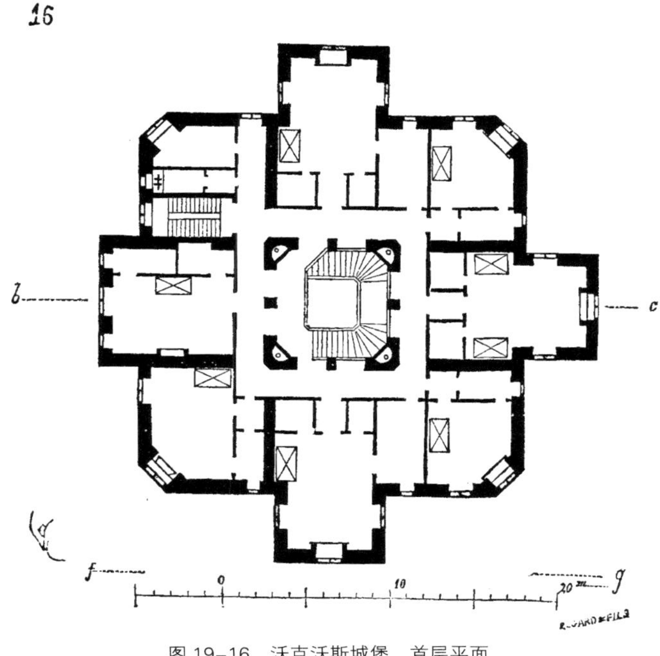

图 19-16　沃克沃斯城堡　首层平面

宽敞，必要的时候可以让人进入检修。

图 19-17B 是立面 *fg*。突出的开间的屋顶外部以山形墙结束，内部是屋脊交汇处的夹角。

由于采光与通风良好的中心楼梯的设置，环绕着它周围的不同功能可以被很好地组织在一起，不会产生黑房间。所有方向的视野都不受阻挡，一望无际，这也是乡村住宅的魅力所在。如此紧凑的建筑，前立面的墙体与占地面积相比并不长，它的建造费用要少于常见尺度带有两翼的建筑。事实上，这座房间排布密集的建筑，只占据了不到 6800 平方英尺，而前墙的长度在墙基部位只有 370 英尺。　2-373

采用这类成组排布方式的建筑有着节约成本方面的优势，在交通组织方面，毫无疑问也是更加方便的，且使得这座建筑在检修时也较为节约。由于布置方式的简洁，落水管系统不会带来任何的不便，而因为相较于城市，乡村住宅更直接地暴露于恶劣的气候中，所以这在其他乡村住宅中常常发生。中心檐沟内的积雪不会带来任何的损坏，因为这些檐沟下排迅速，且落水管可以保持在一定的温度可以让上部的洞口一直不被冻结堵塞。此外，落水管的泄漏也不会引起任何灾难，因为它们被置于非常宽大的管道井内。

内部的屋顶不受风的影响，因此很少发生坍塌。烟囱多半设置在外墙上，顶部的山形墙建造稳固，且高度足以防止烟囱的气流被阻塞。屋顶很容易检修，且没有危险。

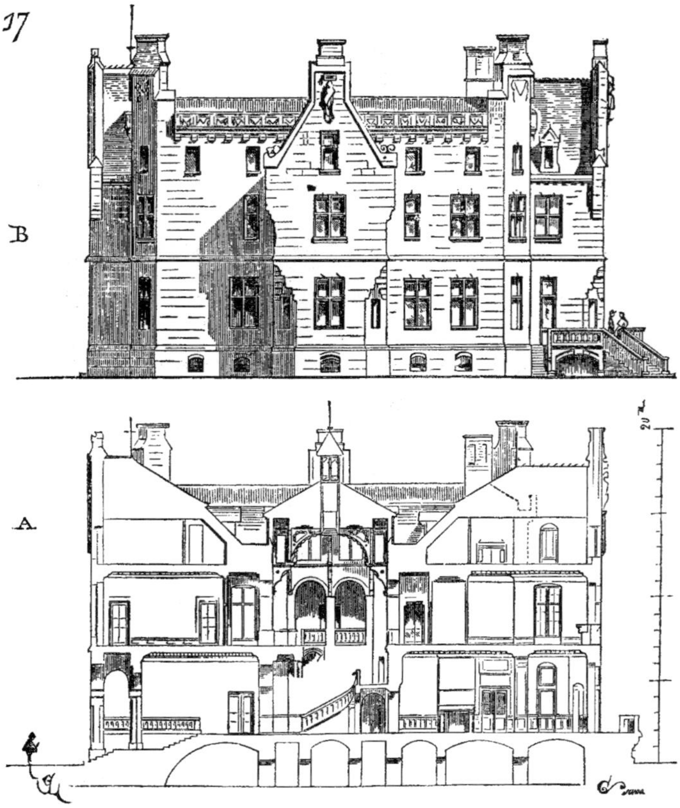

图 19–17　沃克沃斯城堡　立面和剖面

因此，我们可以从这些中世纪的设计中得到一些经验，并使其适合于我们西方现代的需求，这些经验胜于我们可以从建于 17 世纪的外观雄伟的某座城堡，或如帕拉第奥设计的现在只在节日时候临时使用的意大利别墅中可以得到的。从许多我们 17 世纪乃至 18 世纪的城堡或大型乡村住宅的设置都不舒适这一事实，有人总结说时间越是往前，住宅的设计越不便使用。但事实并非如此。正是从 17 世纪中叶开始，我们才开始热衷于对称和“雄伟”，在此之前，并非如此。在更为遥远的时代，尽管尺度巨大，但居住者的便利是首要考虑的问题；他们的建筑所采用的形式是由便利的需求推导出来的。如我们这样实践性的时代，应该更偏爱这一智慧且自然的原则；我们应当抛弃公众甚至比建筑师自己更为热衷的学派的偏见，且将首先尊重常识作为重点。

2–374

一些被英国乡村住宅的舒适打动的富有的人，已经尝试着聘请英国建筑师设计城堡或小住宅，但这一尝试并不成功。无论这是因为它们的建造者在他们远离家乡的建筑活动中没有继续原来的自由，或者他们的雇主要去他们采用他们不熟悉的建筑形式，或者他们不想费心去熟悉我们的建造方式，这些住宅既没有显现出英格兰典范上的优点，也没有法国建筑自身的魅力。失败且让人失望，它们除了在一些次要的设计上颇为便利和附属物上普遍设计精良之外一无是处。但我们并非需要这一方面的范例。

法国古代建筑（如果我们愿意花精力自省的话），比英格兰建筑提供了更多样的建造方法；除了我们多才多艺的天赋之外，我们国家不同地域气候的差异，以及不同建造材料的特性也是造成这一事实的原因。我们当然不能过分地拘泥此而模仿这些范例，但是我们更不能忽视它们——我们不应放弃我们传统的积累——没有任何理由，尤其是当以前不同的建造方式采用了极度自由，且解决了客观需求带来的所有困难的显著外观的时候。因此，我们为何要抛弃这些早就存在的长处呢？

讲义内容的限制，使得我不能过多提及这些现在被轻视的古代建筑，但它们的建造方式在今日可以很容易地继承下来，甚至加以改进。尽管如此，我们刚才谈到的最后一个案例仍然值得一提。

在这座乡村住宅中，我们可以看到，尽管地面层平面的中部开间都是多边形的（提供斜向的视角，且削去空间内的尖角），但是到了首层平面上都变成了方形的——适合于卧室的平面形式。

这一今日很少被采用的设计——我不知道这是为什么——在以前非常普遍，这一问题的解决方式非常简单，如图 19–18 所示。　2–375

地面层斜向的面（见平面图上的 A 处）宽 6 英尺 7 英寸。长方形的墙体 2 英尺 1.5 英寸厚，斜向的墙体 2 英尺 4 英寸厚。斜向墙面上开了 3 英尺 3 英寸

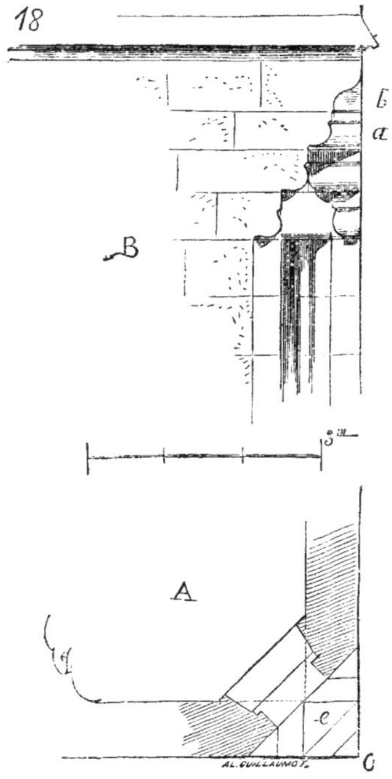

图 19–18　沃克沃斯城堡　切角处理

宽的窗。两层的出挑的支撑呈直角延伸墙面，它们在窗过梁上方相交；另外两层 *ab* 形成了支撑，并承托了楼层 *c* 的转角。*e* 处会出现一个与地面平行的三角形面。立面 B 充分地解释了这一非常简单且在许多情况下非常有利的构造。

现在我们再来探讨一下这座乡村住宅楼梯间上中央塔楼天花的结构体系，从图 19－15、图 19－16、图 19－17 可以看到其全貌。屋顶上开天窗，雨水可以直接倾斜其上，并非没有城市中天窗的缺点；但在维修往往不及时的乡村地区，这样的问题就会更加严重；如果有一场大的冰雹，玻璃就会被砸碎，室内会被淹没，且损害不能立刻得到补救；而如果下雪，室内就得不到采光；大雨总是会从玻璃屋面上渗漏进来，无论施工多么仔细。因此我们应该避免采用玻璃屋顶。因此，在剖面图 19－17 中，我们可以看到，中央塔楼有垂直的采光，遮蔽得很好，且是双层的，有房间可以进入作清洁和必要的检修。图 19－19 表示了四分之一塔楼的室内。平面 A 是开口处的剖高；*a* 处是有落水管的管道井之一。4 个构架支杆（strut－trusses）P 沿着两条轴线方向布置，塔楼是方形的；8 个托架 H 安装在管道井的斜面转角处。每对托架在头部连接。构架支杆在剖面图上，如 B 处所示。它们由顶着墙体内表面由牛腿承托的垂直构件，和一根斜撑 C，两个连接杆件 D，顶部横架（headpiece）F，被第一根斜撑分为两半的第二根斜撑 G，压在梁 L 上的第二根杆件 I 组成。转角处的斜向构架，立面如 M 处所示，安装在托架 H 上。八组构架的顶部支撑着八边形的构架 O。玻璃安装在石窗的 N 处；第二层铸铁窗框的玻璃窗，安装在 E 处。二者之间的缝隙留处了通道 K，可以通到屋顶。外窗 N 洞口比 E 高，光线可以更多地进入楼梯间。木构架从 4—4.5 平方英寸。两面包上木板，如图所示，木板可以加工成曲线并且可以做成任何合适的形状；用钉子钉牢的木板大大加强了构架的强度；木板可以穿孔，如 J 处所示。此外，如果在每对木板的端部之间仔细地填上切成与端部断面相同形状的一块松木板，每组构架看上去会是类似的。当然，外包的木板可以随意用雕刻或绘画装饰成任何华丽的样子。

2-376

8 组构架（四组沿着轴线，四组是转角方向的）上方，根据设计的选择，S 处放置木天花。T 处是通风阀。内玻璃窗 V，包含了 8 组构架之间剩余的所有空间，并尽可能地提供了更多的光线。

很容易看出，这样的建筑建造花费很少。因为屋顶完善遮蔽良好，它可以用壁画装饰，而不用担心湿气的破坏。构架在 X 处被固定；但是不用担心它们的弯曲变形，因为它们有八边形框架的支撑，八个角度在同样的压力下不易变形。

2-378

在乡村建造住宅，尽可能要避免木材和石材的直接连接——如上文所述——同样，过大的窗扇和高度过高的门扇也总是尽量被避免；因为湿气和温度突变的影响在乡村比在城市更为剧烈。基于这样的考虑，以固定的直棂

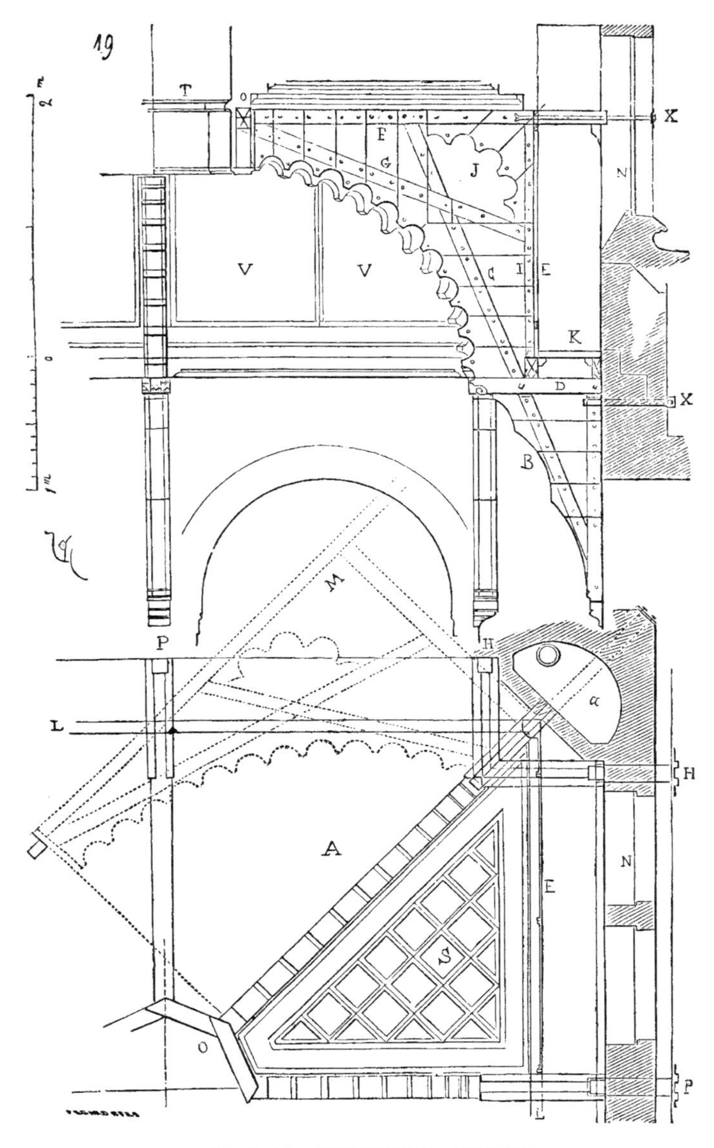

图 19-19　沃克沃斯城堡　塔楼屋顶

划分窗子的设计，特别适合于乡村住宅，因为尽管使用了大尺度的窗子，但窗扇可以被划分，且每扇的面积有限。唯一的难处是在安装外部的遮阳窗帘的时候。

但因为乡村住宅的石质墙体，往往相当厚，在窗侧板上安装金属的固定百叶窗就非常容易，为了阻挡下侧光，百叶的金属片叠合起来至少需要 8 英寸宽。至于石质窗横档（transoms）上射入的上侧光，无法用百叶窗遮挡，因为在内部开启或者关闭它们必须使用梯子。竖棂窗的上部，必须采用另外一种方法。机械的发明，尤其是对于乡村住宅来说，有这样的缺点，在一年中天气恶劣的时候，总会发生故障或者开始生锈，并因此停止工作。因此，重要的是要找到一种不需要经常维护的简单方法。遮蔽直棂和横档上的高窗的最简单的解决办法当然是在室内用铰链将百叶安装到玻璃窗的框架上。如果需要的话，这些百叶要穿孔，或者甚至直接用金属板制造。用门闩和细绳，或者用一根极细的铁杆，要从下方开启或者关闭它们非常容易。

通过即将出版的《19 世纪的城镇与乡村住宅》（*L'habitation urbaine et des campagnes au XIXe siecle*）这本专著，我们将有机会更进一步地了解这些细节；在这本著作中，住宅的典例都是按照非常廉价的方案建造的，适合于今日正在且将会越来越倾向于中等平均水平的收入，因此这一著作将会得到特别的关注。

尽管我们的需求是非常明确的，我们的建筑设备是非常可观且优秀，我们却不能比公共建筑更善于建造民用建筑。我们在至今仍存在的传统和多少仍有着影响力的协会，以及与那些影响和传统之间有矛盾的满足新生活需求的必要性之间踌躇。因而产生了一种只部分满足了我们这一时代的要求和艺术需求的奇怪的折中。事实上，真实的艺术的时代并不会从一个建筑师的脑袋里忽然跳出来；这样的形式只能一系列不可分离的逻辑推理的结果。

2–379

我认为，公众和建筑领域过分专注于所谓适合于我们时代的艺术形式的问题。这会让艺术的外观逐渐……*，如果公众和建筑师也同样把这当作主要目标的话，尤其当建造一座要满足当地的迫切需要或者是那些由需求引起的需要时。如果这一方法不能立刻得到和谐且完美地被理解为艺术的形式的话，它也有助于发现这些形式。此外，没有其他办法。所有产生了艺术的文明都由此开始。正是如此，在一开始就伴随着它们的传统或影响，被改变的面目全非，只有考古学家能够分辨出来。

这一现象在希腊文明中就可见到，各种形式的希腊建筑，漂亮且完美，就是逐渐演化而来的——在形成过程中不断满足社会状态的需求——吸取了环绕在其发源地周围的亚洲元素。中世纪时期一种世俗艺术产生了，它以高卢－罗马传统和其变化为基础，8—13 世纪之间宗教秩序也受到这一传统的约束，这一艺术是诞生于我们西方的。如果我们分析这些法国中世纪艺术大师的第一次尝试，我们会发现从罗马风样式中逐渐产生并发展而来的新形式，是由于对所产生的需求的一种非常在意的认识和越来越完美的满足。在这一自然的发展之外寻求新的形式，是在飞速走向抄袭之路，只是资料的堆砌，而非创造出有进步的形式，这不会有任何收获；因为形式只有通过对所采用的材料属性和使用它们的方法的确切认识，才能进步。

没有人会在理论上否认，当运用于建筑上时，材料的不同属性应当在形式上仔细考虑。石材、大理石、木材、铸铁或者熟铁，以及不同形式的烧制黏土，有着非常不同的属性差异：由于这些差异，甚至各种材料特性上的完

* 原书此处缺少内容，我们无法揣测或予以弥补。——编者注

全相反适合于某一种材料的形式未必适合另外一种。这应该是无可置疑的，我想，必须注意到，许多在我们的建筑中惯常采用的形式，并没有考虑到材料的属性，这只能归因于某些传统对材料属性知识的匮乏。 2-380

自从现代科学带来了材料不同属性的知识，并将其运用得非常完美以来，建造者应当利用科学研究的成果，赋予材料适合这些属性的形式：但事实并非如此；或者至少这方面的尝试微乎其微，并对未能将其转变为祖先传下来的艺术传统形式而表现出持续的焦虑。其中表现最好的是土木工程师，他们已经扩展了这一科学领域，没有其他人的焦虑，并致力于使他们赋予材料的形式与其属性协调。这源于艺术教育的错误方向——艺术教育只举出从历史文明中找出的案例，而从不对案例的形式和材料为何如此运用进行阐释。

法国的建筑教育，不能与科学和评论紧密结合，且似乎对它们不屑一顾，只在不影响被称为“高等艺术”的传统的情况下，才会鼓励它们；似乎在建筑学中与其他门类一样，艺术的主要问题是在面对与该门类相关的知识领域所提供的当代形式时，并不遵从真理。所以我们今天仍然和过去一样，能听到这样的说法，铁如果不被掩饰的话，不能被运用于建筑，因为这种材料不适合于纪念性形式。应当说，所采用的纪念性形式，是产生于属性与铁不同的其他材料的使用的，它不能适应于后种材料，这样才是更符合真理和理性的。这一逻辑推论的结果是，我们不应继续采用这些形式，而应当努力探索与铁的属性一致的其他形式。

但我要再说一次：让建筑教育在其手中堕落的团体，是反对推理的。它将推理视作异端邪说；推理的主张被拒绝，权威也反对它。但这并非进步之道。

第二十讲　欧洲建筑的状况——法国建筑师的地位——竞标——合同——与建筑工地和它们的督管有关的簿记

2-381　关于艺术，比起战前，我们处于既不是更坏也不是更好的境地；德国的胜利，与标志着入侵的煽动性的实践（incendiary practices），对于文明整体或者艺术这一专类的进步没有任何促进。它或许只是用我们的钱在柏林建造了更多的公共建筑。但这些建筑比以前建造的更漂亮吗？这是值得怀疑的。

在推动艺术发展的问题上，我对我们的艺术机构和它们所秉持的官方艺术教育方法都不赞同，这无可非议，艺术机构视野狭隘，为了报复1863年11月13日的法令，趁公众正忙于其他事情而无暇顾及，通过拍美术学院主任和学会成员的马屁，而采取了一些倒退的手段。在民意盛行的时期，这些情况事实上是无关紧要的，这不利于小集团的卑鄙阴谋，坚持一切都应该为人所共知。如果我们冷静地检视我们的艺术机制，特别是如果我们考虑到艺术家和公众观念的进步——我们的艺术由之而来的元素——将由之决定的艺术家的地位与欧洲其他国家赋予艺术家的地位相比较，平衡仍然倾向于我们这一边。

因此，例如公众的注意力被引导向我们邻居英国人发展美学研究和品味的努力；以及过去的一些年来，既不缺少金钱也不缺少鼓励。但有什么结果？在工艺方面有显著的进步——材料加工上。但关于批判的敏锐性和精选能2-382力——事实上就是品味——没有很大的成就。事实是，一门艺术不能临时拼凑。美学的训练是代代传承下来的长期传统的结果。也就是说，要产生艺术家，必须是在有感染力的媒介中；离开多年后又回到法国的娴熟的艺术家和工匠的案例可以作为证据；在长期的离开之后，他们所创造出来的东西完全失去了魅力和趣味，无论他们怎么努力，他们也不能成功恢复他们当身处这一媒介中时，不用掌握知识就拥有的清晰精巧的技能。

法国的艺术有着充沛的活力——它成长在开放的土壤和自由的空气中；事实上，它必须是如此，否则它无法经受住过去两个世纪强加于它的人工的培养。当温室培养出一大批完全相同的衰弱无力的花朵时，自然时不时地会恢复它的权威，这些植物中更有活力的一些，突破桎梏它们的温室玻璃窗，以天生的生命力让花朵明亮地绽放，尽管有园丁来修理，它们仍会顶着风让它们的种子播撒出去，让它们到处生根发芽。它们又重新成为野生植物，这让喜欢田野生气勃勃的气味，不喜欢温室中不健康香味的人非常高兴。

法国的土壤永远适合于艺术的生长；我们要请求的是，不应将任何人造文化的尝试强加于它们，而只应将生长和开花的方法提供给它们。然而，这我们也没能保证；因为我们正陷入将一切都变成政府和制度的对象的怪癖中；政治革命扰乱了许多事情，尤其是我们的思考方式和我们对正确和正义的感觉，但它还没有将自由的实践引入我们的管理，也没有将独立的意识和个人的尊严引入我们的思维。

政府认为它应该负责教育艺术；它承认它们的重要性，并因此将监视其发展作为它的职责。如果这种关心只局限于保证各种形式的艺术发展的自由的话，再好不过了。但这并不是它真正所做的；政府——我常常提到它，不厌其烦地再提一次——只是管理世俗官职（mandarinate）的武器；如果不同的政府所设置的艺术管理部门的负责人，被发现有正义感和独立的性格，能够将艺术引向自由，他很快就会被迫放弃这一徒劳的立场；艺术家往往是自己首先拒绝了提供给他们的自由。不过法国建筑师在欧洲仍居首位——这一生命力让艺术存在于我们之中。此外，必须提到的是，其他国家并不比我们对自由带来的好处理解得更多。例如，在英国，如果建筑师没有如我们国家一样，从属于一个行政机构的管理，该机构只是艺术家法人团体的傀儡，从其本质上说也不会是任何其他的东西，他们受到投机建造商的严格束缚。但在海峡的另一边，却有如此大量的私人企业，一种实践精神如此完善地发展着，以至于尽管制度落后，年轻的建筑师们仍然能够成功地获得教育。在英国，古老的行会仍然存在，尽管这些富裕的公司只是作为慈善团体。 2-383

如果一个年轻的英国人希望成为一名建筑师，他的父亲让他做一位名副其实的大师的学徒，这位大师一年收一百几尼（guineas），但可能只是教他一些他自己知道的东西。这名学生在学习之初，书面协议规定他必须每天从 9：30 到 17：00——周六只到 14：30——都在办公室，把所有的时间都给他的老师，不能泄露工艺的秘密，也不能做任何有损负责人利益的事情；日常与负责人的关系必须是完全尊敬，没有负责人的同意不能“结婚”（commit matrimony）。

在两年时间里，这名学生所有的工作就是誊画建筑师的图纸和细部技巧，这些细部处理在大部分情况下都是由他开始，而由一名学生（fellow-pupil）完成的。如果他希望看一下建筑场地，他只能在闲暇时间去——显然这样的时间并不多——或者在负责人不在的时候。

不过，这样的一名学生，在他职业生涯的最开端，忙于实践工作，很快他就能熟悉建造的方法；他会熟知建造和监管的难度，如果他聪明并且有实际的完成能力（worker）的话——英国人一般而言都是——他的生涯中的这一阶段有益于他职业训练。在此期间，他学习了大师的方法，以及他处理与承包商和工人关系的方法。某些责任落到他的肩上因为如果在交给他的细部中——属于建筑的组成部分——他一切都没有准备只靠碰运气，如果他没有预计到所有的失误并提供足够的解释；如果因而做了错事——他，这名学生，就会被责备，在这一情况下，他就是拿自己的未来冒险。这一过程提供了一 2-384

种教育，这或许不是什么高端教育，但它产生了有实践能力的人才，他们将自己的职业作为真正严肃的事情。

近来，英国的建筑学生感觉到了这一中世纪行会传统下古老方式的不足，但他们还未请求政府掌管这一事情；他们只是组成了一个大约有六百个成员的协会，每年交10先令的年费。协会的会议和课程在冬季举行。他们两星期在晚间集会一次，讨论成员提出的相关问题。这些讨论一般涉及非常细节的实施问题。

课程首先是基本的设计，即给定项目的草图；协会主席在下次会议上会就建筑的细节、装饰等评论摆在他面前的图纸。第二次，深化的设计，即更大面积的或者技巧更复杂的方案。第三次，准确地说，是关于建造的解释性记录，以及细部和在课堂的黑板上绘制图解。

夏季时，协会的成员组成小团体参观建筑场地，并开展实践的三角学课程，并在自然中写生。他们一起研读建筑学的著作，并展开评论，或者讨论提出的建议。这些课程会给出奖金，在年初公开分配。还有成员可以使用的图书馆。

与时下我们这里流行的工作室管理（the charges d'ateliers）相比，这显然是一个更加聪明且有用的制度，英国建筑协会的乐趣及其制度都来自学生本身。

在德国，根据不同地区的习惯建筑师的状况更加独立。有理由相信，普鲁士会将制度系统合并，在这一制度下，他们的机构也会被允许参与艺术。但德国有着冷漠强烈的冲动，不利于艺术的正常发展。有时它会倾向于中世纪，有时会倾向于古希腊艺术，不是逻辑推断的结果，而是类似在法国我们称为时尚的东西；在德国人中，时尚是持久且不容异议的。40年前，它深深地印在一个聪明的人的脑海里，巴伐利亚的路易斯老国王，在他建造慕尼黑建筑的时候，多多少少分别模仿了希腊、罗马、拜占庭、中世纪、意大利和北方建筑。他因而赋予了他的对象各种可能的建筑艺术的范本，似乎可以对它们说："来选择吧"。预期的目标，慕尼黑无人理解；因为德国人的思维绝非兼收并蓄的，路易斯国王的建筑，是根据在很多情况下经济上与他们所复制的建筑风格并不一致的方法建造的，事实上它们只是一种艺术作品"博览会"，它们只比通常的这类展会稍微耐久一点。

2-385

尽管德国人多年以来一直深受希腊艺术品味的影响，并且自命为伟大的希腊时代的后继者——认为他们自己是雅利安血统的最后后裔，而且是唯一真实的，因而会用智慧和天赋而非武力统治整个世界；它骨子里依然有着中世纪的传统，它将会发现要在欧洲保有像雅利安人在古代世界那样的地位，还有诸多困难。

希腊化（Hellenizers）在德国常见，而且将会继续；但尽管它的天赋在某种程度上可以与马其顿人比较，尽管普鲁士君主和马其顿国王有某些相同点，但如果它认为自己能够在艺术领域占有第一的位置那就错了。理智独立的天性是德国缺少的,没有它任何艺术的发展都不可能。中世纪的日耳曼建筑，尽管有时看上去技巧高超，但因为枯燥且单调，因而是有缺陷的，尽管自命不凡。此外，这一建筑，本质上只是对我们法国古代十三世纪初艺术的模仿，建造它的人并不理解建筑的基本原则；证据是，他们并不遵守这些原则，而执着于科学的公式，致力于创造出他们本不拥有的艺术天赋的替代品。

德国建筑师因此发现自己处于不利的状况，并不缺少方法或者科学，但却得服从于无法容忍的奢华时尚的变化，没有建立在逻辑原则和推理上的体系作为指导。他缺乏批评和分析的能力；或者，如果他个人拥有这种能力——这常常发生——但他不能让它侵犯他身处其中的执拗的环境，这一环境热衷于多变的空想。　2–386

一个哲学体系可以日日修正；但艺术并不能如此，尤其是实践艺术，它与习惯和风俗紧密地联系在一起——比如建筑艺术。

建筑的某种风格只能是长期传统的结果，传统将有共同民族利益和感情的团体中的个人绑在一起；德国还不具备这些条件；假定德国民族群体的混合能够完成——历史的哲学让我们不敢作此妄想——德国人还要等待至少 2—3 个世纪才能够拥有作为他们的文明原创表达的建筑学。这让我们有了喘息的机会。但即便这一天真的到来，也不用担心德国在能力、君权和艺术的创造性上会超过我们——更不可能是它的建筑学。

严格来说，一座真正的德国建筑现在并不存在，但我们在包入德国版图的地区发现了价值无可置疑的地方性的发展。巴伐利亚提供了民用建筑的优秀范例。在汉诺威和符腾堡也有。在这些地区，不追求纪念性的建筑准确地反映了地方的习俗和居民的需求。住宅和小型公共建筑，如学习、市场和火车站，设计往往是节约的，但建造是谨慎的，是有实际精神的，有着某种严肃但有不失魅力的优雅。乡村地区的私人住宅也同样如此。没有自命不凡，这些建筑是丝毫不追求豪华或者炫耀的住宅，但居住在其中，家庭生活却给人轻松且独特的印象。它们往往非常简单，但建造地非常好。德国所有地区，维也纳当然是最著名的艺术中心。维也纳有专门的研究院和官方学校；但并不是因此，它的艺术家们才那么优秀。是因为足够普及的教育，是对外地作品的深入研究的结果——意大利、法国和德国西北部。尽管教育因此相对拓展，维也纳的建筑师也因此受益，但还是没有创造出适合于 19 世纪和德国南部的建筑风格，它至少使他们能够建造起适合的建筑，理智的设计，迅速且精良的建造，有着非常悦人的外观。在这其中，维也纳歌剧院的建造只花了不到 8 年，花费只有 32 万英镑。这一巨大的建筑是欧洲同类建筑最好且最完美的。　2–387

但就一致性和风格的原创性而言，俄罗斯应当排在德国前面。由于处于统一的状态，俄罗斯长期以来一直处于有利的状况；目前，它正努力于我们法国并不在意（由于我们对外国习惯性的漠不关心），但事实上非常重要的东西。俄罗斯，在模仿西方艺术的时尚（从彼得一世开始）在建筑师中流行之前，有着它自己的艺术，粗野且未成型，但却有着本土的特征和创造性，或者我们可以说，有着它的自主性。它是东方、拜占庭、鞑靼甚至印度元素的混合体，当俄罗斯的贵族阶层着迷于 17 世纪的伪罗马（pseudo–Roman）风格之前，它还没有得到充分的发展。今天，俄罗斯正在努力恢复这些古代建筑的元素，在现代批评的帮助下，将它们带回原初自然的状态，让它们得到充分的发展。这是一个高尚的想法，俄罗斯社会中的上层认可它的重要性；他们因而致力于此。学校已经组成了，并且一套教育体系也已经建立；所有这些都没有过多的炫耀，而只是俄罗斯人特有的长久坚持，并最终克服了所有的障碍。俄罗斯人在自己的资源中寻找有助于自主性艺术的元素；这是富有成效的，却并未阻碍它仔细研究其他国家的艺术。

意大利，尽管它有着能量无可争辩的本地传统，却一直在努力让自己从中释放出来，传统阻碍了建筑师身处的新环境下的发展。它以高度发达的批判性智慧修复古代建筑；这对于将同样的批判性精神用于新的概念，走出了重要一步。

仔细地维修那些建造环境与我们现在所处环境完全不同的建筑，是要强迫我们自己的思维穿越那些促成了艺术进步的不同时期；它要求我们的理性得出逻辑的推理，无论过去或是现在，都是一样合理的；因为只存在一种推理的方法。意大利所致力的认真的修复工作，不可能不得出好的结果；尤其是意大利人并不打算把他们的建筑师分为两个级别——古代建筑的修缮师和将之运用于新需求的施工者。他们似乎断定一个能够欣赏古代艺术风格并通过一系列的推理使自己能置身于三四个世纪之前的状况下的艺术家和其他人一样能够——如果不是更加合适的话——理解今日的需求并使他的概念与之一致。另外，意大利人从不允许中世纪时期所采用的建造方法被完全抛弃，他们也从不像我们一样否定这些方法。

2–388

一项坚决的艺术运动正在欧洲北部国家进行；比利时、荷兰，丹麦人和瑞典人，都在通过研究本地传统、能够使用的资源，寻找艺术下溯到现在的方法。必须清楚地看到，除去一些不真诚的运动，目前在欧洲正在兴起为各种文化发现自主性艺术的趋势。民族性的原则，一定会在古老的欧洲引起革命，或者带来我们的孩子们可能还见不到的政治运动，它即便在艺术领域也清楚地显现出来。民族研究和历史研究推动了这一运动，它对文化发展的重要意义还有争议，但其重要性不可忽视。法国是第一个促成欧洲的民族国家，并以此维护自身的国家之一。它有助于希腊和比利时的重建，并在精神上保卫了波兰的独立，通过武力和政策帮助了意大利保住了其在欧洲的地位。

没有什么比维护一项原则接着拒绝承认它的所有后果更加危险。由于也牵扯到了它自己的利益，在维护欧洲的民族国家这一原则上，法国做对了还是做错了？当然，我不打算讨论这一问题，这与我们正在讨论的主题没有什么关系；我仅仅陈述一个事实——这一事实是确定无疑的，不可能忽视它的重要性。似乎，充分利用能够使我们从中获益的优点，而非哀悼它，才是可取的。这些优点的真正用途，是借由它法国可以再次恢复长期以来由于人种、品味、习俗的一致性和最有利的地理条件建立起来的自主性的能力。被政治阴谋和长期以来的忽视掩盖的民族国家自我辩护，有如此多的案例，法国应该并且能够给自己足够的力量对抗相邻的民族国家。要达到这一目标，它必须非常准确地认清它的天赋和拥有的资源。这正是德国66年来身处比我们现在更加窘迫的环境下所做的事情；其结果是特征明显的成功，如果不是建立在坚固的基础上的话。普鲁士如何取得这样的成果？通过培养爱国感情，我认为；通过在国土范围内，有条理且节约地组织起必要的军事力量：这我也承认。但这一成功的主要原因是德国建立了一套系统研究其他国家的一切的调查体系，既包括政治领域，也包括和平和战争的艺术，以及科学的一些分支。通过比较，并通过与邻国不断冲突，德国逐渐吸取了哪些适合于它的气质，通过确定这些邻居的弱点和缺陷，它赞同谁。如果这样一项工作在像德国这种混杂的政治体中可能的话，为什么不能在一个像我们这样长期以来所有的元素紧密地结合在一起的国家实现呢？回到我们关注的艺术上——让我们在其中只找到与环境、民族和气候无关的世界性特征的奇怪假设是什么？我完全同意我们应该研究从古到今在有利于它们发展的环境影响下产生的艺术的所有形式；但我们能够从这些研究中不加区别，不通过批判性研究，就得出适合于形成国家艺术的元素，这从任何角度看都是不可采纳的。我非常赞同艺术不应被限制在一个国家内；但艺术应该有它自己的每种表达，若非如此，它不应被称为艺术。 2–389

我们的邻居们常常指控我们的轻浮，并非没有原因，这在民族特性中社会表层比底部更加明显。我们的错误不在于轻浮，而是允许轻浮在我们之间恣意妄为（carte blanche），且重视那些我们知道根本不值得重视的行为和语言。那些让我们微笑的琐事，我们并不反对，有时甚至取悦我们——被其他国家认为是我们特征的表达。我们因而认可一些古怪的行为，其实这只是与一些碍眼的人有关的，他们将我们的冷漠或殷勤当作平台，借此展示自己。只有在法国，我们才会在艺术、文学、甚至所谓的政治上看到以让人反感不知羞耻的行为出名的臭名昭著。 2–390

到处自夸，随意下判断，不断地谈论自己和自己的成就以及所谓的优点，没有一个国家会比法国为数众多的无所事事的协会们更爱这么做。但组成法兰西的3800万人，并非都是如此。在我们国家，有着判断力强感情丰富的下层人民——我必须诚实地这么说——他们不愿意做骗子或者被欺骗。伟大的公众以完全的冷漠经历了前者的江湖骗子阶段，也经历了被骗者的惊愕。他们只是耸耸肩膀。但这还不够：保持疏远，在不好的、鲁莽的、愚蠢的事情面前退缩，是让我们自己成为帮凶，并必然会导致邪恶、愚蠢和鲁莽带来的惩罚。此刻，我们正非常强烈地经受着这一串通合谋的结果。对当前的事情漠不关心，或者被其欺骗，我们不得不为我们对其同情而非反抗，或者出于无知和懒惰而默许的错误付出代价。如果永远是这种状况，我们一定会对我们国家的未来感到失望，反抗这一状况的小部分人将只能流亡，这样他们就不用再做这一道德衰败的帮凶或者见证者。

我们正在经受的灾难，剥夺了我们在欧洲除了艺术作品之外的所有声望。这当然只是个微不足道的优势，一个伟大的国家应当为沦为文明世界的娱乐者感到些许厌恶。但即便是这一优势，很快也会丧失，如果我们不尽全力并以最开放的思维，来关注这一精神生产力学科的教育的话。一个国家生活的所有表现是互相依赖的，思维上的差异与国家每一方面的优越性密切相关。古希腊与古罗马时代以及西方的中世纪和文艺复兴时代，艺术发展到了极高的水平，是与政治发展、爱国情绪、道德能量、哲学、商业和工业能力有关；当法国在文明国家中退步到最低水平时，我们不指望我们的艺术能继续繁荣。尽管从入侵战争和内战结束后的状况推知法国的未来，过于鲁莽，尽管在经历危机之后，我们必须给国家充分的时间复苏，但不关注对有益进步的正常状态的重建非常关键的趋势，则是错误的。

2-391

我们是一个共和国……但名字对实际的行为并不重要：我们应该更专注无名的现实而非不现实的名号。一个专制帝国或是民主共和国或许有利于精神文明的发展，并因而对艺术有好处。如果建立了民主共和国——我们的共和国也不可能有其他形式——这一政府形式的状况应该是绝对尊重国家的法律的；政府的权力牢固地建立在这些法律基础之上；不存在特权；对国家所有职能部门的稳定控制，并对分派给各部门的工作的最大限度的责任；劳动、管理，劳动应当是认真的、坚忍的，并因而是有利于共和国的——劳动成果是神圣不可侵犯的。我不认为有十个知识分子不太赞同这些要求；但他们的认识绝对是应该将其改正过来的，因为对成果的任何怀疑都会让预期的利益失效。怀疑使个人的善意瘫痪，但建立这样的社会环境，唯一依靠的是他们没有任何私心（arrière pensée）的合作。谁能够激发起这样伟大的信心？当然是那些管理者。他们的行为应该促成的是这些需求的实现——外观上毫无价值，同时又非常重要的东西。但如果管理者或者他们的代理人，在某种状况下，他们的目的被视作不友好的，甚至与这些需求的实现无关的，甚至最赞同他们的人也会产生疑虑，因此，气馁会动摇最坚定的选择，挫败民众复兴的努力。

2-392

在最后一个帝国统治时候，艺术的进步被赋予了极大的重要性；在正式的演说中，艺术的进步被称为国家财富的源泉之一；给予了艺术家许多“鼓励”，中等才能的人得到了相当数量的资助，这对于他们来说是不可缺少的，被称为“艺术管理”(Direction des Beaux-Arts) 的实际上是一个救济董事会 (a Board of Relief)。建造了许多建筑，为了尽可能满足为数众多的申请者，建筑外部满是雕塑，并且装饰前所未有的豪华。帝国似乎希望有标志性的建筑，这样未来人们可以说“第二帝国风格”，就像我们说“弗朗索瓦一世风格，路易十四风格”一样。那么这一目的达到了吗？我认为没有。这样的结果能够得到吗？或许。但这不能靠建造建筑数量的多少或者奢华程度获得，尤其不应通过花这么多钱“鼓励”化缘 (mendicity) 获得。花钱的数量对目标的实现无足轻重。花钱的目标——无论多少——只应该是花在好的东西上。难处在于要弄清楚什么是好的。如果当权者在这些他们并不熟悉的精美艺术问题上自作主张，他们很可能被欺骗，他们所犯的错误会让他们声名扫地，这对艺术的自由和正常发展是致命的；如果他们将所拥有的权力交给一个法人团体，要担心的是这个团体只是一个急于维护自我观点尤其是自我利益的小集团，而不是要尽可能地保护大众的利益，和大众品味的自由表达。最后的帝国在这两个系统中游离；有时努力地培养一个源于宫廷的艺术学派，像路易十四时期的那样，有时求助于自认为是法国最高级团体，以及它声称的不容置疑教条的拥护者的指导。事实上，帝国没有满足任何派别；它因为不给学会没有限制的权力而激起了学会的憎恶，而宫廷可以凌驾于任何企业之上的时代，也一去不返。它发布了 1863 年 11 月 13 日的政令，关于巴黎美术学院(the Ecole des Beaux-Arts) 的改编，这只是个无用的措施，并且直到它真正的目的在学会的敌意面前被揭晓之前，不敢将之赋予实施；结果是，它打乱了旧机器，但又没有能力建造出新的。对于漠不关心的人们来说，似乎国家努力成为唯一的和不受控制的权利拥有者，它声称学会有管理上的困难。这些漠不关心的人们不知道，国家比由艺术界的人组成的小团体，更有能力引导艺术教育的方向。 2-393

帝国甚至在晚期都拥有者相当大的权力，只有一个改变有害的制度的方法，即将艺术从它的保护下和学会自己硬性的支配下解放出来。总而言之，它需要给予艺术教育绝对的自由，自己保持有选择和保护解放一定会带来的艺术发展的权力。

帝国已经灭亡，那些小心地反对 1863 年帝国的自由思想的人，和七年来一直努力彻底消除其影响的人——通过引起完全的混乱，以显示他们是被伤害的——一定会利用他们一直努力促成的这一混乱，设法带来旧制度的复辟。

环境也对他们有利。在这样一个国家的危难时刻，谁愿意不怕困难地去思考，学会是否成为教育和艺术家利益的最高决策者哪个会对艺术更有益？性质完全不同的事物吸引了我们的注意力。因此被称为共和政体的政府正在退步，或者说允许退步，这表明它是个比帝国更加不自由的政府。

特权团体有可能在一个绝对专制的君主政体下存在而不给共同体带来大的危害，因为这些团体在君主权力下能够找到一种平衡，并在某种程度下服从于它，但在共和国政体下就不会如此；因为这些公司或协会，被赋予了不负责任的坚不可摧的权力，没有人可以制衡，对其权力滥用也无法挽救。我们有政府中的政府（*imperium in imperio*），在民主共和国中的寡头专制的共和国。如果，例如美术研究会，这一协会挑选它的成员，它的标准很快降低——它只在平庸者中招募成员，这些平庸者不能转变自己固定的习惯，也提不出有用的改革建议。除此之外，它很快成为某些狡猾的野心勃勃的人的工具，他发现操纵它支持他自己的野心和目标是一件很容易的事情。当完成这一目

2–394

标后，它的代表之一就会被介绍进入管理委员会，私下里或者公开地让学会成为管理委员会的情妇（mistress of the situation），尽管国家的首脑和其他认可的官方，尽管公众的意见和少数独立精神的抗议，对这一暗地进行的专制提出反对。

这就是今天，1872 年 3 月，法国艺术家和艺术的状况，尽管，我们是共和国的政府，或者更确切地说，是共和国体制导致的结果。对于我自己来说，讨论这一问题并不会让我不安，因为我没有什么需求，也没有什么欲望，更没什么期待，除了我们国家的繁荣和道德复兴，和对文明世界的影响重建之外。我不会在自己开口之前等着我的邻居说话，或者在提出自己的想法之前看到他在报纸上发表他的观点。因此我要明确地，不带着对任何个人的敌对情绪——因为大部分美术学会都是我的朋友，对他们个人我都持有最高的敬意——说，在学会被允许在教育和管理上占据支配地位（尽管虚弱且不被重视）的情况下，法国的艺术正在飞速走向衰败。这一不负责任的权力压制了所有独立的创造精神、所有的个性特征；这是个性独立和批判性研究的天敌。从本质上，它鼓励培养常规，偏好善于讨好的平庸者。它根据自己的喜好排斥那些不认同它的权威，而自作主张的人，因为它在各处都有其爪牙。不负责任且坚不可摧，如我前文所说，它从未讨论过什么问题，它也从未对任何批评给予回复，它只是以形形色色的手段追求它的目标；一个人可能觉得丢脸的事情，一个不负责任的团体会毫不知耻的尝试；团体的每个成员，作为一个独立的个体，有权力代表个人为全体所采纳的决定投票——他或许在良心深处会谴责这一决定，但他的人格和名誉会支持它。

这样的情况现在变得越来越不利，关心国家未来和国家繁荣的人是时候认真地关注它了。

我能够理解，政治家不关注艺术问题的讨论；这不是他们的职责，做这件事情不适合他们，也非常荒谬。但我主张，作为共和国的首领，不疏远它的国民是它的职责，哪怕他们在对一个不负责任的行会的酌处权上是少数派，

2–395

即使这一行会完全由最高级的知识分子组成。我认为保护个性的自由是高层

官员的职责，只要这一自由不影响不侵犯法律的尊重就可以。我认为让艺术成为一种国家职权，是通过他们培养的艺术家的独立，而不是通过对某一类秘密权威的盲目顺从。此外，我相信，我们灾难的主要原因之一，道德的衰弱，很大程度上是因为先前政府对作为公民美德来源的个人独立的尊敬、保护、荣誉的漠不关心。这样的独立，在一个专制政权看来，是麻烦的，这很容易想象，但一个共和国不重视它的培育，对它或者允许一个协会对它弃之如敝屣，这就让人难以想象了。

关于建筑师，有些人认为成立一个“中央组织”（Central Society）就足够了，或者有人认为纠合起一定数量的人成立一个法人团体就可以。这是错误的；一个称得上团体之名的机构，必须由独立的个体组成。正是性格的独立才让人与人之间有所区别，这正是现在我们的建筑师所缺乏的。我们认同医生协会、律师协会或工程师协会，是因为这些团体事实上是由有自己的主张和价值观的人组成的；他们绝不会或者以任何借口，让他们的信仰的独立或个性被侵犯。但建筑师会这样吗？

在最后帝国（last Empire）时期，我们看到塞纳省省长（the Prefect of the Seine）着手组织巴黎的建筑师形成一个团体——有损于公共事业和城市经济以及建筑师利益的举动。当时著名的塞纳省省长对组织团体有偏好。他对所有愿意聆听的人说：“建筑学只是组织管理的事情”……他，尽管忙于各种各样的事情，但仍然和你我一样是建筑师，也就是说，他决不会不重视建筑师的主张，如果他们建造一座公共建筑，他们就创造了一座属于自己的作品；建筑是所有人的作品，但应当尤其属于要求和斥资建造的人。这一看待事情的方法，对于在阿涅尔（Asnières）为自己和家人建造了 country box 的城市居民来说是无害的，却给当代的建筑学带来了灾难性的影响，这当然也让这位塞纳省省长在他的道路上比他预想的走得更远。巴黎的建筑管理机构（*service d’architecture*）因此组织得更像我们的军事人员。有一位最高指挥官；下面有师和旅的将领、上校、指挥官、少校和上尉。今天，你，将军 A 要支配一个旅；也就是说，建造一座房子。政府的安排，或者只是出于展示权威的需求，让你到别处去；你离开你的旅——我指的是你开始建造的房子——将军 B 被要求接替你完成它……管理人员形成这样的观念是很自然的事情；但是建筑师很少愿意接受这种建筑程序上的临时安排，因为在这样的安排下，艺术家的责任感甚至法律责任在哪里？二者中的谁为工作负责？——是开始它的那个，还是完成它的那个？

2–396

我所谈及的塞纳省省长有着真正优越的思维，能够充分地欣赏事物；所以，当这一管理建议进入他的视野时，一个有见地、勇气和才能以及独立精神的人，为他指出这一制度的有害后果时，他会承认其合理性，并作出让步……但没有人会站出来指出这一点。抗议不会自己爆发出来；所有人，尽管对此不满，但还是服从于这一奇怪的安排；但是塞纳省建筑职员的主管者，会在美术学院的荣誉获得者中，很仔细的选择他的助手和雇员——我们不能为他们提供建筑师名单——学院里或许不教授管理，但如何服从学术权威一定是教育重点之一。

当一个设计对私人企业或是创造性才能的发展完全没有好处时，当它与艺术家应该超越所有一般人而保持的个性独立不能协调时，它就有悖于巴黎城的经济利益。因为在一座建筑上，客户的利益只能通过他所雇请的建筑师的独立来保卫。证据如下：

1864 年 1 月 20 日，部门建筑师——这是他们的头衔——接受了一个正式宣告，它的要旨是：初等教育的需求使得巴黎要建造 50 座以上的学校；因此——先生，部门建筑师，被要求在其部门内协助提供需要的住所。

2-397 "省长"，通告接着说，"不希望城市花钱购买或者建造这些学校建筑，而委托——先生，第一，寻找已经建成的建筑，将其与学校的功能需求结合；第二，准备好与将要着手建造适合于这一目标的建筑的人达成一致的契约条文。"

这些学校建筑被租赁使用的时间，不到 20 年，在租借期间，城市获得购买校舍的权力。城市负责建筑的维修，并负责家具和其他花费的资金。所占用土地的价值，付年租金的 5%，城市中的建筑师准备的建筑，是年租金的 6%。

如果城市要购买，要提供的资金在情况一之下，将等于土地租金的 20 倍，如果是其他情况，提供的资金可以偿还建造的费用就可以。

这一不完美的命令，为不能多说的权力滥用留下空子，要接受它，没有被像巴黎建筑师那样规训服从的建筑师们，认为他们自己更像是顾问而非职员，当然指出他们的不可小视的异义。他们会将注意力集中到这一事实上："偿还"租期为 20 年的建筑建造的费用，以及将成为购买者的租客负责维修——费用的比例没有人准确知道，因为每幢建筑的费用只有当事人知道，并且当购买的时候，它们的价格也不会是一个被认为公正的价格——对于城市来说，只是一个赚钱买卖，因为用 100 赌 1 总是安全的，这一"偿还"的数目一定比物品的实际价值高很多，实际上是政府提供给投机者的赏金，通过提高额外的利益来引导他们——他们将立刻收到除去建造学校建筑所需的资金花费（或者资金预算）之外多 5% 的钱。事实上，这也是那些身陷困难的人和那些被迫接高利贷的人所采取的办法。我没听说过，这座城市的任何一个建筑师抗议这一借钱的高利贷方式，或拒绝合作。但如果他们不能个体地发出抗议，他们可以以团体的形式进行，综合考虑这一微妙事件的各种因素。但是中央组织，当它的成员被组成团体，或者在省长采用的非同寻常的制度面前，没有表现出任何的担忧，它不可能为这样的事情造成的后果操心。中央组织认

2-398 为写出关于承包人和建造商提交的招股章程的报告，或者找出成员中那些有改革气质的人的错误，就足够了。它只是美术研究会建筑剖面图上的前厅而已，

它本质上不是一个法人团体。

在帝国时期，当塞纳省建筑师在权力下放的借口下，被要求绝对服从省长的时候，中央组织，关心自己吗？

规劝政府，且表明剥夺建筑师的所有独立性可能会引起灾难性的省长权力滥用，这不正是最好时刻吗？以前，的确，省建筑师的任命，或者他们由省长的召回，需要提交内政部长。这是对认真尽责地履行自己的职责的建筑师的保证，他甚至会拒绝他的其他合作，如果他认为这一合作有让他不得不做一些对省的利益有害的事情的倾向的话。这位建筑师因而与省的行政管理紧密联系在一起，并不再听从某一个省长任意妄为的想法。这是让人尴尬的，因此，在权力下放的掩护之下，省的部分事务的管理机构任命的自主代理被省长代理取代。因此，这一代理不得不服从高贵的公职人员的所有需求，不然就会被剥夺权力——比如贷款（credits）的清除、费用的替代，等等。如果注重个人独立性和个人尊严的建筑师组成了一个团体，这样的状况就不再会发生。

但要组成我所说的能保证成员的尊严、独立性和利益的团体，每个成员自身必须有个人的独立性，必须首先宣布放弃对狭隘且排外那个学术行会统治的拥护；抛弃得罪它和不服从它的恐惧；抛弃对客户和管理机构的随性的服从；抛弃平庸者在学院中妄图对所有知识分子实施的暴政，为他们指定规定的路径，不遵从就会被排斥。每个人在自己的良心深处都确信，他应该将自己从这一枷锁中释放出来；但，在我们这个不幸运的国家，像其他事情一样，在所有的美德中，公民的勇气是最缺乏的，每个人都在等着别人先开始，等着在第一把火之后随时准备跟随。 2-399

竞标

最近关于竞标有许多讨论。这一问题，在巴黎市政厅重建中被首次提出，并呈现出综合的态势。有人宣传自己将参加所有的竞标。其他一些人，不否认竞标的价值，但会限制在某些特定的竞标上。

我不怀疑这两类人的诚实；但这一问题某种程度上类似于义务教育的相关问题。做出强制性规定是不足够的——一开始就应该搞清，当法律颁布之后，学校和老师是否能够立刻就位，是否有足够的数量让法律能够立刻生效。

对于所有的新建建筑项目，将竞标作为一个基本原则是非常合适的。但这样的竞标要得出有用的结果，我们应该设定竞赛者；竞赛者应当是值得尊敬的，且我们需要一个认真的仲裁团，这样能保证对竞赛者的公正，以及更为重要的，保证竞赛者的能力。

因而在建立竞标制度之前，我们必须思考如何找到竞赛者。要找到竞赛者，我们必须先找到裁判。

我们非常倾向于认为，在法国，立法机关的一项法令，足以保证建立事物的新秩序。但是我们法律的官方报告中，充满了从未能付诸实施的法令，因为它们是无效的。

在最近的出版与竞赛有关的，尤其是和市政厅有关的竞赛有关的报告和文件中，由反对者提出的争论之一是："真正有能力的建筑师中，没有竞赛者；他们不愿意冒假如比赛失利将白费半年劳动和多少会名声受损的危险。"考虑到先例和事情的实际状况，这一争论是有道理的。但如果我们不考虑先例并改变实际状况，它或许就不再存在了。

首先，我们可以注意到重要性和地位都属于第二等的建筑的竞赛，一般都会得到优秀的成果；但这座建筑的竞赛并非如此，建筑因具有突出的重要性，特别吸引公众的注意力，这也让成功的参选者处于非比寻常的地位。

2-400

对于前者来说，要组成一个不受与事件无关的任何方面的影响的公正的评委会，是很容易的事情；但对于后者来说，这就要困难许多。在后一种情况下，评委会类似于"秘密会议"，所有的评审都有着自己心里的理解，这个或者那个不应该是胜利者，对于他们来说，胜利者的名字毫不重要，只要他不是叫巴尔贝里尼（Barberini）、多里亚（Doria）或者 基吉（Chigi）。这就是人性，我们不可能通过建立一个共和国就改变它。评委越著名，能力越强，他们对自己的意见就越坚决；他们的良心完全由他们的感情指引，以至于他们认为他们才是最好的，不是通过鼓励最值得赞赏的，而是通过阻止某人得到大的好处而实现的。在艺术问题上，他们诚实地以为，他们应当将把什么视作原则问题作为主要考虑的事情。名不见经传的 N，能力也值得怀疑，获得了奖金，对他们来说不重要，只要 M 没有得到就可以：因为如果 M 成功了，在他们看来整个世界就会被颠覆，或者至少伟大艺术的整个未来——他们所爱的艺术——就会受到危害；他们以后的生活将被痛苦所占据。我有幸出席过著名的评审会之一，我必须要说在我的一生中从未见过比这更有趣的喜剧，在这喜剧中，人心被清楚地揭露出来，尽管他们每个人都努力地向自己的同僚甚至自己的良知隐藏自己的真实想法。在这里，主要的目的是阻止大众舆论（*vox populi*）通过朴素的判断而看好的竞赛者的成功。像常常见到的一样，当一个公众并不期待的名字被宣布，评审团自己在最终决定前也一样不看好它，许多脸上展现出的喜悦像一道光芒，照亮了每个人内心最深处，并让他们的想法赤裸裸地揭露出来。

我们如何为每个重要建筑的竞标寻找评委？首先，很自然地，要在学会成员中选择。尽管有时他们并不互相同情，但这些先生们此刻一致同意，让不属于他们团体的所有竞赛者失去竞争的权力。因此，这让他们左右为难：他们不愿意为对手投票，假如竞赛者中有一位是他们的同僚的话。他们也不会为反对他们的教义的竞赛者投票——这是一个原则问题，如果"教义"这一名词可以运用于对个体独立的排斥的话。因为除了他们团体的成员和那些

2-401

坚决无视他们的人，我们不期待能找到能力更强的竞赛者，因此结果很可能是他们会为一些不出名的平庸者投票，这些人会因此一夜成名。这样的行业协会，从其性质而言，倾向于发现不知名的人才，而不是去承认那些可能会成为他们对手的公认的知名人才。这些不被认可的才能只是无足轻重的吗，当然不是；它会因为让其为人所知的这次选择而赢得盛名。这是个"恩典"(prevenient grace)，协会乐于被任命扮演这种上帝（Providence）的角色。

没有也不能躲在后面偷窥的公众，普遍惊讶于竞标的结果；但和善的法国公众，长久以来习惯认为任何来自官方的都是最好的，它赞赏获胜者的失误，当然它也会为之付出代价。

其次，非常令人羞愧的是，他们会在同样的公众面前演戏显示自己的公正，在这个非常重要的事件中，正式通过这一竞赛的行政委员会，为了掩饰自己的责任，将不是协会成员的建筑师名字加到往往都是协会成员的最佳的（评委）名单里。一般来说，他们的数量只是少数；但即使他们过了半数，投票也往往和协会成员的投票一致，这很容易实现因为在这些被如此提名的人中，总有渴望获得协会的席位的人。我是这一事实的目击者，这里我所陈述的事实没有半点隐瞒（这当然是允许的）；所以，在几次评审中，弄明白我自己是额外增加到学会成员和渴望成为成员并因此跟随他们投票的人的名单里的孤立状况之后，我认为保持疏远是更好的办法。

这就是以往的重要竞赛中，选择评委的方法。未来还会同样如此吗？如果是，在参赛者中我们将看不到有名的建筑师；我们将只有学派竞赛。毫无疑问，他们能带来某些东西，但我们也对其表示怀疑。无论如何，地位已经确立了的建筑师，显然不会仁慈地将自己投入像蜂巢一样的协会之中，他们投入方案的公认的能力、积累的经验和认真的精神，以及他们仔细的预算和与预算严格一致的方案，不但没有给他们带来成功的机会，反而成为让他们落选的原因；他们的能力显现得越多，他们的方案就越不可能被通过，原因就在于协会是反对竞标的。它控制着政府的管理，它认为政府不在学会成员中选择建筑师做这么一个重要项目是不合适的；因此它千方百计地，并将总是千方百计地——它的利益驱使它这么做——让竞赛落空，无论是从艺术的立场看或是从管理和经济的角度看。　2–402

世界上最安全的方案，从来都不是那些没有个人责任感，不通过公平的努力，没有英雄主义精神的——我这么称呼它的人或团体能够做出来的，从无例外（which are never other than exceptional)。对自己才能的认知合理或者夸大的艺术家，从同样的人身上获得了荣誉的最高级别，怀着值得赞扬让他们的名字与有着公共重要性的作品联系在一起的野心——在他们的一生中，都在寻找一个机会展示他们的能力，或者他们想象中的能力——他们乐于依附某个学派或者某个小集团，他们的憎恶和敌对——要求他们不带着一点痛苦地看着这一觊觎已久的良机从手中滑过；甚至让自己帮助其他更有能力或者能力相同的人，这是超出人性的范围的；这是在试探美德，是不受欢迎且危险的。

那么要怎么做呢？我们如何才能组织起一个评委会，如果我们坚持每个新建的公共建筑都应举行竞标的话？

但我们必须要问，首先，竞标的方案是否真是最好的，是否都应该有采纳的方案。无论好或者不好，它是被赞赏的方案，不采用它是有困难的。必须要承认，在工程停工并重新开始，或者现有建筑的改造，以及旧建筑的修缮等情况下，竞标是多余的——是无济于事的——在这种情况下，最合理的方法是选择一个能力为大家所公认的建筑师。上述方案——市政厅的修缮——竞标就是不适合的。但如果建造一座全新的建筑，一个整个政治制度都以普选权为基础的国家，没有理由拒绝采用竞标的方案，不但是寻常的建筑设计作品，而且包括政府的统治形式——甚至包括军事建设等。

2–403

如果我们采用了竞标的方式，就必然会涉及竞标者和裁判者；竞标者的存在以竞标制度为先决条件。如果我们能够举办值得尊敬的竞赛，我们就能够拥有有能力的竞标者；我们需要一个周全的竞赛制度。

在目前的情况下，国家给出的或打算给出的竞赛制度，对于年轻建筑师——在使竞赛制度脱离这一团体的直接影响的胆怯且失败的尝试之后，国家将制度的方向重新交由学会掌握——我认为，是不健全且不完善的；它不符合我们的社会组织方式，也不适应于现代制造技术带来的新建造方式，与经济和管理严格的需求不协调，更不符合文明国家如果要保持自己的地位必须秉持的理性的方法。

法国已经到达了关键事态，每个被揭示出来的问题都会再牵扯出成千上万的其他问题。我们的旧机器习惯于“勉强”运转，多亏了没有人敢打开藏着它成果的箱子，检查其状态。或者如果有人冒险掀开箱子的一块板，所有人都会闭上眼睛大叫“讨厌（Anathema）”……但旧的烤肉叉（old turnspit）被暴力地搅乱，它需要修理……但是，不！无论如何，我们必须下定牺牲的决心；烤肉叉不能被修理；必须另外重新制作，因为肉已经被烧着了。

“义务教育”的问题被提出。它看起来似乎是一个很简单的事情，只是强迫所有孩子上学！但很快问题就出现了，像我刚才所说的，要建造学校，教师还没找到；建造这些建筑以及付给教师工资的资金从何而来；有没有师范学校可以培训教师；教学是否会被外行人单独控制，还是根据父母的希望由世俗或宗教权力控制；接下来的问题是，教堂与国家的分割；以及孩子们在工厂和田野中的劳动；以及与之相关的，为年龄大的、体弱的、贫穷的以及家庭非常大的父母提供保障的义务，因为他们都要依赖他们的孩子们的劳动。但我暂时不管这些要考虑的事情。

2–404

如果税收的原则是可以被讨论的，很快就会有数以百计的其他重要问题浮现出来。我们打算讨论的问题也同样如此。事实上，在我们面前的是一个陈旧腐烂的世界；我们一旦触碰一个点去修补损坏的地方，修复的部分就会让我们不得不更新它周边的一切以保持自身；它不能保持在腐烂的状态。

回到竞标的问题：我们可以合理地对掌管法国建筑教育的人说："从为我们训练出能够以竞标的方式带来更好的建筑而非图片展示的建筑师开始；需要做的事情并非让政府出钱把年轻人送到意大利，而是提供有用的能够满足需要的建筑；我们把钱花在这些建筑上，并因此希望它是一座建造得很好的建筑，各方面都是合理的建筑。"我们可以对被任命为竞赛评审的人，以及作为主管督管公共建筑建造的人说，"想一想，当像法国这样的国家需要纪念性建筑表达其伟大时，国家也必须为之投入很多经费；因此，首要的事情是别让这么多钱花得徒劳无益——别用尊敬它作为借口毁掉它，也不要为了抱负竞赛的拥护者而选择能力最没有保障的竞标者，他会毁了这件事情。"

那么，鉴于围绕着这些问题的困难，我们只能放弃、不作为并陷入沮丧吗？当然不能。"当天的苦恼就够人受了，别再为明天操心了"(Sufficient unto the day is the evil thereof)，在任何事情上，无论多困难，如果我们要成功，我们必须首先要开始做。

让我们运用我们所拥有的元素，尽量让它们发挥最大的用途。

为了保障竞标的努力和富有成效，其结果当然要显示出不可置疑的才华，且我们不能在竞赛的掩饰下，仅仅让步于冒险的结果，我们必须吸引有才华的人；但除非能保证不因为仇恨、竞争，或者仅仅是评审或者选择上的愚蠢而牺牲时间和声誉，否则吸引不到人才。

如果学会没有对竞标制度和所有重要职位的完全控制权，尽管会给管理带来压力，但让参赛者自己提名评委的方案能够提供足够的保证。但在目前的状态下，这一方案不能保证与协会无关的参赛者能够得到公正性不容置疑的评委的评判。 2-405

并且由于参赛者的大多数都是平庸之辈，他们会提名一个有助于平庸的人的评审团。

必须注意的是，要建造一座新的建筑，最重要的是选择一位有能力的人，不用取悦这个或者那个学派或者小团体。但这样一位有能力的人有可能是完全与世隔绝的，和此类团体没有任何关系。

因此我们不能指望任何一个这样的团体挑选出这样的人，但是艺术家自己提名的竞赛评委们，总是有大多数属于某一个团体，不管是否属于学会的成员；评判的公正性依旧会受到影响。评委会的组成很多是从艺术界著名的人物名单中挑选的，更适合于选举制度；但即便用这种方法，结果也很可能是一个孤立的参赛者——没有任何关系——或许尽管是最有天赋的，所有方面能力最强大，仍然不会入选。我们想象的竞赛——我只见到了声名狼藉和狂妄野心——能够让那些原本被“忽视”的天才为人所知，它默默无闻地成长，但却有着不寻常的天赋和创造性。但事实并非如此，上文已经充分讨论了其原因。著名的竞赛有时让一个不出名的人被盲目崇拜，但不是因为他在其作品中展示了很高的能力，而是因为他的中立的立场，就这一立场，组成评委会的敌对力量为了避免最担心的事情发生——选择一个卓越的名字，一个真正有能力的人——无论如何都能达成一致。但是由真正卓越的人组成的评委会，当评审提交的作品时，无论偏好如何，都会完全理性地和公正地讨论问题：因为在从事同样的艺术或者同样职业的人中，有观点原本完全相对的人能达成一致的问题。尤其是关于建筑，不仅牵涉艺术，而且与实证科学有关，从业者一定会在某些重要的点上达成一致。在这类决定中，我们注意到评审会很显然服从于最彻底的理智，认可无可争辩的质量，对这位或那位参赛者某些同样明显的缺陷也能达成一致，但投票却是与讨论引出的赞同或者不赞同的判断相反，而判断本来似乎应该主导着评审的意见的。作为一个实践者或一个艺术家，评审尊重证据和正确的推理；但作为一个人，他根据自己的感情投票。

2-406

为了尽可能平等地让候选者的优点被欣赏，能力为大家所公认的业内人士要对他们的作品要进行一次讨论，以陈述他们欣赏或指责的理由；这一讨论会有一个评审团旁听，评审团被委托为优点通过这一考察确立的候选人投票。

在我们的巡回法庭（Courts of Assize）上，如果他们将要被辩护人——从事审判的首席检察官和大律师——审讯的话，被告的命运会是什么？但这正是建筑师在我们所讨论的竞赛中被置于的境地。

可以打赌，在检视这些方案之前，每个评委都已下定决心，并且在心里对自己说，无论发生什么，他也不会投票支持某某。

在这样的场合下，尤其是当决定非常重要时，评审应该不知道谁是竞标者的这一假设是幼稚的。没有一个被召集来作为竞赛裁判的评委会的成员不知道艺术家的名字的，虽然竞赛的口号声称要匿名。

因此应该放弃这一虚伪的习惯，它只是给决定竞赛评判的感性蒙上了一层公平的面纱而已。一旦停止这一幼稚的虚伪，参赛者也不再假定被隐藏身份，他们就可以被找来当面解释他们的方案以及他们打算采用的实施方法，这是更加合理的。这其中并没有什么难以实现的事情。

在展示出来为数众多的方案中，至少有四分之三，因为水平显然很差，而不需要讨论也不能经受检验。

数量有限的方案会留下来，它们将会被最热烈地讨论，在其中，要选出从各个角度看都最优秀的方案将是非常困难的事情。现在，对于评审来说，假设他尽可能地公平——一个不完整或者没有吸引力的报告，或者一个评委们还没有清楚理解的方案，将会让一个只从实施的角度看还不错的设计失去机会。

2-407

除此之外，必须注意到的是，建筑师的能力越强，他越能清楚地理解方案要求和要采用的实施方案中的困难，他在解释他提交的方案时就越难以取舍；但是一个中等的艺术家，对一切都毫无疑问——例如——在展示他有限的设计的时候毫无困难。他并不试图解决他根本就未预见的困难，他图纸上的设计体现的是他觉得自己有实力的信心。评委们只是人，他们也是和其他人一样不喜欢麻烦的人。如果一个设计的某个部分，他们看起来没有那么清楚的话，他们就会推断作者自己并不清楚自己的意图。许多评委，甚至包括很有能力的人，都不能清楚了解实施时会产生的问题，而仅仅是看看图纸上的设计。许多人不会费心去探究平面、剖面和立面是否完美一致。其他人不考虑实施的方法；也没人仔细检查估算，看看真的与设计图中的一致。

如果竞标者被严格要求解释他们的设计，陈述让他们采用如此安排的原因，阐述他们打算采用的实施方法，以及估算和图纸之间的关系，这会给这件事情带来新的景象，一个乍看之下被鄙视的方案有可能会被拉到第一名。

主考者仍然不应该投票；最终的裁定应当由有名的人组成的评委会给出，他们可以根本不是建筑从业者，或者已经一段时间不从事建筑了，他们可以是参加了艺术家关于提交的方案的讨论人，也可以是参加了他们自己的方案要服从于参赛者的评判的考试的人。

我们不能断言这一方式是完美的——不幸的是，人的判断很少是无可挑剔的；但这一方式至少会为吸引有能力的艺术家提供了足够的保证，它也当然会让很多能力欠缺的参赛者退出竞争。这样的竞赛中，关起门来评审从各个角度看都是应当反对的：这会让评委没有责任感；它会导致令人反感的程序，导致让公众惊讶的结果，这不是没有原因的。　2-408

如果被提议的方案最终被采用了，评审团中的一位成员——或者，我称之为考试团，这应该是他们的本来的名称——应该通过解释的方式以及向参赛者提出的问题引起对一个方案优点的注意。解释与回答将让真正的评审团留下非常深刻的印象，尽管考试团的大部分成员有着先入为主的或者不正确的观点。因此，值得尊敬的竞赛者不再需要害怕由于秘密评审而“两头落空”。

确实有人会反对，这一评审团，由不是建筑师或者已经不再是建筑师的人组成，它可能无法准确地领会主考者之间的讨论，或者竞赛者对于问题的回答。这一反对是站不住脚的。

建筑学并非充满着神秘性的学科，充斥着大部分聪慧的人都难以理解的术语和公式。建筑学尽管困难，但其中并没有什么受过一定教育的人难以理解的问题，虽然他们对这一行业的实践方面不太了解，但如果解释清楚的话，依靠理解一切事物所需的基本常识判断就可以理解。我们甚至可以断言，强迫建筑师主考者——以后我将以此称呼他们——解释让他们拒绝或者接纳这一设计的原因，是有很大好处的；因为我们有时看到评审采纳或者拒绝一个设计而没有解释让他们这么做的原因，或者被他们在独立的评审团面前不愿意承认的动机的影响。

有一些原因无法给出，有些原因只能关起门来说说模糊的感觉。但什么阻止我们在评审会上提名——评委自己不用参与讨论，只需要在听取了主考者之间的辩论和参赛者的回答之后，给出他们的决定——角色与和立场没有利害关系的“道路桥梁学院”（*Ponts et Chausses*）的工程师、土木工程师、并非不熟悉公共工程的行政委员会的成员，或者高层的官员？如果他们不能一眼就给出结论，通过我刚才所建议的讨论和考试，这样的人完全有能力就方案给出判断，有了这样的评审团，就没有理由害怕我们常常目睹的有偏见的判断——我怀疑报告的可靠性，但其要旨与某些竞赛中的讨论所采取的方向是完全相反的。

2-409

综上所述，如果所有新建建筑项目都要采用竞标方案，我们必须首先考虑评委会的组成；因为只要目前采用的制度仍然存在，那么许多（如果不是全部）有能力的艺术家将不会参加竞标。

合同的现状

竞标的问题很自然地带来合同的讨论。每个人都熟悉与合同相关的法律。

立法机关，感觉到了公共工程中政府和承包人之间的私人合同的习惯可能会带来的不便和权力滥用，它决定：在承包人之间应该有一个公共的竞标，预先将事先决定的日程、方案、估算和费用情况提供给竞标者，竞标者将他们对工程或材料价格的削减余地以秘密投标的方式反馈给政府。根据法律，允许折扣最高的承包人将会获胜，如果他同时对自己供应工程和材料的能力给出了必要的保证和资质证明的话。

法律能更明晰地或者更好地保护国家或是市政部门的利益吗？

让我们看看它是如何运作的。

首先，对于一个完善且有效的合同来说，合同的签订双方必须都能够完成他们的承诺，除非被武力制止；他们必须独立地在各自的职责下工作。但这一看上去如此简单、清楚且公平的法律，却常常带来很大的问题，并引起频繁的纠纷和诉讼。

在建筑要被承建时，有两种形式的程序：一种是工程制定给一个总承包商，它被委托自主完成建造所需要的各类工种；另外一种是，几个行业的承包商，依照建筑师制定的工序同时或相继开展工作。

2-410

在前一种情况下，在所有方面——石工、木工、锁匠工、屋顶工程、管道工、细木工等——都同意折扣的总承包商，既没有指挥所有工种所需要的各门类知识，也没有能够完成其施工的各门类工坊。因此，他只能求助于分包商，分包的价格当然低于他的合同里承诺的价格；例如，如果他答应了 5%

的折扣，他分包给木工 6% 的折扣，其他的也是如此。国家或者市政部门如果直接和这些分包商交易的话，它们可以得到这一更大的折扣，或者工程会得到比它价值更高的报酬。但如果承包商是一个有能力的且诚实的人，且他有足够的可支配的资金，那么这就毫不重要了。通过他的智慧和能力，他准确地履行了他的责任，且赚到了比原本预料的更多的利润。如果他从分包商那里得到了比预料的多 1% 或 2% 或 3% 利润，从另一方面来说，他也必须提升资本，事实上利润只是补偿了资本的利息。他为管理委员会承担了重要的难题，他把所有责任扛在自己的肩膀上，这比责任分割提供了更坚实的保障。但很少有承包商有完成一个综合的工作所必需的能力、智慧和能量。事实上，许多真正需要承担责任的人躲在他们的分包商背后，如果后者的工作不能令人满意的话，就设法将责任转移到他们身上。事实上，尽管有总承包商，指导项目的建筑师往往被迫与分包商直接联系。他无法向总承包商解释管道工的工作应该如何做，假如总承包商是个石工的话。所以，对于他来说，直接把他的指令传达给管道工、铺瓦工、木工以及锁匠，是绝对必要的。所以有任何工作做得不好的话，总承包商不再有直接的责任，而是对建筑师说："我已经让我的锁匠或管道工听候您的安排了；您直接指导他们，他是或者应该按照您的要求做；因此不要向我抱怨这个那个做得不好，这是需要通过您的知识以及您对我的分包商的监督去避免的，不需要我的干预。"因此，很显然，尽管总承包商需要一直承担责任，但这一责任事实上是不切实际的。这里，我假定承包商是一个诚实的人。但如果他不是——如果他劝导他的分包商给出过高的折扣，如果他们达成一致在材料和工艺上谋取非法的利润——建筑师的立场将会如何？他征询分包商，并因工作失误责备他；后者回答道他是从总承包商那里得到的指令。建筑师又找到总承包商，但他回复说他的分包商精通于自己的业务；他作为总承包商，并不熟悉管道工和锁匠的工作；建筑师直接给了分包商指令，他自己与此毫无关系。因此，就产生了没完没了的纠纷；事件必须在委员会面前被调查，它讨厌这些事情，并迟迟下不了决定。如果事实过于严重而无法忽视，取消合同就成为必要；但这是一件严重的事情；工程暂停了，或者它们独立于合同之外进行；但还有诉讼、索赔、估价、鉴定报告等等。如果承包商破产了（时有发生），除了抵押品和保证金之外，没有什么作为补偿，但它们往往又不足以补偿工程质量带来的损失、时间的拖延以及已经花掉的费用。在这样的情况下，建筑师的立场至少是脆弱的，常常是虚伪且折中的。他不能要求取消合同，除非状况非常严重：但他本应阻止的损害已经发生，严格的管理委员会无论如何都会警告他："防止你所指出的劣质工程的出现应是你的责任，它可能是无法挽回的。"

2–411

如果采用另外一种合同形式——如果建筑工程合同采用分行业签订合同的方式——又会出现其他问题。这些行业的工种必须同时或者前后连接。如果其中某一个承包人没能履行契约，或者在其过程中出现问题，他就妨碍了其他承包商的工作，后者将首先会指责这一失误，并拖延他们负责的任务，这也是正常的。然而，第二种合同形式仍然优于其他的，由于几个行业的代理人是直接负责的，不但是法律上负责，实际工程中也是如此；有经验的熟悉建造的建筑师当然知道工程中的问题的责任应该归于一起工作的哪一方。这一合同形式一定会带来一些延误由于这一原因，在需要快速建造的情况下，总承包合同是首选。事实上，很容易理解，在某些情况下，几个工种必须同时工作，有些工种有很多工作要做，而其他工种可能工作份额相对较少；前者不得不让他们的工人一直不停地工作，而后者只需要偶尔工作一下；要求一个工种的工人始终在建筑现场工作是不合理的，他可能一天中四分之三的时间在那里什么也干不了。因此，预计好后者应当准备开工的准确时间就是建筑师的责任；而这个准确的时间常常是很难确定的。工作可能比预期的快或者慢；这会引起延误，因为我们不能让工人在需要他们的刹那立刻出现，仅仅是命令的传达都需要花费时间。如果承包商做好他们应该做的，他们被按时给予报酬，并全身心投入工作，每个人都因满足了企业的需求而感觉到喜爱和自豪；但如果，过度的压低承包资金，这常常发生，承包人对整个工作都会失去热忱，自然会找借口反对一切。一旦确信自己在这项工程中什么也得不到，或者甚至会亏损，他们就会逃避如果要预期完成就需要多花时间和金钱的指令。这正是公用合同方式危险的方面，它阻止了许多有能力的认真的承包商承担重要项目的意愿。

2-412

行政委员会拥有着决定估价表的数据。它也知道承包商在任何指定时间里材料和劳动力的花费。事实上，这些价格对谁都不是秘密。通过将通常利润和额外开支求和，可以做出估算。利润和花费共计 15%。它登招标广告；以为承包商来了，并报出一个 20% 折扣的价格。接下来，要么是委员会在报价计算上犯了大错，要么就是承包商同意破产；或者他打算能够欺骗委员会。这些猜想中的第一个是不太可能发生的，其他两个必然是严重的不道德。

然而，为什么这常常发生？因为整个承包商阶层，唯一的目标是拿到钱以填补先前的困窘，他们也因此常常借高利贷。他们非常清楚交易对他们来说是亏损的；一般而言，他们既没有意图也没有能力欺骗他们的雇主，但不论做什么：或者付清欠款，或者保住生意，或者——这是主要的原因——维持住他们的信用，他们都必须拥有钱才可以。因此，债务增加了，他们更快地破产。他们希望得到意料之外的机会；他们会激发起一个彻底的抗诉体系；其结果是拖延工程的交收，这能够使他们让债权人抱有希望，并更加耐心。尽管他们已处于半破产状态，他们还是尽可能地拖延这一灾难。当建筑师不得不面对这一 class 的承包商时，他的立场就非常窘迫：如果他稍微了解并有过这样的经验，他就非常清楚承包商的困难在逐日增加。他害怕被欺骗；他

2-413

同时又对要求一个正在陷入破产的人致力于保证工程的时间进度和工程质量而犹豫不决。有时在工程结束前，承包人就已破产，接着各种尴尬的事、延误和困难就会发生，这使得能否成功变成疑问。

还有一种情况是，不得不与接手这一导致严重问题的合同的投机商打交道的建筑师，有时是经验不足的。如果承包商很狡猾，他们就会找到逃避的方法。他们常常以合理或者不合理的理由（无论合理与否，他们总是设法让其看起来合理），获得建筑师的许可，以另外一个等级的材料替换原来的材料等级。比如，他们假装，价目清单里指定的材料已经不再供给了——采石场枯竭了；事实上，他们成功地让建筑师允许他们使用次等材料。

接着他们就假装非常遗憾，指责材料供应商的不诚实，并建议陪同建筑师到采石场亲自检查石矿。他们去那里实际上是想让对采石一无所知的建筑师——他怎么能知道这些东西？——相信他们所作的选择。

接着，采用其他材料替代估算和清单里规定的材料就决定下来。

关于这些合同的法律规定了这一意外状况；它是这么规定的，“清单中未指定的材料应该通过比较报价”[*类推*（*par analogie*）]。在账目结算之前，一切都很平静。结算时，承包商就会反对审核员采用的估价，接下来就是没完没了的抗议和诉讼。这符合承包商的利益，因为只要事件没有解决，他就能保持住他的信誉。在这样的情况下，政府或市政部门很少会拿出一大部分它们通过过度的折扣节约下来的资金提供帮助。　2–414

但我暂且不管这些类似流氓的行为。由此得到的道德教训是，防止我们自己被欺诈或哄骗的最好方法，是永远不要将人置于为了摆脱困难而欺骗别人的境地。

我不确定与公共建筑相关的合同制度能让我们省下多少资金；但我确信在其运作中，百分之九十都是不道德且有风险的；它给一整个“信用不可靠的（shaky）”承包商阶层带来了通行的做生意的手段，给某些高利贷者提供了以最可耻的方式从那些承包商身上挣钱的办法。

事情接下来会如何进展？一个总在破产边缘的承包商，在某一期限内必须完成他的合约；他需要——比方说￡1600——付给生意伙伴和工人工资。在他能够跟他的雇主结账之前，还有一个月的时间。因此他向每个“不可靠的”承包商都赖以生存的放款人借钱。他得到了￡1600，承认书上是￡1800，并付给8%的利息。

这一方法让放款人可以在月底收到￡1600，并且他收入200英镑和累积的利息，来自借方承包商。

但后者不得不很快付款，放款人催款比工程进度更为急迫；因此，除了让他几乎耗尽了所有的利润的削减资金以外，倒霉的承包商还面临着日益扩大的债务鸿沟。

在以挣钱为唯一目标而乱削减成本且伪造信用的“不可靠的”承包商阶层之上，还有一类无能力的承包商，他们答应了无法承担的资金削减，因为他们不清楚自己所做的事情，且在他们同时承包的三或四个项目中，他们不知道如何辨别哪个能带来利润，哪个会亏损，因为事实上他们不知道如何在这些项目之间取得平衡。由于他们没有定期的账户，也不能合理预测自己的项目，他们对自己的状况一无所知，直到债务远远超过了资产以至于不得不宣布破产的时刻。

2–415 在这样的承包商中，有许多原先是工头，通过勤劳和手艺积累了一部分资金之后，为了自己的利益认为应该做点生意。

在看到雇用他们的承包商在 10% 的折扣下赚得相当的利润之后，他们因而推想：“如果我的雇主让出 10%—12%，我在同样的项目中有 5% 的利润就足够了，因而可以让到 15%—17%。”但这是个错觉，他们很快就会发现这一点。事实上，一个信用稳固的技术熟练且有先见之明的承包商，不会为了完成他的合同而借债，或者至少能够以自己的资产做抵押以 5%的利息借到钱，并可以在材料上找到有利的折扣，甚至可以利用以优惠条件购买的机会，他们能够答应非常高的折扣，并仍然保证可观的利润。此外，他严格遵守自己的账簿，他定期盘点且遵照事实（bona fide）；他无论何时都清楚自己的状况。某些人（Worthy man）不会如此，发现自己只拥有 £ 2000，仍决定去承建一个重要项目。他不得不给出的抵押、所需的材料、开始阶段短期内就要花费的钱或现金，很快就会花光他那 £ 2000。他预付的款项会支付给他，但是很慢。他的账簿的不定期支付方式让他无法知道自己的准确状况；花光了他的资金之后，他非常惊讶地发现，哪怕是做到最好，这一项目也不值得羡慕。

接着他求助于借贷，由于除了由于做了这个项目而应该付给他的钱之外，他不能提供其他任何抵押，他成为高利贷者的猎物。利息高到 15%，折扣也必须增加到 15%。很容易发现这不能持续很久。显然，他成为“资金”的仇敌，并发现我们的社会组织非常令人讨厌。所有退出他们作为工头工作的建筑工地，并自己的利益精打细算的人，的确没有经历过这样不幸的命运。有些更加了解情况且有先见之明的人，小心谨慎地开始，不会冒险接大的合同，学习遵守账目，并随着自己的资源增加而慢慢提高。他们成为训练有素的可靠的承包商，诚实且知道如何更好地经营他们的建筑工地的人。准确且有着

2–416 实践能力；最好的地方承包商是这样的；他们的工作考虑周到，值得最高表扬。尽管大城市中有大笔资金的承包商并非总是无懈可击的，但他们无论如何都是经验丰富的，他们有很多手段可以帮助工程的负责人以及管理委员会省去很多麻烦；但在地方上就不一样了，那里大多数的承包商，仅仅是生意人或资本家，而非建造商，他们没有任何的职业技能，事实上只提供了资金，而如果得到了利润的话，他们根本不关心工作质量。在建造问题上，他们只

是平庸的会计师，除了按照惯常的方法的复试记账外，他们根本不懂得记账，这在这类公共或私人工程中是远远不够的。

有一件事可以与刚才指出的这一源于我们公共合同的麻烦相比。一个承包人只有在获得了由两位政府建筑师或工程师（道路桥梁学院）签字，以及由被任命为工程主管的建筑师会签的能力证明等资质之后，才能被在契约条文中认可（如果他的投标能提供最有利的条款的话）。如果这些证明书是诚实的（*bona fide*），并且从不会是出于讨好而给出，或者如果被任命负责建造的建筑师对承包人没有信心的话能够拒绝签字，就一定能阻止没有能力或者没有道德的承包商的申请。但很显然，若不是因为非常严重的明显的原因，回绝证明书尤其是拒绝签字是一件多么为难的事情；以至于两种方式的承包商，好的和坏的，都能成功地获得证明书。

簿记和建筑工地的督管

根据目前的安排，在公共建筑和私人建筑工程中，承包商对自己的工作进行日常的记录，建筑师也同样；但以前和现在都有二者都不记录的情况，或只以非常不完整的方式记录。

承包商的簿记应当保持以便能知道每日进展的准确状况。一丝不苟的精确性应当被遵守，以便于一旦发生争议，能找到诚实管理的无可争辩的证据。

如上文所述，复式簿记，尽管为核对账目提供了很大的便利，但是由于涉及的细节的多样性，它对于建造来说是不足够的，甚至是不能实行的。承包商的账目是工业化且商业性的；它们应该结合两种特点，且应该是互相关联的，以便于可以有效地清晰地检查。　2-417

商业簿记，像通常的方式一样，是足够的；只是那些无用的繁复应该被禁止；总账户控制在五个以内，以避免混淆，尽管紧急状况下，还必须开设额外的账户。这样的账目方式给出一个简单的概览，这使得承包商可以在很短的时间内检查并找到他希望确定的细节。除此之外，重复的复制可以省略。

账目之前应该附上完整且准确的货物清单，这是生意中最烦人的事情。由于供应商品的多样性——材料的数量必须用准确的报表列出来——一个承包商的清单必然是冗长的。然而，很显然，只有这第一份货物清单需要这样冗长且细致的说明；后面的清单，如果记录有序的话，可以很容易且很快地完成。

因此，货物清单是起点。

对于施工过程中的工作，当前已发生的费用清单构成了主要的簿记内容。这本记录了每日账目的账簿，是关于每一项工程花费的记录。花费按照三项分类进行记录：材料、劳动力和杂项费用。承包商因而可以随时看到什么供应了，它是如何被使用的——他的工人们做了什么；通过与同类项目比较，他可以弄清楚他们是否在浪费时间，分配到工资支出上的大笔金额比例是否适当：对各种开支，他都有记录，车辆费用和其他支出，酬金、借贷的利息，以及材料的贬值；以及最后一点，从净花费和回报之间的差额中可以算出的每一笔交易的盈利或损失。材料的转让应该用一个专用账户记录，单独的对开纸，并且登记入其他建筑账目时核对，列专栏说清材料的来源。

2-418

下表是一个日常记录的对开纸的样表，相当仔细地记录了：

A	B	D		E	F		G		H		L	M
		C			I	K	I	K	I	K		
1	2	3	4	5	6		7		8		9	10

图 20-1 建造簿记表

1 栏用来填写委托单的数量，承包商可以对照检查材料和物资的供给情况。在某些项目中，尤其是离他住的地方较远的项目中，这样的检查方式是必要的。

2 栏填写日期。

3 栏登记数量，可以是长度、面积、体积、重量或价格、数目。

4 栏详尽记录到场的所有材料，每日完成的工作，不能省略或者缩写；运输的名目以及各类支出。

5 栏根据报价单或者价格表的记录或者建筑师，标明材料来源地，或者供应商的名字，以便于如果任何款项有争议的话，可以根据日期找出发票或单据与第 2 栏对照，并作为支持承包商的证据。

第 6、7、8 栏显示的是当前项目中，分配给每一条目的净价和总数。在这几列中，只输入工程中使用的或者用货币价值计算的条款的价格和数量。因为其大小必须被测量，因此在测量进行之前，有些格是空着的。

第 9 栏填写相关的工头或者工人或者建筑师的名字，如果需要了解某些详细信息的话。

第 10 栏是建筑师的备注栏，或者图解栏，如果需要书面说明的话。

各栏标题

A：单据号

B：日期

C：数量

D：工程名称 (Designation)

E：材料来源

F：材料

G：劳动工资

H：额外开支

I：价格

K：数量

L：负责工程的工人或工头姓名

M：备注

这些记录翔实的对开纸条目，不能有任何删除、插入、加行或者纸张边缘上的补注。任何错误或者不正确的填写，都要加括号，并且在别处更正。

由于需要测量的条款在价格栏 FGH 中是空白的，在账目被拟定时，就不会有某一条款被输入两次，或者被遗漏，因为这些条款是每天都记录的。 2–419

形成了一本账簿的对开纸条目，在建筑师或雇主需要时，就要提交给他们审查。他们可以现场随机检查各个细节。由于账目只是这一账簿的摘录，其中的所有条目都有可能被检查，很显然承包商不能被随意缩减，如果有任何争议或诉讼，这一账簿是他在法庭上或面对负责评估的人的诚实的完美证据。此外，建筑师关于工程和其价格管控的责任，也因此极大地减轻了，因为他和他的职员只需要以誊写本校对核实每日记录的账簿中的条款的准确性就可以了。

因此，在他生意的工业方面，承包商需要簿记的重点，是保存账目记录。

这一账簿用两种方式保存：日常记录和一份誊写本。

这样一本账簿，在任何特别的项目完成之后，将会为承包商提供许多信息，对他来说，这些信息对于未来同类合同非常有用。但它的主要用途是它所提供的每日记录的盈利或损失的原因，这可以为承包商提供增加盈利减少损失的方法。

如果严格遵守有秩序的记录方式，账目记录的总数，哪怕是非常重要的项目，在总账中只会占据一行的位置，而不需要许多的账目。

账目记录，对于大多数通常类型的建筑项目来说都是足够的，但在某些例外情况下，需要保存附加的账簿。但这不会影响上文中解释的总系统。

建筑师发现能够查阅承包商的账目记录带来了很多便利，因为他们可以很容易准确掌握项目的状况，并且知道在项目进展过程中，相对于估算费用来说是否会有盈余或者缩减。这些建筑师在建造，比如私人住宅建筑的建造，进展过程中检查并签字的账簿，使建筑师不再需要保留细节的记录，这些记录总是不完整的，因为就住宅的案例来说，他和他的职员都不会总是在工作现场，某些细节会躲过他和职员的注意。 2–420

在过去的 25 年中，巴黎市政府所属的公共建筑工程采用了多种簿记方法，最简单的系统是经验证明最可取的那一种。

建筑项目委托的实施过程中，记录方式的多样性只会导致混乱，看起来似乎有希望成为账目检查的方法的只导致不法行为的隐藏——事实上是完美秩序和规则的外衣下隐藏的混乱。

建筑师和他的职员在重要公共建筑的建造中，有两方面的职责要履行。首先，他们要给出所有的图示细节和必要的解释说明，在工程进展过程中仔细地督管不同行业的技术工人；其次，他们要弄清工作的种类和工作量，以便于能够参照几个合同正确估算其价格。

他们的职责是繁重且多样的。但很少有建筑师的助手能够履行他们的职责，他们中的大部分来自巴黎美院，有些人甚至在意大利或希腊待过5年时间；因而如果事情非常重要的话，行政委员会会聘请会计师帮助他们，会计师们必须收集需要的信息誊写修订账簿，并设法获得能够核实账目的数据。这些会计师们中很少有人熟悉建筑；督管建筑经营不是他们的职责范围。他们必须依赖于巡查员提供的陈述或账目，而巡查员或者有过多的账目需要他们检查，或者不熟悉这样需要长期经验的这类工作，只能提供给会计师他们自己从承包商的职员那里得来的信息。尽管说应该有两份账簿——一份由承包商保存，一份由工程管理员保存——常常发生的情况却是工程管理员仅仅作笔记，并且只检查并复制承包商提供的账簿。

根本的问题与其说是有两份账簿（如果一份只是另外一份的拷贝的话，就毫无用处），不如说是有完全符合事实的账簿，即工程的实际经济效能。每日的笔记因而被采用，它是由承包商和建筑师的职员记录的，可以用于互相校核检查。但在非常大的项目中，必须考虑为数众多的各类细节，要把它们全部记录下来，往往是非常困难的，甚至是不可能的；然而，它们数量众多，会影响账目的总数。这会引起争端，通常会用折中的办法解决，但折中并非绝对的真理。

2–421

承包商眼中只有一个目标——获得利润。而相反，委员会只考虑而且只应该考虑依照合同的条文和条件付款。如果承包人意识到他得不到利润，他就会不择手段地努力增加工程的表面价值；如果建筑师意识到将超出预算，他就会尽可能努力运用价格规定施加压力减少付款总额。事实，或者工程的真实价值，大体上处于两者之间。重点是要确定准确的价格。只有准确记录的账簿可以决定。上述制度，只对承包商是一个完美的令人满意的系统。那些日常记录，如果诚实地复制，且有规律的保存，确实可以记录下承包商在材料、劳力上的花费和附属花费，但它们不能证明花费是数量是合法的。

让我们举个例子：一个砖石工程的承包商为一座建筑购买石材，并将材料运输到工地上。根据他只提到材料运输的账目，毫无疑问他确实收到并付款购买了这么多立方英码的石材，这记载在上述的簿记里；但如果他有一个有能力的石材修整匠人，那么修整石材的耗费将会只有十分之一；然而，如果工匠能力不够或者不认真的话，耗费可能会达到五分之一。现在，建筑师应当考虑的是按照最节约的方式使用石材。账目应该只记录最大的耗费量；因此，尽管承包商的记录向建筑师证明了他确实花费了记录的数量，它却不能证明这一数量是由于他，或者有固定比例要从这一数目中扣除，而这一数目只是未加工的材料。建筑师的账目与承包商的记录是完全不同的，只提到了实际所用的职员认可的内容。从建筑师的观点出发的账目，是从他的职员的记录中计算得来的，应该被承包商核算或检查，以便于当仔细检查账目时，不会有什么争议。但是，当涉及重量、数目、面积和长度时，簿记很容易，而当需要计算体积时，则需要长时间复杂的计算。也就是说，使用的是形状复杂多变的乱石，是允许一定的损耗的，承包商自然想把损耗尽量夸大。　2–422

有一个非常简单的避免实际使用的体积计算困难的方法，即建筑师应该提供料石的尺寸。

但更常困扰他的问题是另外一种，当他给出一个细部时，他无法预知石匠会如何从石矿中开采用于这个细部的石料，以及这块石料的节点和剖面。由于建筑师对石料加工工作的轻视，在艺术和建造上都没有提到这一问题，在这一过程中，就产生了最可耻的滥用并带来了无用的花费。正是由于负责大型公共工程的建筑师在这方面的疏忽或粗心，不道德的承包商才会谋取得到巨额的利润，其合法性是无法争辩的。

因此，假如建筑师为石匠给出了一个细部图（图 20–2）。图中没有标出节点的剖面——这里我选择了一个最简单的例子。了解并顾及他的雇主利益的石匠，就会小心地不把墩部的节点的第一层加工为 A 处所示的构造，第二层加工为 B 处所示的构造；他将会如图 C 所示那样安排节点。因为在 A 和 B 做法中，只有体积 a 和体积 b 在石材加工时是可以消耗的废料，而在 C 做法中，体积 c 和 d 都是消耗的废料。现在，假设是石匠来理解他的工作，他就会去寻找一块如图 E 所示形状的原料，转角处是斜边，并以其真实的体积计算价格付给供应者，而建筑师则会估算已不存在的角部废弃的三角形，并且按照　2–423

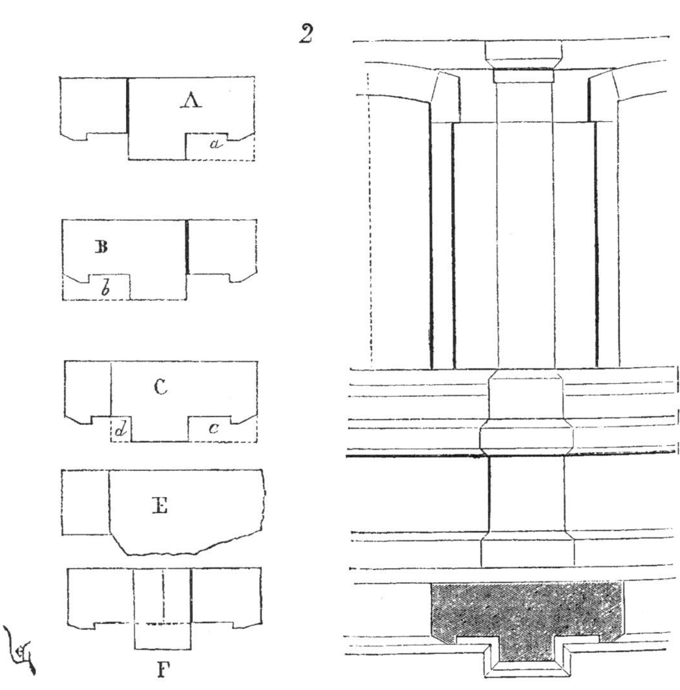

图 20–2　石工细部

比使用材料更大的体积付给承包商钱；由于付给承包商的不但有将被加工成需要形式的原材料的价钱，而且还包括切割石材的劳动力的津贴，因此产生的结果是，他得到的第一笔金额是因为被接收的不等价的材料，第二笔金额是因为还没有完成的劳动。节约材料的文艺复兴建筑师，会用壁柱连接这些支墩，如 F 所示。他们在建造第一层的时候会用壁柱形成封头，建造以上的各层时，按照点线所画，在中心处连接，壁柱用单独的石块。这样他们可以完全避免石材的浪费。

上述案例中，损耗是微不足道的；但当建筑细部非常复杂的时候，当直角转折（square returns）为数众多的时候，当突起部分非常明显（decided）的时候，大多数官方建筑师在石材连接方式问题上显露出的漠不关心态度会导致相当大的无用花费。

如果相反，建筑师采取预防措施，比如像“野蛮”中世纪时那样，给出要使用的石材的尺寸，并指定连接方式，他们就能避免无用的花费，并且从他们的数据中提取出可靠的账目表，这将为职员节省时间，并能保证施工的良好。

确实，为了要给石匠这些数据，建筑师必须考虑建筑所使用的材料（即石材）的特性。

以前，巴黎使用的硬石材地层宽度很窄；巴涅（Bagneux）石料在石矿间不到 20 英寸宽，青石灰岩是 10—12 英寸。现在，硬石是从法国东部和勃艮第的采石场买来的，大概有 24—32 英寸高。因此，建筑部件的尺寸必须小于材料的尺寸，这是非常合理的——在某个限度内——中世纪“野蛮”的大师们和文艺复兴的大师们设计的建筑部件就从属于石料的高度。

2-424

我们的建筑师，绝大多数似乎都不关心这些问题，我们必须承担他们这方面的漠不关心引起的代价。因此任何人在最近建造的公共建筑中都能看到这种柱基（图 20-3），柱基底部置于 J 处而非 A 处。后果是，如我们上文所说，*a* 处和 *c* 处空间凿掉的石材要花钱，以及加工石材的工作也要花钱，而非只为

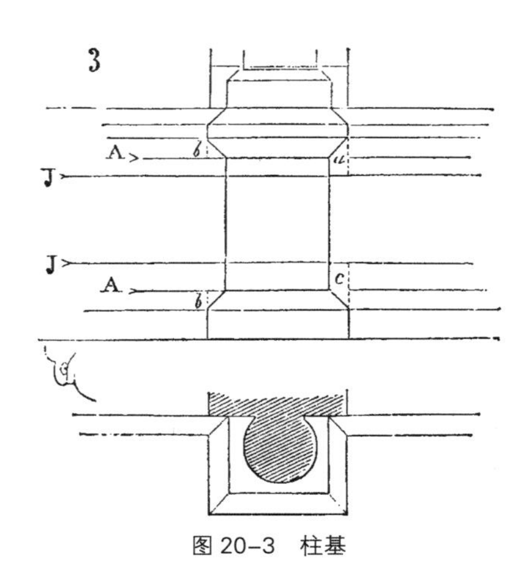

图 20-3　柱基

bb 处的倒角付账。如果这要在长达 5 弗隆或 10 弗隆（furlong）、高度方向上还有几根的建筑线脚上重复，不必要的花费就会相当可观。

我们的工程管理部门一般而言非常不热衷于此类考虑，他们希望得到的是做得漂亮并适当均衡的账单，只要看上去完全符合规定就可以。

他们主要关心的是遵从于万能的法人团体的口味，它有的是兴趣和可以处置的场地。他们对简单、理性和节约的方式没有兴趣。

刚才所说关于石材的内容同样适用于建造的所有部分。在大多数公共建筑中使用的过度重量的铁，超出任何人的想象，因为建筑师不会计算受力（而这是绝对必要的），一般而言依赖于承包商，承包商是不可能批评材料的过度使用的。由于铁是按照重量计价的，而占据成果价值很大部分的工艺的价格与重量是不成比例的，使用重量大的材料往往是处于承包商的利益考虑；如果建筑师不能够决定必需的最大使用量，如果他还没有完全熟悉拉力和压力——因为害怕连累到自己，他会希望倾听承包商的陈述，承包商出于自己的利益考虑，总是倾向于夸大材料的重量。我想问的是，在罗马或雅典，建筑师是否可能得到处理这样的事情需要的经验？ 2–425

当建筑被很好地管理的时候，账簿几乎每个字都能与订单和给定的细部对应起来。如果委员会很小心地保护托付给他们的利益，而非服从于小团体或者学派；如果，不去干涉他们不懂也没有能力讨论的艺术问题，而是关心他们应该关心的利益问题，他们的注意力将主要集中于对建筑合约中细节的仔细检查。

他们很快就能明白他们的允许导致了无用的花费，尽管账目上仍然非常完美整齐。他们将会知道，重点不是避免为过量的工作付钱，而是要阻止过量工作的发生——避免为不必要的事情付钱；不能允许无知、不在乎或随性导致预算的增加，这些费用名目只会带来不好的结果，只能让将支出必须与预期目标成比例作为第一法则的明智者愤慨，而不会对建筑带来任何好处。

一旦管理委员会主持管理建筑的经营，不再仅仅作为一个学会荣誉获得者（他们与我们这一时代创造好的建筑所需要的研究越来越疏远）以及统治团体协会的注册处——管理委员会决定取代协会中任命给它的工作，它将会以一种与制定（与实际需求不能完全一致）的规则完全不同的方式对建筑工程的管理产生兴趣。它会坚持了解它所雇佣的建筑师如何与承包商打交道，建筑师的命令如何给出；如果有人致力于方法和装置的简化，它会留心地使他扬名；因为建筑师的艺术上的能力总是与指挥建筑工程的能力、创造能力、他们与下属之间的清晰理解力，以及采用简单的方法、和账目记录的一致性相伴随的。 2–426

还有一个非常重要的问题，应该引起接管与决定价格范围相关的公共工程指挥权的管理委员会的严肃关注。

到目前为止，巴黎的管理委员会，与其他的一样，已经习惯于为本年度定好价格范围。我不怀疑在确定这些价格时的小心谨慎，但“自作主张的人必有一番麻烦”（He who reckons without his host has to reckon twice）这句格言适用于我们讨论的状况。很奇怪，管理委员会需要独自决定他们与承包商交易的基础，尽管他们是知识丰富的。这一方法，正是对商业的最大干预（the maximum imposed on commerce）的方法，长久以来一直为政治经济学家所谴责。承包商供应并加工的材料，事实上是一种商品，本质上与一块糖或者一件外套差不多。现在有建议要求承包商今后参与价格表的决定；这是一个进步。但允许完全的自由，且不要为一年内将要进行的所有工程固定价格表，而是针对每个工程单独制定价格表，这不是更公平吗？这将迫使建筑师关心这些他们不在意的重要问题；要求他们自己去打探各种情况下或工作类别的合理价格；或许学习这一问题的义务会迫使他们为了客户的利益而修改方案，大多数情况下，建筑师的方案都是在缺乏实现它们的能力的不完善的知识背景下设计出来的。

一名建筑师无法自己料理一切事情：如果能够的话，他必须拥有一个额外安排的团队；但他应该知道一切要做的事情，脑子里必须有各种各样的细节，这样他才能够对不断抛给他的问题给出清晰的答案。

他的每个职员，如果他雇请了一些的话——一般而言他拥有比必要的更多的职员，因为委员会强调要尽可能提供更多的职位——负责交给他督管的工程中的特定部分的工作，因此也必须承担相应的责任。每个职员，都会给出他那部分工作每日的计划表，包括可能的延误、可能发生的困难，以及有问题的工作情况，如果有的话；这些资料将会由他放入一个为此目的而设的登记簿中。建筑师如果观察仔细的话，很快就能发现每个职员的各自的资质，他会据此安排他们的工作。建筑师自己在选择职员时非常自由，因为如果他要承担责任的话，至少他可以要求拥有选择自己认为合适的职员的自由。委员会应该只是为建筑师指定与项目的面积和重要性成比例的总人数，而不应该帮建筑师指定那些某机构雇佣的人，把它留给建筑师自己去分配，只要他认为工作适合于他选择的职员。但很显然，在这一点上，我们还没有足够进步，在我们在公共工程中达到对责任感的正确判断前，我们应该对委员会制度进行一些改革。

2–427

雇用数量过多的工程管理员——因为人数太多而工资付给不足——只有少量的工作，而且这少量的工作没有秩序或方法。导致的结果是，要核实账目非常困难，总有没有结果的纠纷和索赔，以及对工程监管的不足。管理员们一般在下午同一时间来工地督管。工头们很快就注意到这一点，如果他们有不好的材料需要偷运进来，或者如果他们想漏掉一部分工作，他们只要把它安排在早晨和中午的 6 小时之间就可以。

漠不关心、能力缺乏、不细心不精确，这对我们是致命的，它们只会毁了我们，但却长期以来成为我们建筑施工的特征。建筑师习惯于在他们建造的公共建筑中使用所需材料的一半，就能避免这一状况的结果吗？他们求助于过度的人力就能阻止督管和精确性的缺乏有时会导致的灾难吗？无论如何，这是需要改革的地方。要进行改革，第一需要的就是要撇开人的问题；但到目前为止，无论在帝国体制下还是共和国体制下，法国政府总是把人的问题作为主要的考虑对象。

建筑建造的管理需要某些不是人人都有的能力，应该引起会涉及管理问题的教育课程的注意。建筑师在工程中雇佣的职员，多多少少会用雇用他的师傅的方法处理问题，因为他们这一阶段，是他们能够得到这类训练的唯一机会；因为巴黎美院并不认为有必要教授此类的行为规则。如果师傅通情达理的，有秩序的、严格的且熟练的，听从他的教导的职员就会习惯于这样的行为方式，并且会受到他的优点的影响。但如果师傅在处理与承包商和工匠的关系时是粗心的、不可靠的且不熟练的，他的职员很快就会学会同样不好的方式，因为没有任何先前的教育阻止他这么做。因此，我们看到糟糕的方式代代传下来。　2–428

除了作为艺术家之外，建筑师应该拥有其他类别的条件，这在他处理与委员会、客户或下属的关系时是必需的。尽管这样的条件属于人的共性，对于那些不拥有这些能力的人来说，它们仍然可以通过教育被发展到一定的程度。我是说“教育”。除了年轻建筑师需要的理论教育之外，某些行为规则也应该教授给他们，而现在我们把教育任务留给了经验、时间和环境，常常导致他们付出巨大的代价，或给他们的客户带来巨大的损失。如果建筑师组成一个团体，那么这个团体就应该负责决定行为规则；但我们前面已经解释过，为何在目前的状况下，组成这样一个社团是不可能的：缺乏基础，我们的建筑师在目前他们追随的权威的影响下，普遍不认同维护个性独立的必要性。我们不习惯于这种独立性，以至于许多人用可恶的过错搞乱了其根本的精神特征——即经常性地处于反叛的状态，或彻底地反对权威。但是，如果我们稍作思考观察，我们就会看到真正的独立精神，是给予权威，无论它是什么，最肯定的保障；正因如此，在非常自由地接受了一个合同、一项任务、一个职责和一个命令之后，他们最希望用最大的信任，让自己在自由选择的聘任中表现出色，并只想他们要完成的目标推进。

一段时间过后，它就不得不退守依靠那些没有坚定信仰的人，这是独断专行的弱点——无论他们有多顺从——没有自主的观点或个人的能力——因而在关键时刻，不能指望他们。但力量变得微弱时，被称为忠诚的顺从就会放弃，如果还没有转头反对它的话。

一块建筑工地就是一个小型的政府；从事务的管理方式上，从产生的结果中，我们很快就能察觉到指导它的人是否胜任他的工作。知道在施工中如　2–429

何以让自己成为最有活力的人激发所有人的责任感，是建筑师的主要责任。简单准确地在合适的时机处理一切事务而不“小题大做”；预先做好准备，不在充分地思考并听取所有有关人员的批评前下决定——而一旦决定了就要坚决地维护并坚持下去——这是行为的准则，它的远见和智慧能够让我们避免严重的错误。永远与下属保持好的关系，而不随便；耐心地听取所有的抱怨，而检查每个人的一切；在所有的争端中保持公正；让每个人承担起代理人的责任，让他们直接服从主管的意见，如果他们犯了错误的话，惩戒他们，但是要私下里适当地严厉；永远不要依赖于单一的证词，而是通过自己的检查证实它；对方案要有清晰的观念，要能够清楚地解释它们，保证说话的正确性，这样才能得到雇员的服从、尊重和信任，让有原则的人感兴趣——他们的奉献是值得拥有的；因为在建筑工地上，基于尊重和敬意的负责人的奉献精神是必不可少的。对物质利益的满足和高薪水都不能取代奉献精神的支持，它对于项目的成功是非常必要的；仅仅通过物质利益保障的热情和这些恩惠一样短暂。急着把利益和工资装入囊中的人，将会把他表现出来的热情和金钱一起放进钱包，他的热情很快就会转到其他方面。但是对公正的、坚定的、慈善的性格特征的喜爱——对知道如何欣赏并认可下属所做的工作，并知道如何维持那些在工程完成过程中帮助过他的人的——这类的喜爱是可以长久依赖的；尽管很少有人能有这样的特质并一直保持，你至少可以确信它永远不会辜负你。在建筑工地中好的纪律只能通过对负责人的尊敬和他的能力及性格建立起来。相反，纪律的缺乏会导致施工的瑕疵和无用花费，甚至更坏的结果；它会引起无穷无尽的烦恼。但我们的管理委员会很严肃地认识到这些问题了吗？

2-430 我们都见到过这类建筑师，他们习惯于从来不给出清楚的指令；他们常常喋喋不休；对所有人因所有事发火；对下属粗鲁暴躁，并强迫他们在一个细节上反复，而这一细节的施工他们并没有得到唯一准确的指令；建筑师们总是认为通过专横怒火的暴躁和无理由的爆发，可以得到尊敬；他们不能核查并纠正一个图表，他们对批评感到愤怒因为他们不能没有能力讨论其正确性——以他们独断专行的意志决定一切……但看看这些人们，他们幻想着可以通过对下属的荒谬的态度来获得他们的尊重或敬畏，但下属常常欺骗他们——这并不难——我们常常在管理委员会的主管人中见到这样的人。他们脑袋灵活（are supple as gloves)，他们花言巧语，溜须拍马，卑躬屈膝；承诺一切，肯定一切需要他们肯定的东西，否定一切需要说不的东西……所以，他们总是被赞许地看待，并且必定会获得各种利益。这一特权阶层建筑师的其他类型也应注意……我们何必还要扩大范围？总之，最重要的是要让一名建筑师首先成为所谓“诚实的人”；我们可以有把握地肯定，90% 的情况下，这样的性格特质是与真正的才华、学识和经验紧密关联的。

结　论

这本书无意于提供一个完整的关于建筑学理论或者实践的课程——给进入这一职业领域的建筑师或者公众，或是为投身于建筑艺术的人提供所需要的知识概要。这些断断续续完成的讲义只是一种路标，目的是为建筑学研究指出方向，如果这一问题会被严肃地探讨的话。 2–431

由于各种原因，从本书第一讲的写作开始到最后一讲的完成，一共持续了 12 年的时间。但与这一我努力为之辩护并相信自己将永远致力于此的艺术无关的观点，从未影响过我的思维。

从完美自由的精神开始，这本书又以同样的精神气质作为总结，我深深地相信只要有自由，并结合对科学发展为我们的文明带来的一次次新变化的不断研究，艺术可以发展并维持在一个很高的水平。

在 12 年的时间里，让建筑研究恢复到更加严肃且自由的方向的努力是不够的；痛苦的事件让我们国家陷入最严峻的考验。所有人都相信，要让法国重新回到它在欧洲该有的地位，哪怕只是文化上的地位——它的重要价值毋庸置疑，必须付出最大的努力。到目前为止，我们还不能说，赞成重要性为大家所共知的研究的有益反应是否会在实践和理论上都有推动作用；事实上，距我们国家陷入可怕的震荡（shocks）只过去了一年时间，我们还不能期望它重新恢复沉着和平静。但有原则的人已经开始努力每天取得一点进步，并致力于恢复精神与物质秩序。认识到我们的教育制度出了很多问题很重要，但这并不意味着我们得到了令人满意的制度；从希望拥有到事实拥有，还有很大一步。我们应当立即迈出这一步。当然，要知道这到底带来了什么。 2–432

法国人的性格让我们很容易从一个极端快速过渡到另一个极端；正如我们在最后一个政权统治下，愿意相信法国精神领域的一切都是最好的；正如我们让步于最聪明的人也没能成功摆脱的迷恋，苏伊现在我们容易过度贬低我们的优势、知识和社会状况。但让我们努力地公平看待自己，不要因为过分夸大还需进行的努力，而使得本来就非常容易沮丧的精神失去信心。我们以往太多地考虑自己，这毫无疑问；但完全相反的极端对我们国家的未来同样危险。我们的不幸并未剥夺我们的精神和道德上的优点；它们只是让我们认识到我们的缺点，在欧洲所有国家中，只有我们不愿意承认它们。

当所有人希望判他死刑时，塞普蒂米乌斯·塞维鲁（Septimus Severus）口中的最后一个词是——“Laboremus”。这是一个高尚的词语;让我们将其转化为行动。

有两种工作方式：一种是井然有序的方式——持续、检查和观察；另外一种是散漫的、冲动的、徒劳的秩序，可以用转笼中的松鼠的运动来做比喻。国家陷入的骚动，阻碍了认识到这种的努力，而唯有这种努力才能让我们的国家从消沉中摆脱出来，并让它有更好的未来。

如果法国刚刚经历的可怕的震动没有被引以为戒的话；如果国家相信——无论是什么形式的政府——它会继续像以往一样存在，那么它在欧洲国家中所扮演的角色将彻底结束。

许多人，对我们过往的繁荣和衰败的荣誉感到惋惜，他们天真地认为要恢复往日的繁荣和自古以来的声誉，把“帝国”或“君主国”的标签重新贴到国家面前就足够了……令人伤心的错觉！……这样的标签不能掩盖我们所经历的一切，也不能把我们从数百万的敌对者中解救出来，这些敌对者长久以来受到狡猾的深谋远虑的政策的鼓励，专与法国知识分子及其影响力敌对。

2-433　解救我们只有唯一的方法——进行反击的唯一途径，有些人认为这很容易，即，各方面的个人进取心发起的平心静气的、坚忍的、有序的努力——政治、制造业、商业、农业、金融、战争、科学、艺术和文学。

我们必须相信我们的教育方式是不够的，因为它们让那些妒忌的邻居超越了我们，它们思维迟钝但狡猾，早先单纯的我们只把它们视作竞争对手。

爱国情绪在我们中间已经衰微——我们希望它还没有完全消失；只有教育才能让它再次发展出来，就像莱茵河对岸的邻居们在 19 世纪初的战争之后所做的那样。通过篡改历史或现在的状况，将一个民族中的知识传播作为激起对这些邻居们的仇恨的途径，我并不是认为这是值得称赞的。这样的方式迟早会伤害那些采用它的人；此外，我也不认为它在一个洞察力天生敏锐的民族中会取得哪怕是暂时的成功；相反，我相信在一切事情上，诚实是最好的方法——从治国才能到生活中的各种事情；为了诚实，不必变成傻子或笨蛋。教育，从最综合的意义上来说，是自由的，它能去除产生隔离的偏见。我所指的不是初等教育，而是高等教育，我们目前的高等教育狭隘且排外，与其说它拓宽了人们在各个方向的视野，不如说它限制了人的才能。例如，在建筑学教育中，巴黎美院只给出有限的公式，不再保持什么信念；它对其学生观念的影响仅仅是依靠它所提供的奖金和获得奖金之后希望竞得的地位。它极尽所能地压制个性，而不是寻求个性的发展，它公然对创造性宣战。它害怕独立和刨根问底的精神。

美术学会像罗马教会（the Church of Rome）一样觉得自己毫无过错，它将那些拒绝承认它的人开除教籍。并且——关键时刻的问题——政府以冷漠和松懈的态度，让自己成为其法令的执行者。

在我看来，克服这一惯性力（*vis inertiæ*）并带来美学研究的真正进步只

2-434　有唯一的方法；就是国家应该停止干预艺术事务，限制其对成果报酬的赞助；不再排斥为参赛者带来地位和升迁希望的方案。

艺术家们，没有能力为自己提供一个政府，以及由之决定的教育方式，这个观点是错误的。他们当然不能这么做，但这是因为最近3个世纪以来，一直习惯了某些人有统治他们的权力这一预设。但是我们应该努力避免这一政治制度吗？在当前状况下，由于长期监管的结果，每位艺术家以他自己兴趣为基础评价同行艺术家的兴趣。至于艺术本身的兴趣，或者与艺术相关的兴趣，以及它的发展与荣誉，每个人都认为与他作为艺术家的个性紧密关联。不要再在这些新的兴趣之间作裁决，无论是个人的或是团体的；不要徒劳无功地指望从各种委员会中得到任何好处；放弃只能保护平庸的制度。

当第一次骚动过去之后，当我们同胞的思维被这样的暴力震荡扰乱后，归于某种平静时，我们才会看到水平的恢复。正直崇高的知识分子——本性上希望远离党派的纷争和令人厌烦的工作室之类的东西——被迫放弃自己的中立态度，最终将会从这一混乱中认识到什么是艺术中真实的重要的东西，而保护只能使混乱被延长。

不管个人关注的是什么，无论他们属于什么流派，真正有价值的艺术家一定会支持开阔且自由的思想。

热爱艺术的人为了挽救自己的兴趣愿意舍弃第二重要的东西。

我确实不自信，这些地位稳固的高贵的人，他们出于天生的自卫本能很少会抓住成长中的天才可以借此攀登的梯子，在他们中间会有如此多的转变。我也从未对"8月4日夜晚"[1]抱有太多信心。但当取消了他们确信能够保证他们前途的死板奖金的诱惑之后，我们的年轻人将会被激发出能量；当他们相信只有不断的研究和工作能够让他们卓越出众，而这是与艺术无关的方法可以获得的评图室里的胜利（chamber triumphs）无法买到的东西。"不要让艺术家陷入自我引导之中"，那些虔诚地相信艺术不能离开国家的保卫的身份高贵的人说。"他们没有能力引导艺术的兴趣；这将会导致法国学派的毁灭！"但确实可以料想我们时代的艺术是非常薄弱的，如果它会被例如巴黎美院主任的废除击溃的话。什么！法国的艺术？在19世纪？——艺术的生命力随处可见，在我们的制造业中、我们的生活习惯中、我们的住宅与我们的衣着中——艺术已经成为城市居民无意识的需求——这一艺术会依赖于一个机构（*bureau*）？废除它……然后法国的艺术不复存在，我们忽然退回到野蛮时代？

2–435

不；这不是真实的因果顺序，我们应当将事情追溯到更深层的源头。艺术是我们自己的；它依靠我们自身，不是任由某个官员或者管理机构任意摆布的。相反，我更倾向于，如果艺术家能够对自己的兴趣负责，艺术就会是受益者——如果艺术家们只能忙于自己的事情，如果他们有集体责任感的话。总有一些目光短浅的人，他们坚持认为他们视野范围之外的所有领域都有危险（precipices）

1 1789年8月4日，在国民大会上，诺瓦耶子爵（the Viscount de Noailles）和沙特莱公爵（the Duke de Chàtelet）以及其他贵族，建议废止特权——英译者注的存在。自由的运动和私人企业必然会导致人类的智慧无法预料的结构。

国家在艺术教育特别是建筑教育中的责任，是开放为了推动研究的艺术博物馆与画廊，以及图书馆；资助高水平的讲座课程；以及通过一切可能的途径保证教育的顺利进行。

它所给予的鼓励应该限制在所有作品中选择最好的作品，付给它们足够的报酬，并将它们作为可以模仿范例展示出来；使公共建筑的设计成为竞赛的内容，让竞赛参与者真正拿出他们证明他们实力的证据，提交给如前文所述的尽可能公正的评审会。

除此之外，请它把注意力放在将有能力的人组成私人企业上，并从中用考试的方法选择，不是选择小团体或是那些枯燥地坐在董事会的会议室里人的喜好。

最重要的是，国家不要再试图区别高级的和低等的艺术。这不是它应该关心的事情；它并不能决定这样的事情，也无法弄清楚国民是否是非常虔诚的，或者他们是否虔诚。如果国家需要公职人员，它寻找或者应当寻找一位诚实且有能力的人；它不用问他是否履行了宗教职责；同样，如果它需要一位建筑师，它也不用将教育、指导、并供养他直到它准备好聘请他那一时刻的责任揽上身；因为，尽管如此，这位艺术家也是个不称职的人，这种无能也只能怪国家本身，是它为自己定制了（fashioned）这么一位艺术家。

2–436

国家的责任在于选择一位有能力的人；训练他并非它的责任。如果它冒险去满足这一野心，它设立了官职（*mandarinates*）——一种官方人才——让它自己失去了获得最高水平的智慧的机会，在艺术上和科学上，它们是通过长期的个人努力和对新道路的探索发展而来的。

最高级别的智慧只能由自由而生，因自由而成熟。要保住它们的地位，它们需要的既不是组织也不是指导，因为组织和指导它们的应该是它们自身。

不要在它们发展的道路上设置障碍——给予它们组成教育制度的所有基础，而让它们自己选择其中最能吸收的东西——这才是政府的职责。更有甚者，要保住平庸者的统治地位。历史充分地指明了什么条件是有利于建筑以及艺术其他分支的发展的。但历史并未表明任何时代的艺术发展是国家干预或者官方规定的结果。相反，它告诉我们，除非给予那些在艺术中耕耘的人最绝对的自由，否则艺术是永远不会到达一个高度的。它更为我们表明，艺术，尤其是建筑，在科学大发展的时期也到达了顶点。建筑学是科学的姊妹；前者的改变和进展与后者密切相关，当科学刚刚经历它的辉煌阶段时，艺术也会到达其卓越的巅峰。但我们必须明白科学与艺术之间的区别；科学不会消失。通过观察、分析和逻辑推理，科学已经获得了永久的收获，可以说它永远不会腐朽。但作为与科学关系最亲近的艺术门类——建筑学，却并不如此。建筑学的原则比其他门类的艺术更依赖于科学，它会无视科学的支撑到对其价值完全无知的程度，所以它会衰落。它只有通过浸入科学生机勃勃的泉水，才能自我恢复。事实证明了这一论断的正确性。回到希腊时代，我们看到帕提农神庙，非常雄伟的多立克建筑典范，是依照精妙运用的数学法则建造的。[1] 尽管我从未能有与帕提农的建筑师对话的荣幸，但我确信如果他听说有人宣称建筑学可以摈弃科学法则，他一定非常惊讶。他只会用自己的伟大作品——帕提农——的平面和立面来回答这一问题，帕提农的所有部分呈现出彼此之间的一致性，这当然不是运气或幻想的结果。尽管算术与几何学并未被伊克蒂诺（Ictinus）的后继者忽略，但他们建造的建筑却已不如他。伊克蒂诺拥有将他所获取的知识完美地运用于他所从事的艺术的能力；如果没有这些知识，它能建造出今天我们仍然非常膜拜的并且仍然以完美的整体和谐让视觉得到满足的建筑，是不可想象的。 2-437

相反，将当时的知识准确运用建筑的罗马建筑，呈现出引人注目的壮丽。这里所指的知识是实践的秩序，更侧重与事实的观察，而非希腊人享受的理论的思考；真实的罗马建筑因而是以实践的洞察力和对材料稳定和黏结规律的仔细观察而给人留下深刻印象的。罗马建筑的主要成就归功于观察的精确性；它给人留下的深刻印象也是因此，而不是因为那些从其他地方借来的庸俗装饰特征，尤其是与希腊建筑对比时，更显粗俗。因此，罗马人也拥有他们自己的建筑——它可以被称为艺术是因为它也是以科学积极发展的某一阶段为基础的。当时获取的知识在后来皇帝们的统治下也并未完全失传，尽管当时的建筑学允许这些原则被忽略，正是这些原则，在我们这个纪元的第一个世纪，将艺术提升到如此伟大的高度。

在西罗马帝国灭亡之后，接着就是野蛮时代。一直到 12 世纪初建筑学才重新复苏，并努力摈弃对罗马传统的最后改良的回忆。到 12 世纪中期，西方建筑的复兴，与这一时期文学、科学和哲学上的伟大知识运动精确地一致。 2-438

到 13 世纪初，科学的注意力转向物理和数学；建筑学立刻加入这一运动，完全转变了当时仍保持着的传统形式。

同样的现象又出现在 16 世纪；利用这一光明世纪科学进步的优势，建筑学改进了这一时代的落伍形式——哥特式。

但很少有哪一个时代在科学成就上可以与我们的时代抗争。但我们建筑师，像我们的前辈一样，热切地渴望利用这些美学复兴的源泉吗？不，他们宁愿无视科学与艺术的紧密联系，并赋予公共建筑受到上两个世纪品质低下的建筑影响的混杂风格。事实既然如此——我重申我的结论——如果他们如此坚持拒绝科学的光明，拒绝科学提供的善意的帮助，建筑师的功能就过时了；而工程师的功能正在开始——他们是真正专心于建筑的人，他们会完全以科学知识作为出发点，形成来源于这一知识并满足当代需求的艺术。

1 关于这一点，可以参看工程师奥雷斯（Aurès）和舒瓦西（Choisy）先生的著作，他们非常准确地确定了建筑数字和形式的几何法则，建筑师伊克蒂诺据此建造了这座无与伦比的杰作。这些研究与发现来自于工程师，而在雅典待过一段时间的建筑师，没有一位在测量帕提依神庙时，想到过理解它建造的法则，他们只是带走忠实的图片。这表明了我们的建筑师所受的官方教育在本质上是有缺陷的。

索　引

（“有插图”的条目，其后的页码是对应于插图的文字解释；插图本身应在临近几页内；释文后标明的是原书页码，第一个阿拉伯数字：1 表示第一部分；2 表示第二部分。）

A

B

C

E

F

H

I

J

K

L

N

O

P

Q

R